PERFORMANCE TECHNIQUES OF PRODUCT DESIGN RENDERINGS

高等院校工业设计专业实训教材

手绘教学课堂

产品设计效果图表现技法

庞月　王亦敏　著

天津大学出版社
TIANJIN UNIVERSITY PRESS

《产品设计效果图表现技法》编委会

钟蕾　边放　郭睿　刘涛　李维立　张艺馨　秦默
刘鎏　刘洋　袁萍　和炜昊　李京贤　马凯旋　张妮
张驰　高歆妍　张童宇　王义强　刘樱　李通　高颖

作者简介

庞月　2013年天津大学工业设计专业硕士毕业，曾任滚石移动公司互联网产品设计专员，现为天津理工大学艺术学院讲师，产品设计专业骨干教师。全国美育教学成果一等奖获得者，2020年获得CADA国际概念艺术大赛优秀奖，多次指导学生在国际及国家级设计比赛中获奖。从2016年开始，担任“产品设计效果图表现技法”校级精品课主讲教师。

王亦敏　天津理工大学艺术学院教授，硕士研究生导师，工业设计系主任，专业表现技法课程负责人。现为中国工业设计协会会员，全国三维数字创新设计大赛天津赛区评审专家，天津财经大学兼职教授，天津职业大学黄金珠宝学院特聘教授。已从事高等艺术设计教学27年，在全国中文核心期刊内发表论文16篇及设计作品多项，先后出版教材及教学参考书9部，多次承担天津市哲学社科项目、市教委重点项目子课题负责人，多项设计作品被社会采纳并在全国艺术设计大赛中获得金奖，多次辅导学生参加省市级设计大赛并获奖。

图书在版编目（CIP）数据

产品设计效果图表现技法：手绘教学课堂 / 庞月，王亦敏著. —天津：天津大学出版社, 2020.9（2024.8重印）
高等院校工业设计专业实训教材

ISBN 978-7-5618-6785-3

Ⅰ.①产… Ⅱ.①庞… ②王 Ⅲ.①产品设计-绘画技法-高等学校-教材 Ⅳ.①TB472

中国版本图书馆CIP数据核字（2020）第180102号

出版发行：天津大学出版社
地址：天津市卫津路92号天津大学内
电话：发行部 022-27403647
编辑部 022-27890557
网址：publish.tju.edu.cn
邮编：300072
印刷：运河（唐山）印务有限公司

经销：全国各地新华书店
开本：210㎜×285㎜
印张：11
字数：168千字
版次：2020年10月第1版
印次：2024年8月第2次
定价：90.00元

序言

在当今中国，工业设计方兴未艾，高等院校中开设此专业较早的展现出蓬勃兴旺的景象，一些顺应潮流的院校也在陆续跟进，不能不说这是时代发展的必然。在我国系统引进工业设计理念的30多年中，近十年的发展步伐已经大大加快，国家“十一五”“十二五”规划和政府工作报告中都提到了发展工业设计。2010年，多部委联合发布了《关于促进工业设计发展的若干指导意见》，2011年国务院也发出了工业转型升级五年规划等重要文件，都具体强调了要发展工业设计，北京、上海、广东等多个省市也都制定了促进工业设计发展的政策措施。不言而喻，要发展就要有动力，而且教育的跟进、人才的培养就是这动力的重要组成部分。

在2017年世界设计组织对工业设计的最新定义中，工业设计是驱动创新、成就商业成功的战略性解决问题的过程，通过创新性的产品、系统、服务和体验，创造更美好的生活品质。著名德国工业设计师拉姆斯曾提出中肯的设计十诫——好的设计是创新的；好的设计是实用的；好的设计是唯美的；好的设计让产品说话；好的设计是隐讳的；好的设计是诚实的；好的设计坚固耐用；好的设计是细致的；好的设计是环保的；好的设计是极简的。十诫道出了在工业产品设计的过程中所应遵循的原则。“现代日本工业设计之父”柳宗理也指出：工业产品设计首先是实用，其次是工艺精良，再次是价廉。这是给日本制造能够行销世界所做的最好注解，也是普通民众对工业日用品的期盼所在。

作为在高等院校中所设的工业设计专业，这些理念已然成为、也应该成为专业教育贯彻始终的宗旨。在这个过程中，产品表现技法的训练是奠定专业素质基础众多课程中必不可少的环节。在我们的教学实践中，常常发现产品手绘表现是众多同学的一个短板。不可否认，现代社会早已进入电脑时代，电脑几乎充斥了我们生活的方方面面，专业设计与表现也不例外。打开电脑，一切皆可完成，包括各种技法、特效、模仿手绘的手段，其效果足以乱真。但是要知道，再灵便的鼠标也不如训练有素的手指，只要一支笔一张纸，我们就能够快速而准确地捕捉到瞬间迸发的灵感火花。在这样手、眼、脑同步进行的过程中，手绘可以生动地记录下自己的创作激情，并把这种激情坚持到底。反之，电脑目前还做不到这一点。在我们学院，也存在不少这样的学生，他们对手头功夫的训练掉以轻心。几年下来，离开了电脑，哪怕用手绘表达最简单的一些构思都倍感困难，这是十分可惜可叹的。作为一个专业院校出来的学生，理念意识的培养和表现能力的训练同等重要，哪一方面都不可轻视和荒废。

最近，我们艺术学院的庞月和王亦敏两位老师编著了一本《产品设计效果图表现技法》的专业教材，再次提醒我们要对这个难以两全的困局重视起来。王亦敏老师作为工业设计系主任，资历颇深的教授，这么多年来为学院工业设计专业的建设和发展倾尽全力，也是国内在此领域内颇有建树的教授学者。他在2006年即编著出版了《手绘表现技法教程・工业设计篇》一书，呼吁同学们强化表现技法的手头训练，取得了良好的反馈。庞月老师也是我院的专业骨干教师，在专业理论和课堂教学等多方面都取得了骄人的成绩。从2016年开始，庞月老师担任“产品设计效果图表现技法”这门校级精品课程的主讲老师，致力于对学生们手绘表达的引导和培养，潜心研究基础表现的辅助创新设计方法。基于此，本书应运而生。

本书共分五章，包括概述部分的手绘表现的再认识、基础部分的手绘训练前的准备、训练部分的循序的基础表现训练方法、精进部分的渐进的创意表现训练方法、应用部分的快题方案应用方法等。书稿层次清晰、文字精练、配图精美，全部都是近两年所绘制的新作，并在每章节中都设有课堂提示和章节训练。特别值得一提的是第五章，是新增的快题应用。针对这几年来工业设计硕士考试所需的快题设计，从快题引入、快题版块详解、快题精进策略、快题案例参考等四个方面，对硕士考试中快题的应用方略进行了深入而详尽的讲解，并配有大量鲜活的学生范例，非常具有针对性和实战性。

2020年是一个多事之年，也是奋进之年。在这本于疫情期间诞生的专业教材中，倾注了两位老师辛勤的汗水和心血。相信此书一定能够给我们的工业设计教育增添一抹亮丽的色彩，本人也为此而感到骄傲和欣慰。是为序。

天津理工大学艺术学院 **钟蕾**

2020年8月

目录

第一章 概述部分
手绘表现的再认识

绘画创作中的物体造型

产品表现图中的物体造型

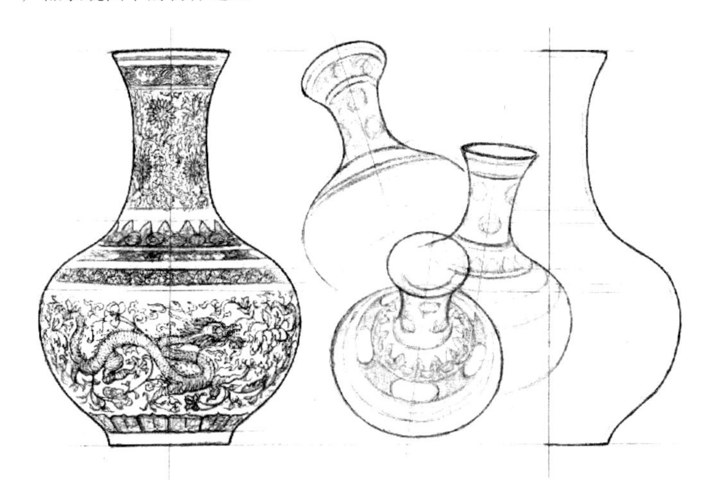

一、手绘表现的再认识

设计手绘是将设计的创意理念、功能结构、交互形式进行可视化表达的一种快速且有效的方式。

● 关于设计手绘与设计思维——风筝与风

草图方案、手绘表现是在设计活动进行到头脑风暴这一步时的基本内容，是将设计师的创意思维具象化的一个关键步骤，同时也是对设计理念和产品造型及结构进一步推敲的重要手段，就像风筝需要借力劲风，海豚需要在大海中遨游一样，是一个助力配合、互融互长的过程。设计草图可以促进设计思维的迸发，同时也在检验着设计的合理性。

● 关于设计手绘与美术创作——说明文与诗

有些学生会误将设计手绘等同于美术绘画，但其实它们是两种不同的作品类型。美术创作是作者自我表达的艺术呈现，就像优美多情的诗歌，注重的是情感抒发和观念的传达；而设计手绘则是客观地表达产品的属性，包括造型、材质、结构等，就像严谨、专业的说明文，注重的是产品方案的准确性、合理性与说明性。二者虽然可能呈现形式雷同，但其本质、功能和表达方法却有着极大的区别。

在这方面，练习者产生最多的有两类问题，第一类问题是自己没有绘画基础，没有信心学习设计手绘；第二类问题是自己美术底子较好，将绘画习惯和手法沿用到设计手绘中来。这两类问题都是误区。

设计手绘是一门技法类学科，存在着理论性的技法要求和系统的练习方法，即使没有艺术功底，也能够通过训练达到一定的水平。当然这其中也需要良好的空间构建能力和对方位尺寸较为精准的洞察力，否则就像是并非每个人都能学好数学一样，在设计表现技法课程中也会显得相对吃力。

绘画创作中的芭蕾鞋造型

所以对于绘画功底较强的学生来说，学习设计表现技法当然会更快捷容易，但是切忌将美术的绘画技法直接运用在产品设计表现上，那会让设计图显得不专业，失去了它原本要传达的含义。如上页两图与本页上两图就是同一类产品在美术作品和设计表现图中不同的呈现形式。

●关于设计手绘与电脑技术——灵魂伴侣

不要忽视我们的手绘技法已处于电脑技术日益精进的时代，也不要盲目地推崇纯手绘的功底优势或者是电脑技术所带来的捷径，二者在设计项目推进的过程中所起到的作用是相辅相成的。

电脑技术的发展已经改变了产品最终效果图的呈现形式，这是单纯的手绘无法企及的。但你能够从软件中获得的永远只是你输入软件的东西，甚至只能得到比你思考的要去除很多的结果，软件不能够快捷地将你正在思考、还不完善的东西呈现出来。而手绘效果虽不出色，但却可以将你脑海中正在酝酿的灵感片段形成联系，成为你与项目小组、甚至是甲方与乙方之间互相沟通的最佳途径。

图释：天津理工大学毕业设计作品——背带式液压输液盒的沟通草图方案。草图中呈现了几种造型、原理、背负方式，都各有特点及长处。

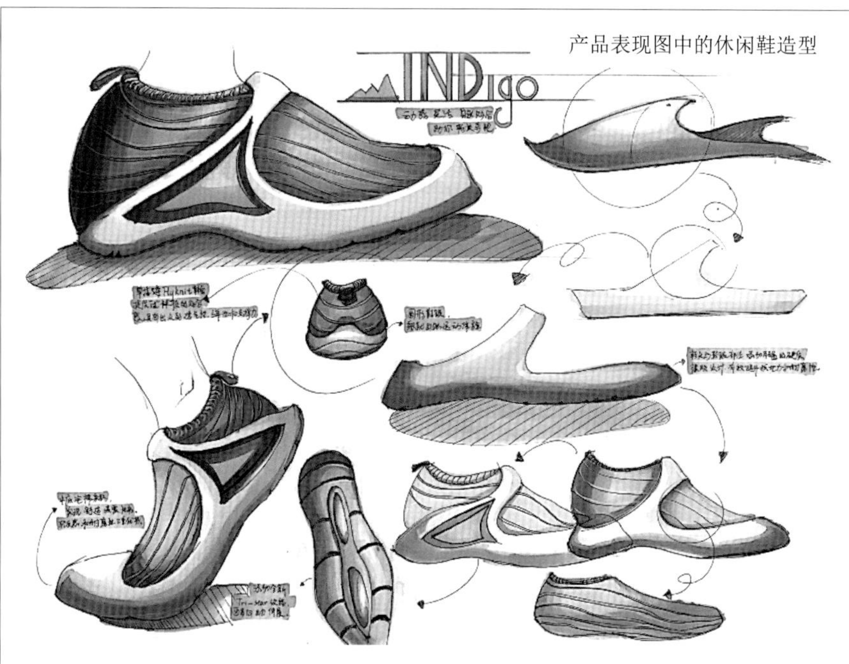

产品表现图中的休闲鞋造型

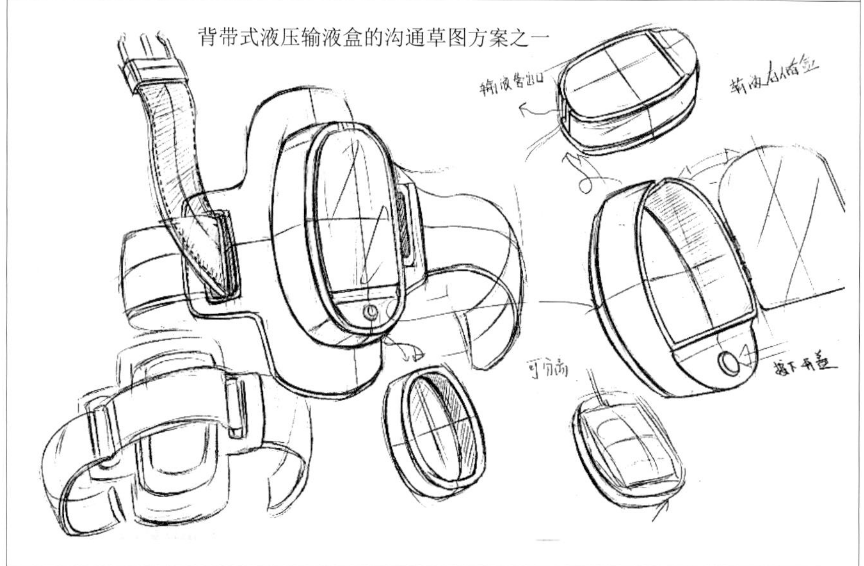

背带式液压输液盒的沟通草图方案之一

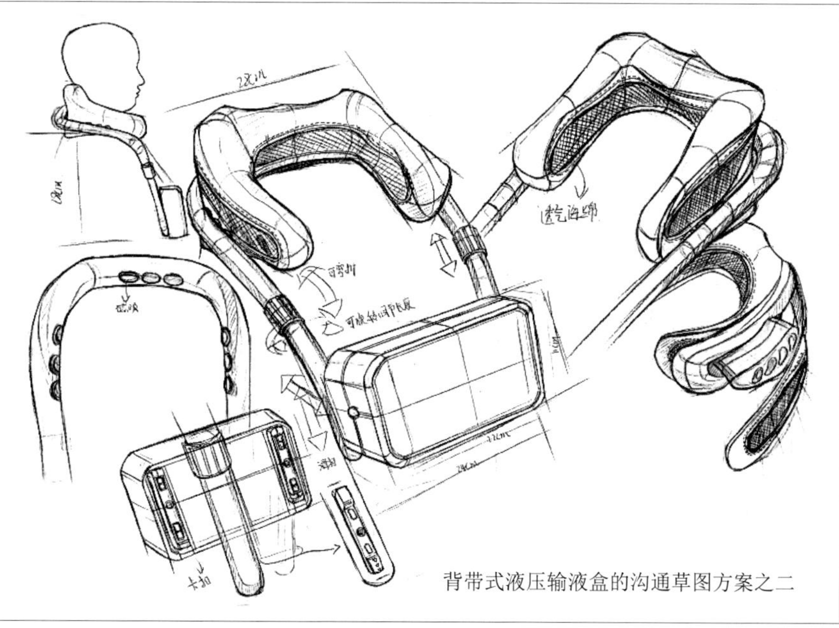

背带式液压输液盒的沟通草图方案之二

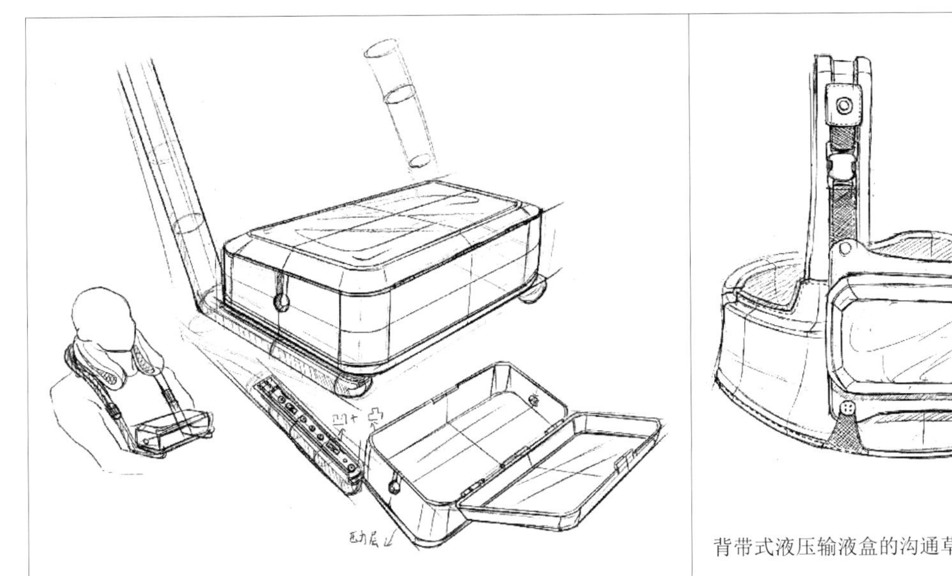

背带式液压输液盒的沟通草图方案之三

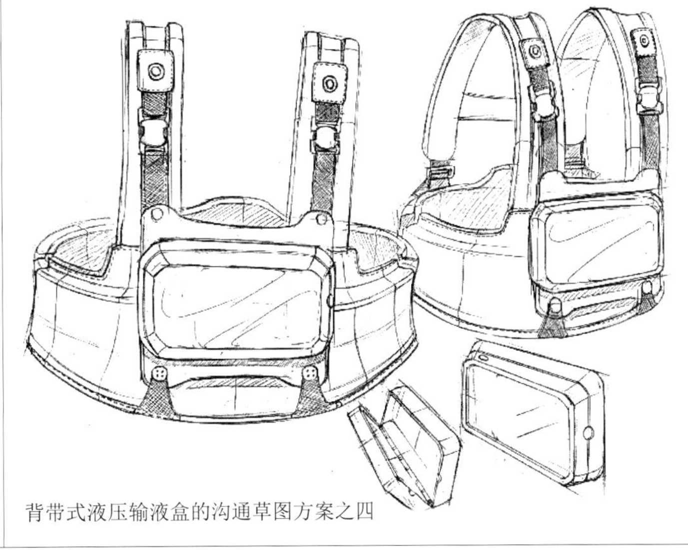

背带式液压输液盒的沟通草图方案之四

设计表现技法课是服务于专业设计的一门基础课程。手绘表现是一种技法，电脑表现同样也是一种技法，任何一种技法都有它的优势和局限，不应该孤立地看待它们，而应该将这些技法的长处充分地发挥出来，使它们更好地为专业设计服务。一幅表现图艺术性的强弱，取决于表现者本人的艺术素养与气质。不同手法、技巧与风格的表现图，可以充分展示作者的个性。每个设计师都以自己的灵性、感受去解读自己的设计构思，然后用最恰当、最具表现力的技法和艺术语言去阐释、表现产品设计的效果。

一种产品的多种造型，用手绘表现的方式呈现出来

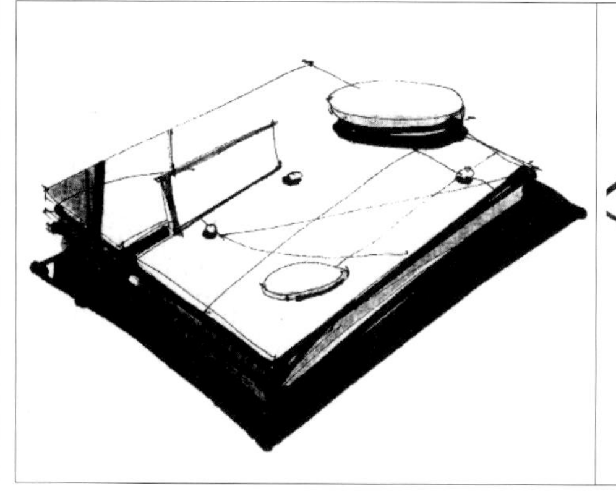
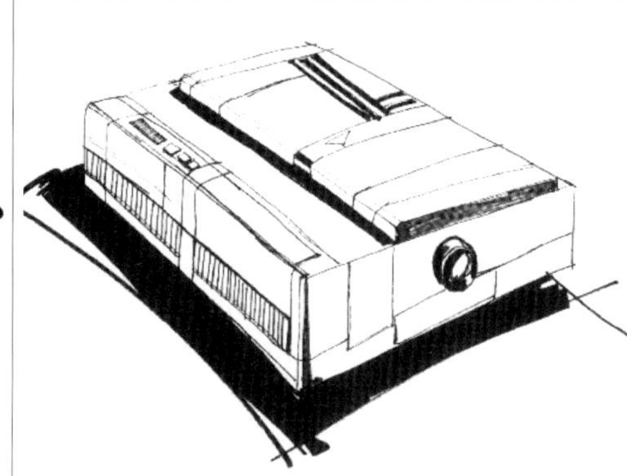
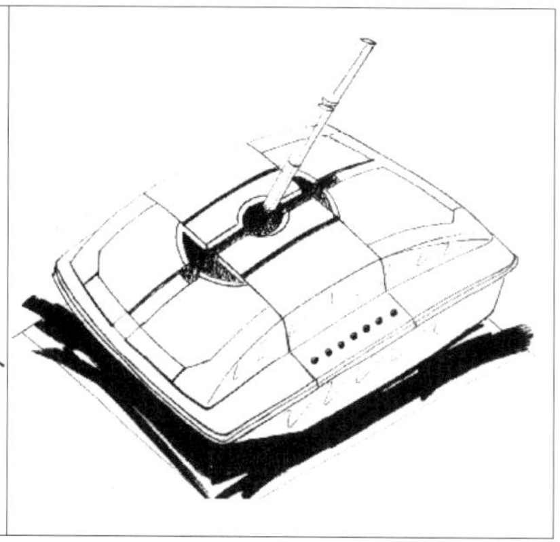

小型电器表现图 钢笔

二、设计手绘的作用

设计专业的人都知道，绘制草图是一个奇妙的过程，它让你的构思逐渐清晰，让灵感延伸开来，帮助你验证想法的可行性，将头脑中的构思与现实接轨。

学习设计手绘不仅仅是学会一种技法，更是一项加深视觉感官和审美认知及结构优化的表现能力。从其在设计过程中所占的比重来说，可以起到以下几种无法取代的作用。

1. 设计手绘能够在设计初期提出方案构思，是进行方案研讨的重要手段

在提出方案构思的设计初期阶段，需要设计师以一种快速的方式，将头脑中纷繁的设计构思转换成可视的形象呈现在纸面上，以便对方案进行交流和讨论。在这一点上，手绘表现无疑比电脑表现更生动、更直观，也更快捷。因为这一阶段的设计表现不必追求画面的面面俱到，但求产品结构、比例关系的整体和谐与相对正确的把握。因此，以快速手绘的方式将设计意念迅速、准确地表达出来，在设计的初期阶段非常重要。

2. 设计手绘能够快速帮助设计者推敲产品结构与细节，避免不合理性，是启发创意灵感的重要方法

由于设计手绘具有便捷的特性，能够快速表达作者的想法，也能够迅速在原有基础上做出修改和变动，可以将设计理念很好地进行延展优化，帮助设计师启发创作，优化形态。可以说，手绘训练是从画面的构图到画面的黑白灰处理，再到画面的色调处理着手的，不论是画面的空间关系，虚实、主次、轻重关系，还是色彩的对比和协调关系等，都能在练习的过程中得以认识和建立。

生活用品结构素描 铅笔

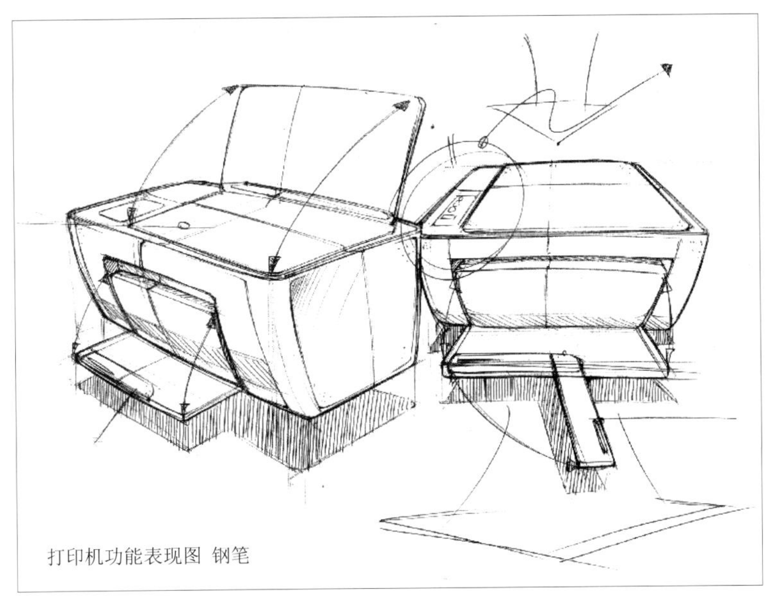
打印机功能表现图 钢笔

3. 设计手绘的快速表现是训练学生手脑并用，培养设计思维的重要方式

设计手绘作为设计专业的基础课程，可以表达创意者的想法，也可以培养初学者的思维方式，当想法能够有恰当的表达途径时，往往会促进创意者的表达积极性，也会成为平时记录灵感和创意思维的重要方式，形成良性循环。手绘技法训练的好处还在于手和脑的协调配合，即存在于大脑中的创意思维虽然有逻辑思维的因素在里面，但更主要的是一种形象思维，而这种形象思维的结果需要得到视觉形式的表述和肯定。

4. 设计手绘是表达设计师个性风格的一种重要表现形式

设计是一种文化行为，工业设计通过对产品的营造而去表现人们的精神追求。设计尽管不是纯艺术，我们也不能一味孤立地来强调所谓设计中的“个性”，但不妨可以通过手绘表现技法的训练来培养学生的这种意识：手绘方案草图是个人风格的表现，是表达个人美学修养及美学追求的一种方式。每个设计师的快速手绘表达形式都各有差异，记录的侧重点也各不相同，对于形态，结构，造型趋势和功能性都可以进行综合性的记录和延展，同时成为每幅作品诞生初期最具个人风格的符号性标志。

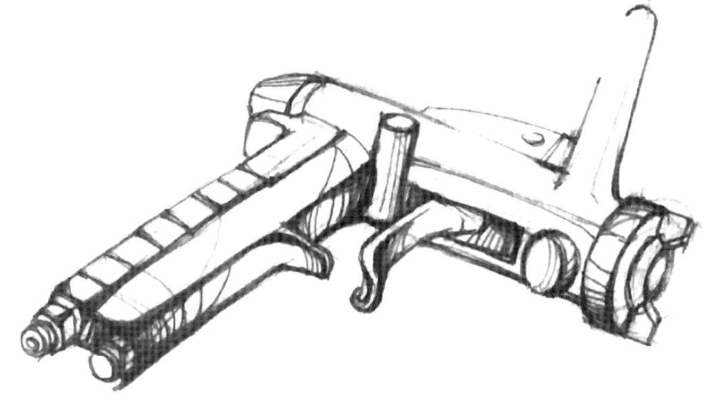
小型电器表现图 钢笔

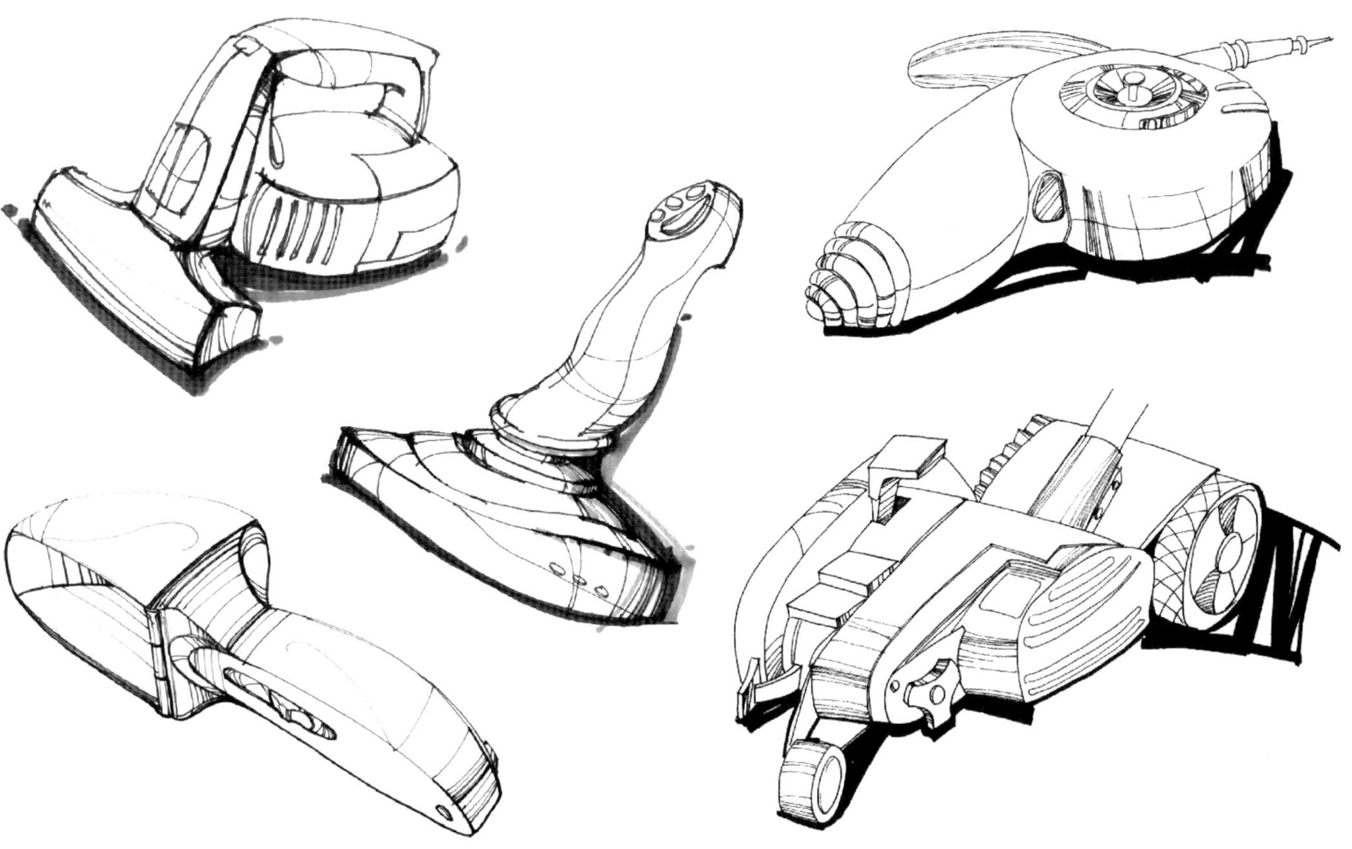

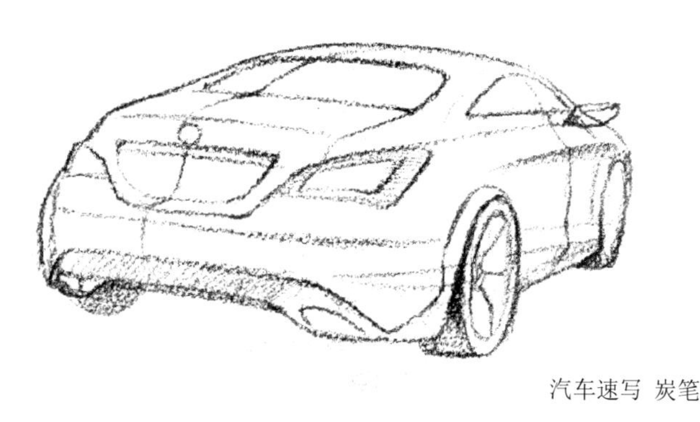

汽车速写 炭笔

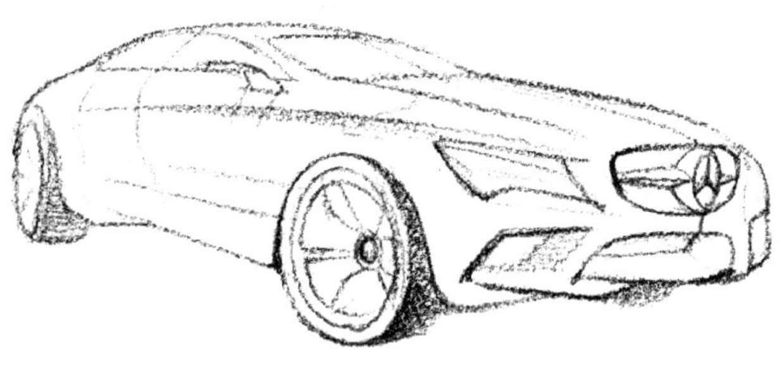

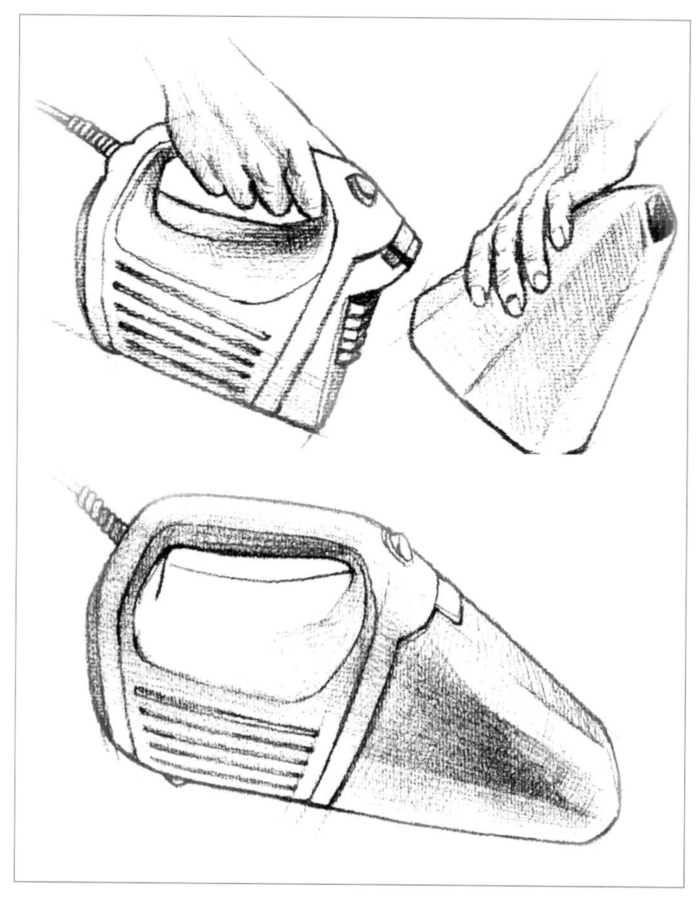

吸尘器使用示意图 炭笔

三、手绘表现的基本学习方法

1.临摹

临摹是最直接和有效地学习他人经验、观察及表现的一种方法，在这个过程中要明确自己的学习目的和方向，而不是一味地模仿，只有临摹得相似就可以了，关键是学习其手绘方法。初学者可以整体地去临摹，也可以局部地去临摹，注重形体、空间、表现技法上的学习。如学习塑造形体的时候，最好将临摹品和物体对照一下，观察分析别人是如何把握和处理形体的块面关系及细节变化的，哪些可以忽略，而哪些要深入刻画。一开始画手绘的时候，最好着重线条方面的训练，对形体的准确把握会很有帮助。

2.写生

写生是面对现实环境及实际物品进行表现的训练过程，是检验个人所学理论知识和实践表现相结合的基本方法，可以为自己的表现能力打下坚实的造型基础。在写生的过程中要注意：下笔之前，选择自己感兴趣的表现对象，多角度、全身心地进行观察，认真分析所画对象的形体关系，对所描绘的形体结构做到心中有数；在表现的过程中，要注意整体关系上的把握，如产品的结构、明暗、主次等关系，不要为细节所左右。特别是快速表现的时候，下笔要放开，不要太过拘谨。

3.默写

默写是通过头脑中的概念和印象进行表现的手绘方法，可以增强个人记忆和对形体结构的理解，强化自己的造型能力，是一种很有必要的训练手段。这就要求我们平时要多画、多练，通过手、眼、脑三位一体的用心练习，记住物体的结构、造型及表现方法，循序渐进、举一反三，提高自己的手绘表现能力，这对设计师在现场用手绘与客户进行沟通也是非常有帮助的。

手表设计系列图 铅笔（网络）

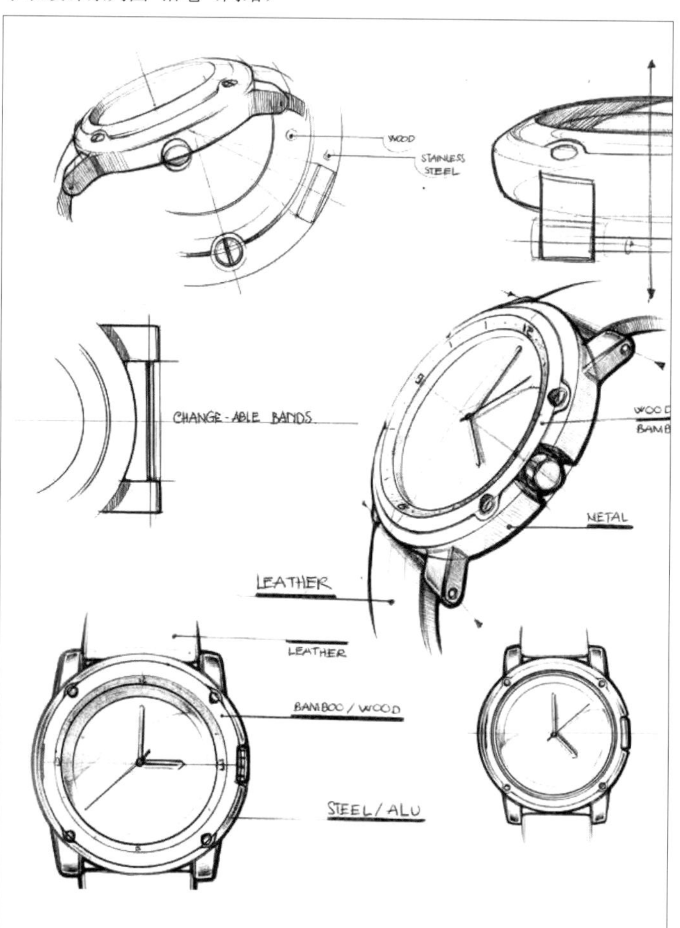

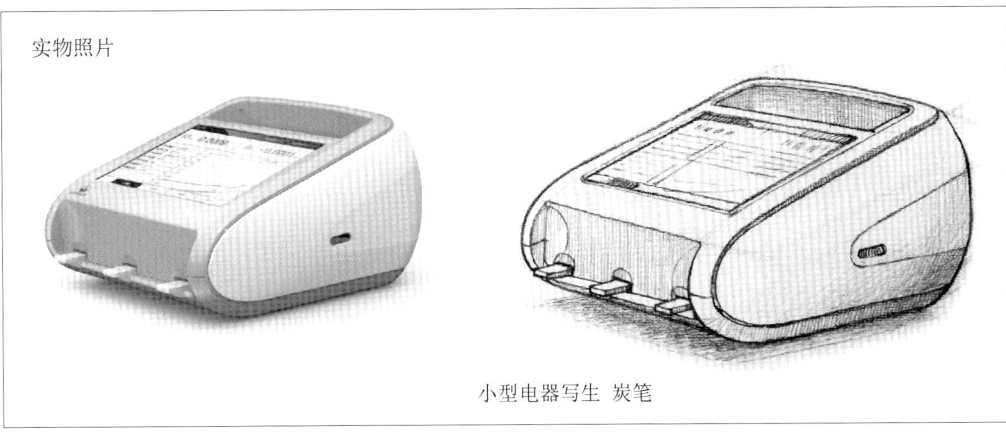
实物照片

小型电器写生 炭笔

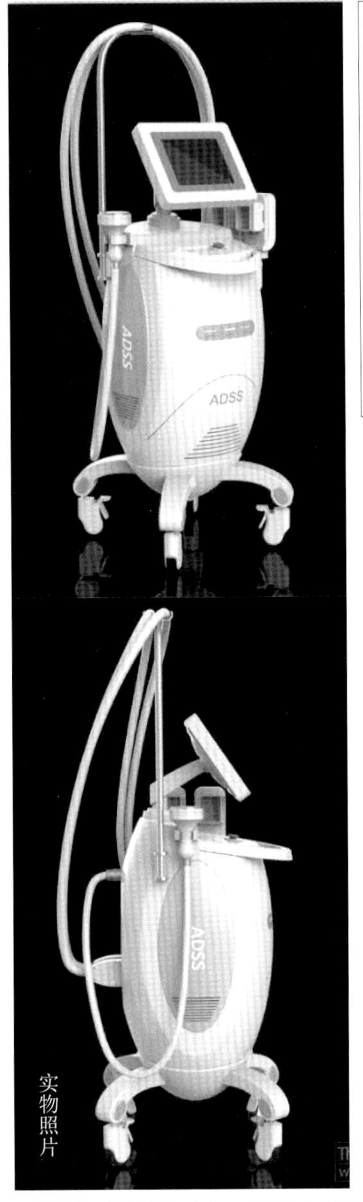

实物照片

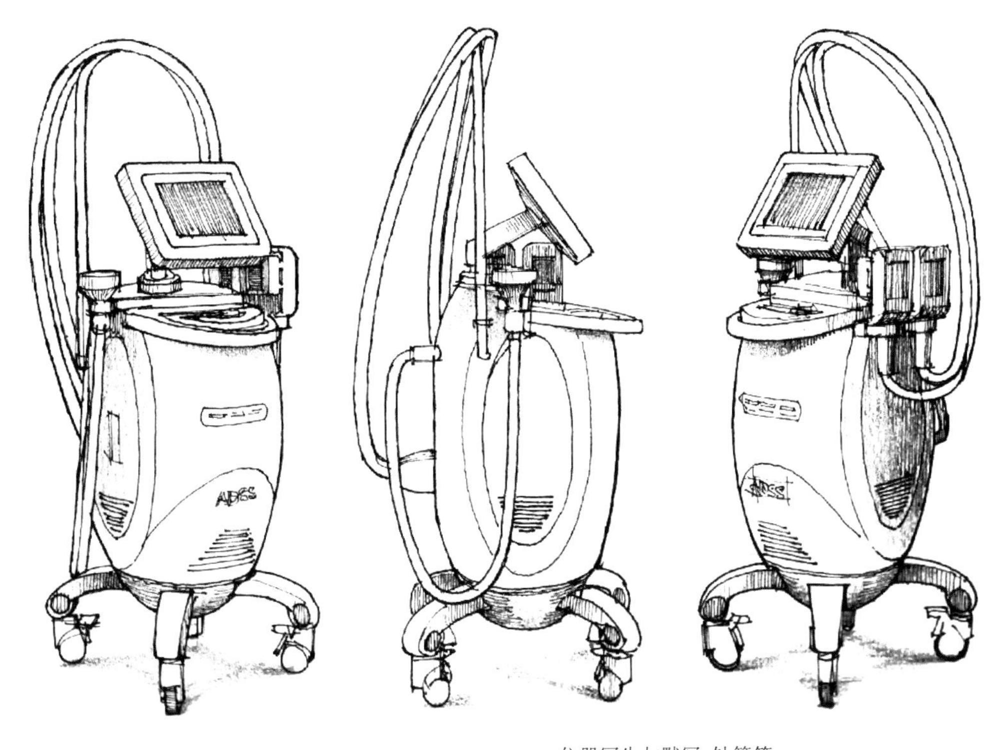
仪器写生与默写 针管笔

实物照片

操作台写生与默写 针管笔

章节训练

1. 仔细观察生活用具类产品的美术写生创作和设计表现技法图，总结二者的表现特点和技法区别。

2. 观察交通工具类产品的设计表现手绘图与电脑建模效果图，总结二者的表现特点和技法区别。

"工欲善其事 必先利其器"——《论语·卫灵公》

第二章 基础部分

手绘训练前的准备

一、手绘工具与应用材料

（一）铅笔与炭笔

1.素描铅笔

有过绘画经历的同学很熟悉铅笔，在素描绘画中经常使用，铅笔是最常用而方便的工具，也是初学者过渡时期最容易掌握的工具。铅笔B值越大，笔芯越粗、越软、颜色越深；H值越大，笔芯越细、越硬、颜色越浅。设计手绘的初学者经常使用2B型号的铅笔作为练习工具，但铅笔的深浅表现力不强，且涂改次数多了会影响马克笔和水彩颜色上色效果。

2.炭笔

炭笔的色度较深，在绘画中有补偿铅笔暗部和浓度的作用，使画面的素描关系显得厚重，但在设计图纸中不推荐使用。首先其颜色附着力不强，极易弄脏画面；其次和马克笔色彩的结合不佳，会对马克笔的表现力造成影响。

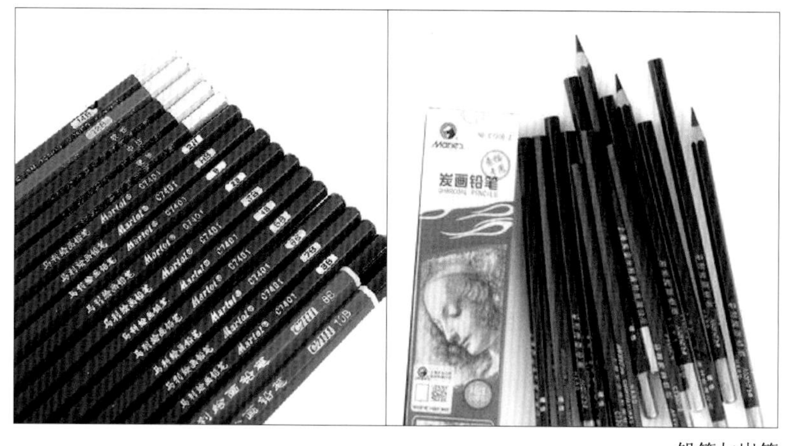

铅笔与炭笔

轿车表现图 炭笔

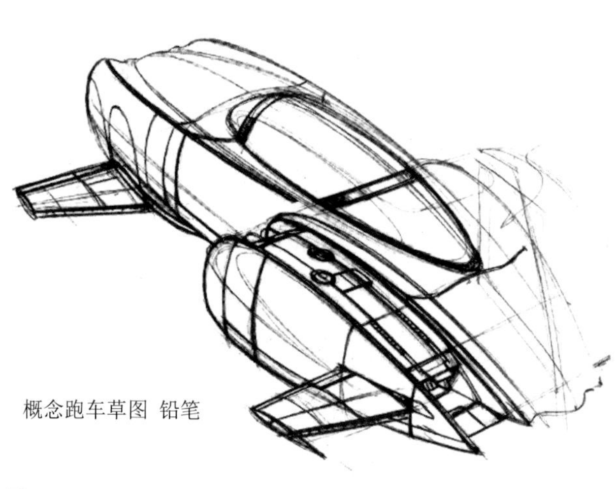
概念跑车草图 铅笔

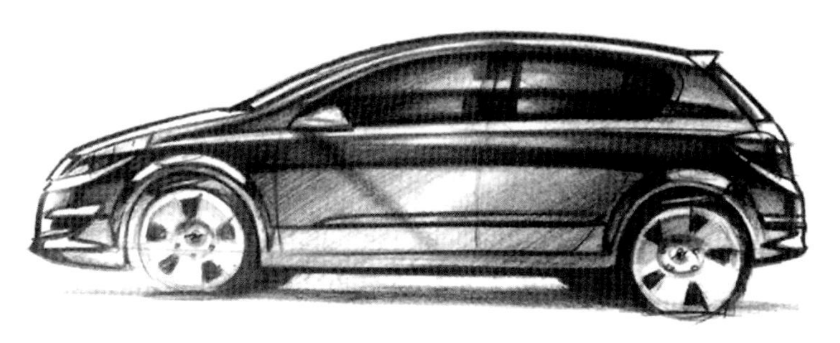

铅笔表现一般有两种方式，其一是线描画法，以线条的勾勒将产品表现出来，用笔可分轻重、缓急，线条生动，富于变化。其二是明暗画法，以线条排列为主要形式，表现产品造型的细微变化，可将光影变化表现得极为深入。

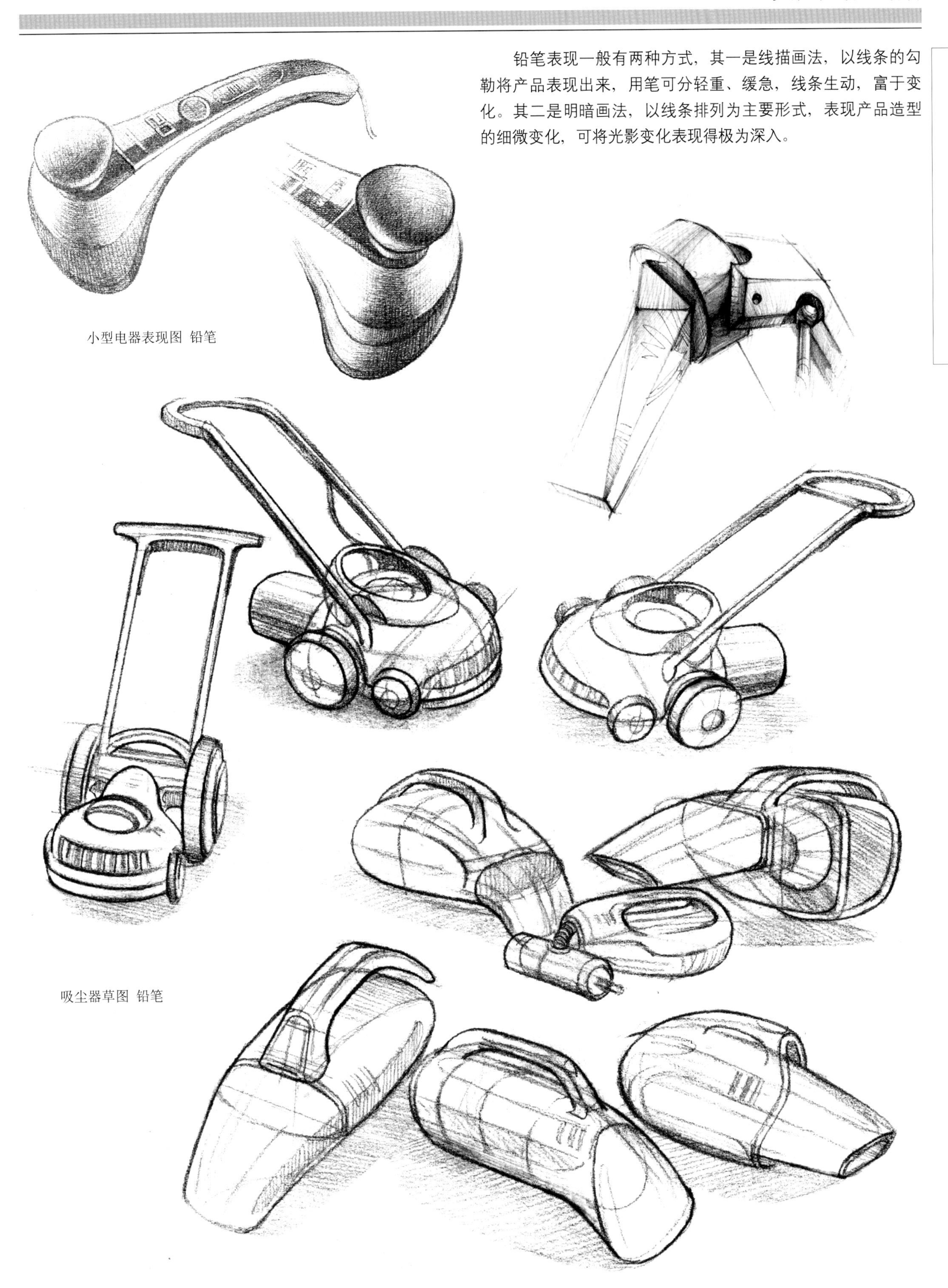

小型电器表现图 铅笔

吸尘器草图 铅笔

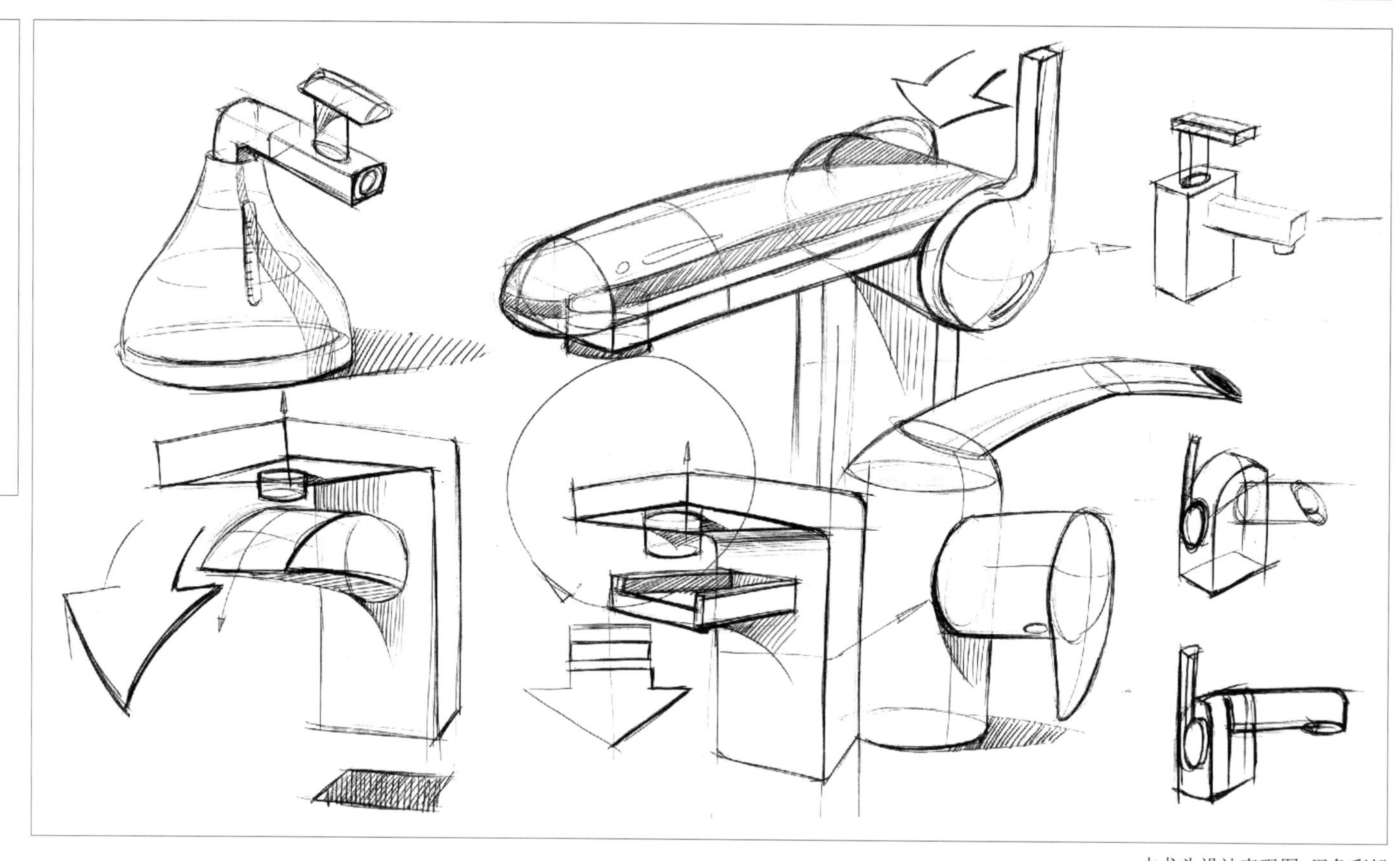

水龙头设计表现图 黑色彩铅

小型电器表现图 黑色彩铅

工具推荐

初学者：推荐使用黑色彩铅。

进阶者：其一，推荐使用圆珠笔；其二，欲提高速度者可使用浅灰色马克笔打底。

精进者：推荐直接使用针管笔。

彩色铅笔

3. 彩色铅笔

彩色铅笔在手绘表现中有很重要的作用，无论是对概念勾勒、草图绘制还是色彩补充表现，它都不失为一种既操作简便而又效果突出的实用画材。在快速表现图的练习中，用简单的几种颜色和轻松、洒脱的线条即可说明产品设计的用色、氛围及材质。彩色铅笔的色彩种类较多，可表现范围也很广，能增强画面的层次感及一些材料特有的质感。黑色彩铅还经常被用来打底线稿，颜色比普通铅笔更深，也能够更好地表现出深浅和粗细的笔触，线条也更容易表达顺滑。白色彩铅还经常会被用作高光笔来使用。

婴儿车彩色铅笔表现图

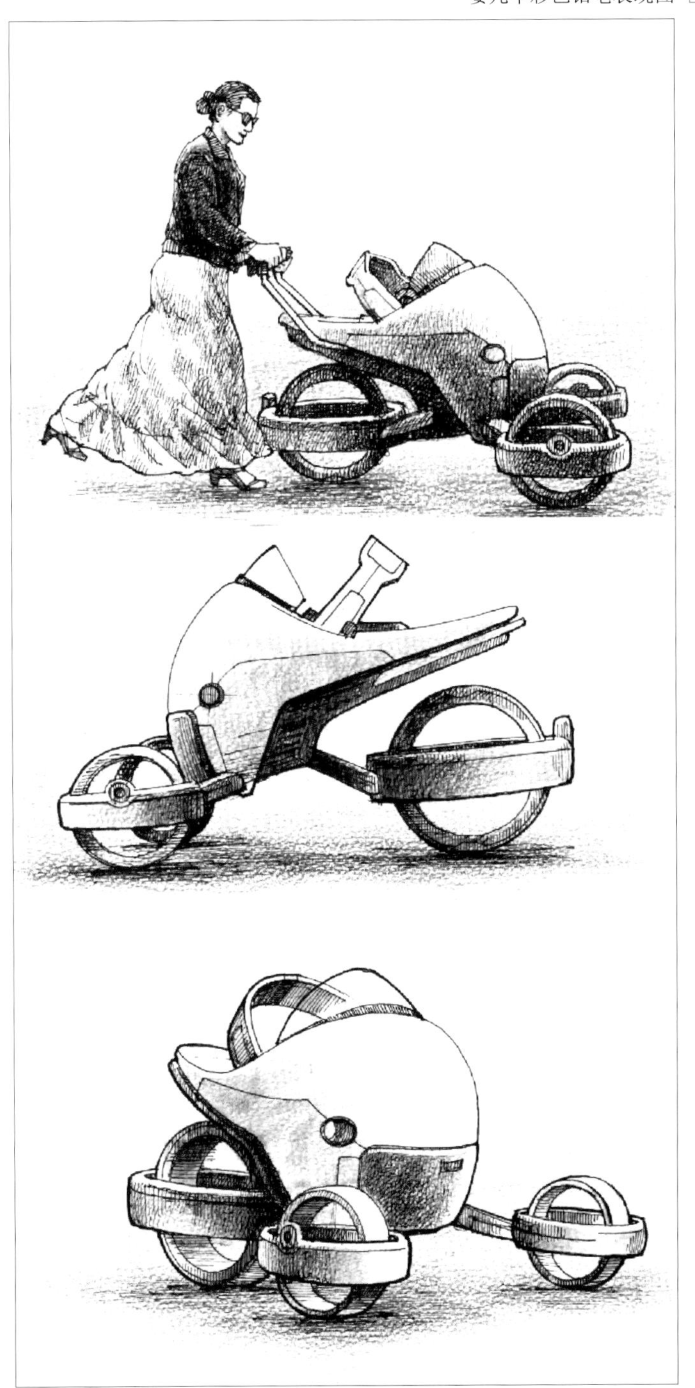

小型电器彩色铅笔表现图

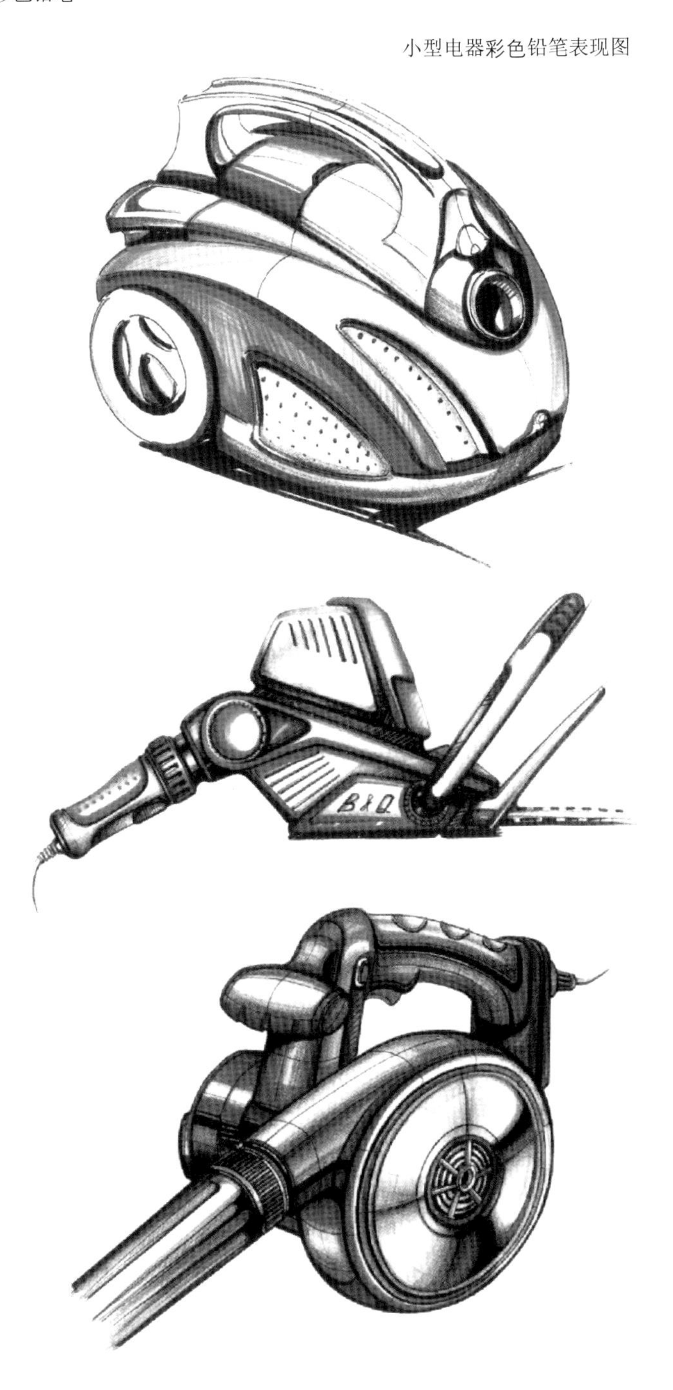

（二）水性笔

1.针管笔

绘制设计图时主要使用的水性笔为一次性（油性）针管笔、勾线笔、签字笔等，这类笔的差别在于笔头的粗细，常见型号为0.1～1.0。在实际练习中，通常选择0.1、0.3型号这种较细的针管笔来做基础轮廓的打底，然后选择粗一些的0.5、0.8型号针管笔来加粗线条，形成方案层次。1.0和更粗的软头笔及勾线笔大都用来加深轮廓，凸显形体效果。

2.钢笔

钢笔因为其独特的压感体验和笔触效果受到专业人士和擅长者的青睐，也能表达出较为丰富的笔触和线条的层次感，一柄质量上乘的钢笔往往能够带来享受的绘制体验。但是因为钢笔线条的不可更改性，作为初学者掌握起来并不容易，所呈现效果也不理想，需要经过一段时间的练习才能够稳定下来。

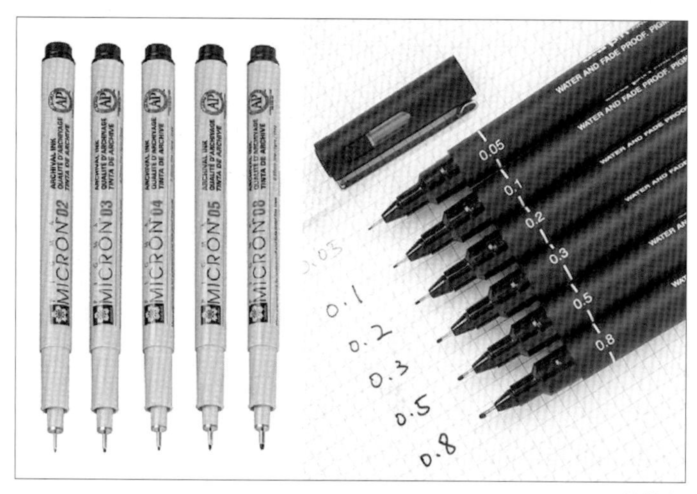

针管笔

（三）圆珠笔

圆珠笔绘制手绘表现图时与针管笔不同，其笔触比较圆润，可控性较强，初学者可以较好地驾驭不同粗细的线条，形成由浅入深的层次感，是一种难度介于铅笔和针管笔之间的绘制工具。用圆珠笔作为手绘练习的工具不太常见，初学者可以作为一种尝试。

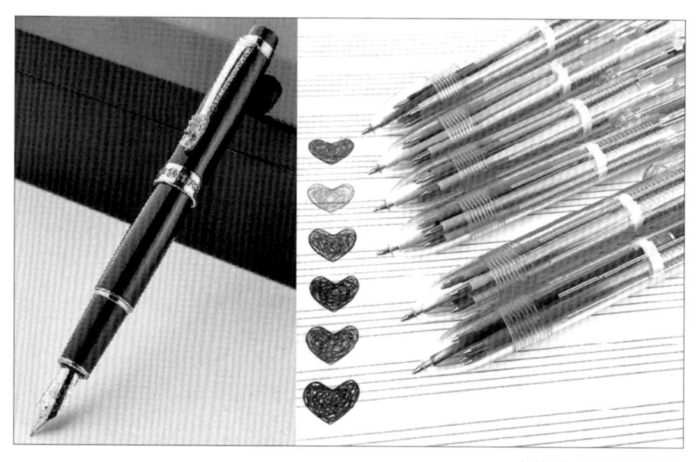
钢笔与彩色圆珠笔

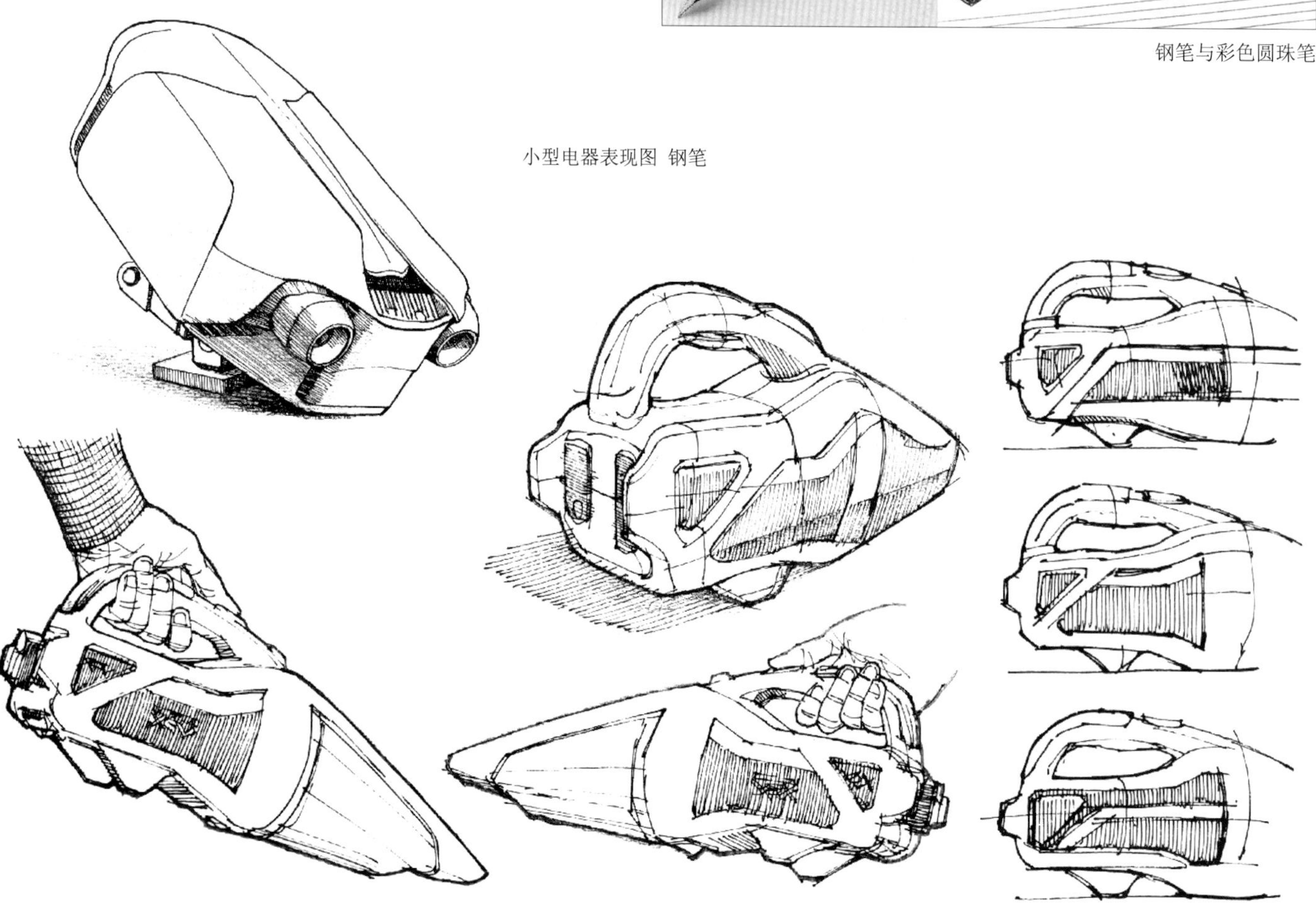
小型电器表现图 钢笔

军用吉普车速写 针管笔

钢笔是通过单色线条的变化和由线条的轻重疏密组成的黑白调子来表现物象的，其特点是用笔果断肯定，线条刚劲流畅，黑白对比强烈，画面效果细密紧凑，对所表现的产品既能做精细入微的刻画，亦能进行高度的形态概括。目前市场上有一种美工钢笔售卖，笔尖弯曲，使其能画出粗细两种钢笔线，造型生动，颇有层次感。

（四）马克笔

马克笔是目前手绘产品表现图经常使用的一种上色工具，其优点是方便快捷，即画即干，笔触流畅，可重叠涂画，适用于各种纸张，是设计师快速表现首选的绘制工具。

马克笔通常分为以下几类。

1.水性马克笔

这是绘制产品表现图时常用的一类马克笔，其浸透性不如油性马克笔，遇水即溶，绘画效果与水彩相同。笔头形状有四方粗头与尖头，方头适用于画大面积与粗线条，尖头适用画细线和细部刻画。

2.油性马克笔

这也是常用的一类马克笔，具有一定的浸透性，挥发较快，通常以甲苯为溶剂，能在任何材料表面上使用，如玻璃、塑胶表面等都可附着，具有广告颜色及印刷色效果。但由于其渗透性对于纸张选择有一定要求，比较适合在克数与密度较大的纸张上绘制。由于它不溶于水，所以可以与水性马克笔混合使用，而不破坏水性马克笔的痕迹。

3.酒精马克笔

酒精马克笔的颜色透明性强，笔触流畅而速干，上色的过渡性好，笔触的叠加相对柔和均匀，但价格较贵，如大家熟知的COPIC品牌马克笔即为酒精马克笔。

水性马克笔

油性马克笔和酒精马克笔

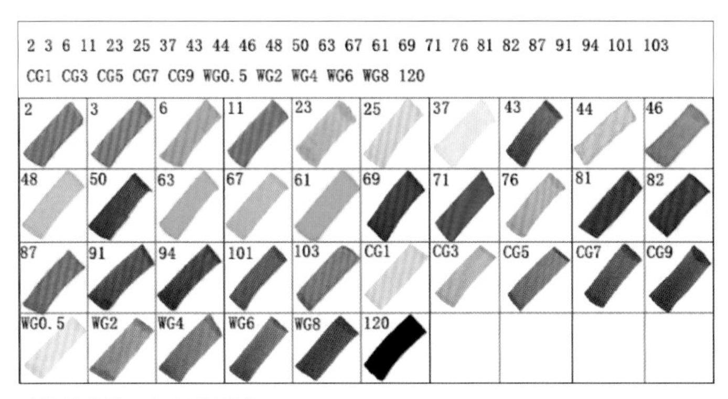

油性马克笔36色标准图谱

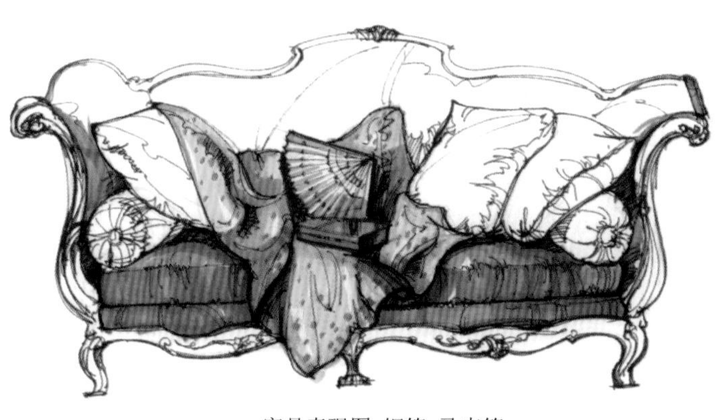
家具表现图 钢笔 马克笔

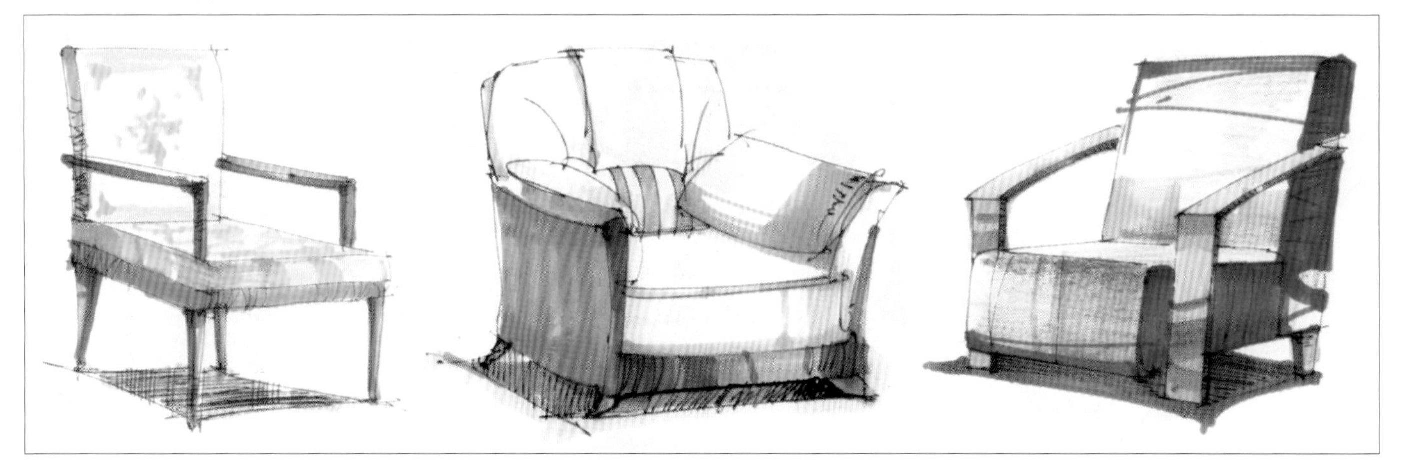
家具表现图 钢笔 马克笔

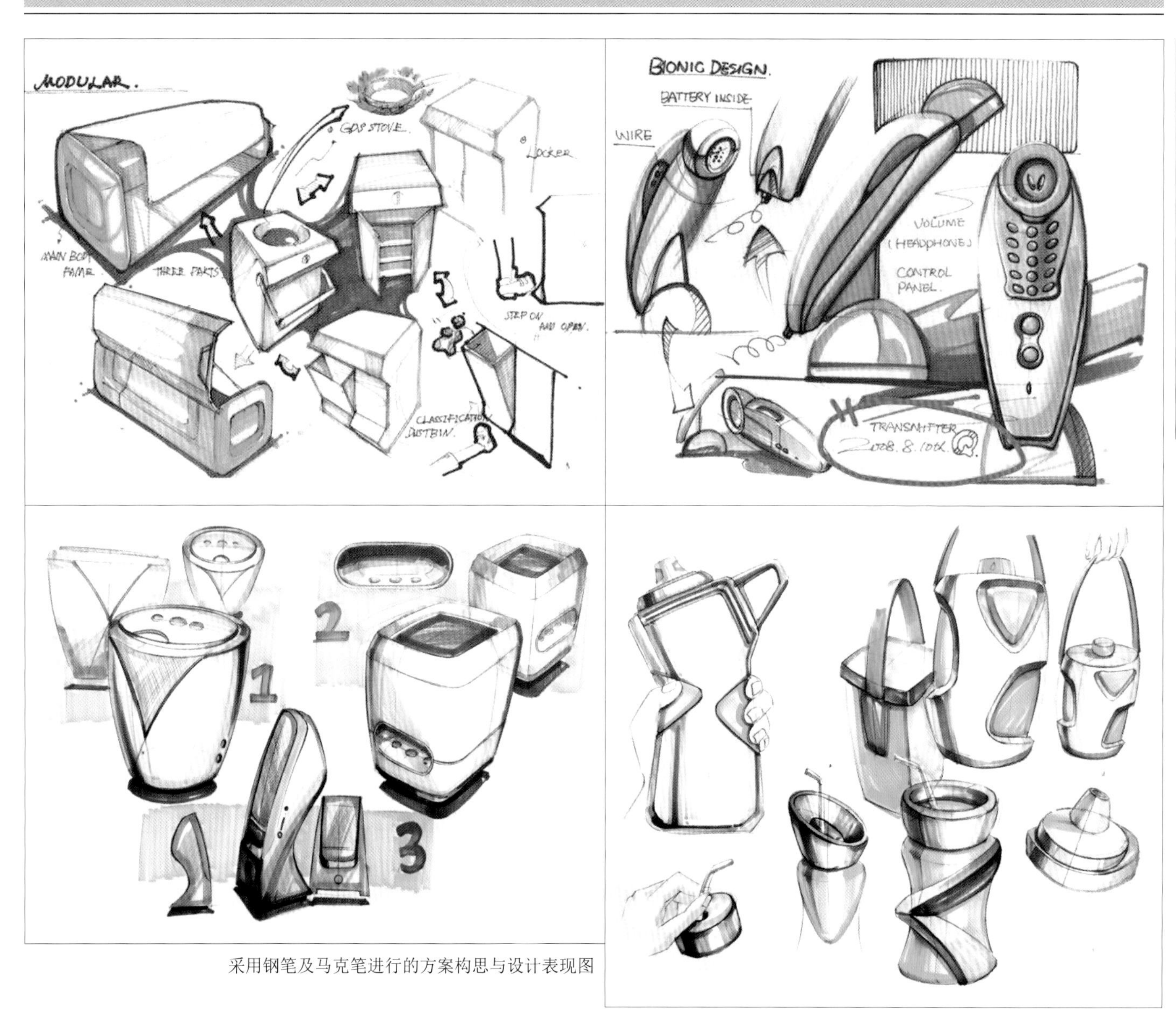

采用钢笔及马克笔进行的方案构思与设计表现图

摄像机表现步骤图 彩色铅笔 马克笔

灯具系列设计表现图 钢笔 马克笔

汽车系列表现图 钢笔 马克笔

摩托车表现步骤图 钢笔 马克笔

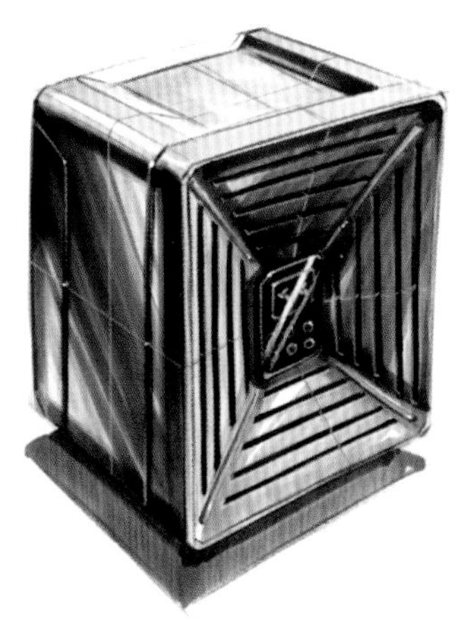

用高光笔提亮的产品表现图

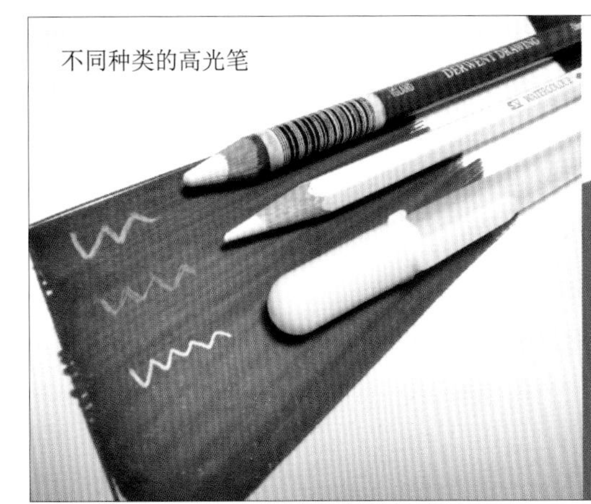

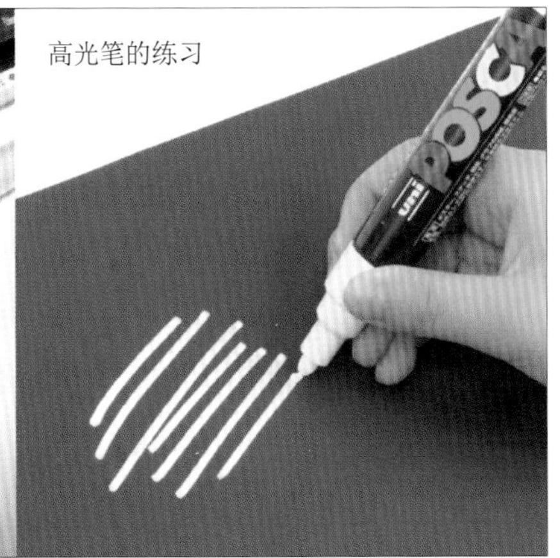

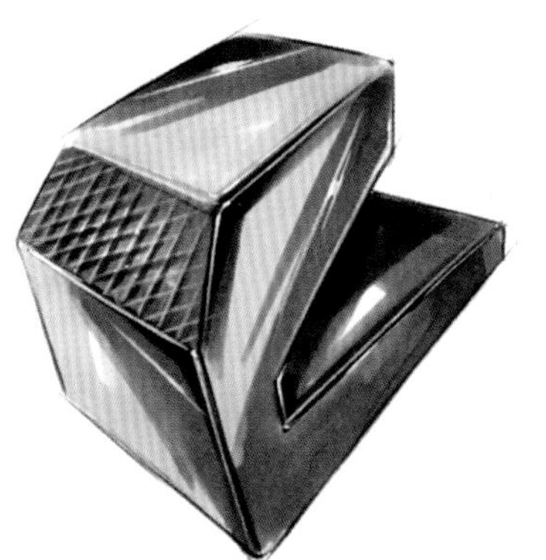

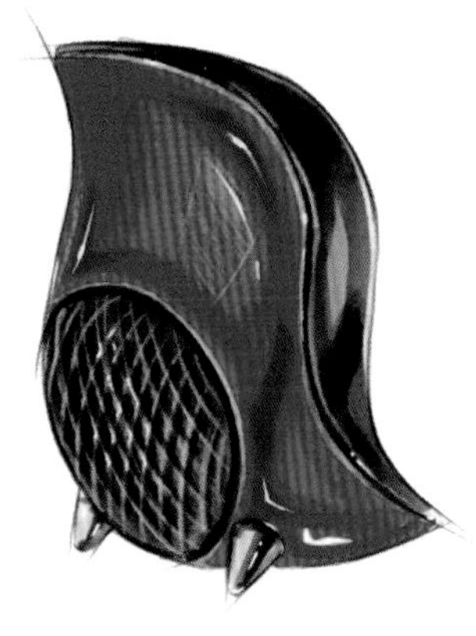

用高光笔提亮的汽车表现图

（五）高光笔

高光笔有几种不同的类型用来处理不同需求的细节表现，其一是高光笔运笔必须平顺利落，不能拖泥带水，这样才能形成反光的折射效果；其二是黑色材质想要形成网格纹理，可在材质表面用白色彩铅配合色粉，再用高光笔做光点。

常用的高光笔有以下几种。

1.白色彩铅

白色彩铅笔触较轻，有透明度，多用来处理有一定面积的高光，也会用来处理反光度不是很高的产品材质，其特点是光度比较柔和。

2.水性高光笔

水性高光笔的遮盖度较高，分为粗细不同的种类，一般画图时两种粗细的高光笔都应该备好，用来表现感光的倒角边缘和转角顶点的高亮位置，也常用来处理反光度高的材质，有很强的表现力。

3.白色色粉

色粉的特点是晕染均匀，但透明度较高，通常用来处理反光度不高的材质亮面及反光。

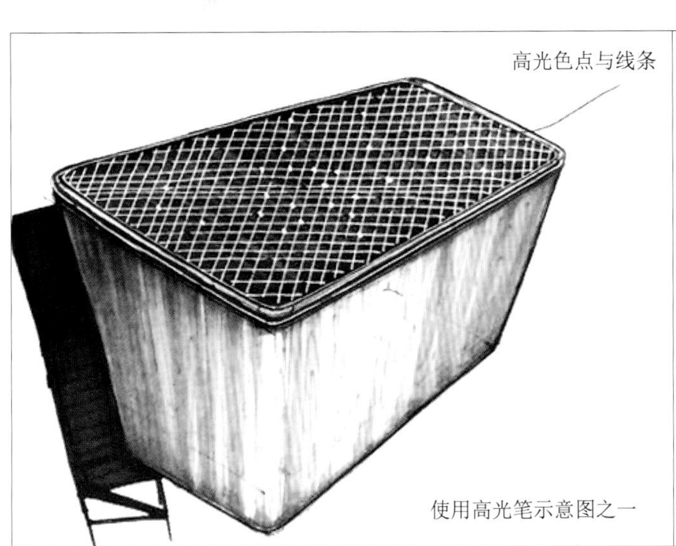

使用高光笔示意图之一

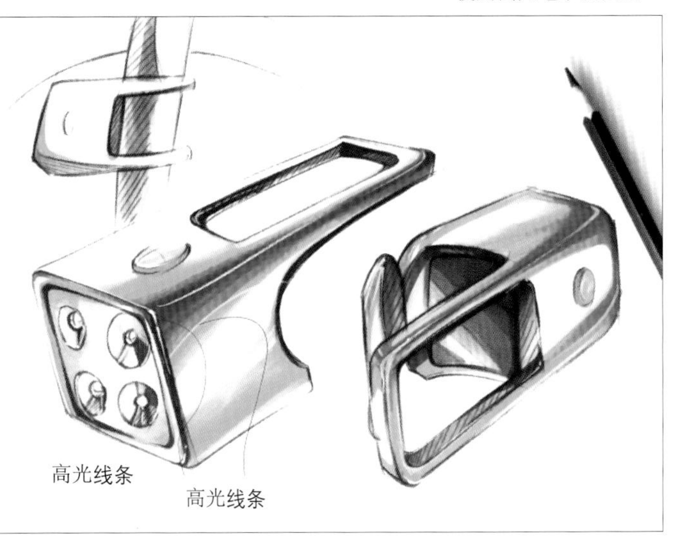

使用高光笔示意图之二

（六）颜料

1.水彩颜料

水彩曾经是手绘表现中具有代表性也是最常见的一种着色形式，因上色过渡均匀，表现力强，成为设计师普遍的选择。我们在学习时，可以购置18至36色的水彩颜料。

透明水色是一种特殊的浓缩颜料，比水彩颜料要鲜艳和透明，对线条没有遮盖力，很早就被应用于手绘表现中。目前美术用品商店都可以买到这种颜料，12瓶一盒，有大、小两种形式的包装，价格低廉。

由于马克笔材料的逐渐完善和普及，使用水质颜料相对显得不方便，需要准备毛笔、调色盘、水罐等工具。而且对于初学者来说也较难驾驭，所以目前使用人数开始减少，逐渐被马克笔所替代。

2.水粉颜料

水粉颜料色泽鲜艳、浑厚，用水调后作画，便于大面积涂盖，也是曾经从事专业设计经常采用的画材。水粉画表现细腻、精确、可控性强，能够精致而准确地表现产品的造型特征。与水彩不同的是，水粉颜料的干湿变化非常大，有些颜色只加少许的粉，在湿时和干时明度表现出或深或浅的差别，饱和度会大幅度降低，同学们在运用时应特别注意。

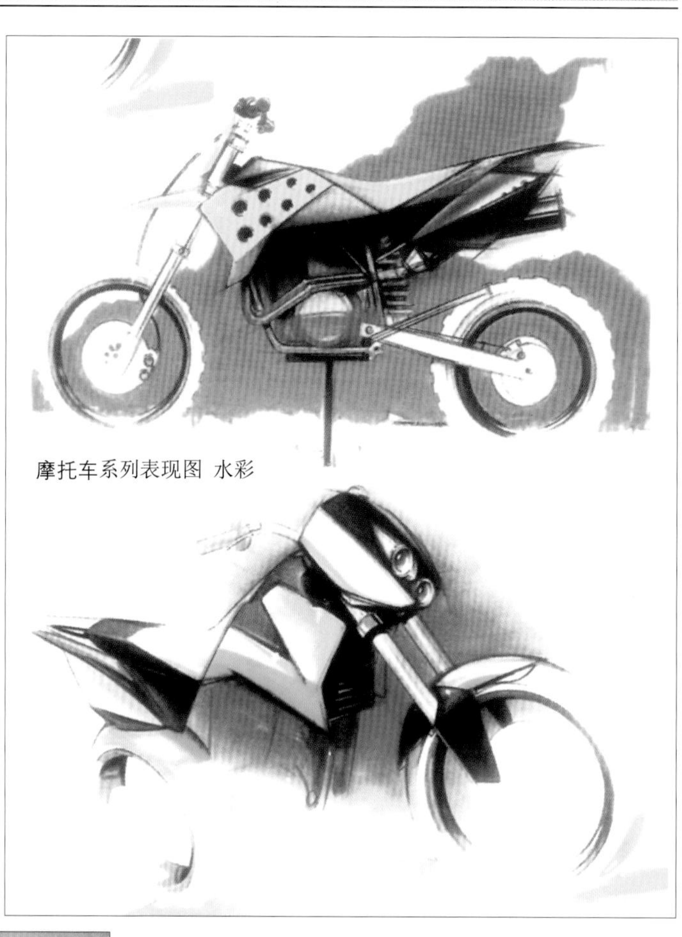

摩托车系列表现图 水彩

汽车系列表现图 水彩

汽车系列表现图 水彩

3.色粉颜料

色粉颜料也曾经是广泛使用的一种设计表现绘画材料，其过渡均匀、效果呈现细腻、对反光透明体和光晕的表现简单有效，色泽纯净明亮，可涂出颜色的退晕和虚实变化。色粉的效果类似于喷绘画法，但速度快得多。但使用色粉时需要先刮取需要的颜色粉末或在粗砂纸上磨成粉状，再用纸巾或化妆棉等工具绘制，且容易被擦蹭弄花画面，需要依次序喷洒固定液，因此目前使用者也在逐渐减少。

汽车系列表现图 马克笔、色粉

汽车系列表现图 马克笔 色粉

剃须刀表现图 水彩 色粉

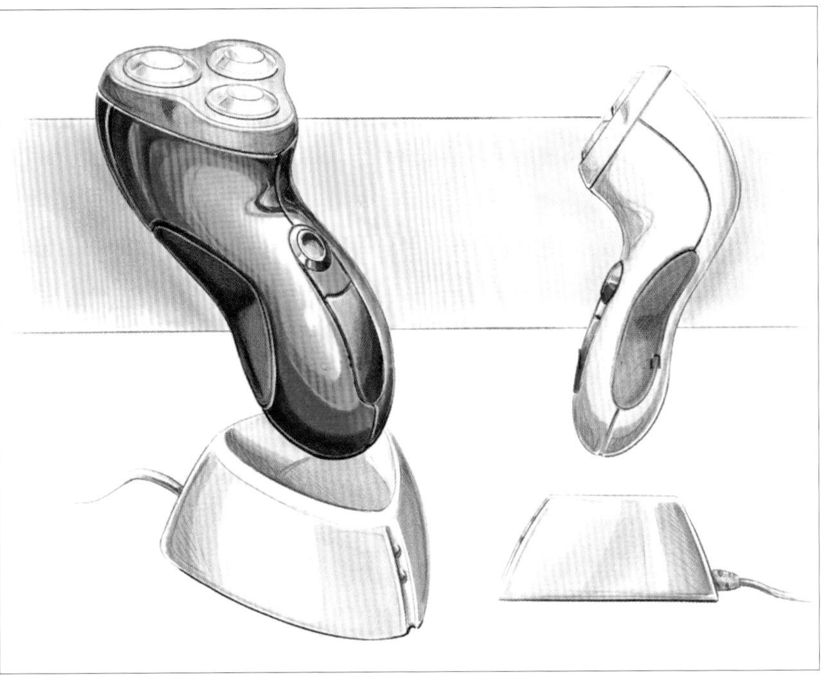

（七）纸张

1.复印纸

复印纸是快速表现最常见的练习纸张，一般在非正规的手绘表现中常用的是A4和A3大小的普通复印纸。这种纸的质地适合铅笔和绘图笔等大多数画具，呈现效果尚佳，价格又比较便宜，最适合初学者在练习阶段使用。

2.硫酸纸

硫酸纸是一种非常薄的半透明纸张，设计师一般用来绘制和修改方案，所以又称为“草图纸”。也可以用来拷贝和复拓，对设计创作过程具有参考、比较和记录、保存的作用。但是由于表面质地过于光滑，对铅笔笔触不太敏感，所以最好使用绘图笔。在手绘学习过程中，硫酸纸是用作“拓图”练习的理想纸张。

3.绘图纸

绘图纸是一种质地较厚的绘画专用纸，表面比复印纸粗糙，也是设计中常用的纸张类型。在手绘表现中我们可以用它来替代素描纸，进行黑白画、彩色铅笔以及马克笔等形式的表现。绘图纸不会透纸，能更好地对色彩进行吸收，避免出水过多而出现的荫纸现象。现在也有马克笔专用的绘图纸，纸张相对专用的绘图纸薄一些，质地也相对细腻一些，对马克笔的笔触有更好的呈现效果。

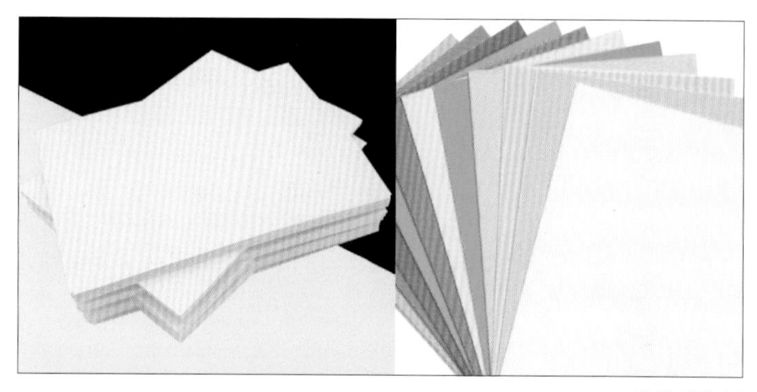

各种复印纸

硫酸纸和绘图纸

采用绘图纸绘制的机器人表现图

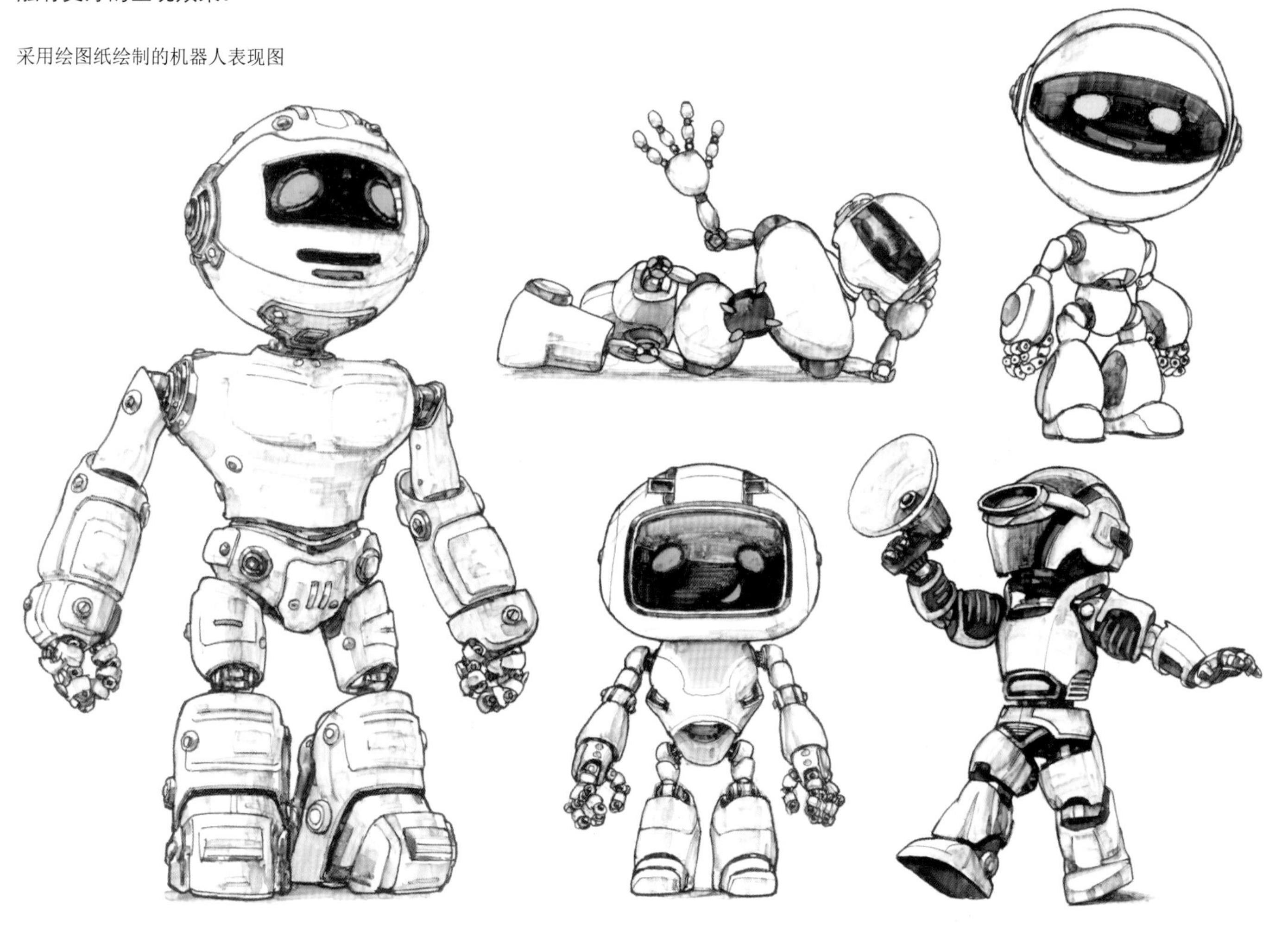

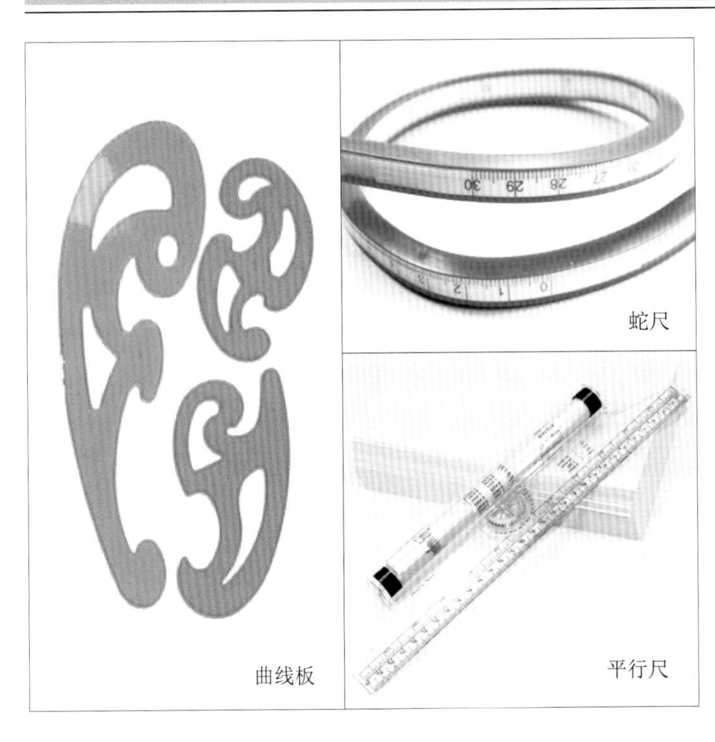
曲线板　蛇尺　平行尺

（八）尺规

虽然手绘应以徒手形式为根本，但在训练和表现中也时常需要一些尺规的辅助，以使画面中的透视以及形体更加准确。在实际表现中，尺规辅助可以在一定程度上提高工作效率，一般有直尺、丁字尺、三角板、曲线板、圆规（或圆模板）等。当然，也不要忘记设计师最重要的贴身工具——比例尺。

下面介绍几种在手绘时较特殊的尺规工具。

1.蛇尺

这是一种软质尺，可以摆放成各种弯度的线条进行勾画。优势是可以根据方案需要自由调节出不同的曲线，缺点是因为人为扭曲摆放，所以曲率不一定绝对顺滑。

2.曲线板

曲线板是设计师常用的绘图工具，通常一套曲线板中有大小不同尺寸的曲线尺，可以画出不同曲率和要求的优美曲线，可以更为精确美观地表达效果图。不过因为曲线板是固定的形态和大小，所以画出的曲线样式有限，一般画草图时不需要。

3.平行尺

这是一个很方便的小设计，一把尺子上携带一个滚轮，滚动滚轮来画线，可以更准确地绘制在透视空间中平行的线条。虽然部分轮廓线在空间中存在透视关系，但是按比例相对靠近或比例较小的线条可以采用这种方式，使视觉效果更准确，也更快捷。

4.纹理板

纹理板同样是一个方便快捷的小工具，放置在纸张下方用铅笔反复擦画，可以呈现出有规律的各种纹理材质，非常快捷地表现了特殊材料的肌理感。

平行尺的使用方法

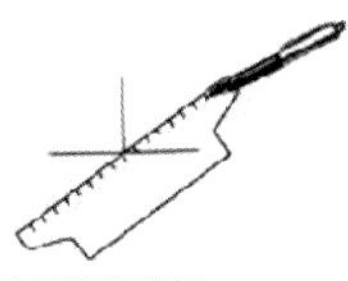
1.量角器的使用

把尺边的量角器对准所测绘之角顶点，同时将量角器刻度线与基准线重合，即可在尺边测绘出各种角度。

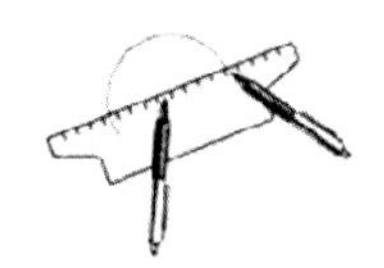
2.画笔及圆弧曲线

把笔插入尺端的小孔内作为圆心，在另一孔页插入一支笔，并旋转尺体360度，即可画出一个圆形。

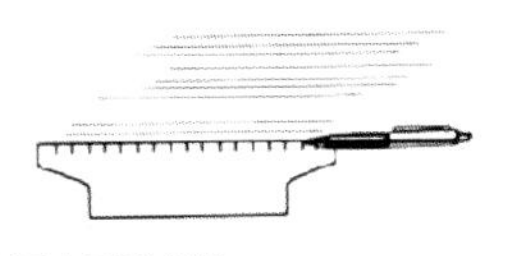
3.画水平平行线

将手按住尺体，沿尺边即可画出一条水平线。将尺上下移动，就可画出多条水平线。

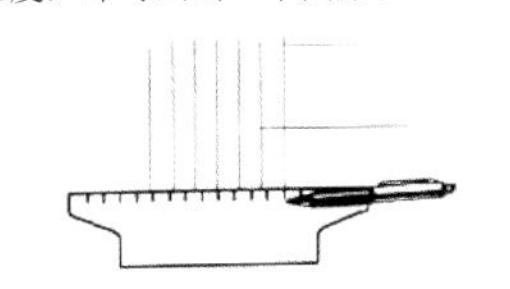
4.画垂直平行线

把笔尖插入尺边的小孔内，上下滑动尺体即可画出一条条垂直平行线，其长度可由计数窗内的刻度线表明。

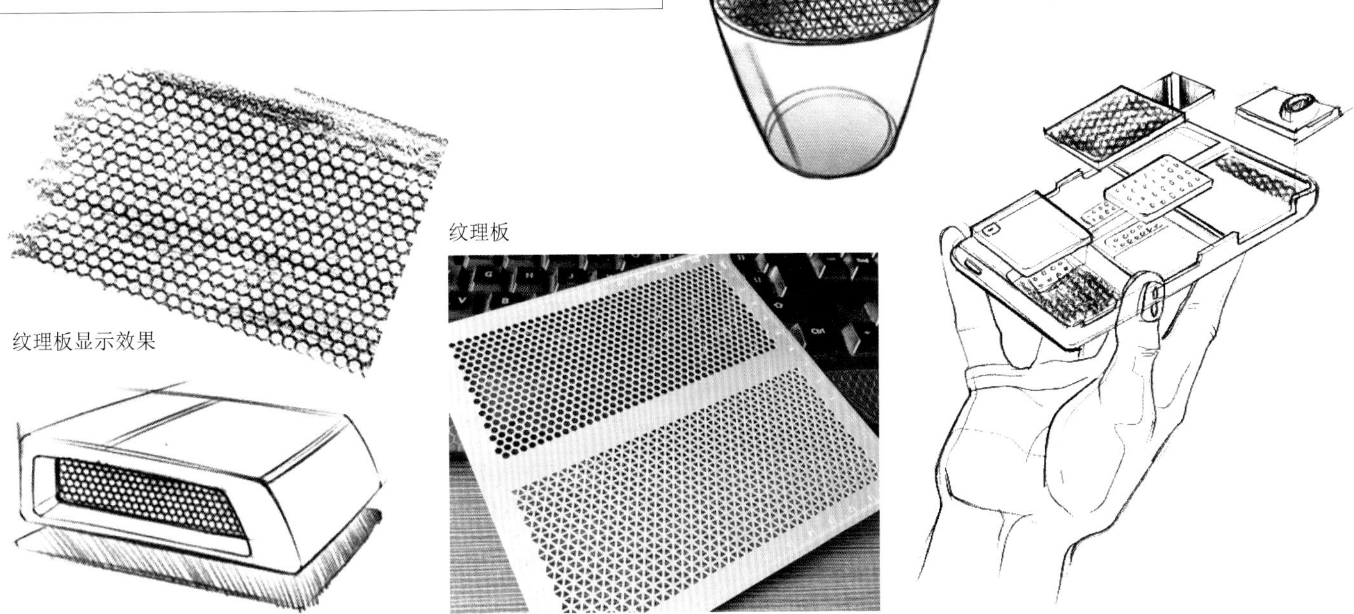
纹理板对手绘作品的辅助效果

纹理板显示效果

纹理板

二、空间与透视

“欲作结密，先以疏落点缀；欲作平远，先以峭拔陡绝；欲作虚灭，先以显实爽直。”

（一）空间

在二维的画纸上表达三维的立体效果，对于产品的空间表达是必不可少的。空间是实在的，也是虚幻的；是具体的，也是抽象的。空间表现是调节人的视觉感受与图面艺术效果关系的重要手段，线条的疏密安排，笔法的对比与丰富，形态与空间的虚实关系，形成空间关系的艺术效果与章法布局的关系。

空间表达不仅可以通过透视技法完成，还可以通过明暗、浓淡、虚实来表示产品的空间关系，以线条粗细对比、线条前后穿插、色彩的冷暖关系等视觉感觉来实现。

（二）透视

1.透视原理

产品设计手绘图都是用二维平面来表现存在于空间中的三维立体的产品。大家知道，由于人们眼睛的特性，空间架构会根据视平线在人脑中的反射形成远近大小的比例关系，也就是通常所说的近大远小。与两只眼睛形成的平面平行的物体不会发生形变，只会根据距离远近而缩放比例；而与眼睛所形成的平面不平行的物体，则会发生比例形变。

为了模仿人眼在空间看到的物体，我们需要将纸上的物体进行透视变化。通常我们在纸面设定视平线，产品上与纸面平面不平行的线条都需要遵循透视变化原理。在视平线上设定灭点VP点，产品所在的矩形盒子框线默认相交于VP点，即消失于视平线上。

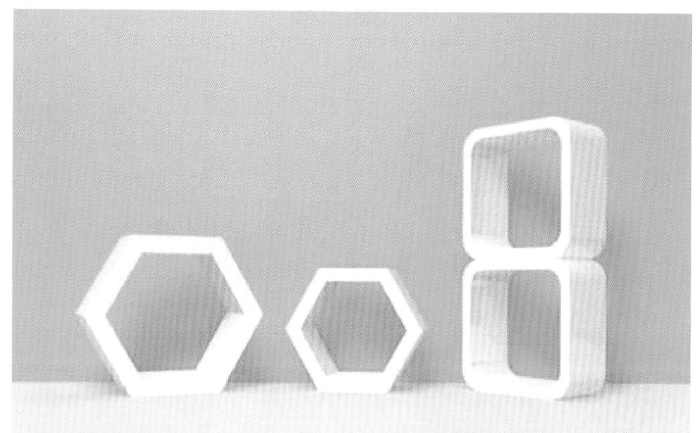

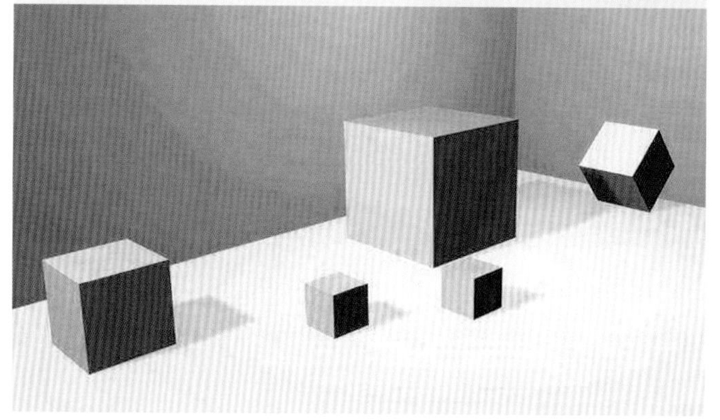

空间中的形体透视

空间中的形体透视图练习

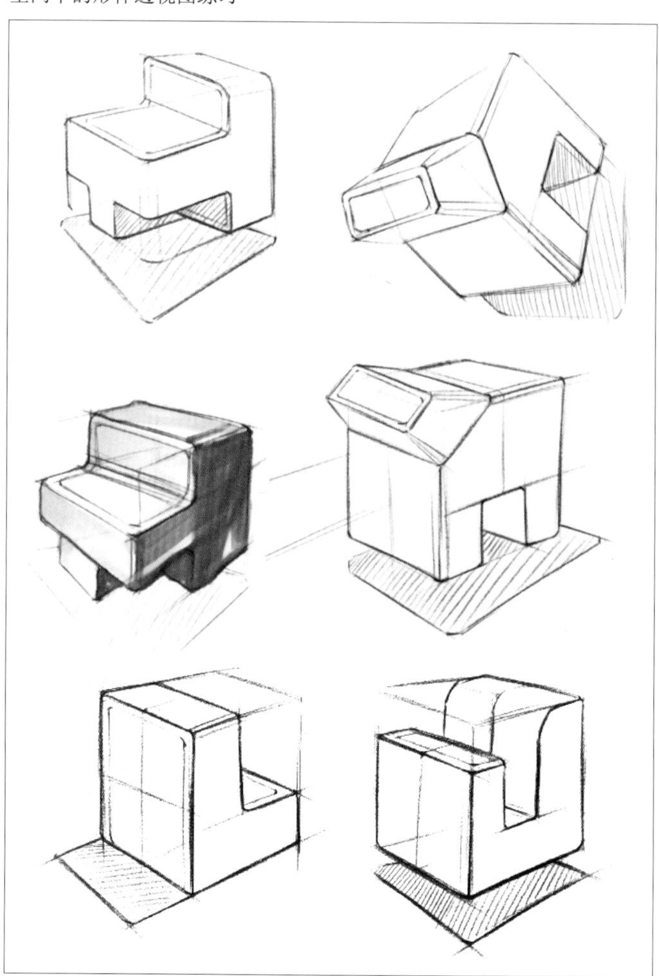

圆形产品的透视练习

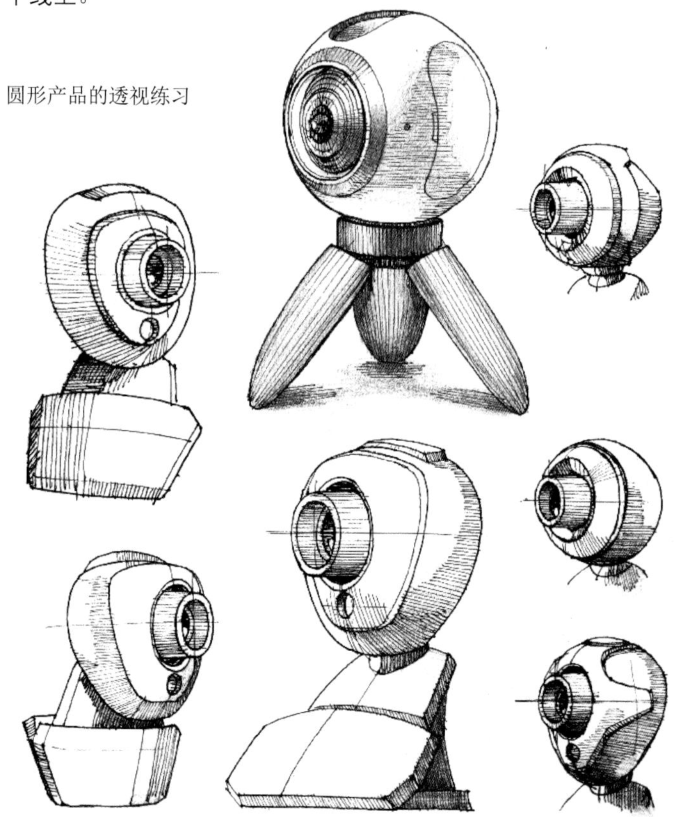

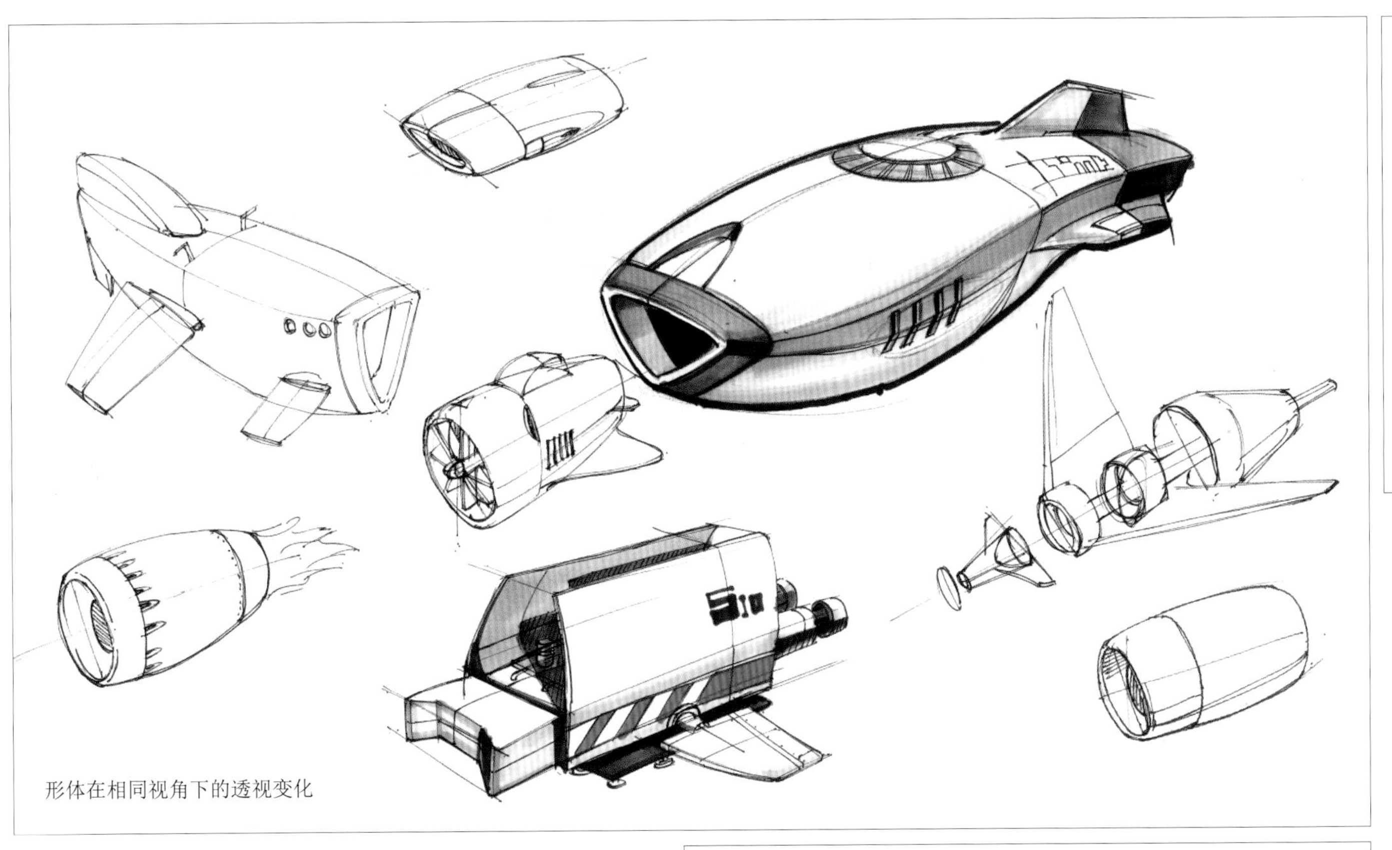

形体在相同视角下的透视变化

车体在仰视与俯视下的透视变化

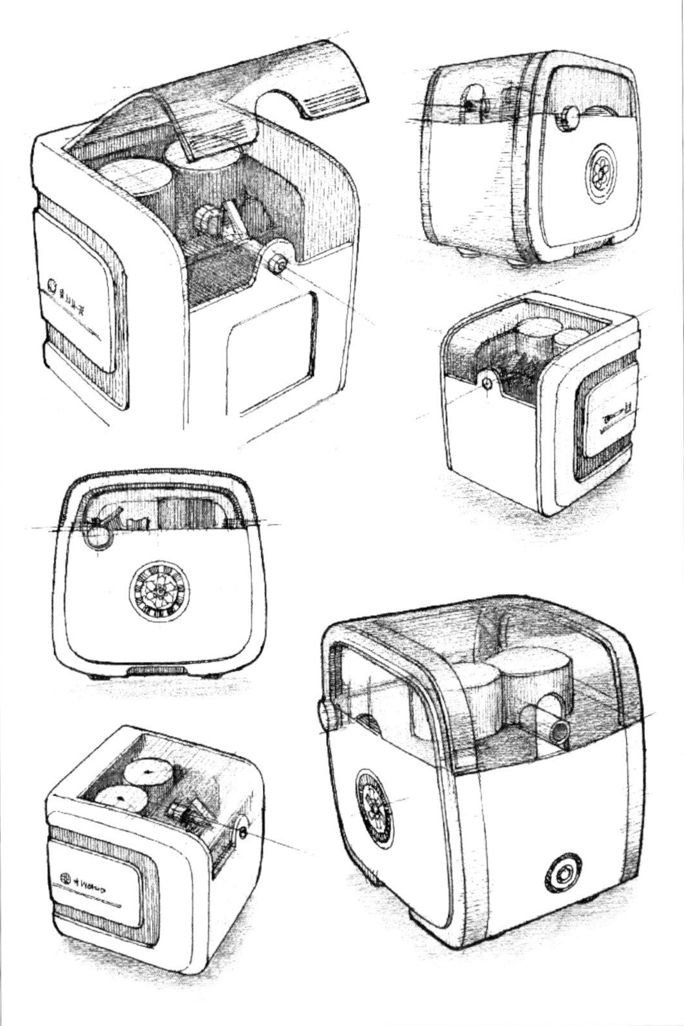

形体在不同视角下的透视变化

2.一点透视

在一点透视图中，画面只有一个灭点，所以被称为“一点透视”。因其所表现的立方体会有一个面平行于画面，故也被称为“平行透视”，多用来表现主立面较复杂而其他面相对较简单的产品，比较容易掌握。

讲解：一点透视即是视平线上有一个灭点VP点，与纸面形成角度的线条都会聚于VP点。如果我们将产品的形态看作是一个六面体的矩形，矩形的六个面中有一个面与纸面平行，该产品即遵循一点透视规律。

在一点透视的日常训练中，可将灭点定于纸面的中央或任意一侧，在围绕于灭点的各个空间位置对不同方体形态进行练习。

一点透视的绘画作品

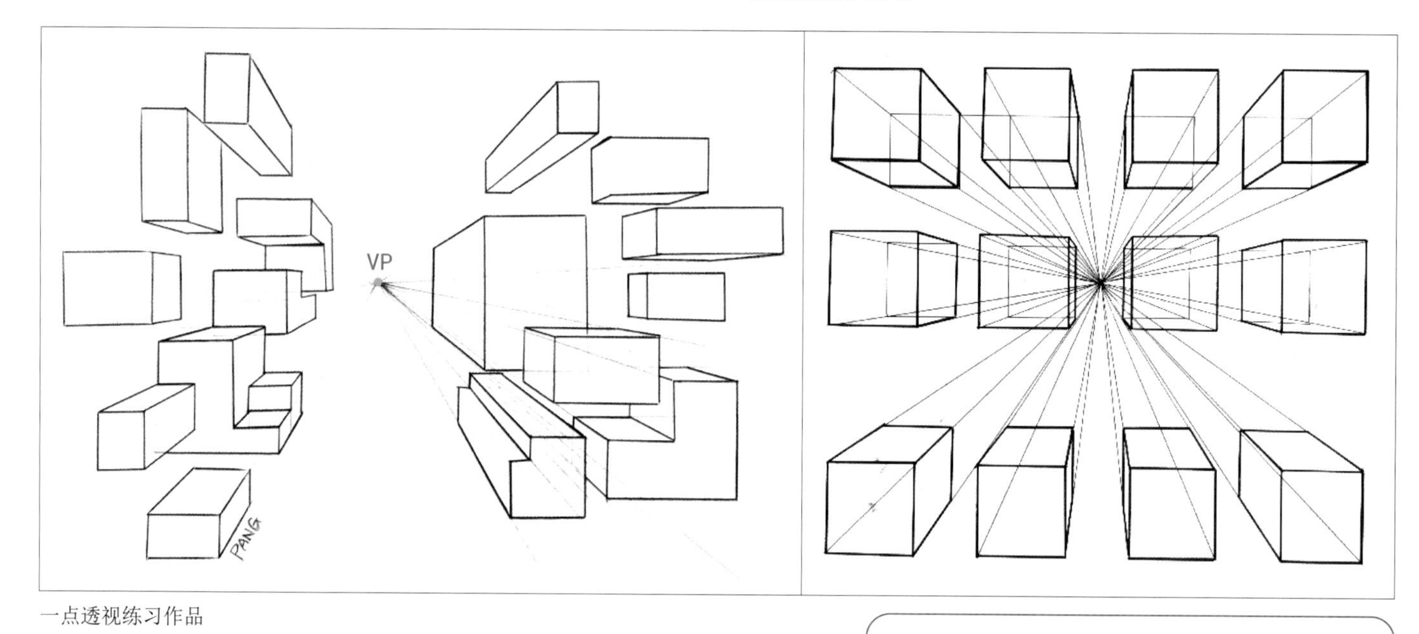

一点透视练习作品

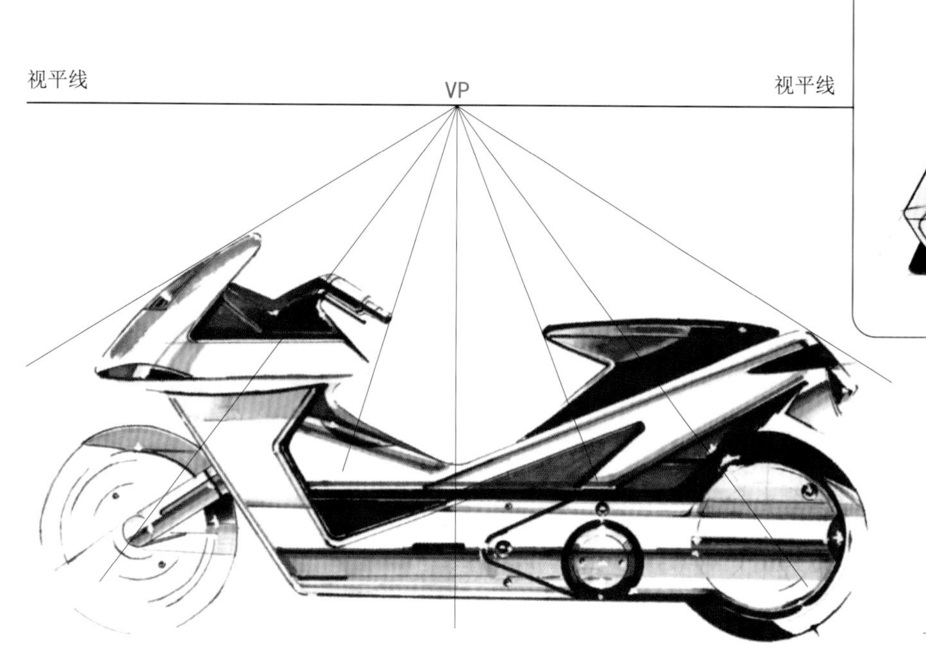

一点透视下的摩托车表现图

图释：人的双眼所在高度为视平线，在一点透视中，视平线里有一个灭点——VP点，产品所在的外轮廓方盒子里有一个面是平行于纸面的。

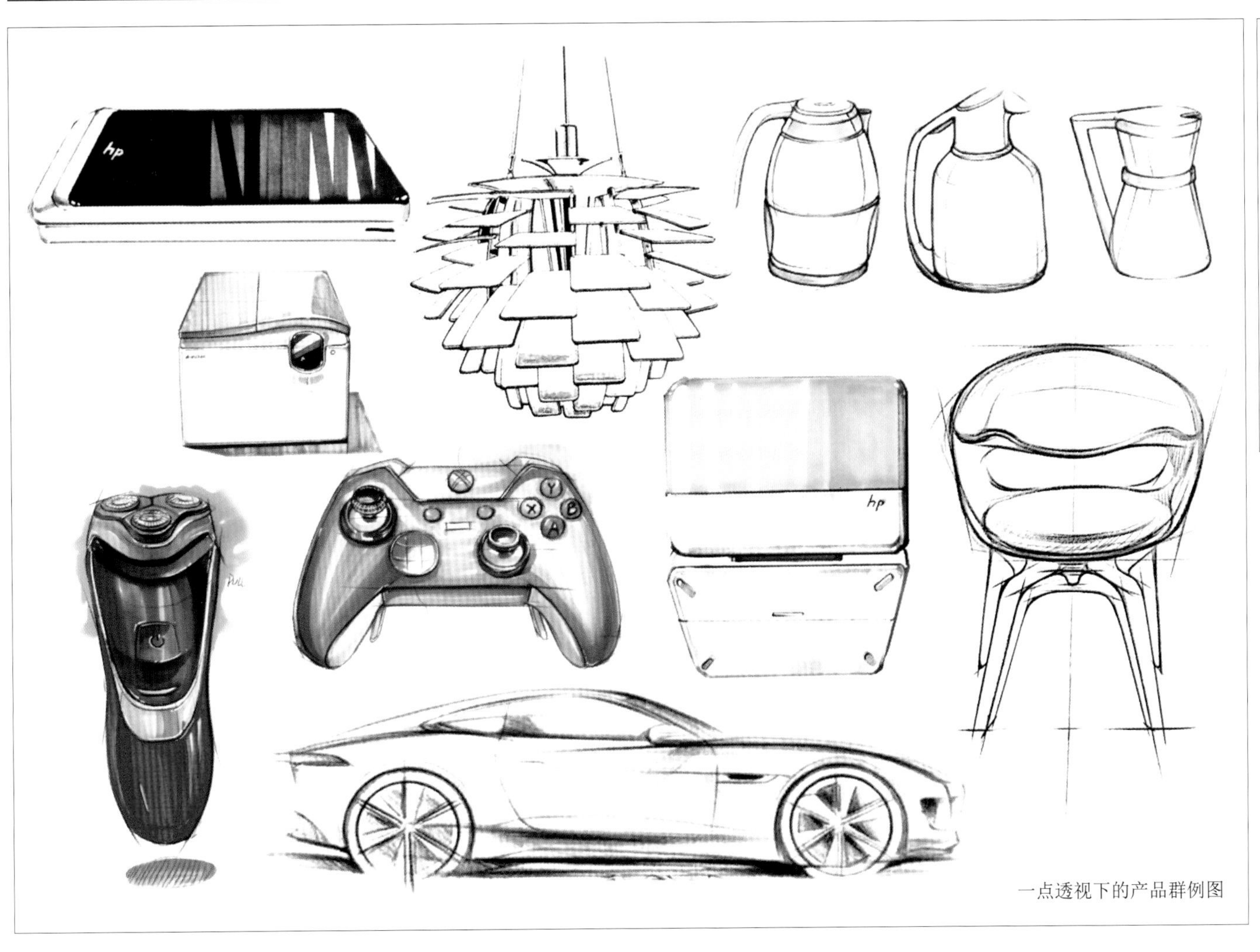

一点透视下的产品群例图

一点透视下的产品表现图

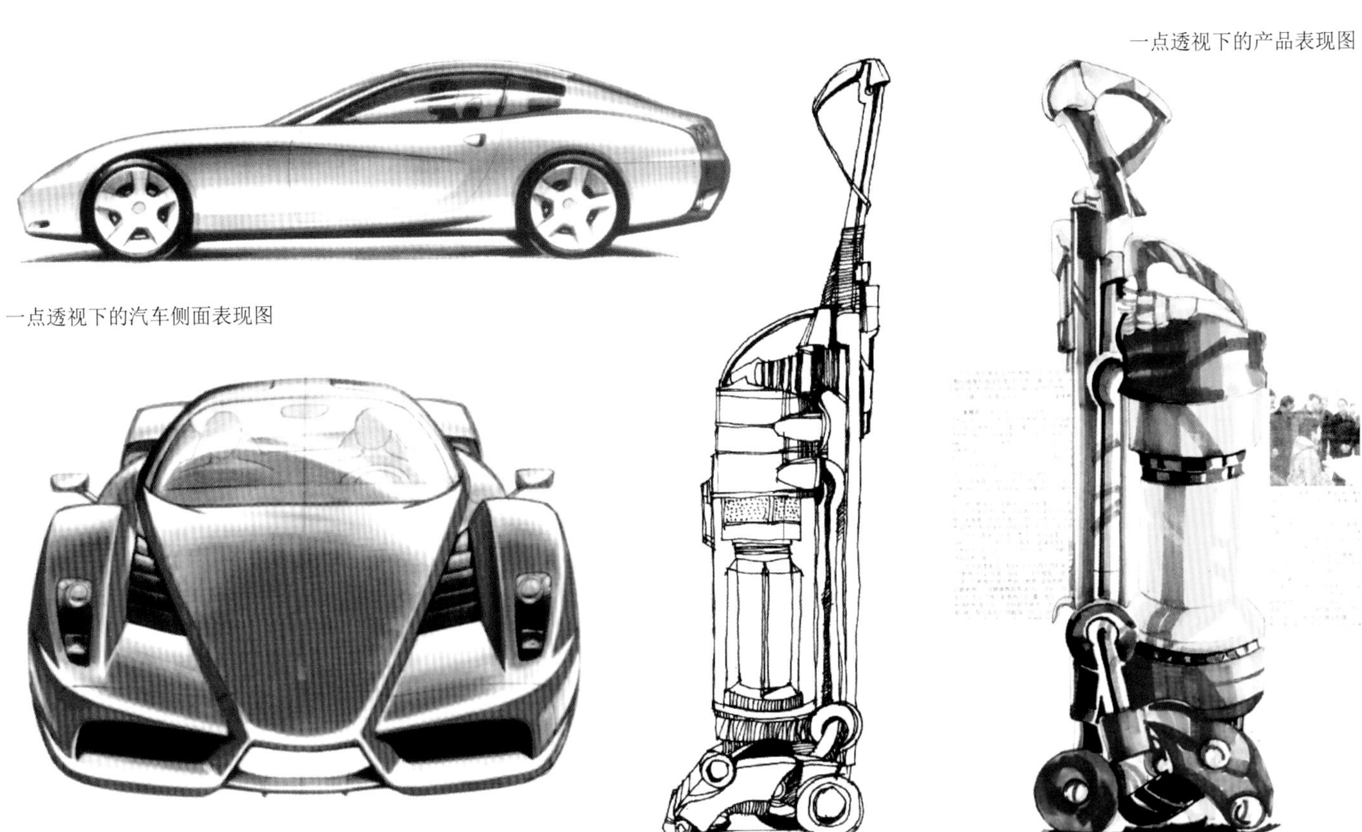
一点透视下的汽车侧面表现图

一点透视下的汽车正面表现图

3.两点透视

在这种透视图中，在画面左右会有两个灭点。当一件物体只有表示高度的轮廓线平行于画面，其他表示长与宽的轮廓线各向左右延伸，消失于视平线上的两个灭点时，称为“两点透视”。由于物体的正、侧两个面与画面形成一定的角度，故也称为“成角透视”。两点透视能较全面地反映物体几个面的情况，而且可以根据构图需要自由地选择角度，图形立体感较强，是产品设计表现图中最常应用的透视类型。其缺点是如果角度选择不好易产生变形。

两点透视的跑车照片

讲解：当产品所存在的矩形盒子的六个面中没有与纸面平行的面时，该产品即遵循两点透视规律，视平线上有左右两个灭点——VP_1点和VP_2点，与纸面形成角度的线条分别会聚于左右两个VP点。

在两点透视的日常训练中，可将两个灭点定于纸面中间线的左右两头，在灭点中间的各个空间中绘制不同方体形态进行练习。

VP_1 VP_2

两点透视练习

两点透视下的产品群例图

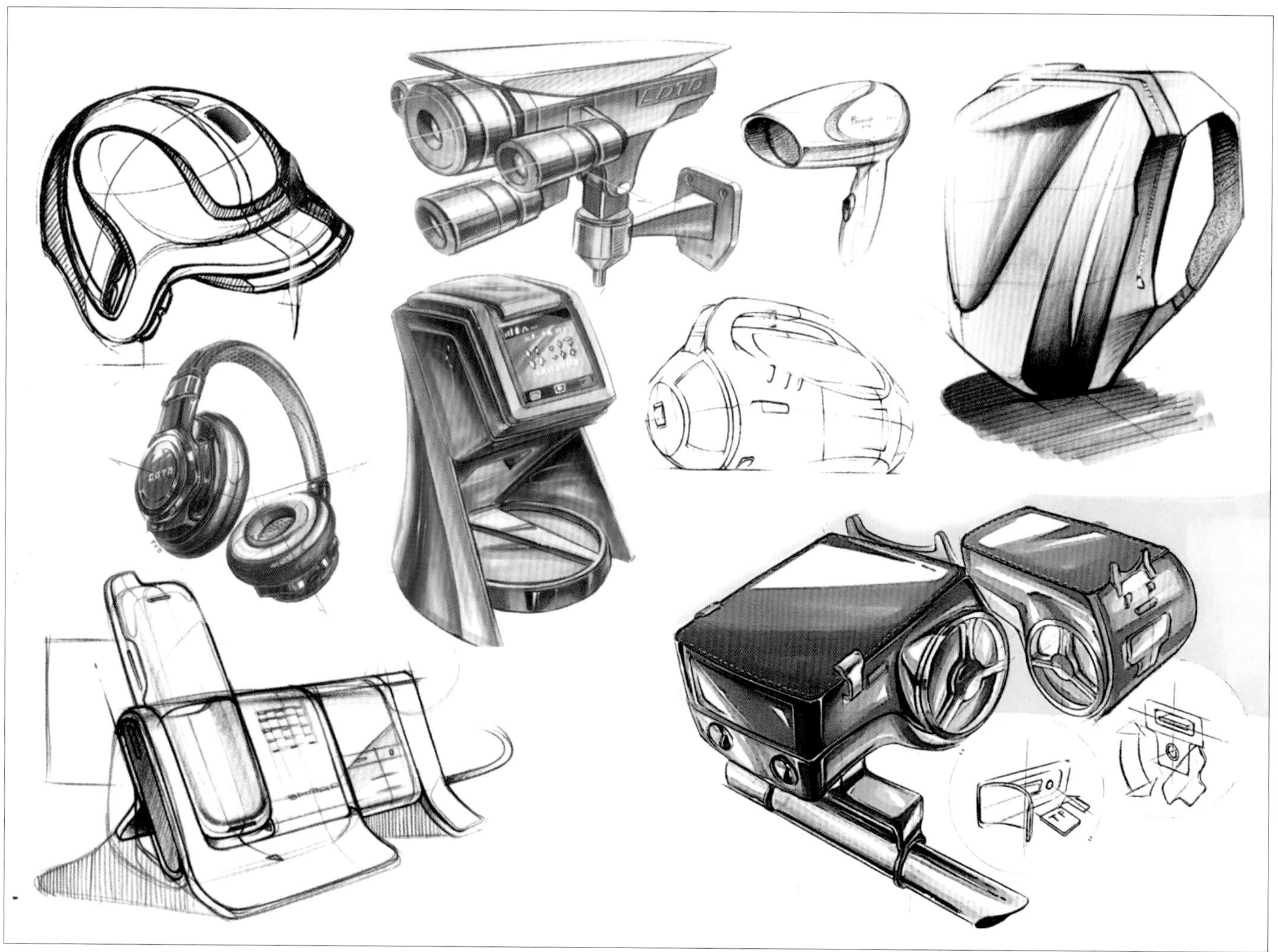

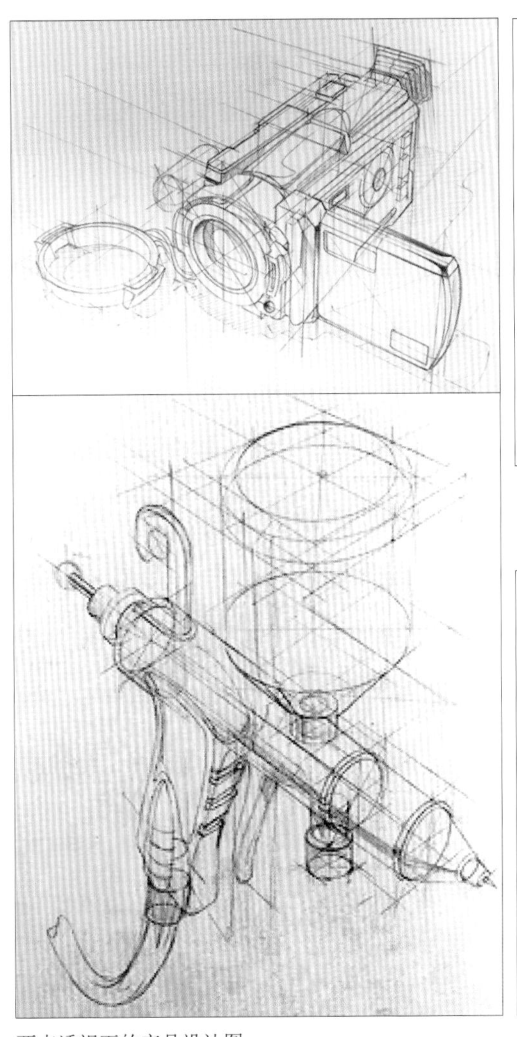

两点透视下的产品设计图

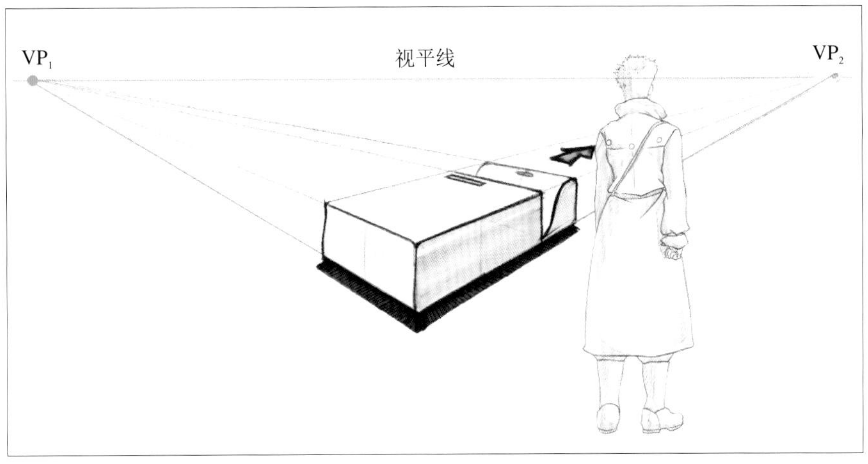

在两点透视中，当人的视平线高于物体本身时，人能够观察到物体的上表面和两个侧面。物体所在方体轮廓中没有面与纸面平行。

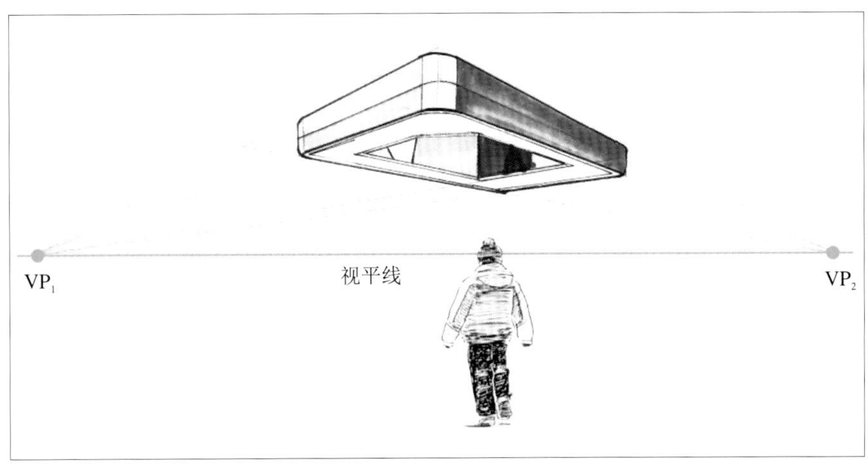

在两点透视中，当人的视平线低于物体本身时，人能够观察到物体的下表面和两个侧面。物体所在方体轮廓中没有面与纸面平行。

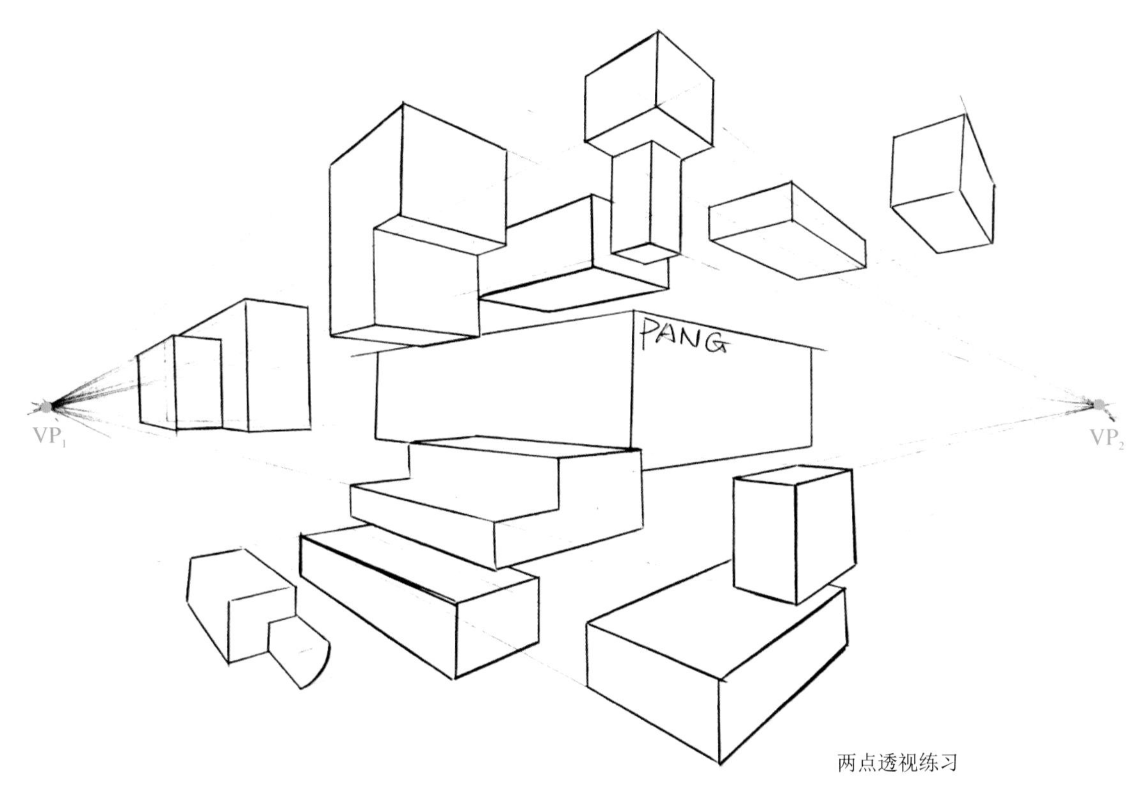

两点透视练习

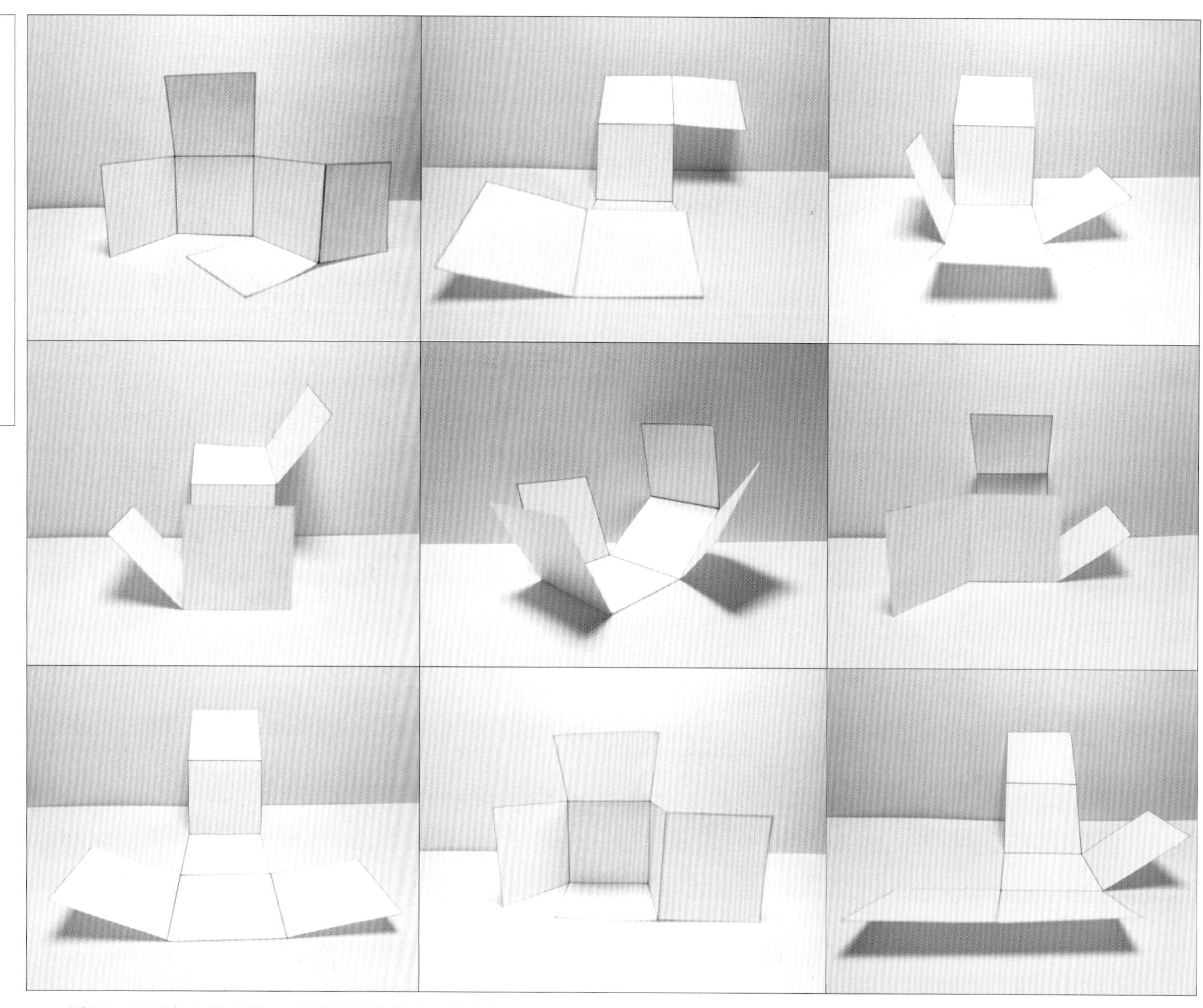

图释：展开立方体训练：可用白纸绘制不同的立方体六面展开图，剪下后折叠并绘制立方体打开一定角度的透视图，也可依照自己在脑海中想象的立方体展开效果进行绘制。

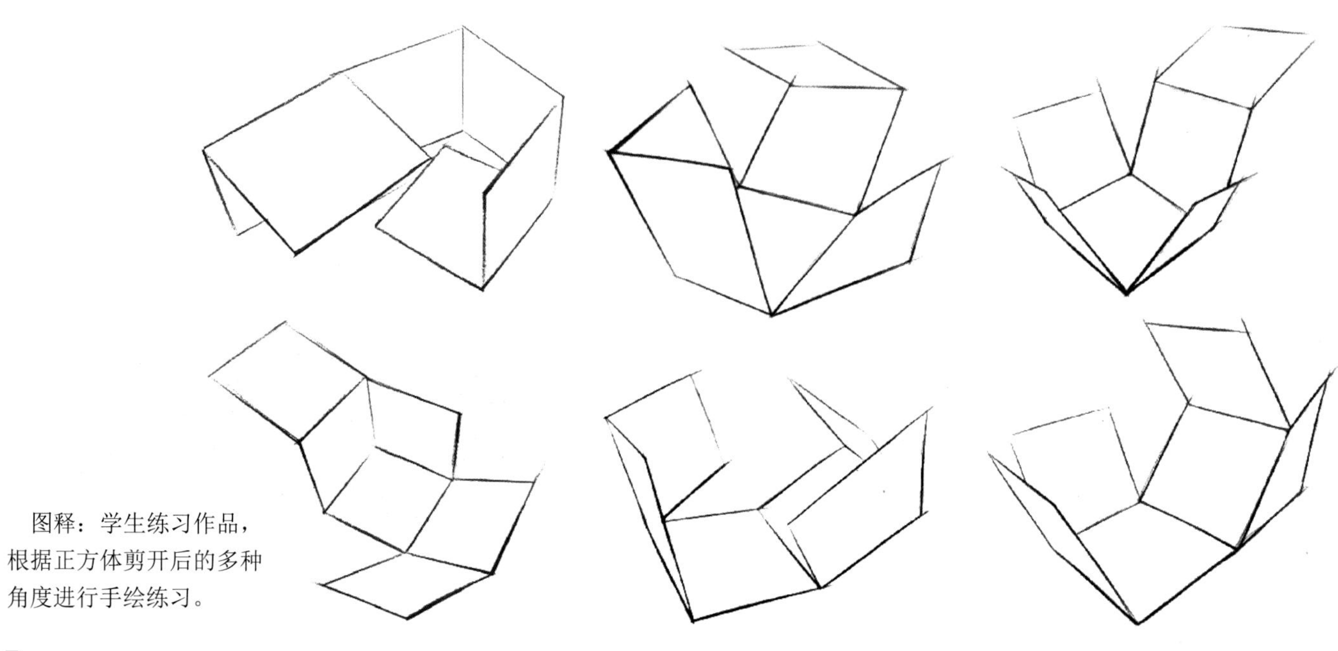

图释：学生练习作品，根据正方体剪开后的多种角度进行手绘练习。

图释：学生练习作品，根据正方体剪开后的多种角度进行手绘练习。

4.多形态透视特点

（1）圆的透视训练。圆的透视画法有两种：其一是将圆放置于有透视关系的方形中，圆内切于正方形的每一条边，得到透视圆；其二是先画出与圆形所在表面的垂直轴P，P轴穿过圆心，称为圆的透视轴；正圆经过透视效果后形成一个椭圆，P轴则为椭圆短轴，与P轴垂直的H轴为椭圆长轴，确定长短轴则可得到透视圆。如右上图所示。

（2）椭圆的透视训练。其一，可先在纸面画出符合透视关系的长方体，在长方体的三个可视面画出内切于四条边的透视圆，也为椭圆。其二，在有透视关系的矩形框上画出两条边之间的倒角，如右中图所示。每个倒角其实就是1/4个透视圆。如左上图所示。

初学者要学会运用辅助线来校准产品中的透视关系，不要只用眼睛看个大概，要养成严谨的绘制习惯。

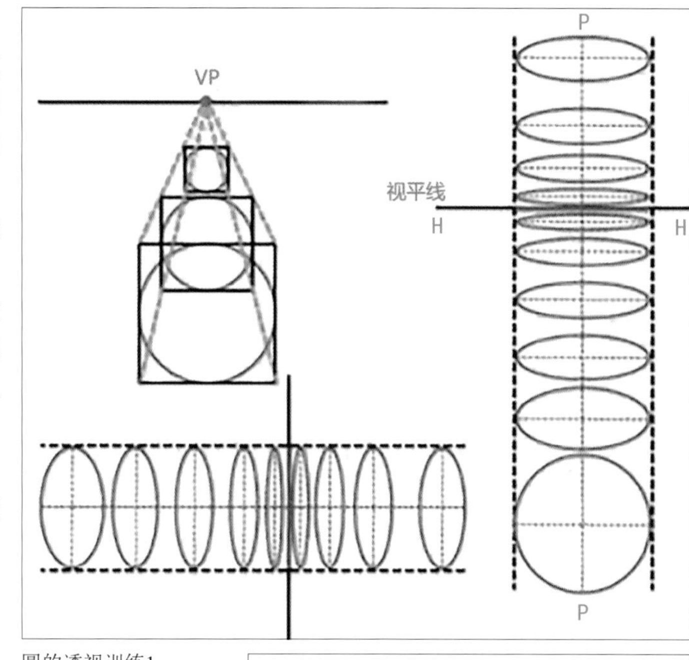

圆的透视训练1

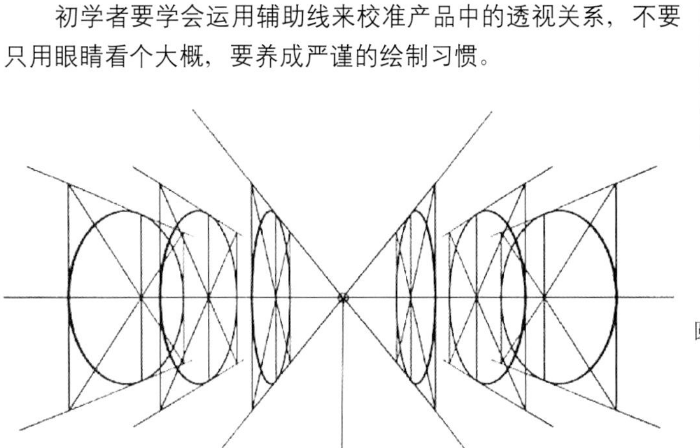

圆的透视训练2

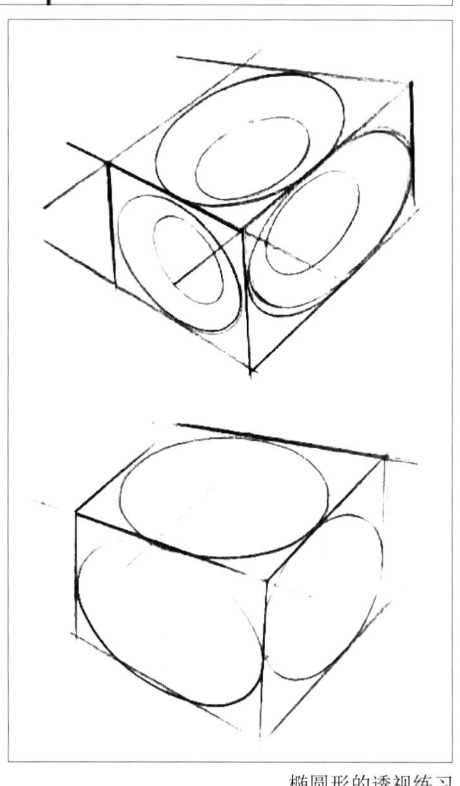

椭圆形的透视练习

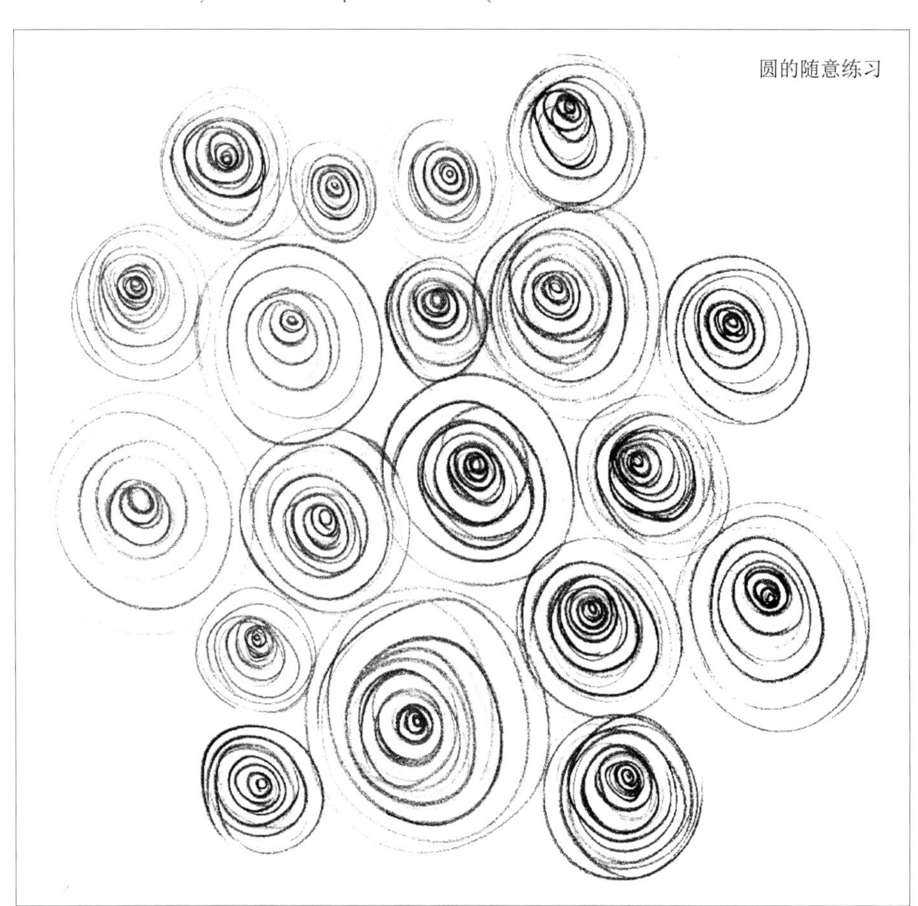

圆的随意练习

章节训练

1. 分别使用素描铅笔、黑色彩铅、针管笔、圆珠笔及各类尺规工具进行线条练习，了解和熟悉各种手绘工具的表现特点和手法。

2. 使用黑色彩铅和黑色圆珠笔分别进行方形的透视练习，一点透视训练画1张，二点透视训练画1张。

3. 使用黑色彩铅和针管笔进行圆和椭圆的透视练习，分别画2张。

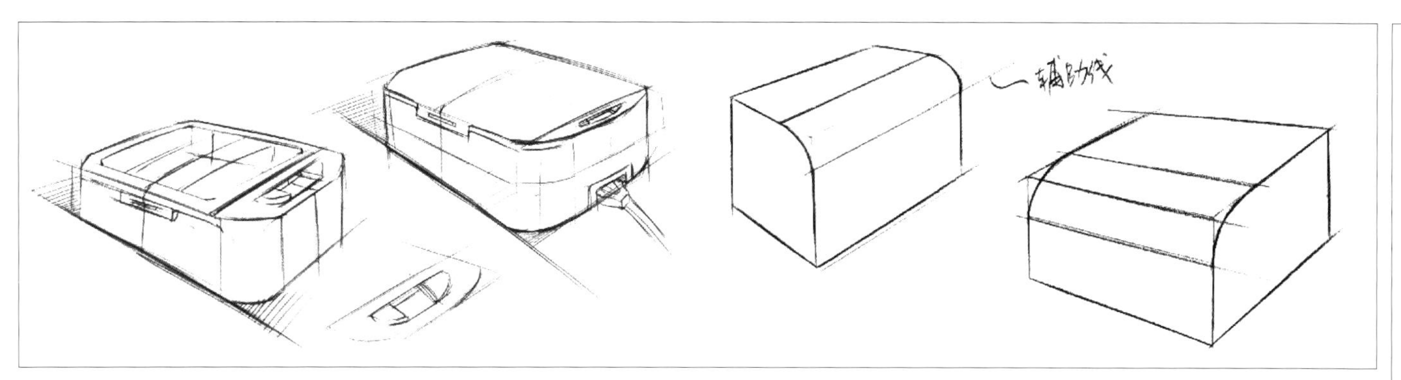

倒角圆的透视练习1

倒角圆的透视练习2

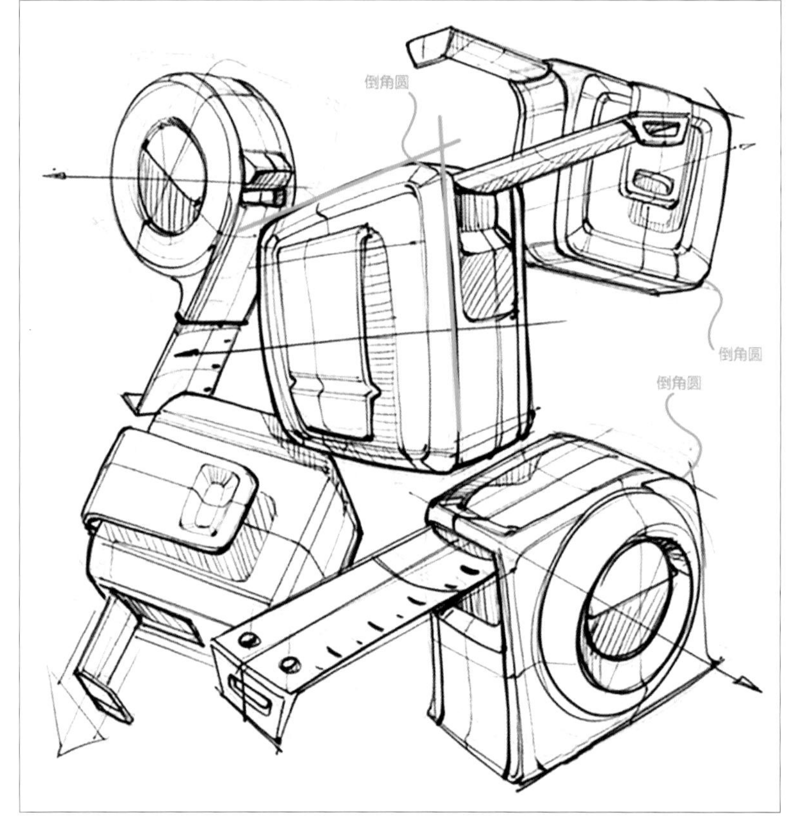

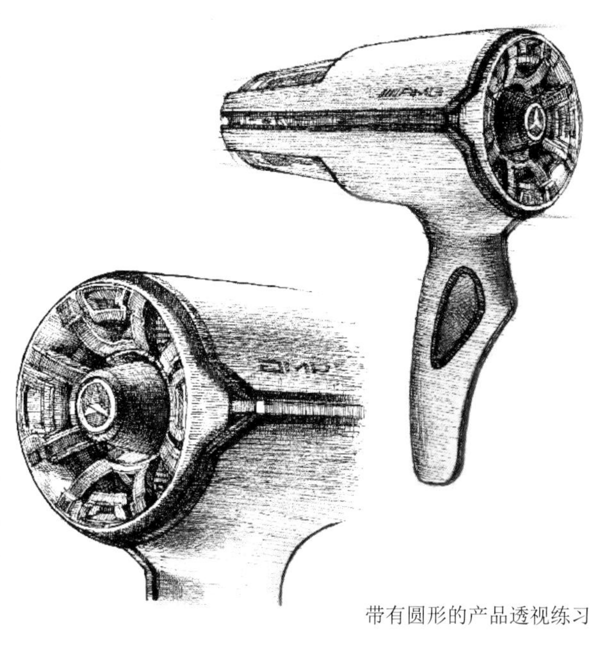

带有圆形的产品透视练习

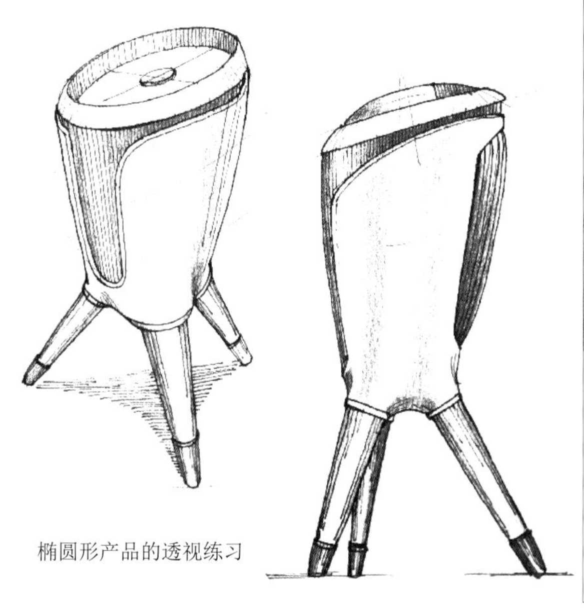

椭圆形产品的透视练习

三角形产品的透视练习

第三章 训练部分
循序的基础表现训练方法

一、训练项目1 线条与笔触

在手绘练习中，线条的训练无疑是我们首先会遇到的问题。要想画出流畅而准确的线条，正确的运笔姿态的把握是很重要的，这其中应注意以下几点。

（1）画线时，手腕要悬起，不要靠手腕来带动笔画，而应以肘部为支点带动整个小臂来运笔；

（2）笔尖向外，不要窝起手腕把笔尖朝向自己，这样无法画出流畅的线条；

（3）必要时，可以转动纸张，使得线条走势顺应运笔时手部的舒适方位。

图释1：手腕紧贴桌面，以手腕为中心运笔，线条很难达到水平。

图释2：笔尖朝里会影响运笔的灵活度。

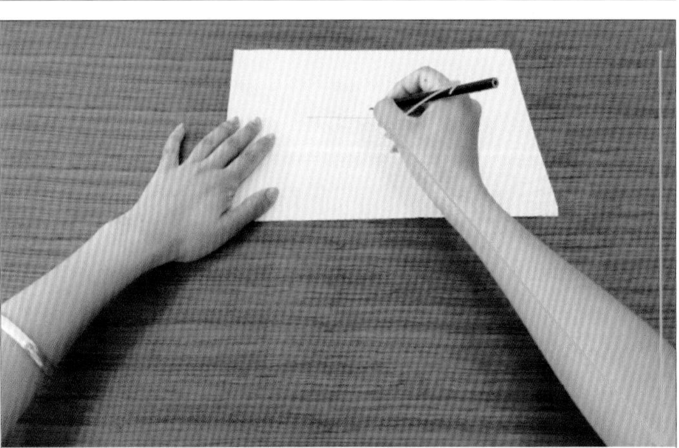

图释3：手腕悬起，以手肘为轴心运笔，才能使线条流畅。

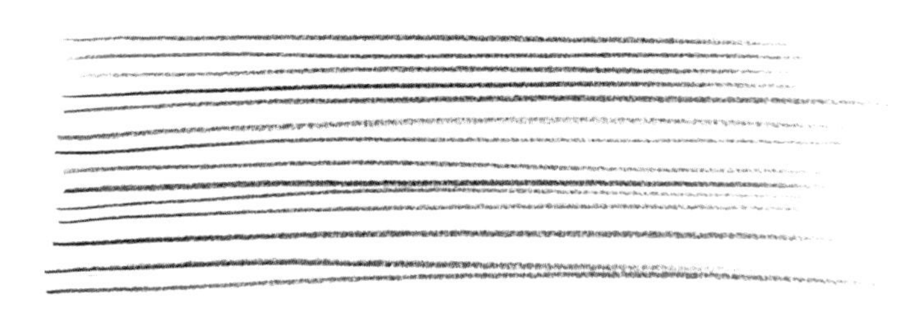

通常在产品表现技法中，我们使用的线条笔触为两头轻中间重。下笔时要以轻笔带入，逐渐加力，在中段70%的线条是重笔触，在尾端时卸力，轻笔触扫出。

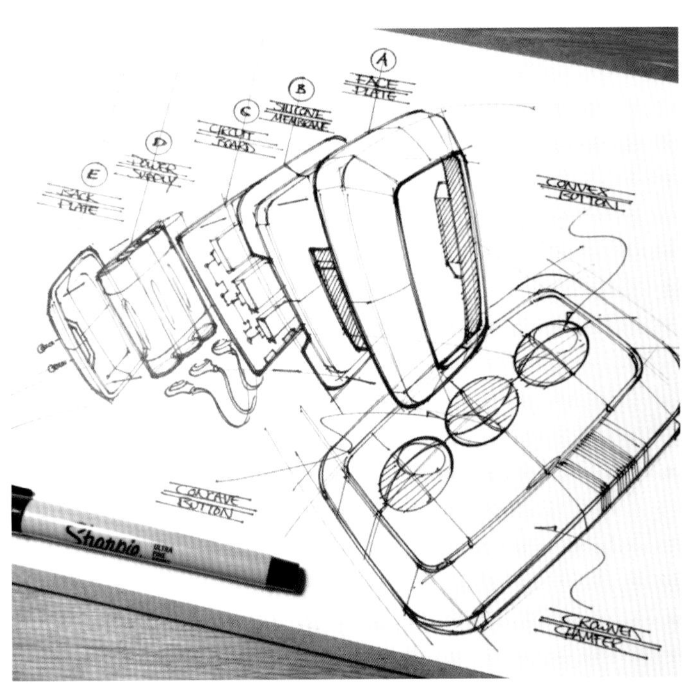

线条练习图例1（网络）

线条练习图例2（网络）

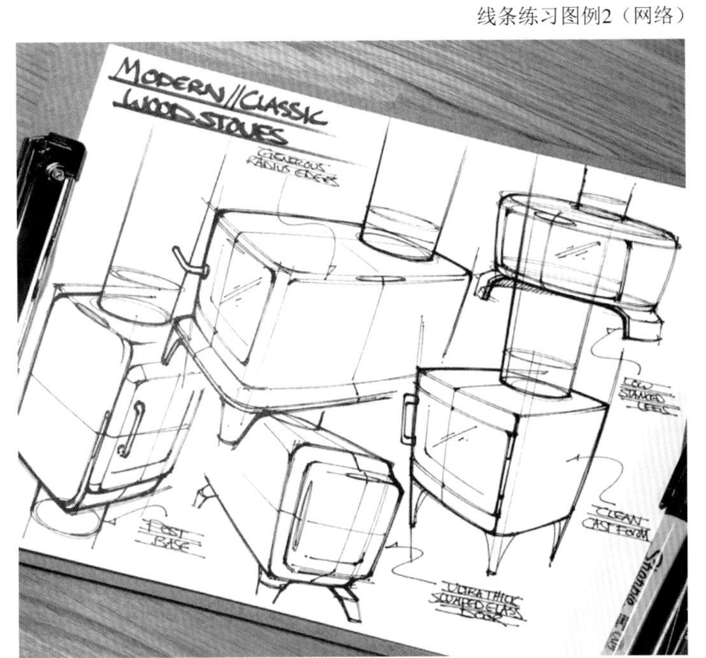

（一）线条训练

线条是表现图最基本的组成部分，本身就具有很强的表现力。初学者开始作画时往往无从下手，不知道怎么画下第一笔线条，最容易出的毛病就是琐碎，主次不分明。在练习时，很多同学是眼到但手达不到，这就需要长时间的练习。这个过程没有捷径可行，只有勤学苦练。

笔触是富有变化的线条表现，具有一定的技巧因素，同时也是传达表现者个性化的象征。通过不同的运笔，反映出不同的线条感觉，表现出轻重、虚实、刚柔、强弱、宽窄、曲直等多种变化和对比的笔触。

要学会使用轨迹惯性。在刚开始进行线条训练中，应不要急于在纸上直接落笔，而是先悬空在纸面上沿着想画的轨迹来回虚画几次，让小臂和笔尖整体形成一个能画出准确线条的轨迹惯性，然后再根据惯性下笔，这样能够提高线条的准确性。

1.直线训练

直线是产品表现技法中最常用到的基本线条，我们必须熟练掌握。直线看似十分简单，但产品表现技法对直线的笔法有一定的要求，应做到十分平滑，并且硬朗，这与美术创作中所要求的线条有一定的区别。因为在工业产品的范畴里，产品外形的线条大都平滑并坚硬，不能有丝毫懈怠，否则产品的表现图将失去自身的属性。

直线画法遵循两头轻中间重的笔触规则，运用手肘转动画出直线线条。简单来说，直线训练法有以下三种。

（1）两点训练：在纸上大约一拳距离点两个点，画出一条尽力通过该两点的直线。注意：两点只是参考点，训练手眼结合的准确度，但不要过于追求通过两点而弯折直线，注意画线速度不宜过慢或过快。

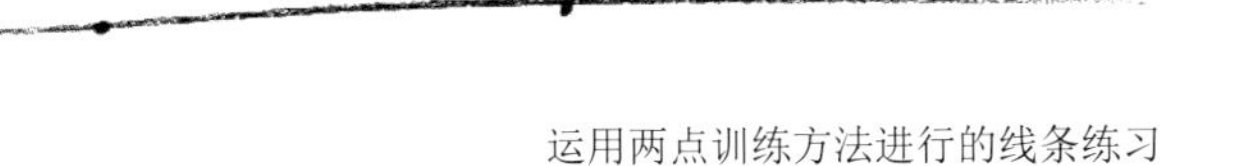

运用两点训练方法进行的线条练习

（2）平行训练：在两点法的基础上画出密度距离不大于5cm的平行直线群，尽力使直线之间互相平行。注意：平行训练为了训练线条在空间内的准确度，注意点与两点训练相同。

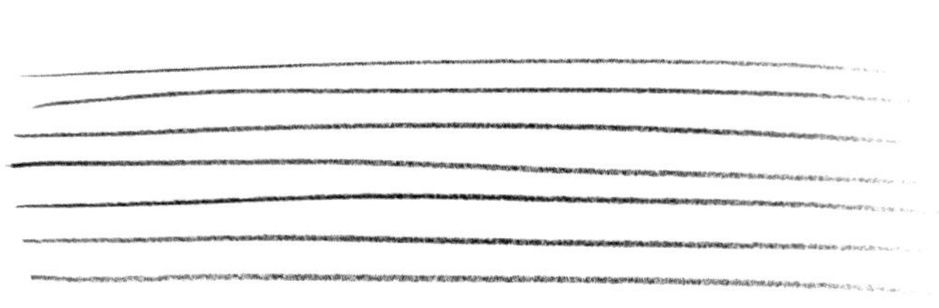

运用平行训练方法进行的线条练习

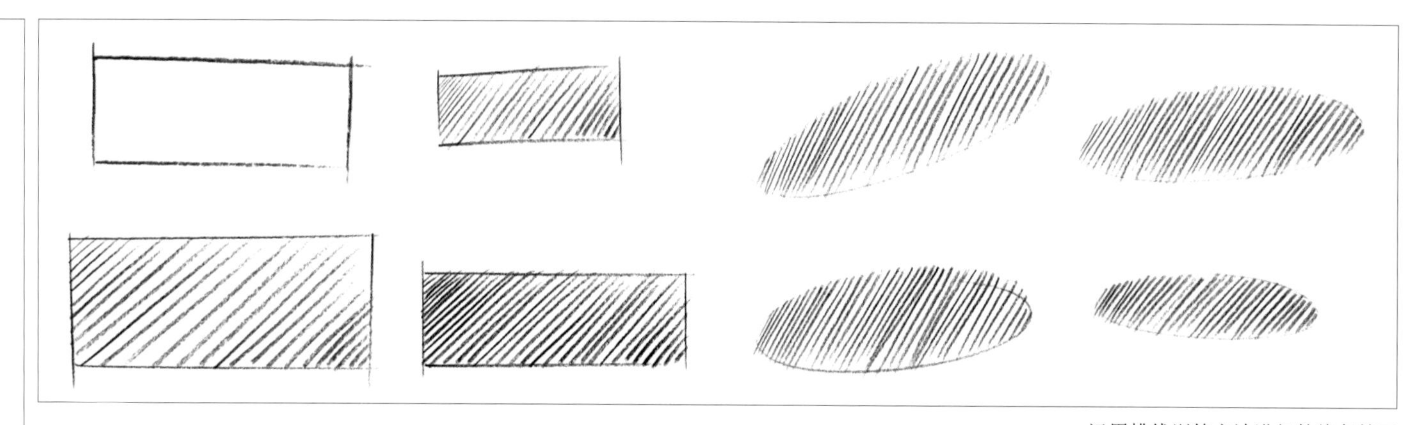

运用排线训练方法进行的线条练习

（3）排线训练：画一个矩形框或者其他几何形框，在图形框内做密集排线练习。每段排线两端都尽力顶到图形框线上，线与线之间距离为1 mm左右。注意：排线训练是为了表现产品暗部阴影的一种画法，排线密度需均匀，不要突然过疏或过密。

2. 曲线训练

在现代工业产品的外观中，存在着大量规律的有机曲线，具有平滑、优雅的特点，而且一般不会出现太过激烈的扭转和生硬的切角。我们在表现此类产品造型时，要多观察勤练习，在日积月累的练习中掌握要点。

一般来说，曲线训练法有以下三种。

（1）3点/4点训练：在纸面点出不在一条直线上的三个点或4个点，用平滑自然的曲线将这些点连接起来。注意：曲线笔触依然是两端轻中间重，重的比例应在70%及以上，连接起来的曲线应该只拐一次弯。

（2）抛物线训练：在纸面上先画上抛物线的透视方向和中垂线，在中垂线上点出抛物线的顶点，在透视方向线上点出抛物线的两个点，然后按3点法练习。需要强调的是，此时的曲线应该是一条有透视关系的曲线。注意：在产品中的曲线大都是遵循透视关系的空间曲线，抛物线训练法可以同时训练手上运笔的稳定性和眼中空间透视的准确性。

3点/4点的曲线训练

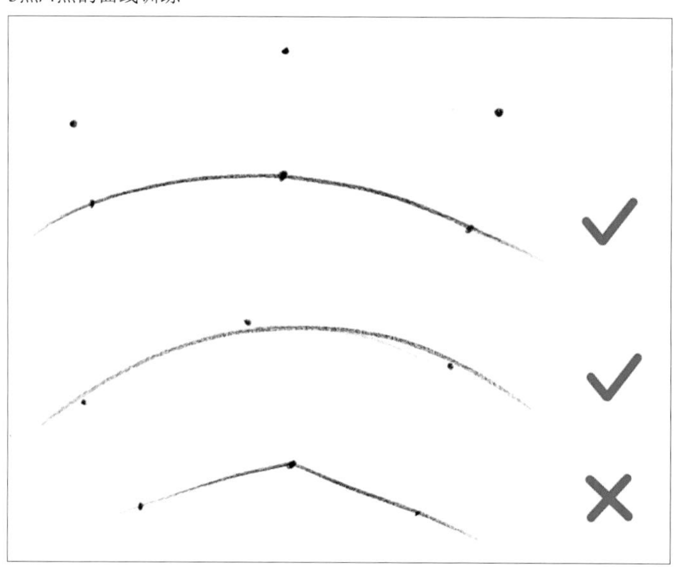

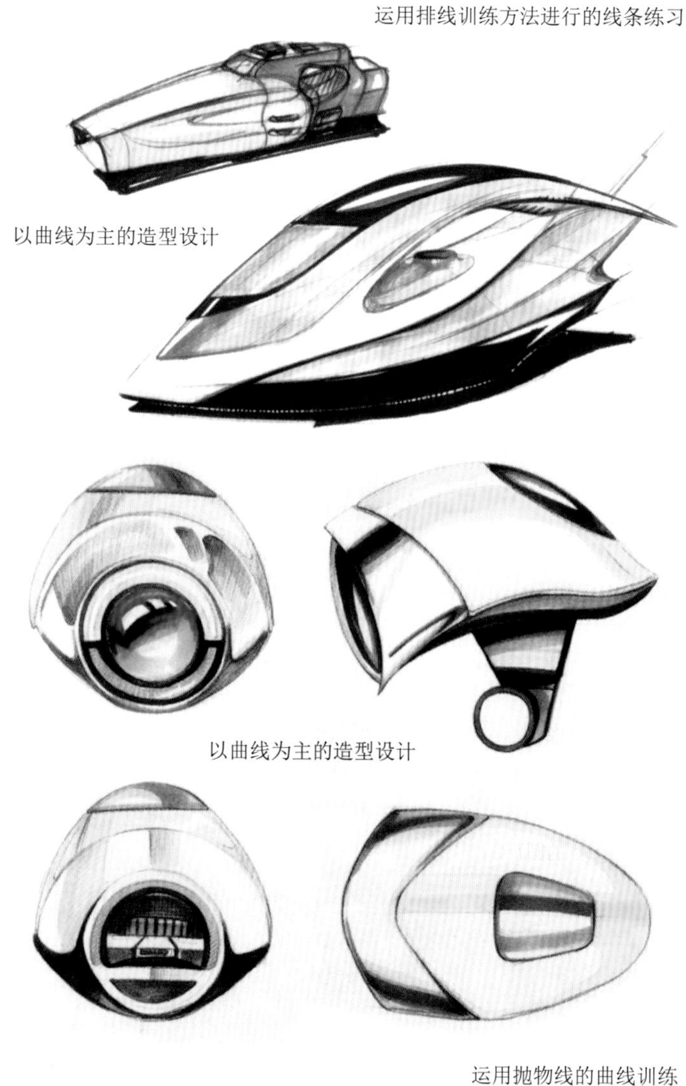

以曲线为主的造型设计

以曲线为主的造型设计

运用抛物线的曲线训练

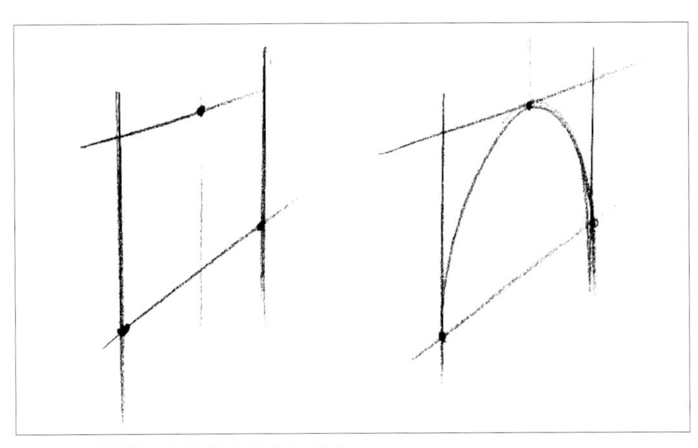

运用矩形框训练方法进行的抛物线练习

（3）矩形框训练：在纸面上先画一个有透视关系的矩形，矩形上边框的中点为抛物曲线的顶点。加上矩形下边框的两个顶点，依然形成3点曲线练习。注意：此曲线依然是有透视关系的曲线，特点如上。可把矩形框看作画透视抛物线的辅助线条，有助于绘制者更好地抓住透视关系。

3. 圆形训练

在现代工业产品的设计中，以圆为基本形态的造型很受人们青睐，能够给人一种圆润、圆满的心理感受。在圆形及椭圆形的线条练习中，既要注意线条的流畅，也要注重其在透视上的微妙变化。

圆形训练有以下两种方法。

（1）4点训练：先画出互相垂直的两条线，然后点出距离中心点同样距离的4个点，尽力通过该4个点形成一个正圆形。注意：在画圆和椭圆的时候一定不要把手腕落在桌子上，要以肘为轴，让手和画笔灵活地运转起来。画圆的时候记得遵循轨迹惯性方法，落笔后尽力一笔成型。圆形对于初学者来说不好把握，可以进行二次或三次复画，但是切记不要一点一点描摹，形成修补的感觉。

（2）正方形框训练：先画出一个正方形，然后画出内切于正方形每条边的正圆形。

一个平面的圆形在空间透视中就会形成一个椭圆，所以掌握椭圆画法也是非常必要的，它的练习方法和圆形比较类似。

（1）4点训练：先画出互相垂直的两条线，然后点出距离中心点不同距离的4个点，其中横向上距离要一致，纵向上距离要一致，尽力通过该4个点形成一个椭圆。

（2）矩形框训练：先画出一个矩形，然后画出内切于该矩形每条边的椭圆。

（3）透视矩形训练：在透视矩形内，内切于矩形每条边的便是透视椭圆。注意：在练习透视椭圆时，可以先画出透视矩形的两条等分中线，好找到椭圆的长短轴，对绘制椭圆有很大的辅助作用。

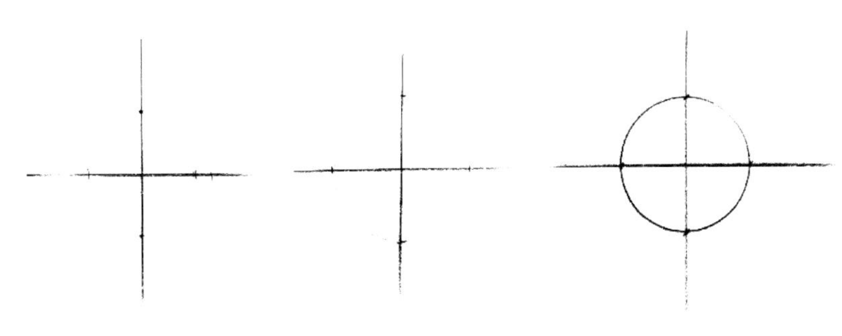

运用4点训练方法进行的圆形练习

运用正方形框训练方法进行的圆形练习

透视关系下的圆形练习

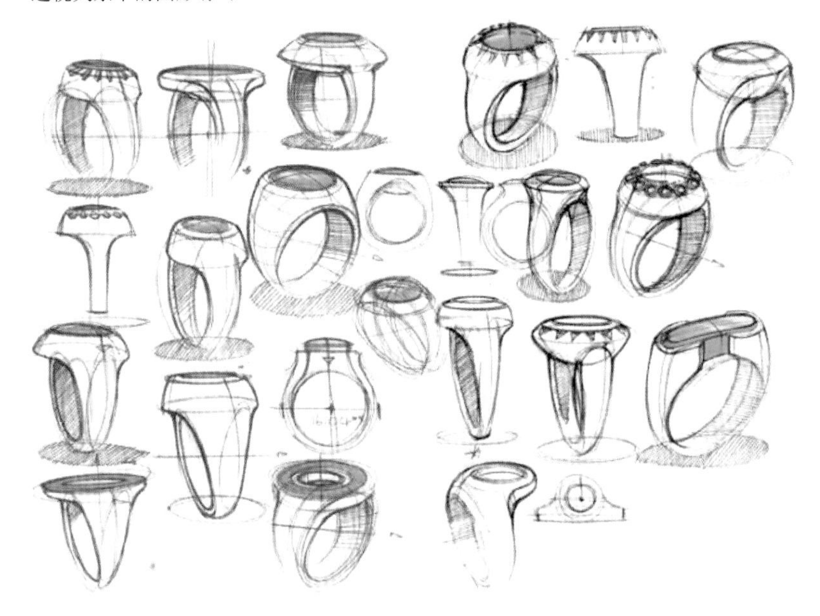

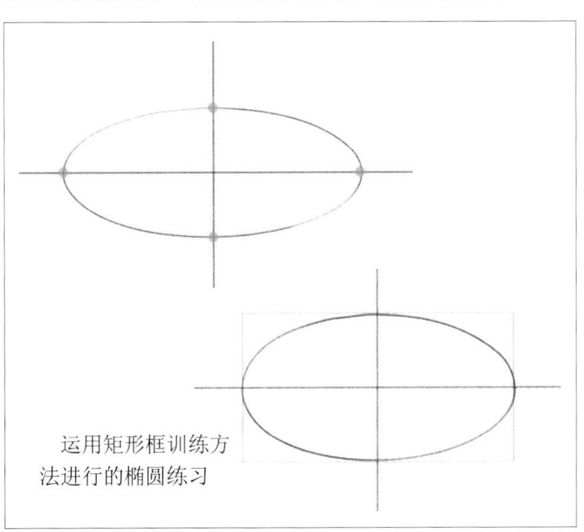

运用矩形框训练方法进行的椭圆练习

（二）线条类型

1. 根据产品结构分类

（1）轮廓线：是指在产品手绘图中的产品最外边界与纸面背景形成的外轮廓线。

（2）分模线：专指在产品中一个部件和另一个部件之间形成的分模线。

（3）结构线：在产品造型中，由于结构变化在视觉上形成的线条称为结构线。

（4）剖面线：为了说明产品中某个面的具体形态，手绘者在产品表现中自行添加的线条。这个线条在产品上本身是看不到的，通常在曲面上的中间位置绘制，也可根据具体面的走势来选取合适的位置。

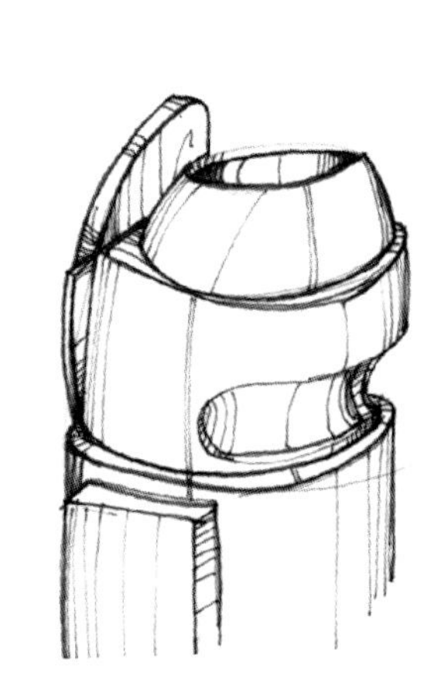

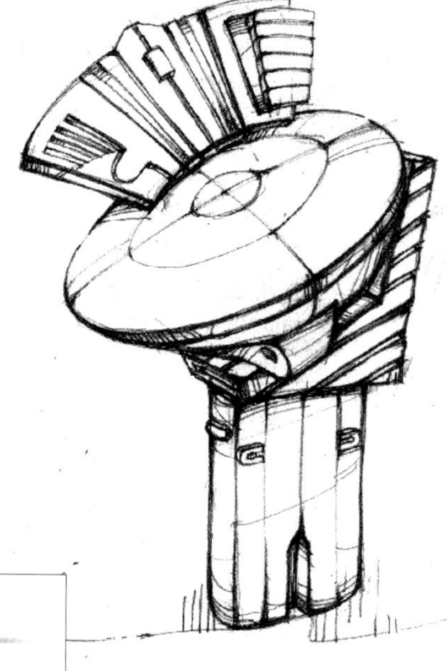

产品轮廓的线条处理1

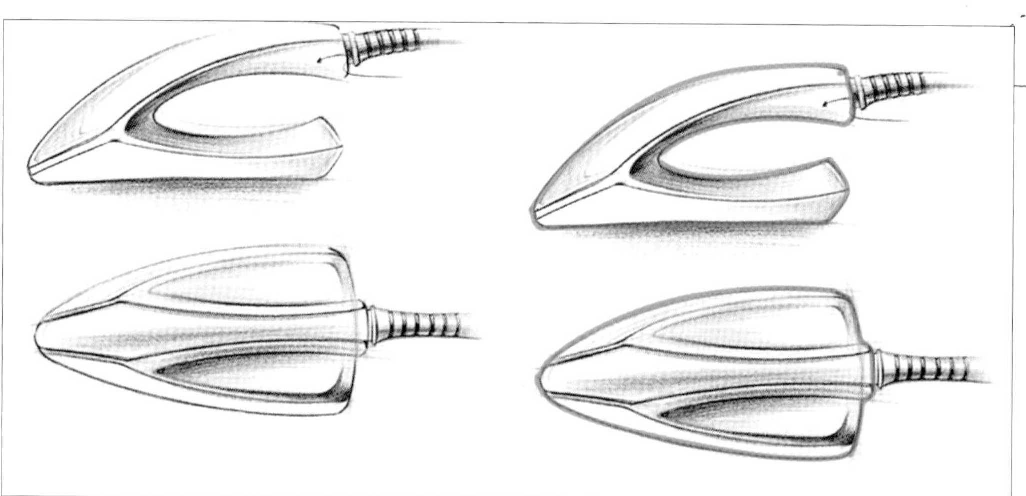

手绘产品设计图的外轮廓线

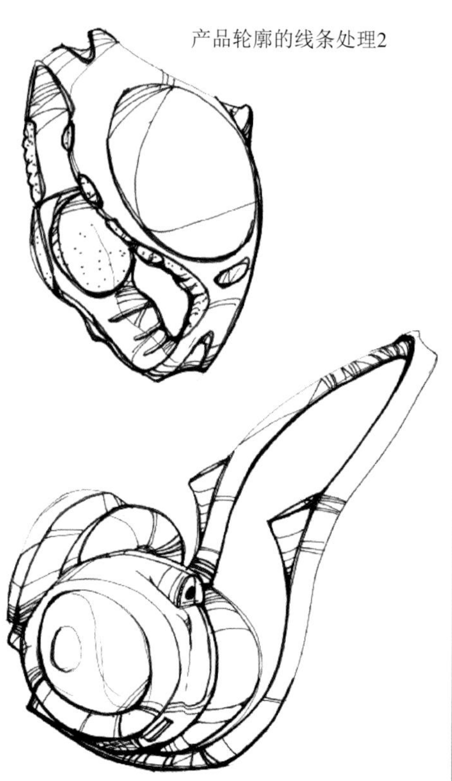

产品轮廓的线条处理2

产品造型中的分模线

产品造型中的结构线

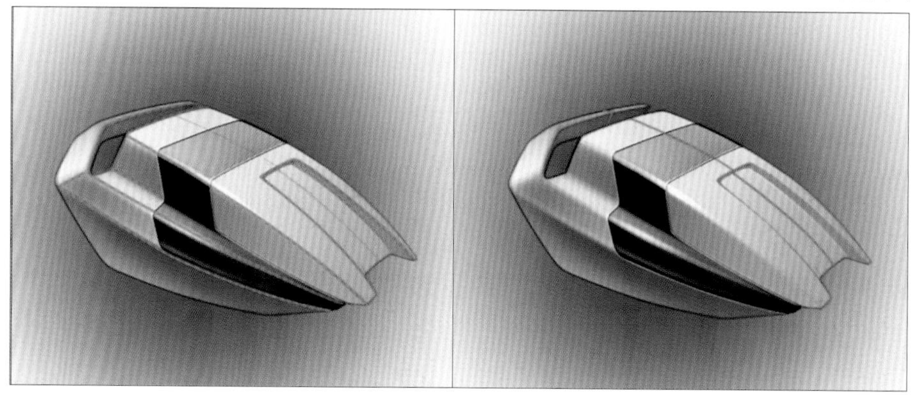

产品造型中的剖面线

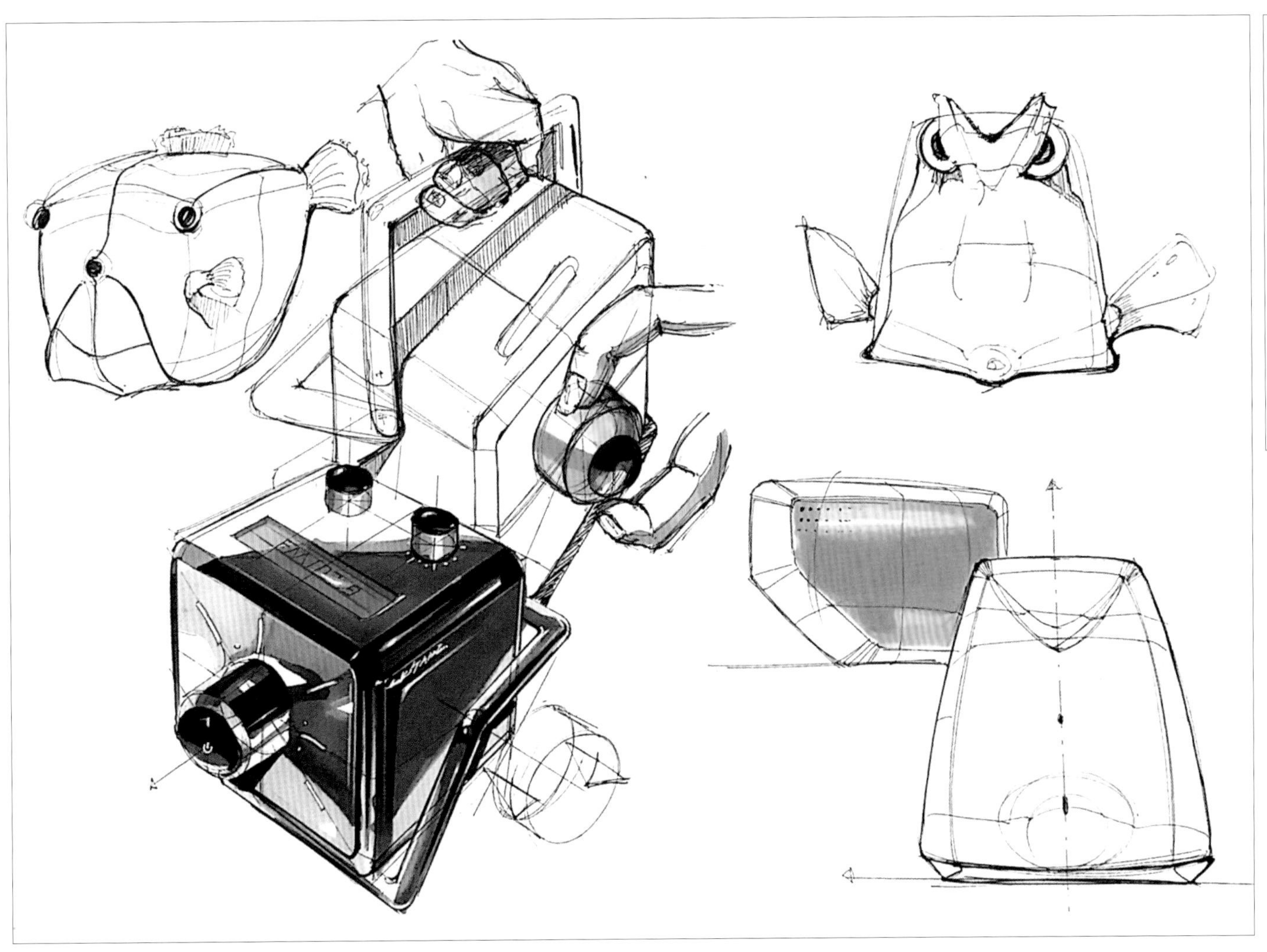

电器表现线条的轻与重

轿车表现线条的轻与重

2. 根据表现效果分类

（1）轻重线条：线条有轻重不同的处理方式，从重度来讲，通常有轮廓线>结构线>剖面线的一般规律可以遵循。但是这个规律也不是绝对的，因为线条的轻重还和该线的空间位置及感光度有关。

（2）渐变线条：在产品表现图中，经常可以看到粗细深浅在发生变化的线，它反映了产品在空间上的进深感和由于光影带来的光感效果，使得画面更加具有立体感和真实感。

线条的轻重练习

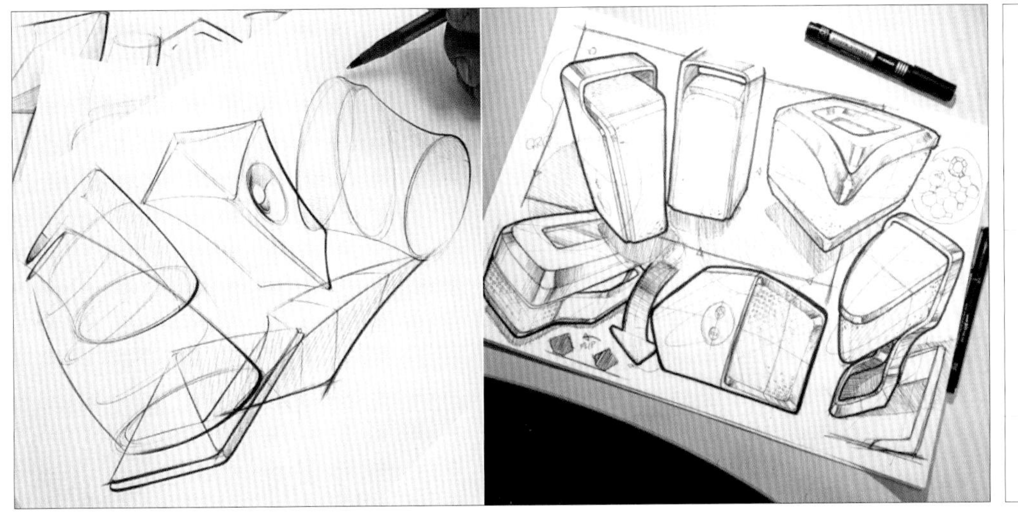

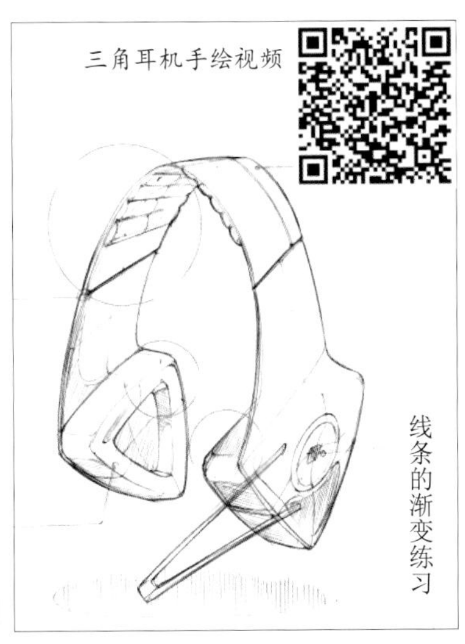

三角耳机手绘视频

线条的渐变练习

（3）3D线条：在产品手绘中，一般轮廓线或重要结构线会使用粗重线条绘制，而在重线内部跟随一条平行的中轻度线条来表现产品边缘的倒角面和部件厚度，会增加产品的立体性，有助于提高产品质感和体量感。

（4）排列线条：通常以45度角为方向排列的密集短线段群，来表现产品的阴影部分。

（5）专业沟：这是指线条中的一小段终端，可以用来表达物体上高光的效果，也有利于在画长线和曲线时自然过渡，是一种专业表现技法。

（6）专业点：快速绘图时会产生专业点，它使线条产生动感与活力，同时能够表示一段线条的完结，类似于句子中句号的作用。

线条的3D效果练习

排列线条的汽车表现图

线条的排列练习

线条的专业点练习

线条的专业沟用以显示产品高光

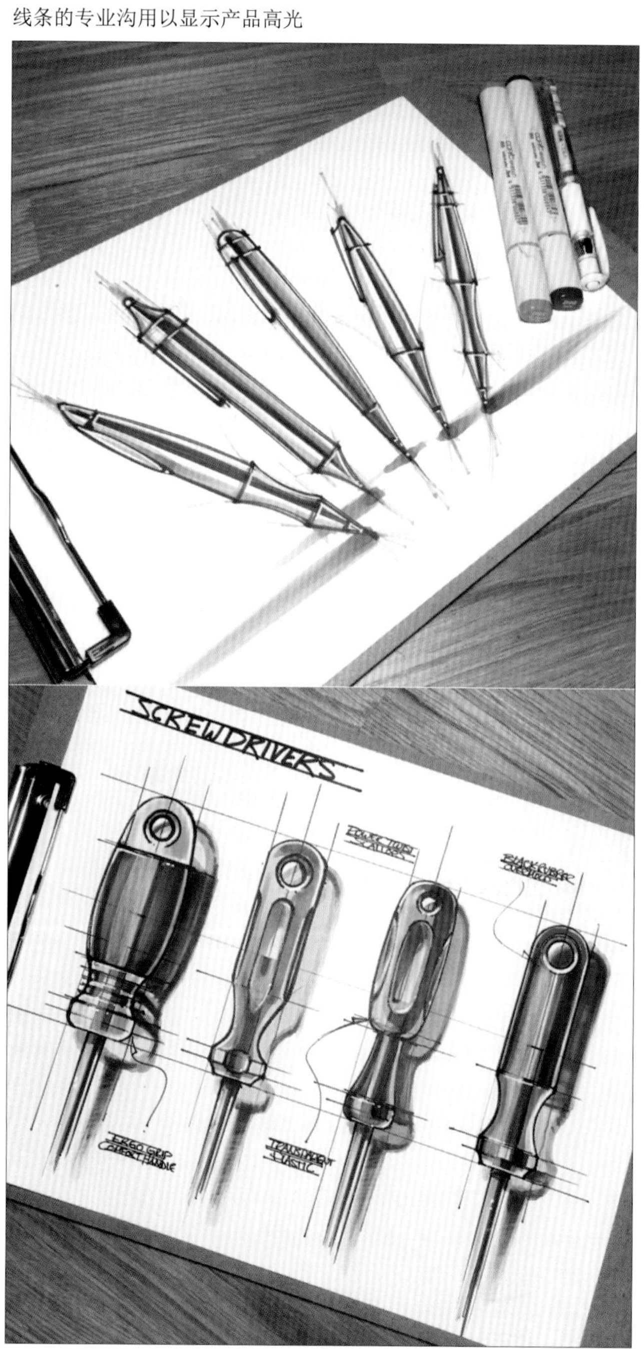

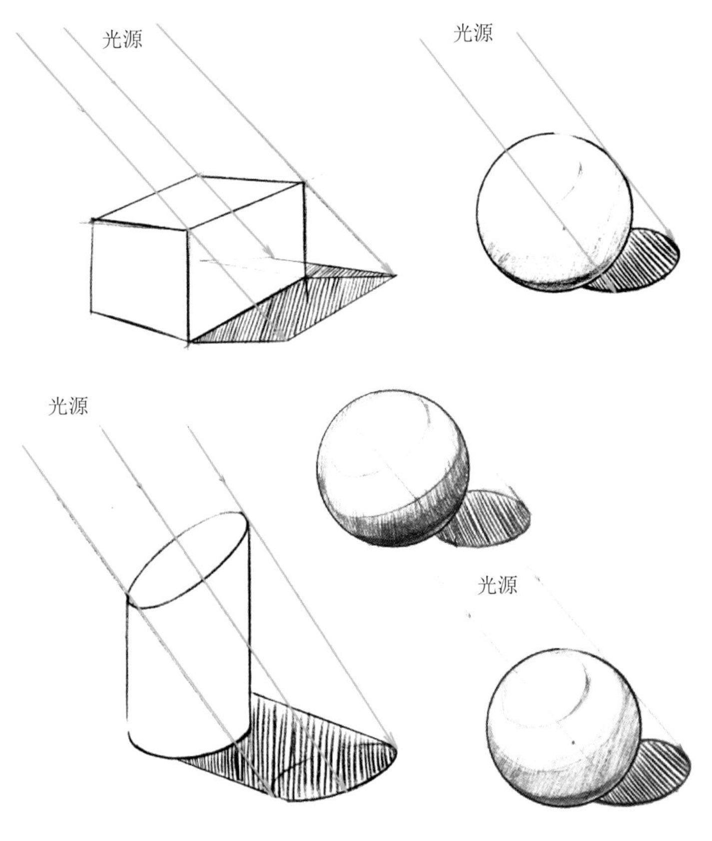

光源与投影示意

二、训练项目2 光与影

（一）影的形成

光与影是一对相辅相成的存在，用光来塑造形体，用影来呈现光感，光影关系在形体的视觉表现上起到极其关键的作用。按光源的类型分，可以分为点光源和平行光源。通常情况下，自然光的光线为平行光源，人造光源的光线为点光源。在产品手绘表现中，无须把光影关系想得过于复杂，我们通常会把光源默认为平行的自然光线，在其或左或右的上方约45度角，在手绘产品上体现出明确的明暗关系即可。

（二）光影表现的明暗阶段

当一件物品放在空间中，在光照条件下，其造型就会形成一定的明暗关系。用心观察这种明暗关系，才能够完整地表现它们。虽然工业产品的表现方法没有绘画创作的要求那样严格，但在原理上是相通的。在光影的表现过程中，大致分为五个层次。

其一，明面：产品上接受光源直接照射的部分；

其二，轻灰面：产品上接受部分光源偏明亮的部分；

其三，重灰面：产品上从明亮过渡到暗面过程中稍暗的部分；

其四，暗面：完全没有感光的暗面部分，也叫明暗交界线；

其五，反光面：暗面接受外部反光的部分，明暗程度介于轻灰面与重灰面之间。

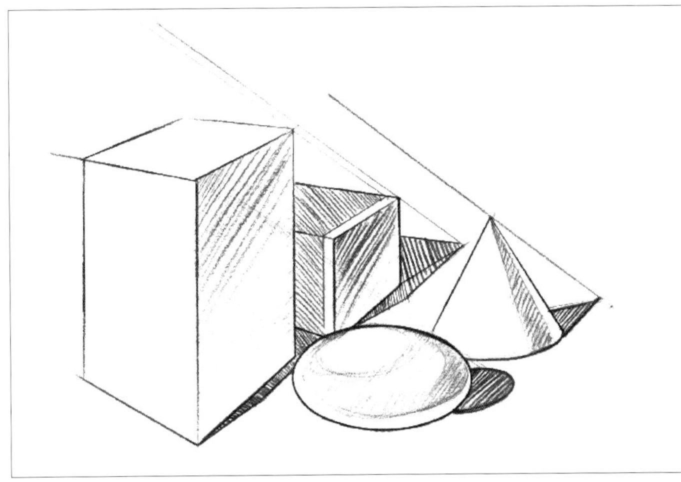

长方体、圆柱、球体、三角锥的光影组合

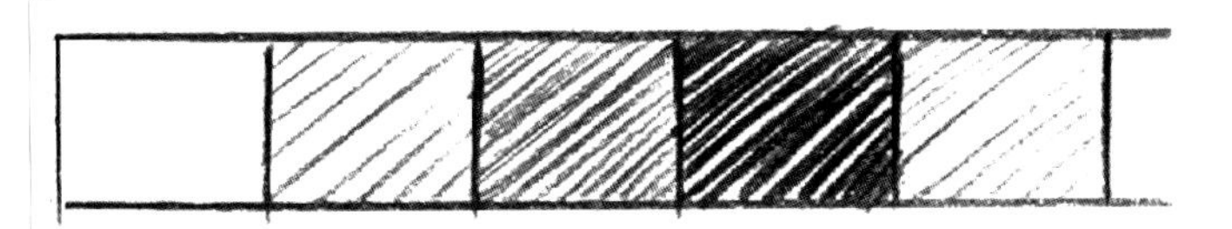

明暗阶段格子图

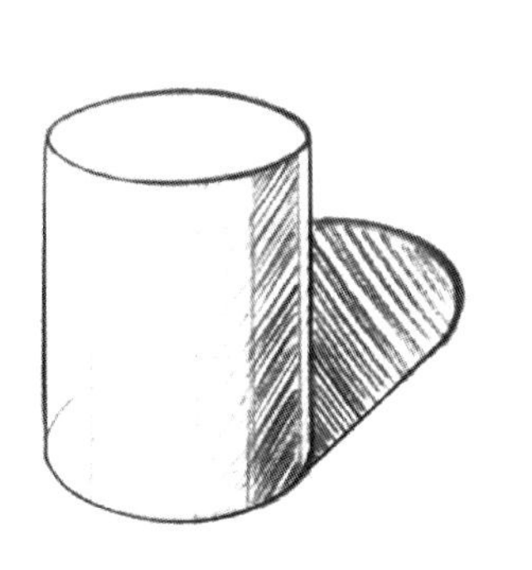

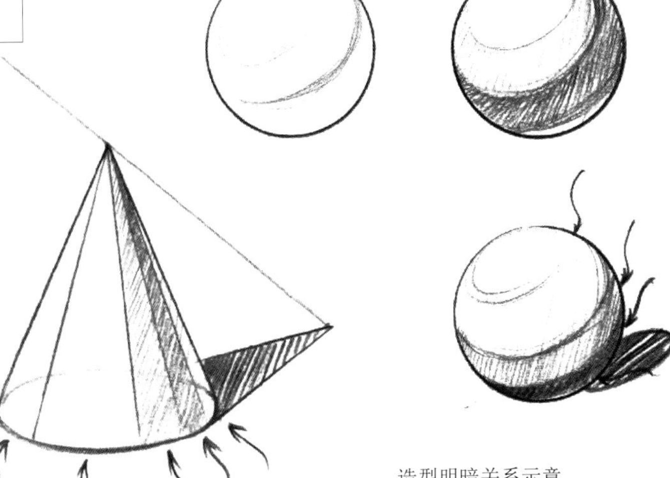

造型明暗关系示意

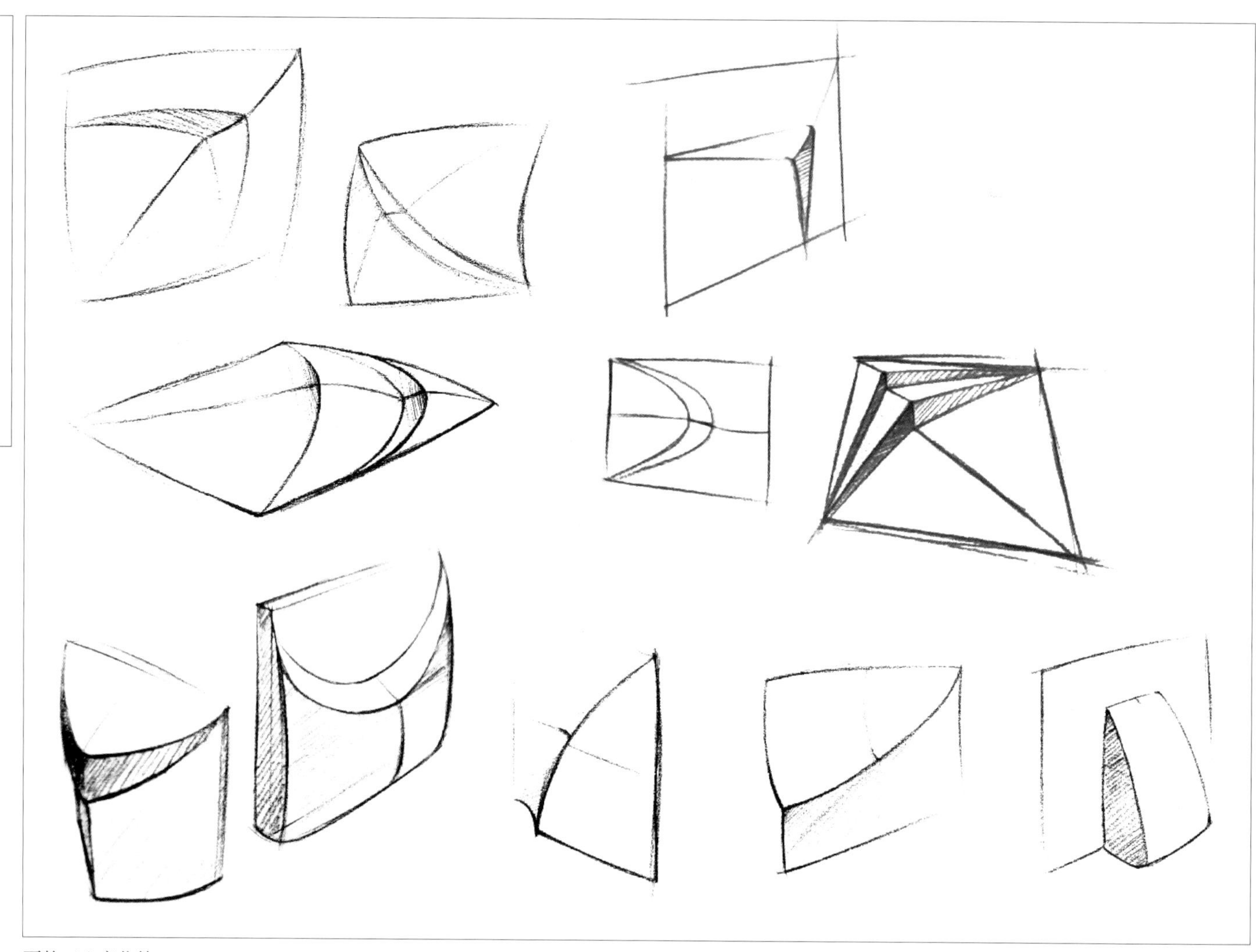

面的形态变化练习

在产品设计手绘中，产品的明暗关系基本能够用这五个层次来表达。在实际表现时，每个产品形态无论复杂与否，都可以将产品光影关系进行更为简化的处理，以此来适应线条的排线表达及马克笔等快速表达工具的特点。

在面的形变训练中，可在基本形体的表面添加褶皱和槽孔的形式变化，以训练光影关系的明暗处理表达方法。

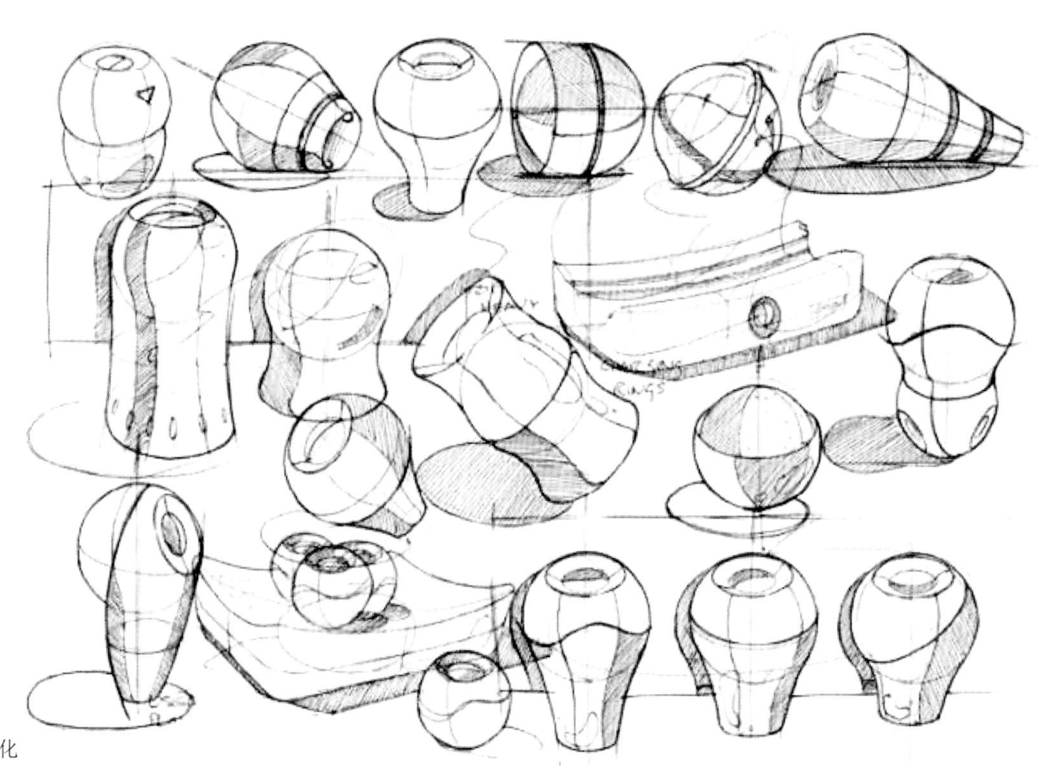

圆形体面的光影变化

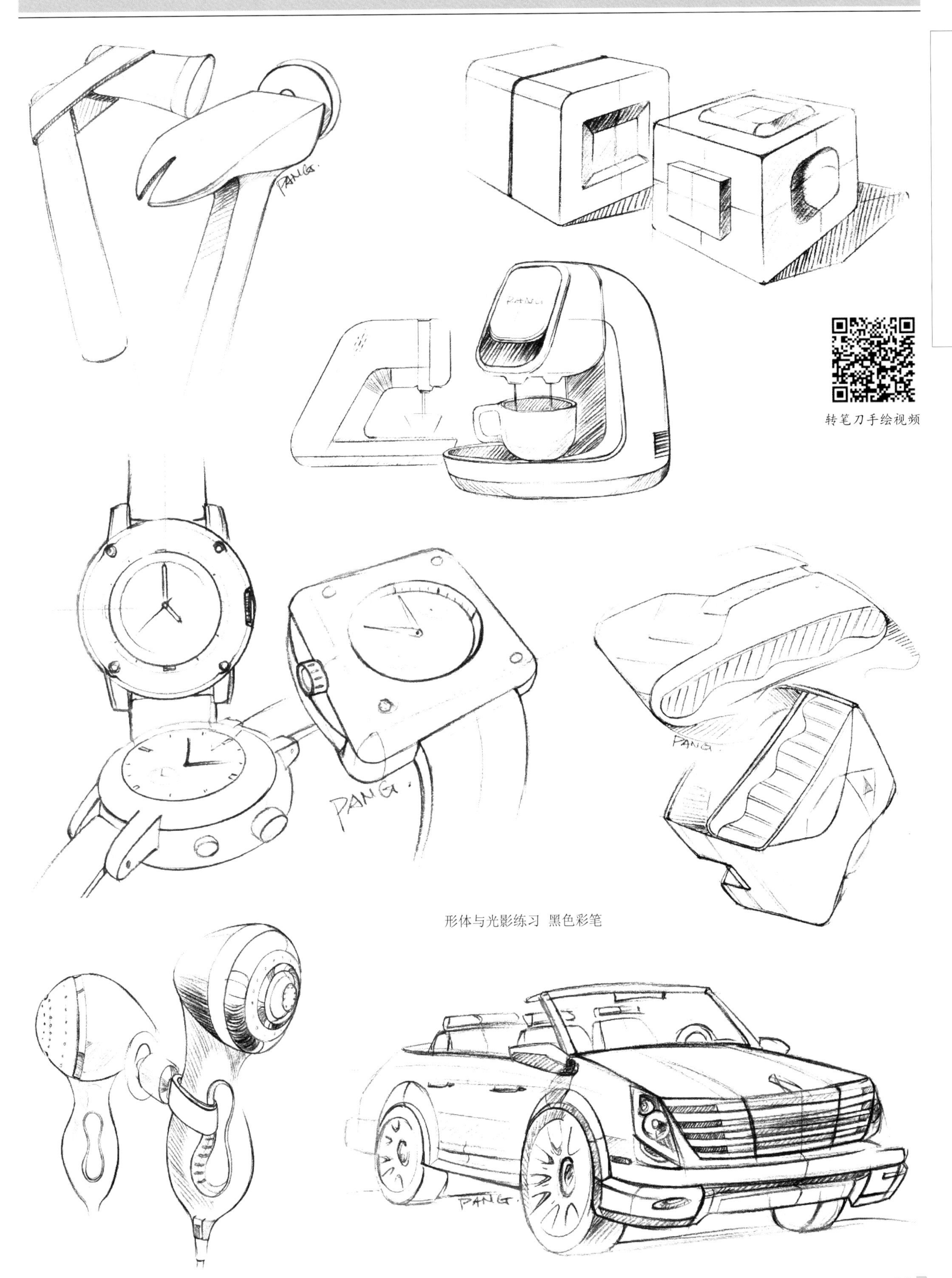

转笔刀手绘视频

形体与光影练习 黑色彩笔

三、训练项目3 马克笔色彩表达

马克笔在产品表现图方面具有得天独厚的优势，适合表现一些质感较强、色彩明快的材质，如塑料、金属和陶瓷等。因此当前在工业设计领域，快速的马克笔表现技法已经成为众多设计师的首选，在专业院校师生中非常普及。

（一）马克笔的基本常识

1. 马克笔的种类很多，选择购买时要注意什么

马克笔分为水性与油性两种类型。油性马克笔快干、耐水，而且耐光性相当好；水性马克笔则颜色亮丽清透，如果用蘸水的笔在上面涂抹的话，效果跟水彩一样，有些水性马克笔干了之后会具有一定的耐水性。购买马克笔之前，一定要了解马克笔的属性与画出来的感觉。目前马克笔非常普及，一般在画具用品店就可以买到，而且只要打开笔帽就可以画，不限纸张，在各种材质上都可以上色。

2. 马克笔的颜色很多，刚开始要用什么颜色比较好

马克笔就算重复上色也不会混合，所以初学者最好根据自己的需要来选择颜色。其实，马克笔本来就是展现笔触的画具，不只是颜色，还有笔头的形状。平涂的形状、面积的大小不同时，都可以展现不同的表现技法。为了能够自由地表现点、线、面，最好各个种类的马克笔都有。

3. 为了让颜色看起来更艳丽，选择什么纸张比较好

马克笔专门用纸表现效果最好，不过要是画面很大的话，也可以画在描图纸上。画底稿时，要用不溶于水的油性针管笔来画，也可以将底稿影印在PAD上，然后在影印稿上色。这样即使上色失败，只要再影印张重画就行了。

4. 在影印稿上色，如何防止影印的墨线晕开弄脏画面

如果采用影印稿上色，可以省去起稿的前期工作，但要用不会晕开影印线的马克笔，就是酒精系列的油性马克笔。如果用水性马克笔，就要特别用心躲开影印线来上色。

摩托车表现步骤图 钢笔 马克笔

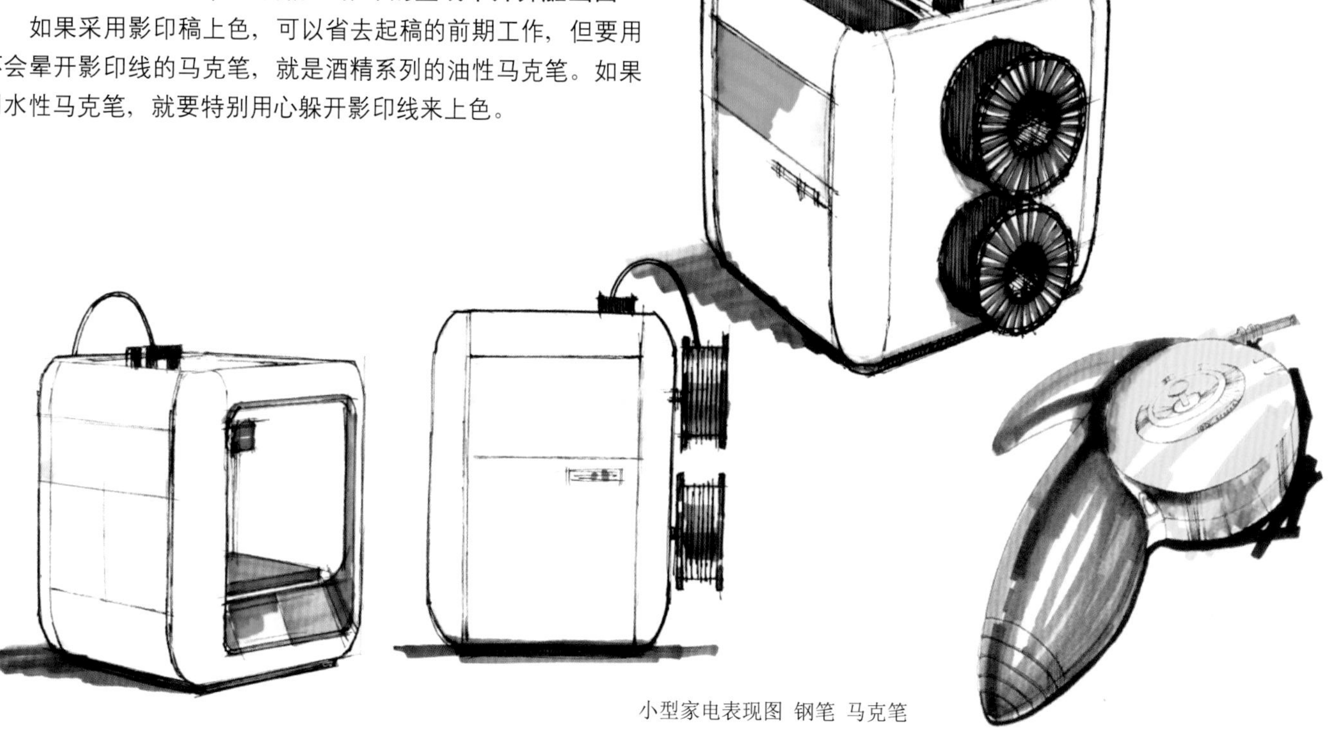

小型家电表现图 钢笔 马克笔

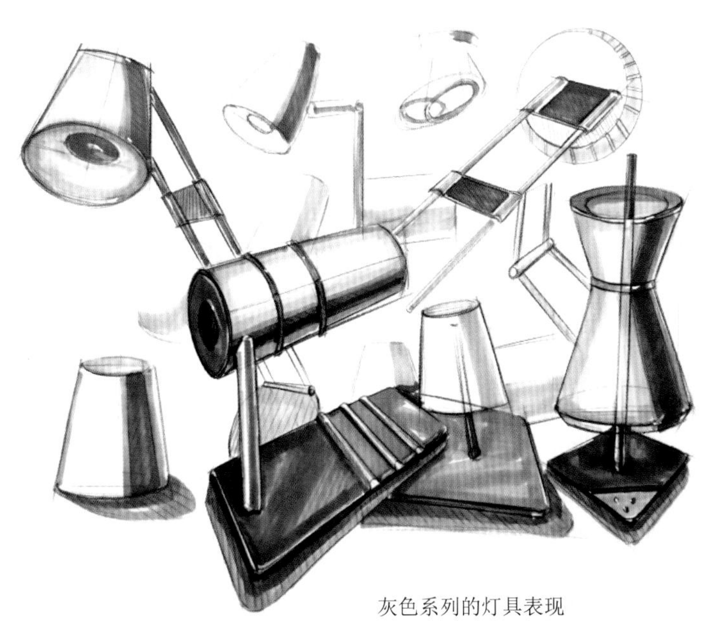

灰色系列的灯具表现

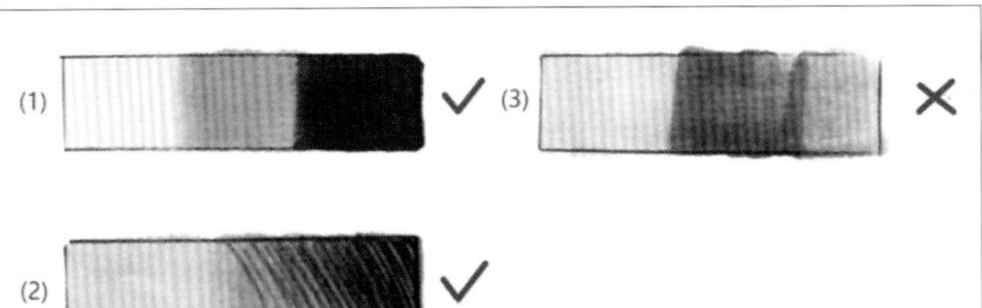

注释：如图（1）号色系的三个色号可形成一个从明到暗的过渡关系，但是（3）号色系的三个紫色虽然明度上也形成了从明到暗，但是三个色号的色相不同，所以依然不能形成一个好的过渡关系，不能用在同一个产品上。而（2）号色系将三个紫色中提炼出2个能形成明暗关系的颜色，暗面用黑色彩铅加重后也可以形成较好的效果，用于弥补色号不足或明暗关系不够明显的表现。

色彩过渡的涂色示意

形体明暗的色彩关系

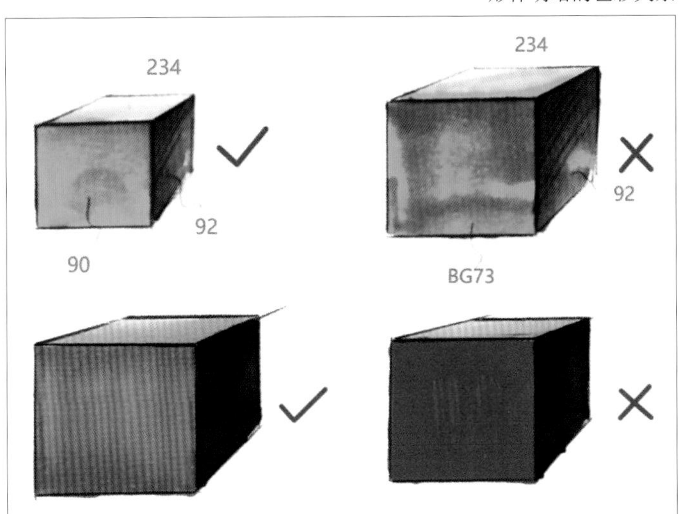

注释：当用三个能形成好的明暗关系的色号来表现形体明暗面时，可以形成一个较好透视形体，而把主色的绿色换掉后，明暗关系明显不舒服了。

（二）马克笔技法表现

1. 马克笔的色彩

马克笔的色彩大致能够分为灰色系和彩色系两个部分，灰色系通常有暖灰、冷灰、灰蓝等不同色调，一般会从很浅的颜色过渡到接近黑色。彩色系在马克笔色系中更加丰富，可选择性很高，每个品牌都有属于自己的色号来标注笔的颜色，选择过渡自然的颜色族表现产品是非常关键的。

（1）初学者选择马克笔颜色的方法。通常灰色系中的冷灰色和暖灰色使用频率较高，都应该准备。每个灰色系应从最浅到最深准备4～5支颜色，中间色号可间隔性购买，如法卡勒冷灰色系从最浅到最深有268至278等10个色号（目前已有所扩展），初次购买可选择268、271、273、275、278这样间隔性购买，不必一次买齐。

（2）彩色马克笔购买时要注意颜色的选择。综合上一节产品光影几个层次的表现方式，每个产品的色彩表现都要具有一个完整的产品色系，要有明面、灰面、暗面的分别色号来表现，一个完整的造型基本上以3～4个色号构成一个产品色系，这3～4个颜色要能构成光影的明暗关系，所以选择时要注意色相统一。

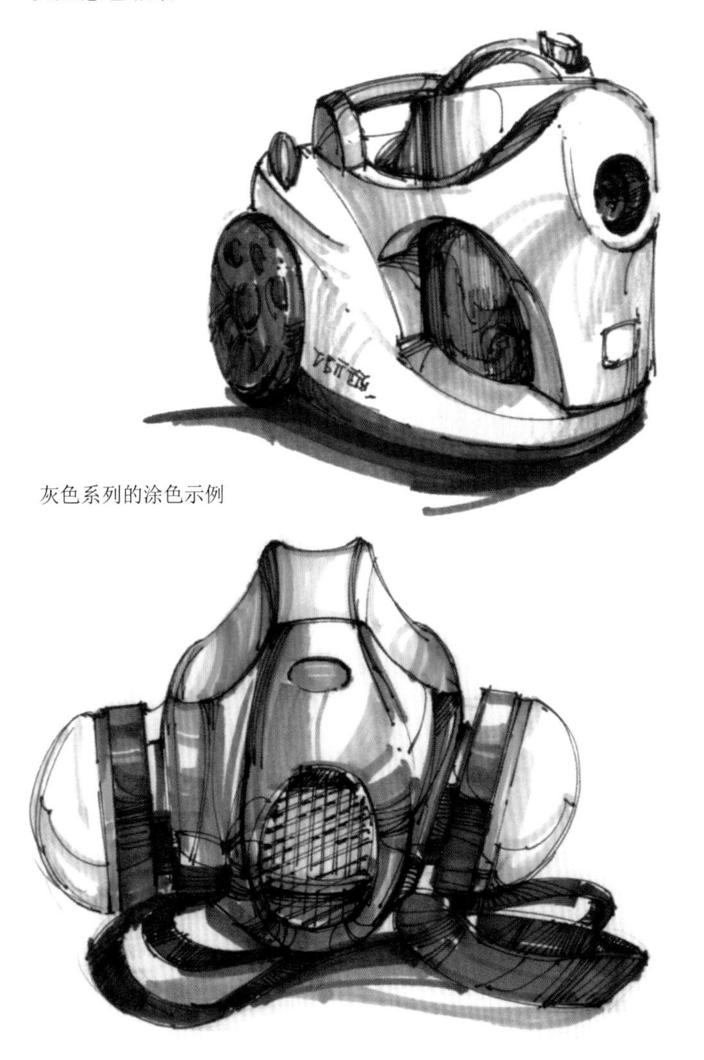

灰色系列的涂色示例

2. 马克笔使用方式

马克笔一般分为粗细两头，细头部分又分为硬头和软头两种，因为粗头部分也是硬质的，所以软质细头为手绘表现提供了更多的笔触效果，也更为手绘者所推荐。在手绘的过程中，要注意粗头的使用方式，粗头适合产品大面积平涂，也能通过变化手法来表现不同的笔触效果，掌握笔头与纸面接触面积可自由调控笔触的粗细。

3. 马克笔的笔触与技巧

马克笔的运笔方向可以根据产品的造型走势，分为横向笔触、竖向笔触、斜向笔触等几种，顺着产品材质纹理进行运笔，这样能取得事半功倍的效果。

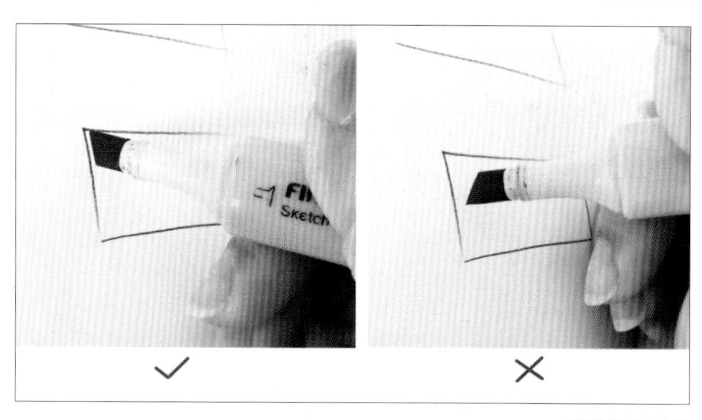

握笔姿势示意

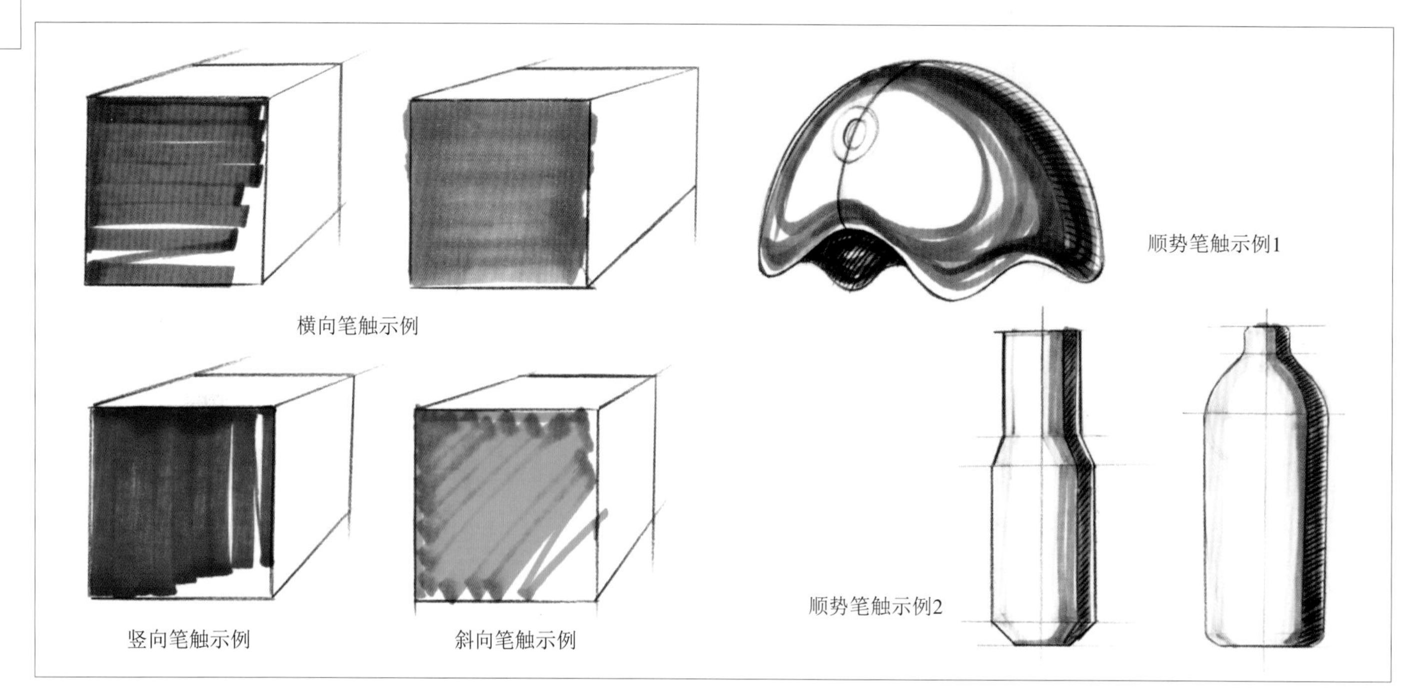

马克笔的笔触练习

笔触粗细的调控练习

产品设计的马克笔表现

箱体手绘视频

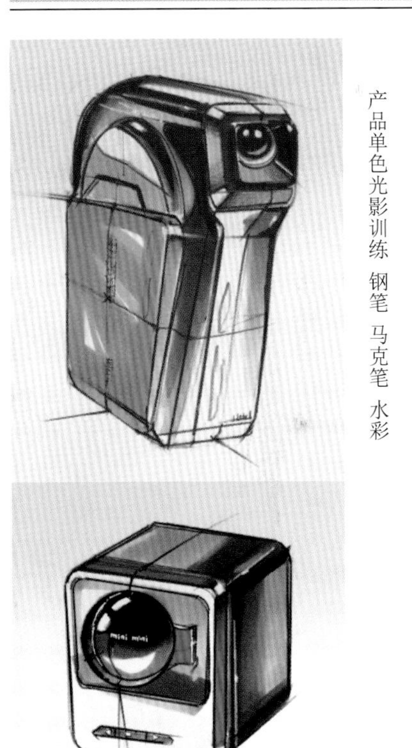

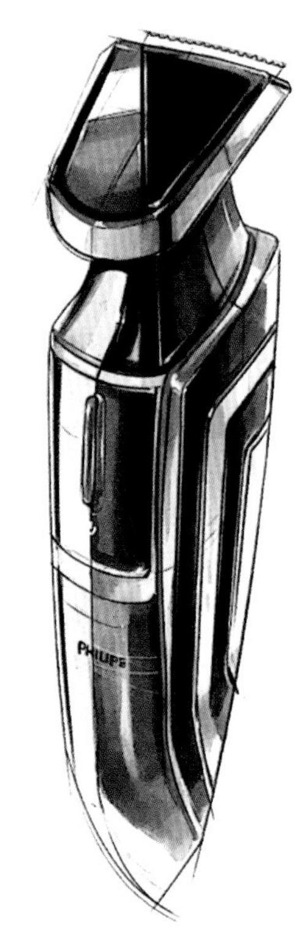

产品单色光影训练 钢笔 马克笔 水彩

（三）马克笔的表现训练

初学者可以先从简单的产品侧视图开始马克笔的绘制练习，逐步向复杂的造型和色彩关系过渡。

1. 马克笔光影关系训练要求

（1）先用冷灰色或暖灰色的马克笔将图中基本的明暗调子画出来。

（2）在运笔过程中，用笔的遍数不宜过多。在第一遍颜色干透后，再进行第二遍上色，而且要准确、快速，否则色彩会渗出而形成混浊之状，而没有了马克笔透明和干净的特点。

（3）用马克笔表现时，笔触大多以排线为主，所以要有规律地组织线条的方向和疏密，有利于形成统一的画面风格。可运用排笔、点笔、跳笔、晕化、留白等方法，根据表现对象的不同灵活使用。

（4）马克笔不具有较强的覆盖性，淡色无法覆盖深色。所以在给表现图上色的过程中，应该先上浅色而后覆盖较深的颜色。要注意色彩之间的相互和谐，忌用过于鲜亮的颜色，应以中性色调为宜。

2. 马克笔单色光影训练

初学者可先从单色系马克笔开始练习，因为它无须考虑色彩关系，只考虑明暗关系即可，比较容易把握。推荐使用灰色系作为开始练习的首选，能够更好地看到产品的明暗关系变化。

（1）在练习中，按照一定顺序，从浅色马克笔着手，采用3～4个灰度层次递进，表现出产品形态特征。

（2）运笔方向要顺应产品的形态和光影形成明暗关系。

（3）灰色系明暗对比越大，产品质感越光滑，最后再用高光笔提亮效果。

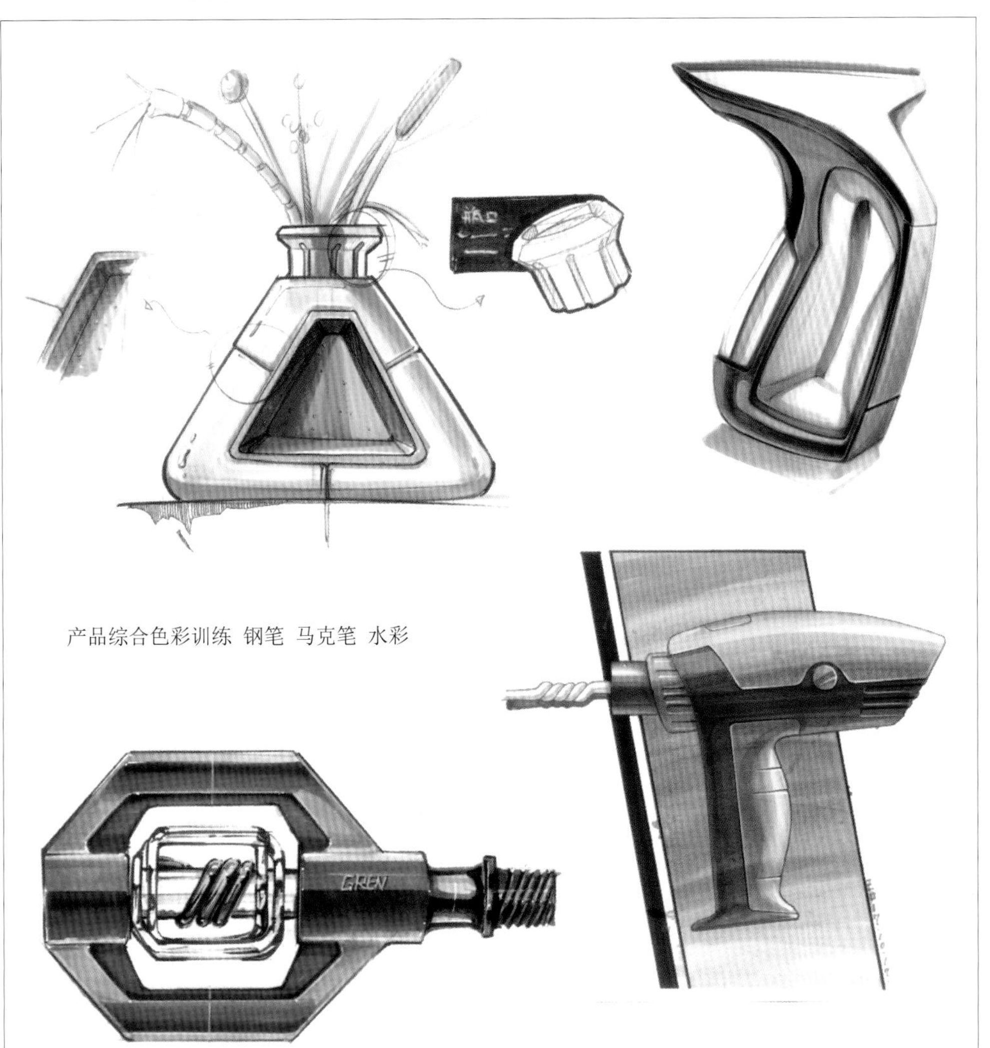

产品综合色彩训练 钢笔 马克笔 水彩

3. 马克笔综合色彩训练

（1）选择产品固有色及它的明面色和暗面色，将色彩的整体关系对应好；

（2）初学者可先从浅颜色开始，颜色不宜叠加超过3遍，上色时注意产品形态走势和纹理要求；

（3）马克笔上色后可加入高光笔以提亮效果，注意高光笔线条一定要顺滑，粗细要相宜；

（4）必要时可加入黑色彩铅来加深暗面，提高表现力。

四、训练项目4 材质与纹理

产品的形态是由不同材料形成的，表现产品离不开对材料质感的刻画。质感可以用来区分各种形态的特征，不同材料的质感会给人不同的感受，如光亮、粗糙、沉重、轻盈、透明等，不同材质可以采用不同的处理手法进行表现。这就要求学生不断总结视觉经验，细心观察，找出各种质感的特征，概括其表现规律。

（一）材质的性格

不同材质具有不同的性格，如钢材等金属材质坚硬、沉重；铝材华丽、轻快；铜材厚重、高档；塑料轻盈；木材朴素、温馨等。但材质的性格特征并不是固定不变的，还要靠设计师在实际应用中不断总结，善加运用，为塑造优质而醒目的产品造型打下基础。

（二）产品材质的表现

1.高反光材质

高反光材料主要代表大部分金属材质，包括不锈钢、镜面材料、电镀材料等。它们受环境影响较多，在不同的环境下呈现不同的明暗变化。在手绘表现时其主要特点是：明暗过渡比较强烈，高光处可以留白不画，暗部加重并有反光；笔触应整齐平整，线条有力，个别材料可在高光处显现少许环境颜色，则更加生动传神。

高反光材料表现图例的步骤如右图所示。

图1：铅笔起形，注意把手和壶嘴是在一条透视线上，明确光影关系，画出明暗交接线及投影，分模线要双根，底部边缘线最重，结构线轻一些。

图2：选择固有色上第一遍颜色，注意留白和明暗交界线的位置。

图3：由明暗交界线与环境反射光影开始，作出亮灰面与暗灰面，暗面的刻画也要同时进行；高反光材质需要锁死明暗交界线位置，环境反射在这里要进行归纳，这也是此类材质表达的关键所在。

图4：压深暗面，增加对比度。暗面要注意笔触的衔接与反光处的明暗渐变，对于整体透视与形体要进行调整。

图5：细化高光状态，先用白色彩铅作高光塑造，再用白色液体高光笔作提亮。

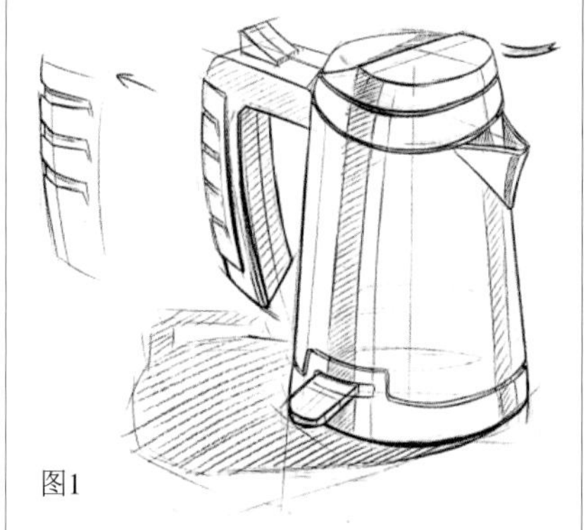
图1

图2

图3

图4

图5

高反光材料表现图例

实物照片

高反光材质电器表现图 钢笔 马克笔

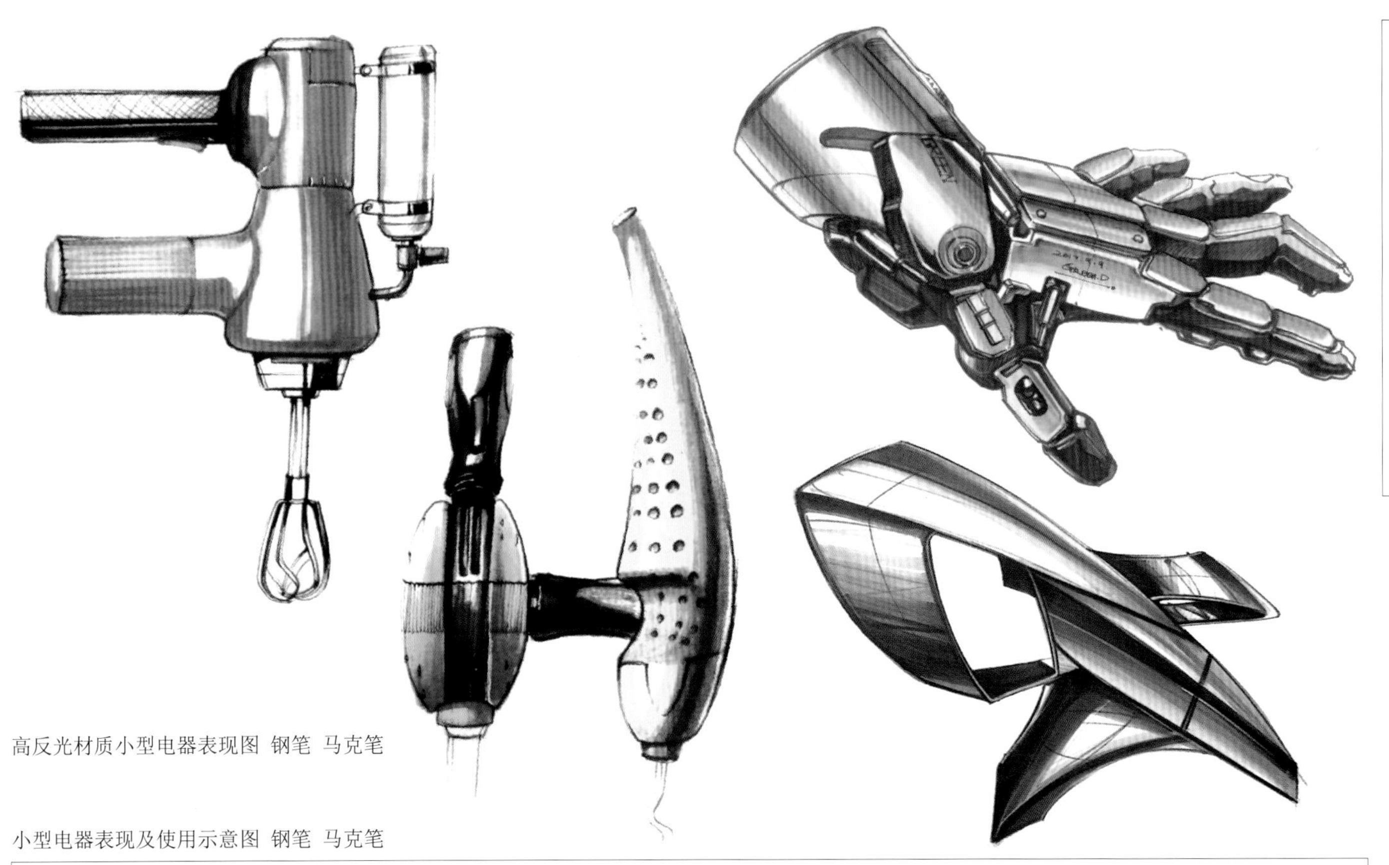

高反光材质小型电器表现图 钢笔 马克笔

小型电器表现及使用示意图 钢笔 马克笔

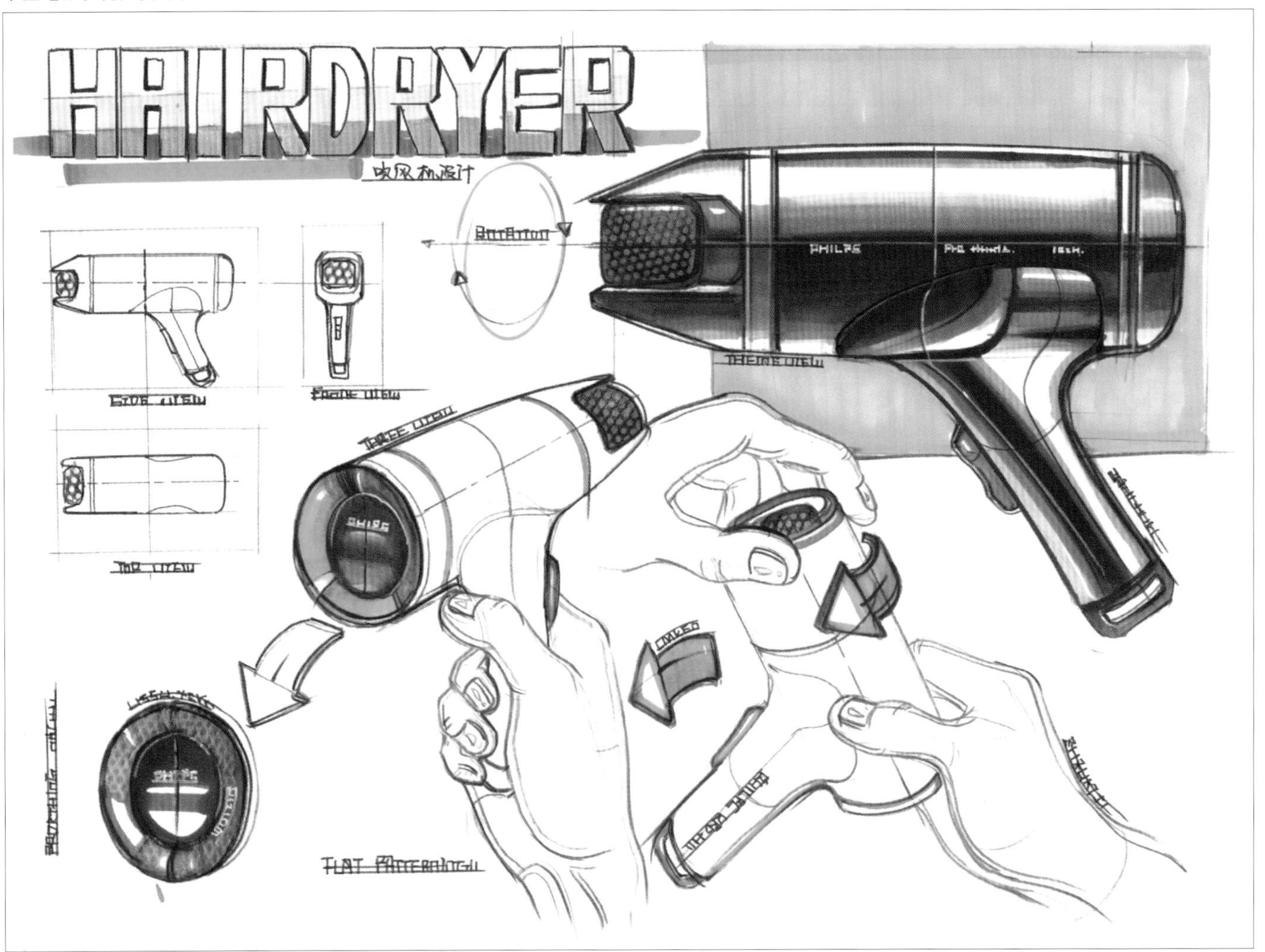

各种材料的质感与对光线的吸收和反射有关，如现代跑车的金属外壳即是高光亮材料，完全反射外界景物，调子对比反差很强，受环境影响较大。同时其本身结构的起伏转折也对光影变化产生影响，最亮和最暗的部分往往是连在一起的。在表现时可以通过工具的选择、颜色的不同以及用笔时的轻重和快慢、描绘的细致程度来表现这种高反光的质感。

高反光轿车表现图 钢笔 马克笔

高反光老爷车表现图 马克笔 彩色铅笔

高反光跑车表现图 水粉

高反光老爷车步骤图 覆膜卡纸 马克笔

高反光跑车表现图 覆膜卡纸 马克笔

实物照片

实物照片

2.半反光材质

半反光材料主要是塑料及石材，表面给人的感觉较为温和，明暗反差没有金属材料那么强烈。表现时要注意它反光性弱化的黑白灰关系，对比应该柔和。

半反光材质表现图例的步骤如下图所示。

图1：定位，起形，注意线条笔触和层次变化；

图2：先上明面最浅色号，并加重明暗交界线，上色要顺着产品的形态走势运笔，注意留白；

图3：上固有色，用深色号过渡到暗部颜色，注意留白，让产品有光感；

图4：修整边缘线并明确细节结构，可用更深色号加强暗部；

图5：营造高光，在产品亮部和结构转折处点高光，这一步可以用黑彩铅进行局部加重，增强对比。

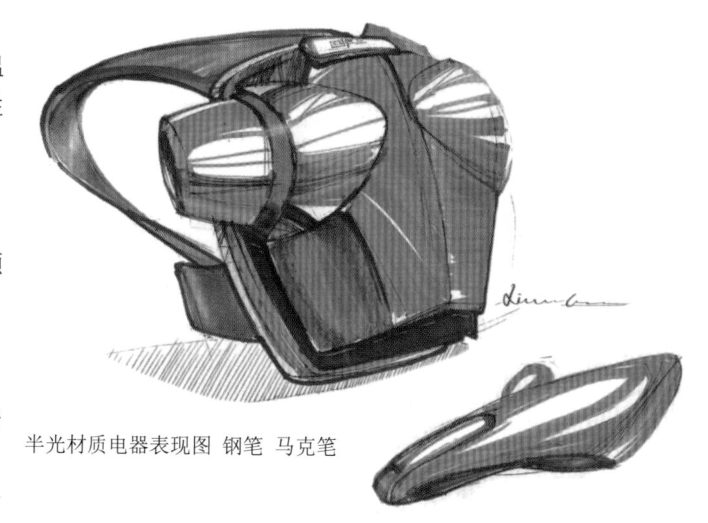

半光材质电器表现图 钢笔 马克笔

半反光材质吹干机表现图例

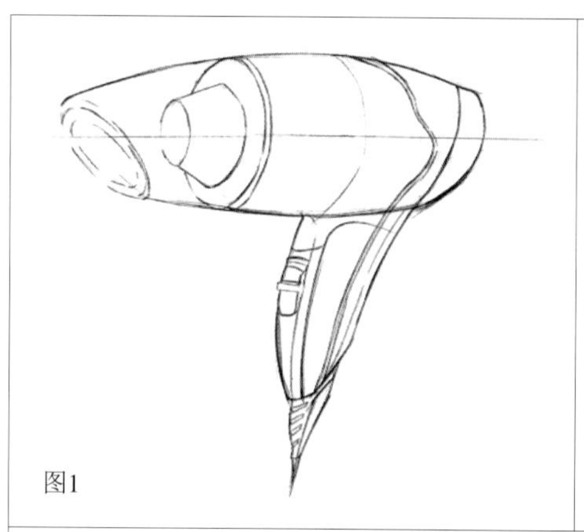

图1

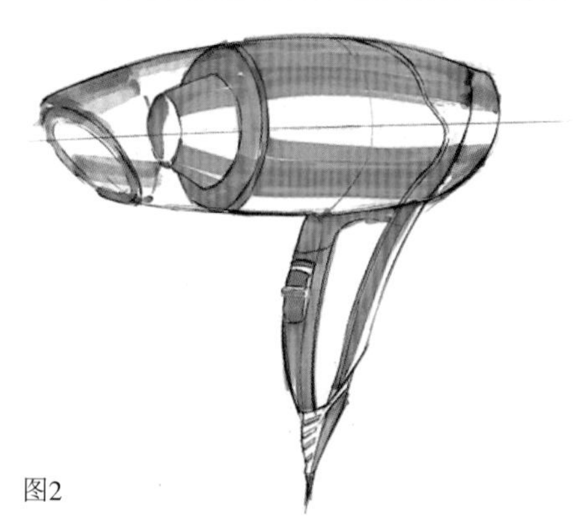

图2

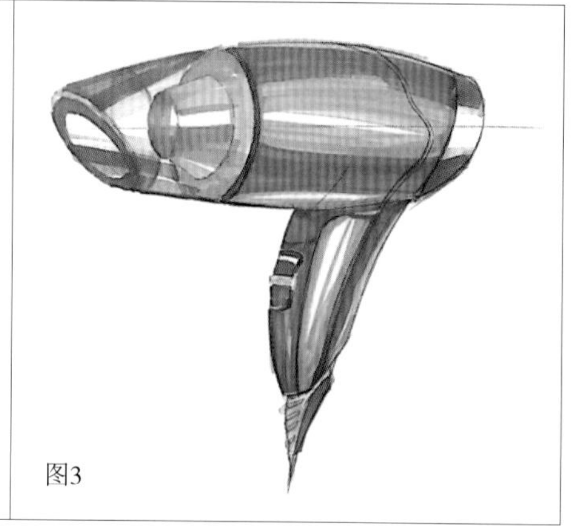

图3

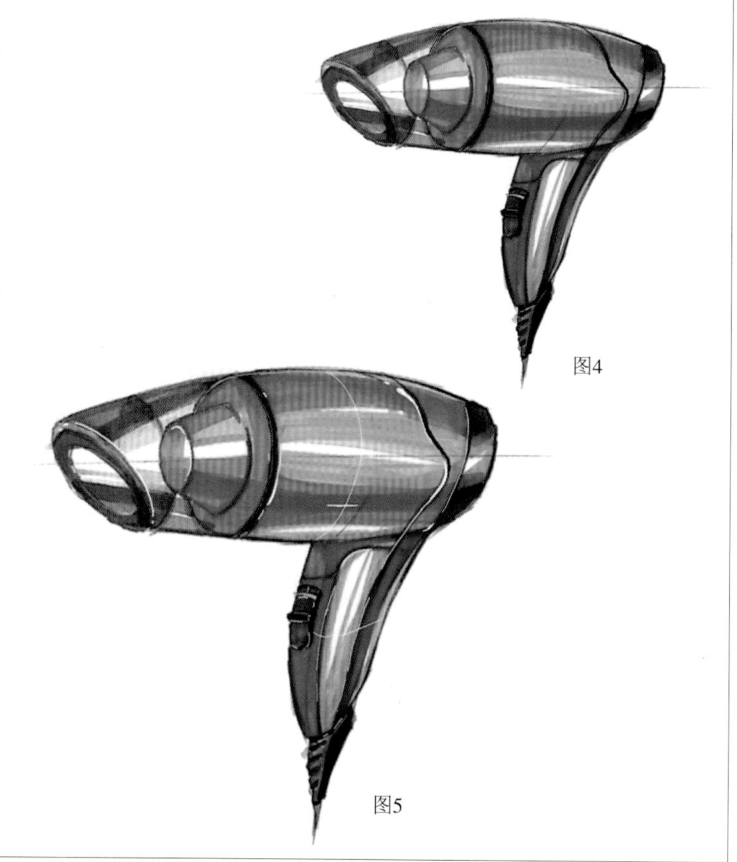

图4

图5

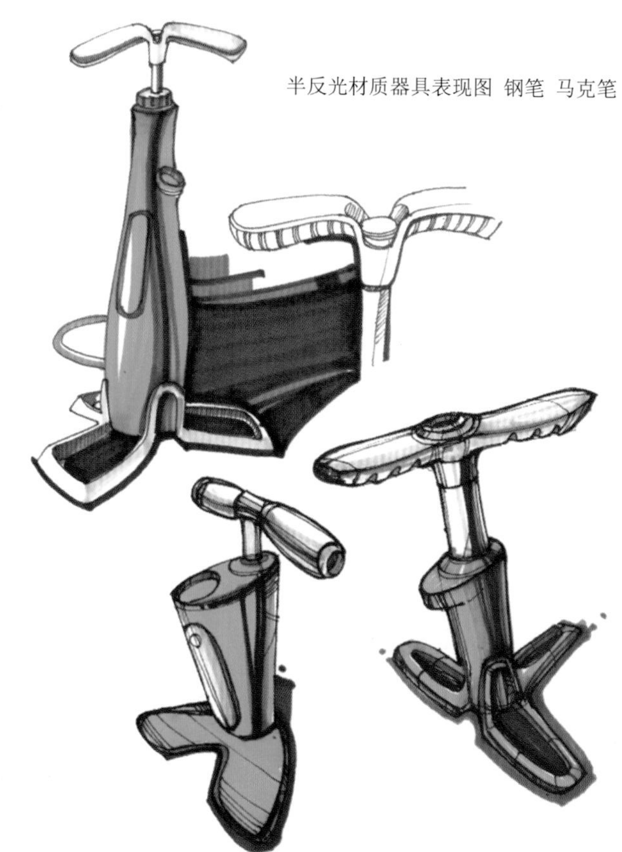

半反光材质器具表现图 钢笔 马克笔

半反光材质小型电器表现图 钢笔 马克笔

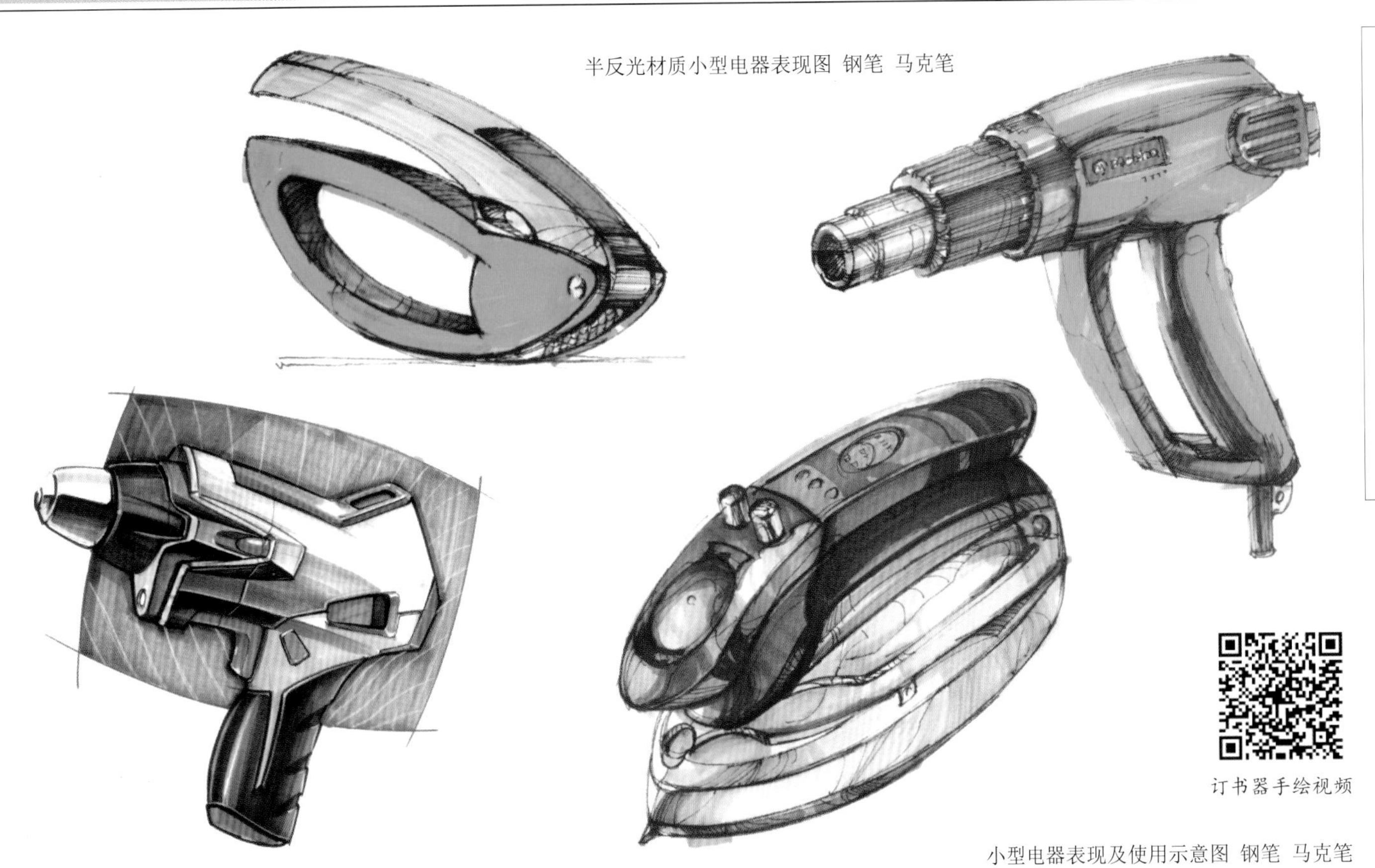

订书器手绘视频

小型电器表现及使用示意图 钢笔 马克笔

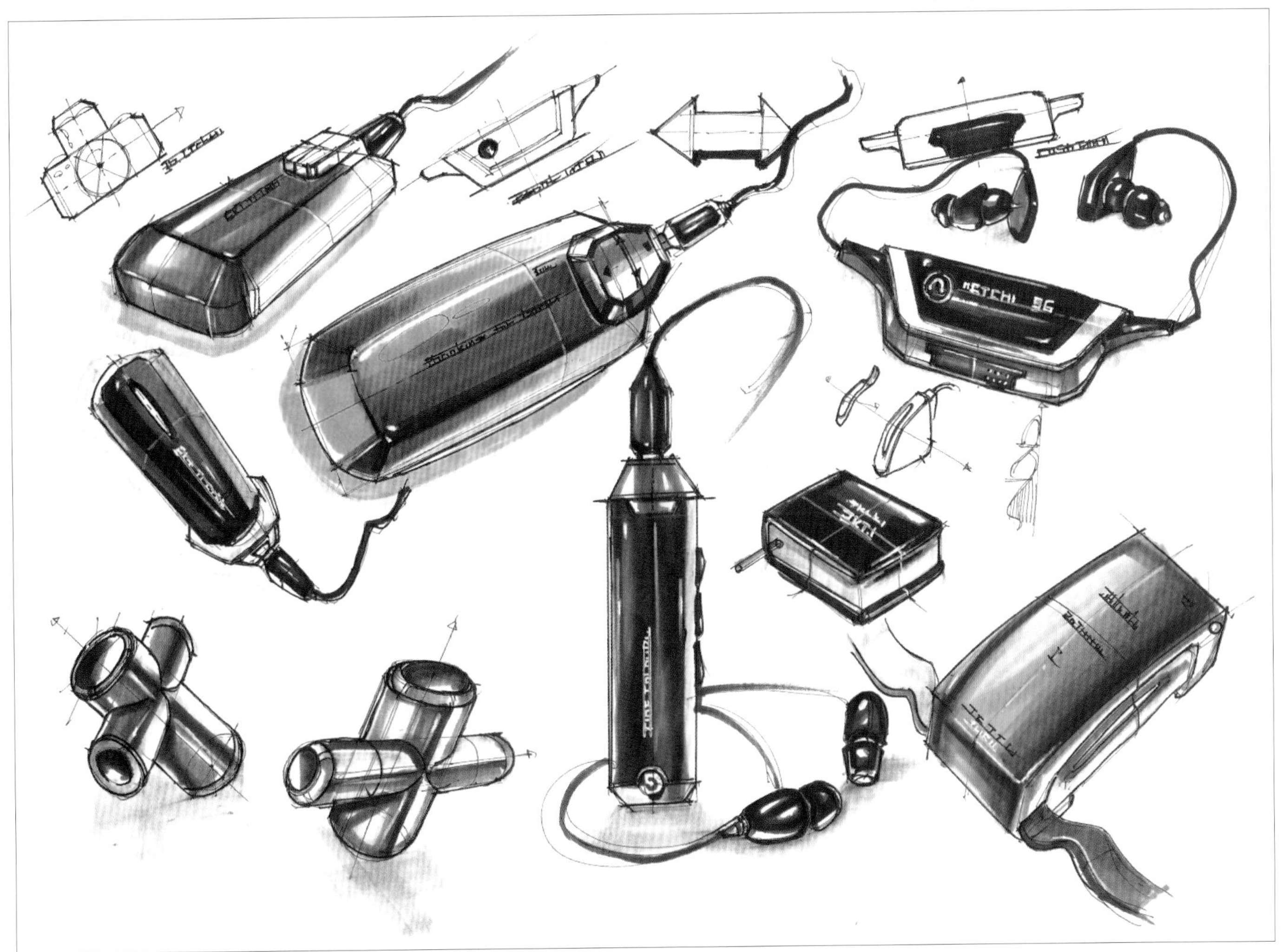

吸尘器表现图 钢笔 马克笔

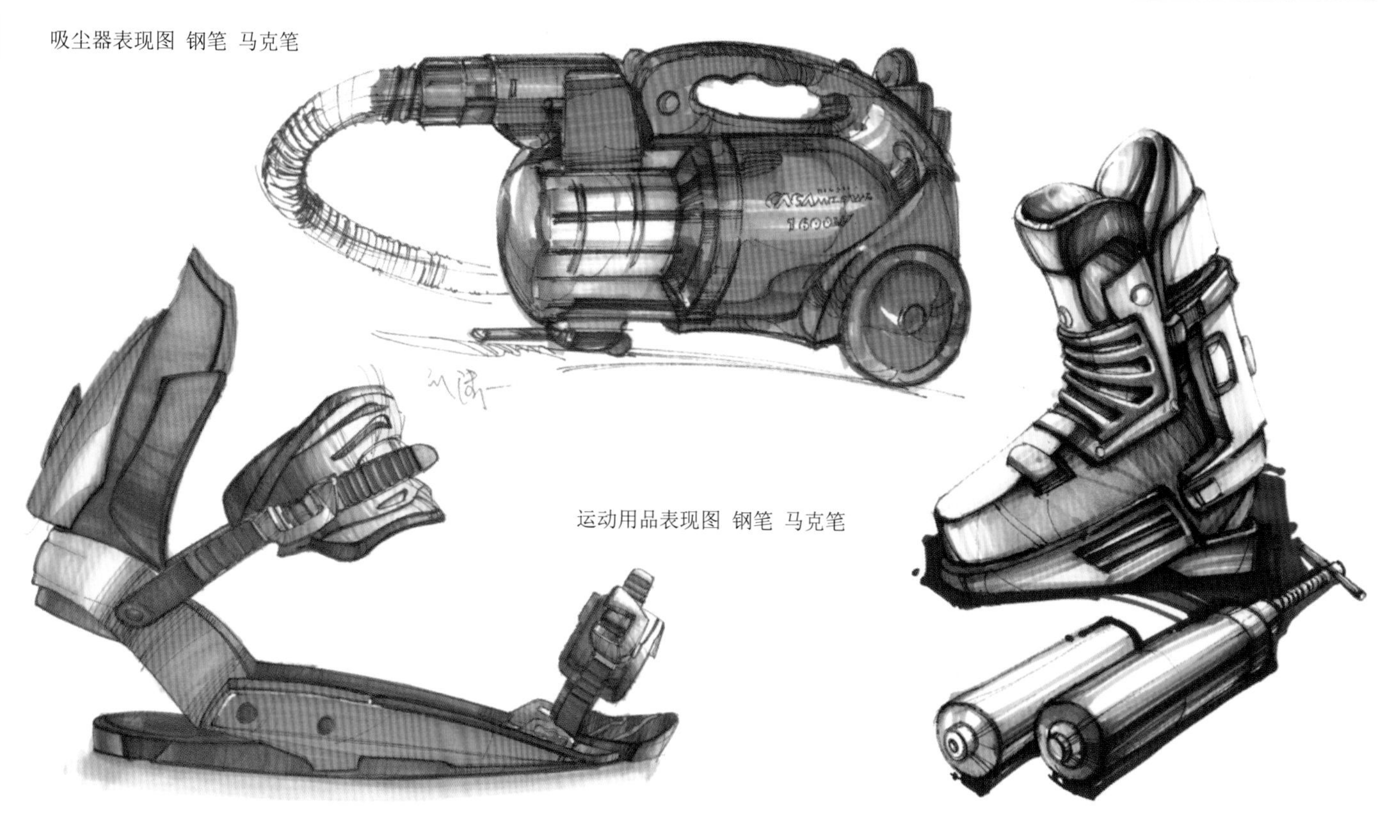

运动用品表现图 钢笔 马克笔

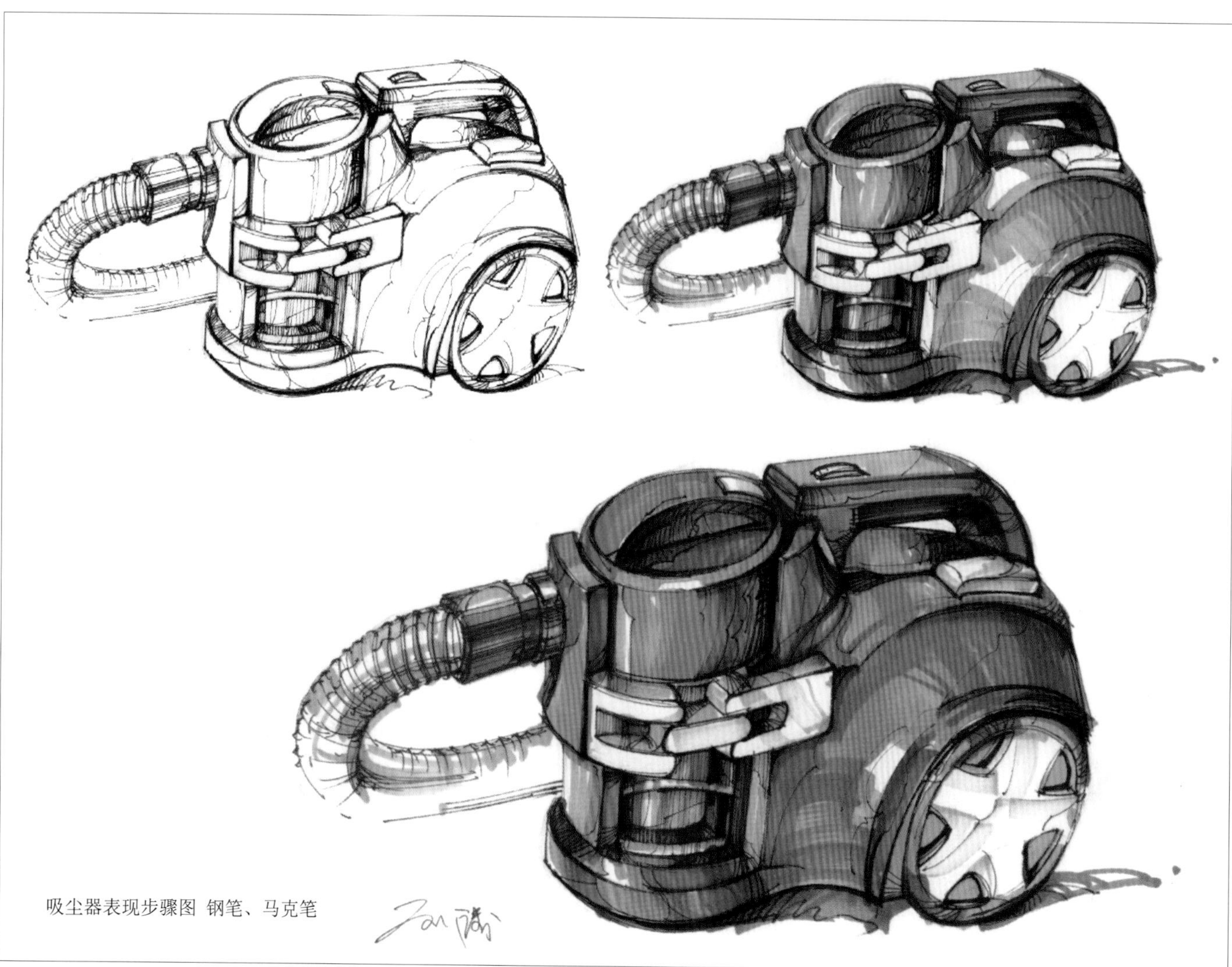

吸尘器表现步骤图 钢笔、马克笔

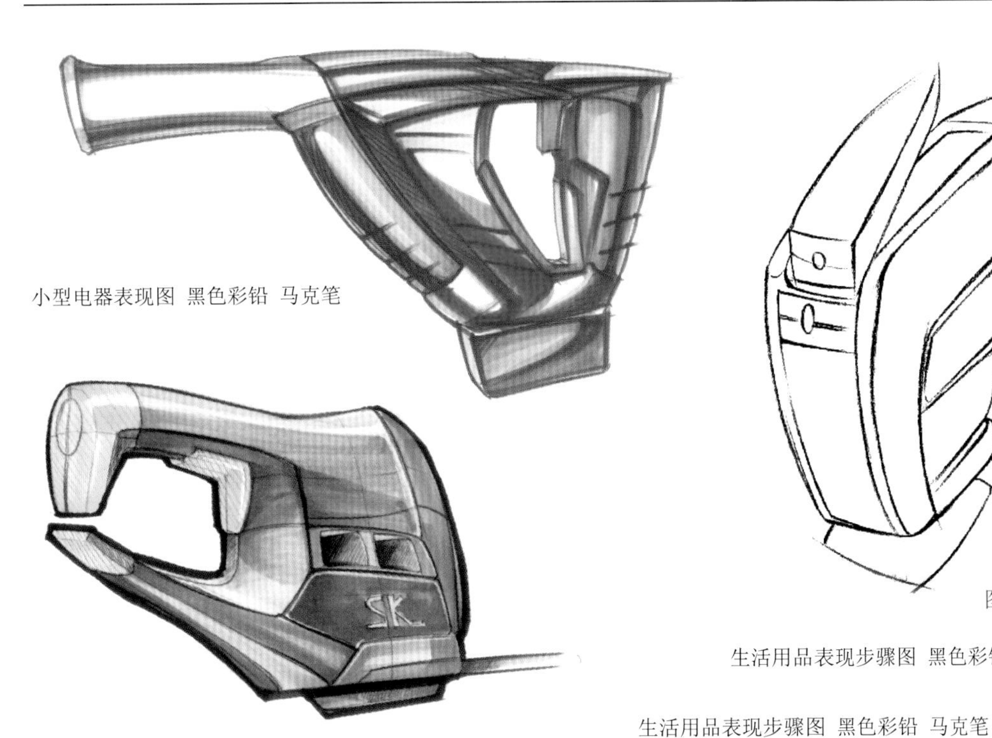

小型电器表现图 黑色彩铅 马克笔

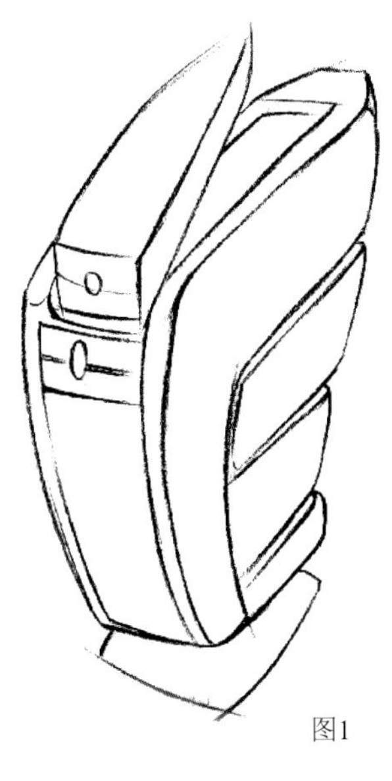

图1

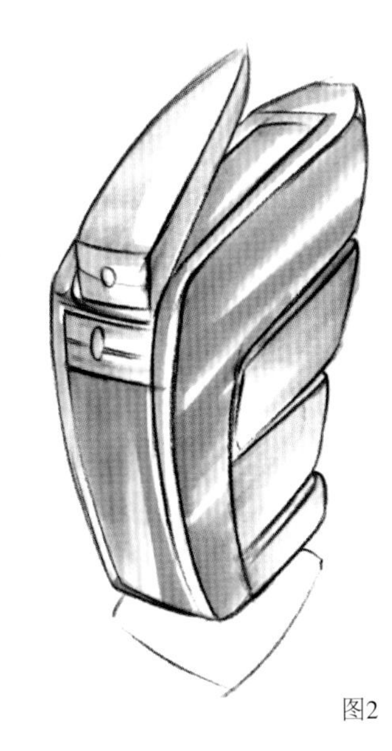

图2

生活用品表现步骤图 黑色彩铅 马克笔

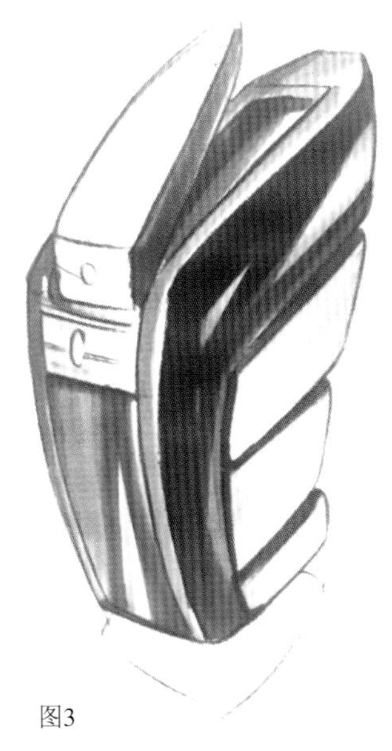

图3

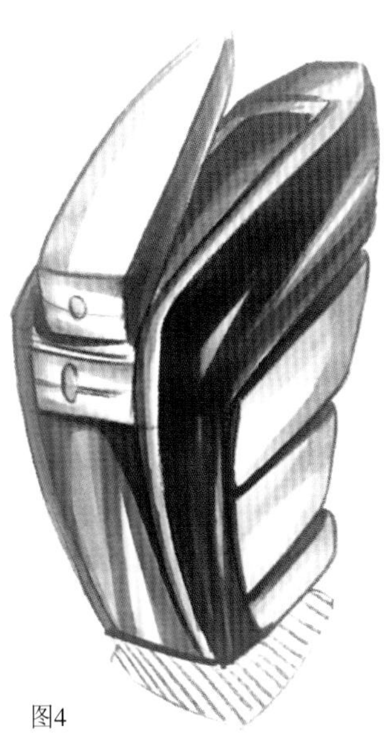

图4

生活用品表现步骤图 黑色彩铅 马克笔

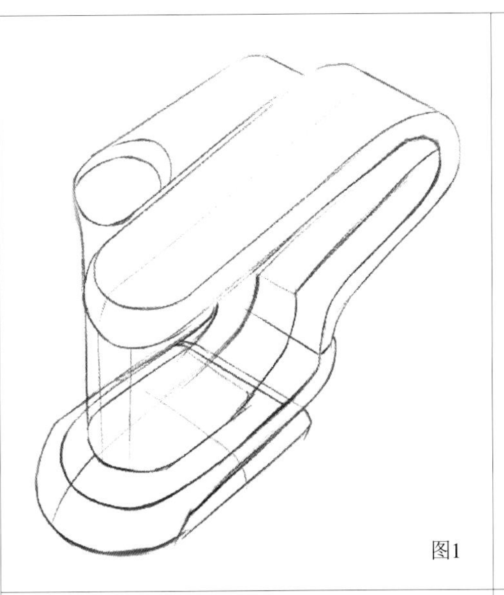

图1

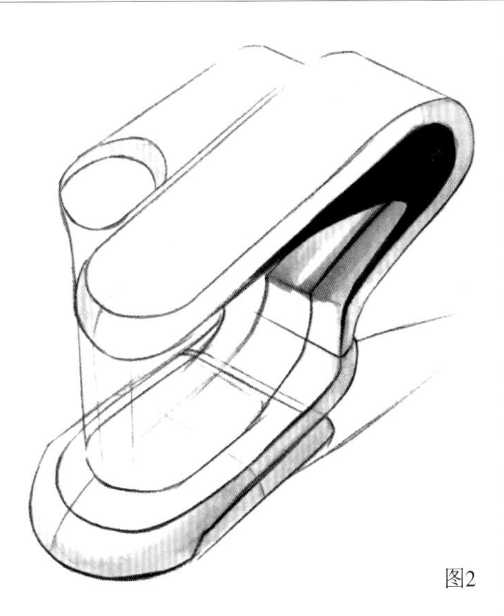

图2

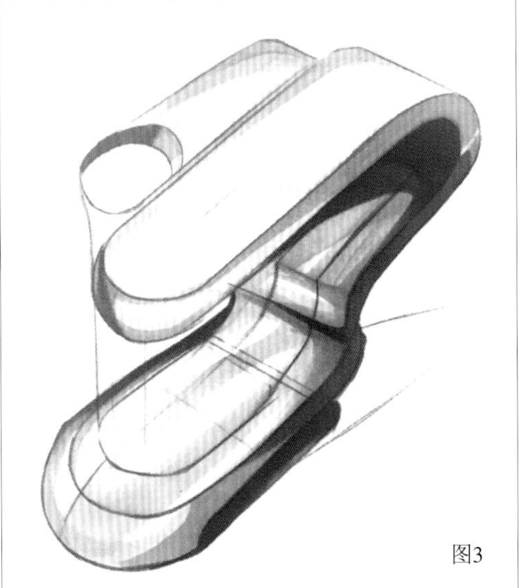

图3

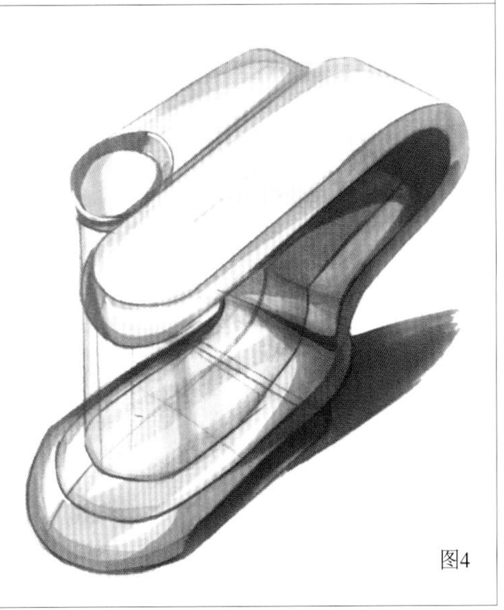

图4

3.不反光材料

不反光材料分为软质材料和硬质材料两种。软质材料主要有织物、海绵、皮革制品等；硬质材料主要有木材、亚光塑料等。它们的共性是吸光均匀、不反光，且表面有体现材料特点的纹理。在表现软质材料时着色应均匀、湿润，线条要流畅，明暗对比柔和，避免用坚硬的线条，不能过分强调高光；表现硬质材料时应块面分明，结构清晰，线条挺拔、明确，如木材可用枯笔来突出纹理效果。

不反光木质材料图例手绘步骤如右图所示。

图1：定位，起形。上半部分为木质，边缘线可轻画，下半部分是金属材质，应将边缘线表达清晰顺畅。

图2：铺亮部颜色和固有色，画金属部分运笔时可微抬笔，注意留白，木质为不反光材质，可整体铺色。

图3：绘制木材纹理，可参考真实木材纹理，木纹用两层深色号形成三个层次，构建木纹做旧的凹凸感，金属部分用深色号形成明暗关系。

图4：适当增强三个面的亮面、灰面和暗面关系，对比度更强烈。可以用彩铅刻画木纹沟壑，高光在金属边缘转折处提亮，加上局部高光点，提升质感。

图释5：木质纹理可简单分为基底和走向，注意纹理要有疏有密，要注意纹理的透视。

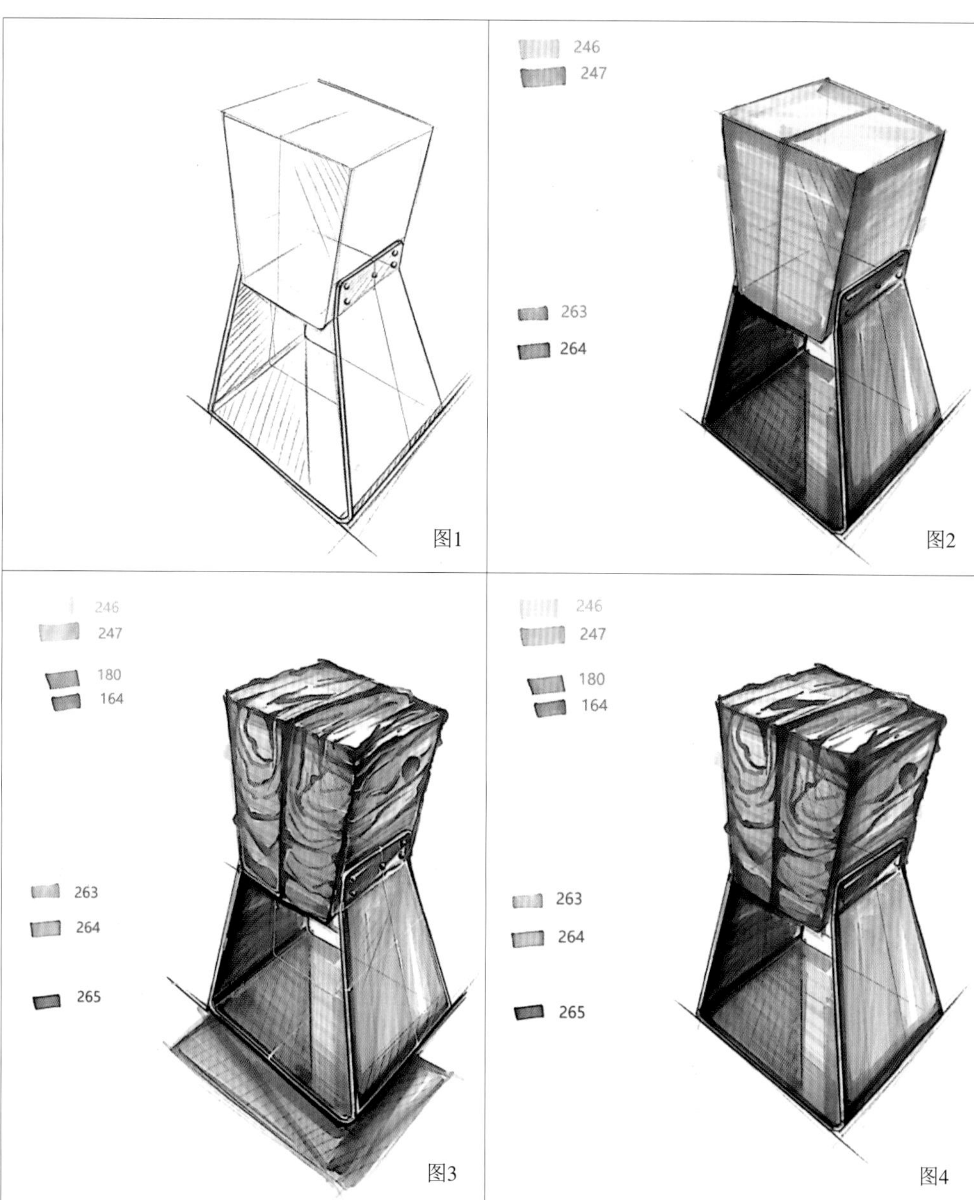

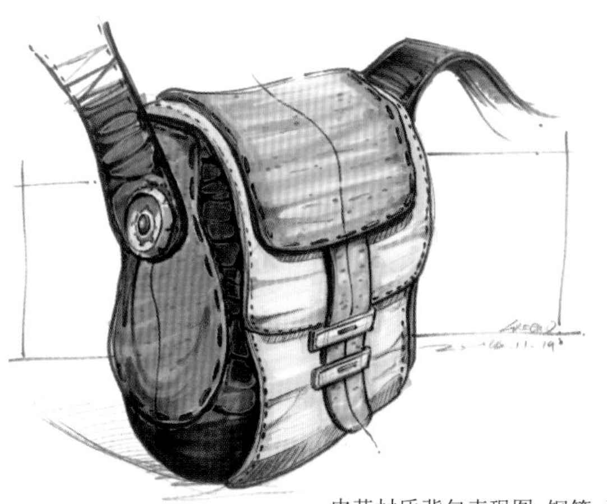

皮革材质背包表现图 钢笔 马克笔

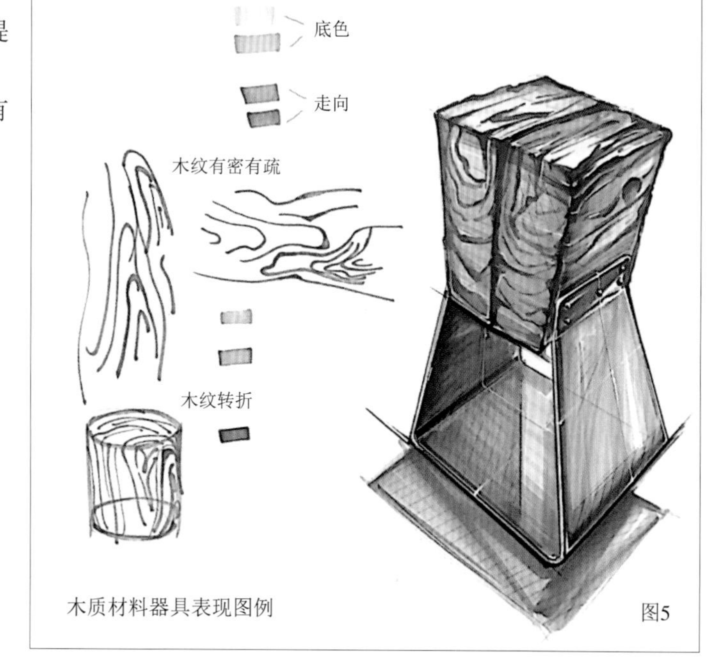

木质材料器具表现图例

皮革材质公文包表现图例

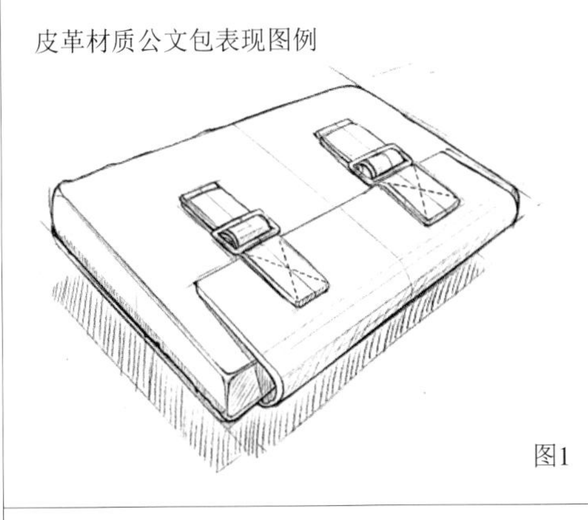
图1

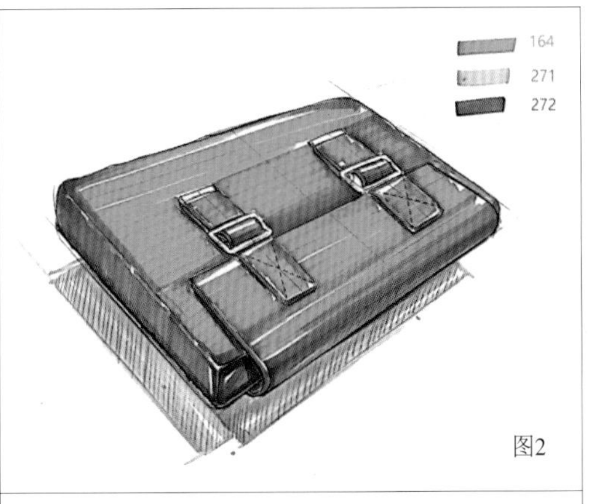

图2

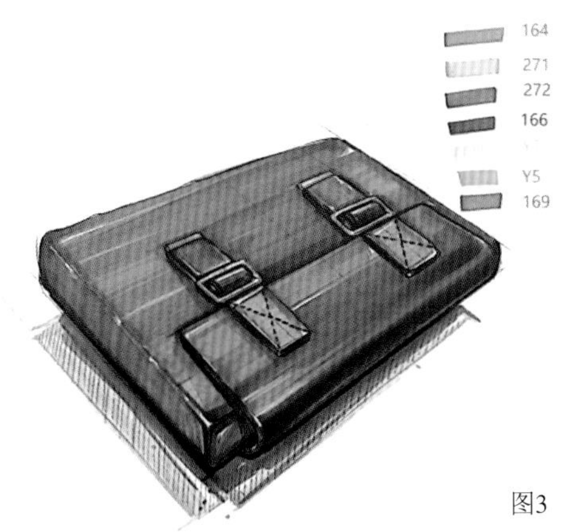

图3

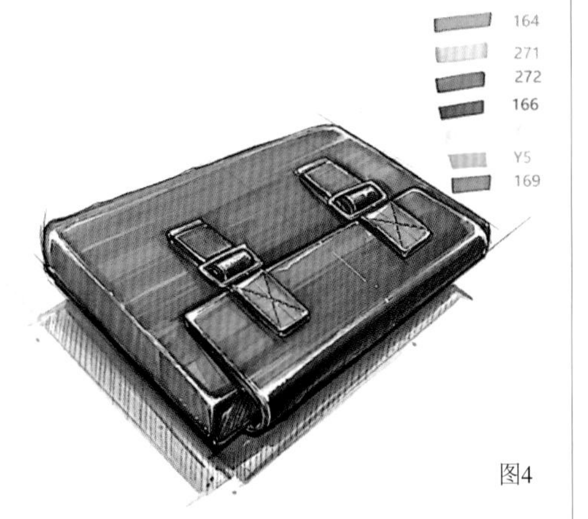

图4

不反光皮质材料图例提包手绘步骤如左图所示。

图1：定位，起形。皮质产品可以用细节增强材质质感，如针脚线，轻微的褶皱等；

图2：用固有色铺色，注意沿同一个方向运笔，转折处也要衔接；

图3：加深暗部，增加对比度，注意刻画搭扣的投影；

图4：刻画高光状态，完善细节，增强对比度。

公文包手绘视频

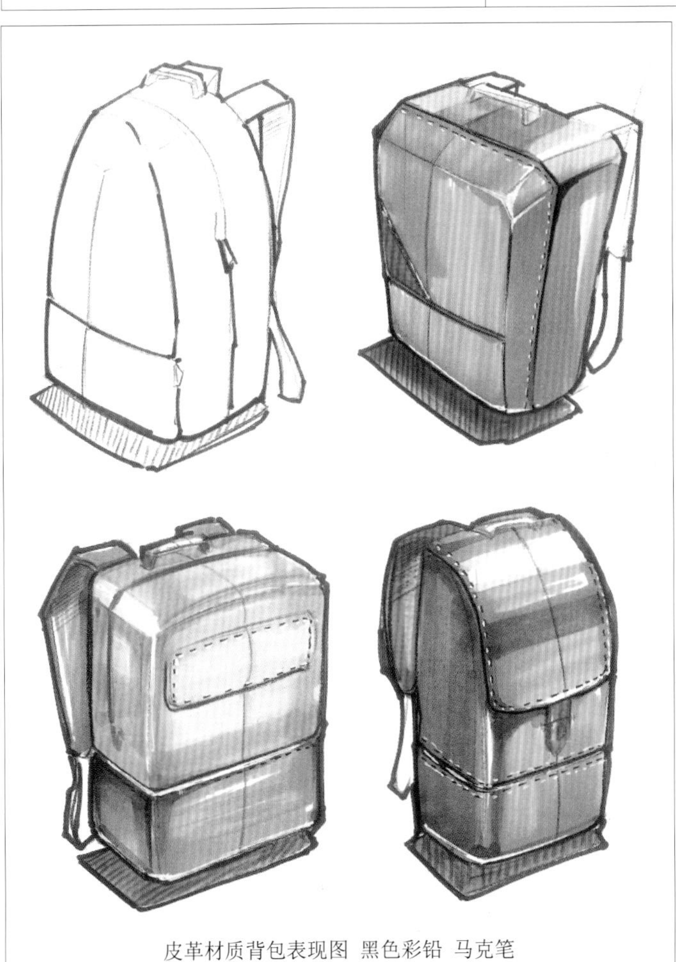
皮革材质背包表现图 黑色彩铅 马克笔

运动鞋手绘视频

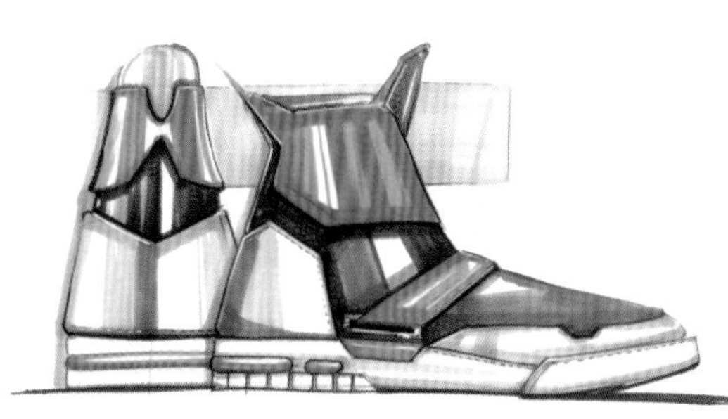
运动鞋系列表现图 黑色彩铅 马克笔

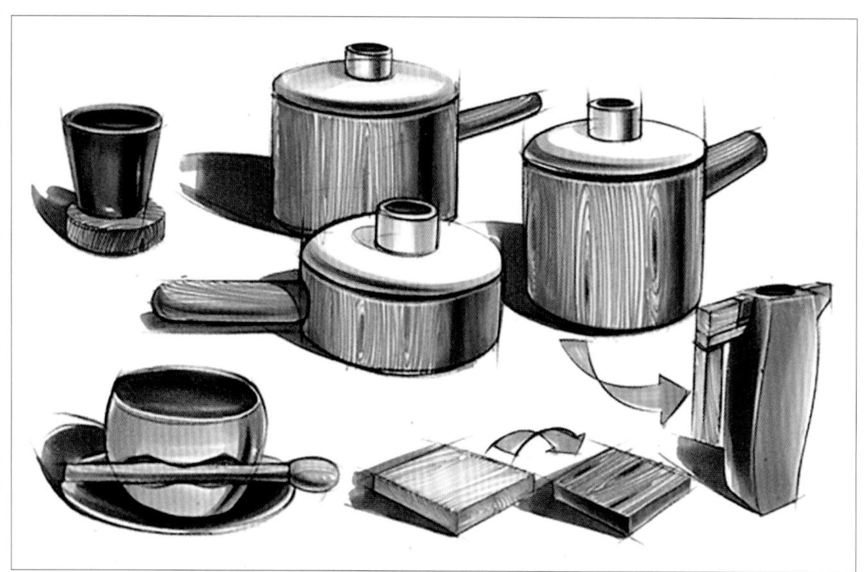

生活用品表现图 黑色彩铅 马克笔（网络）

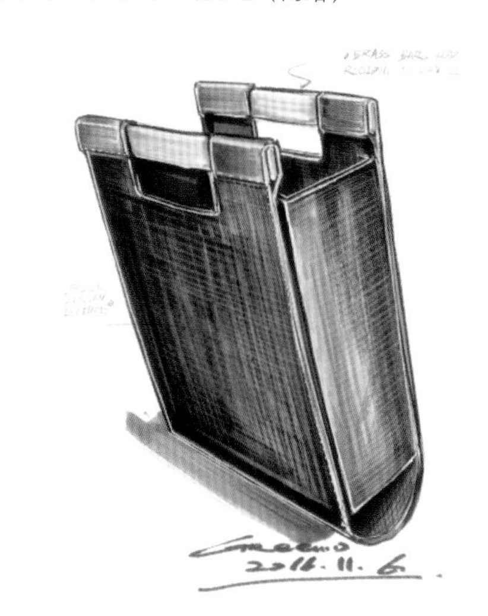

皮革材质提包表现图 圆珠笔 马克笔

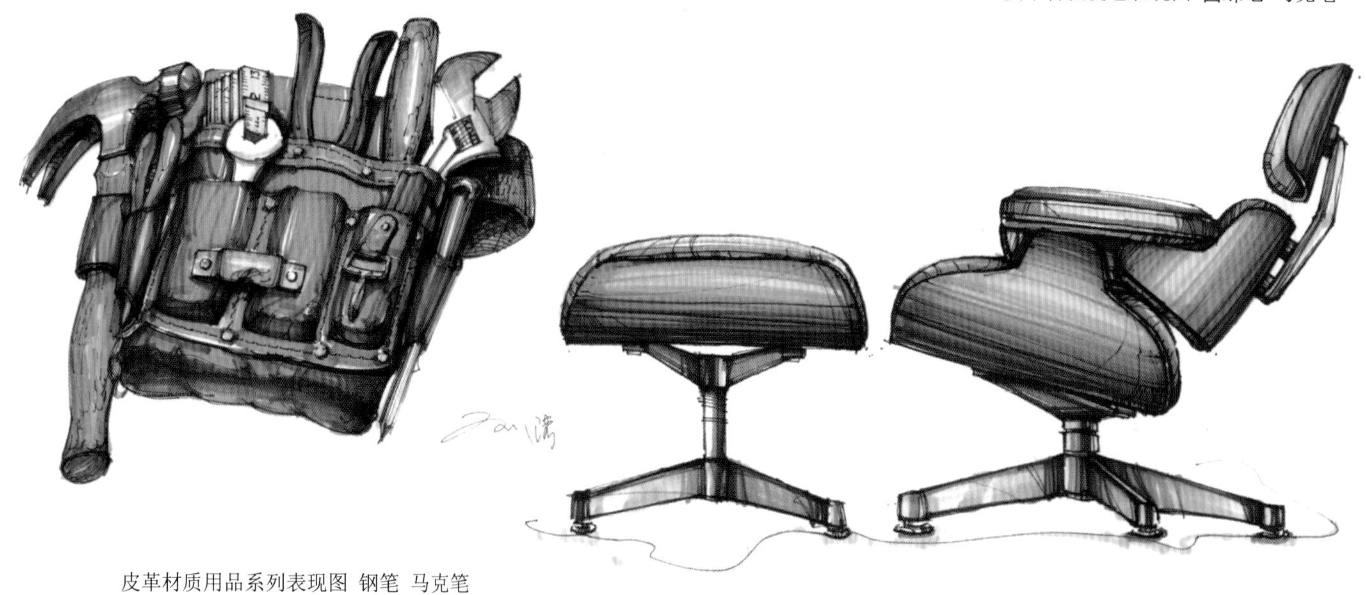

皮革材质用品系列表现图 钢笔 马克笔

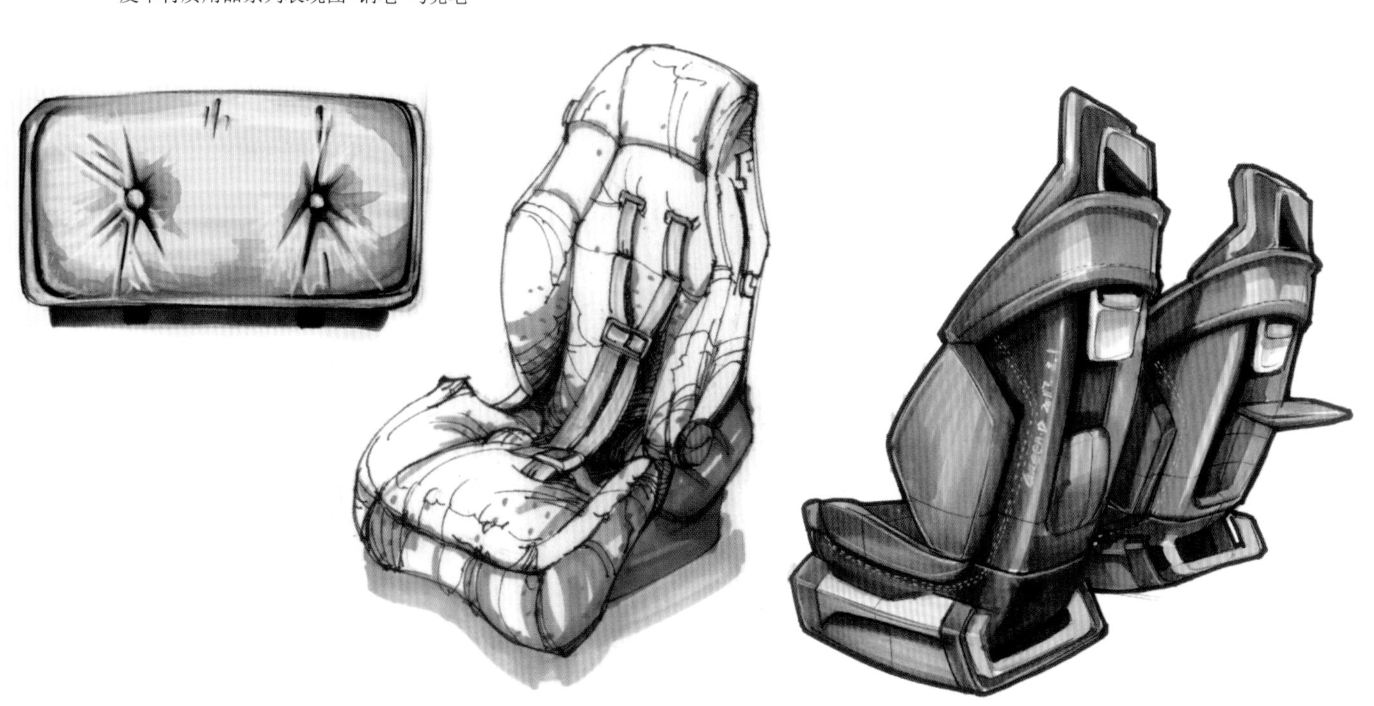

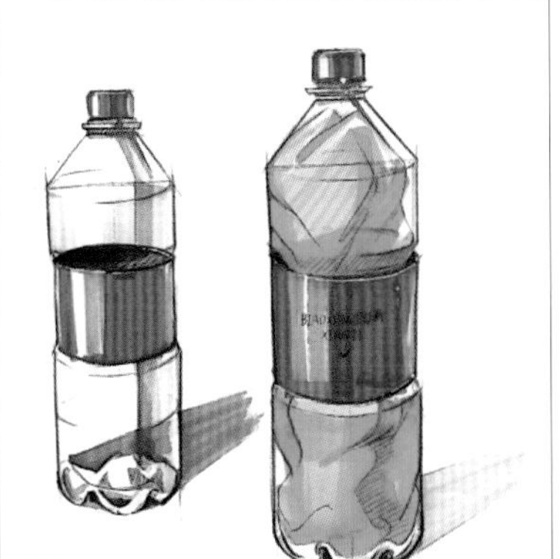

透明材质水瓶表现图例

4.透明材质

透明材料主要有玻璃、透明塑料、有机玻璃等。这类材料的特点是具有反光和折射光，光影变化丰富，而透光是其主要特点。表现时可直接借助于环境底色，画出产品的形状和厚度，强调物体轮廓与光影变化，强调高光，注意处理反光层次。尤其要适当描绘出物体内部的透视线和零部件，以表现出透明的特点。

透明材料图例的矿泉水瓶手绘步骤图如左图所示。

图1：确定比例定位，铅笔起形；

图2：先用浅灰色号和朱红色马克笔上色，确定明暗交界部分，上色顺序从左至右，从上至下；

图3：上一遍固有色，明确暗部颜色；要注意透明部分后面透出的背景及相应的变化；

图4：完善细节，修整边缘线，高光提亮结构转折处，加重投影；

图5：加强高光，加深暗部，提高对比度。

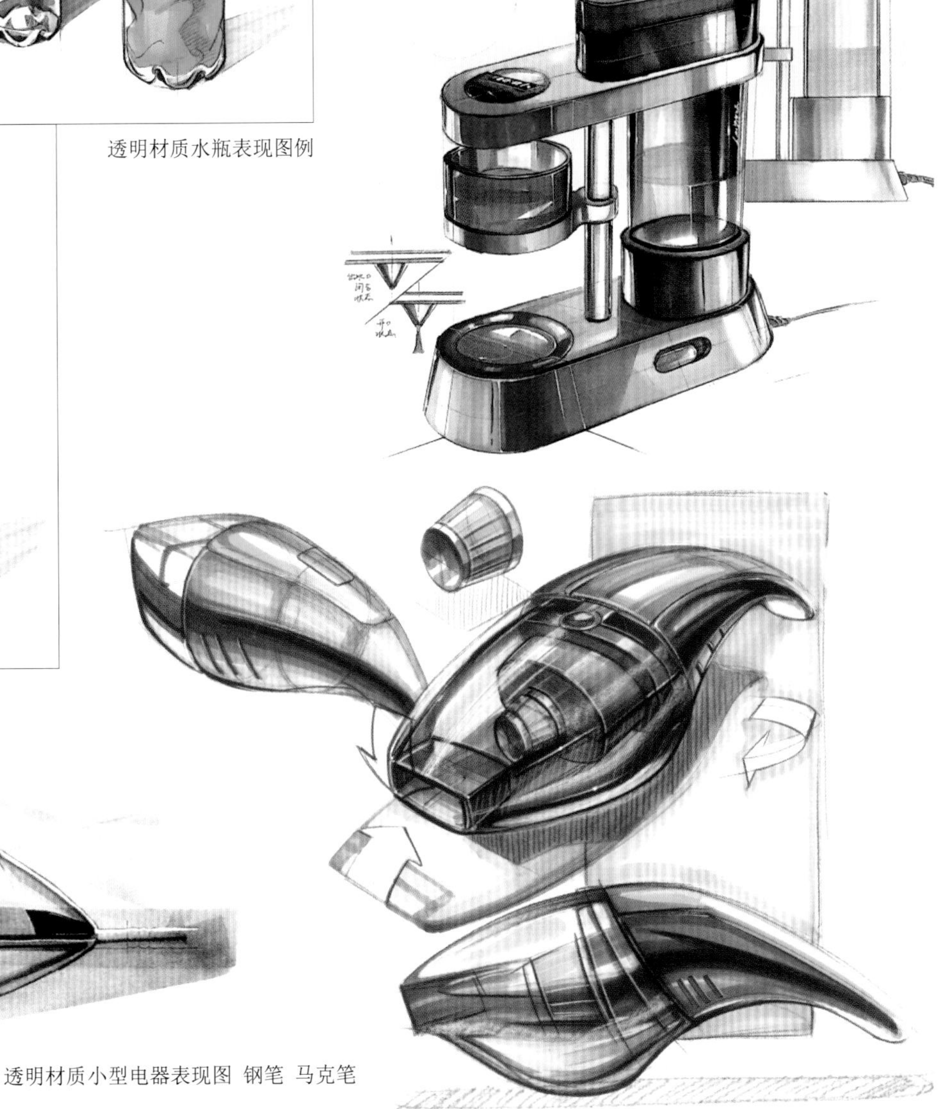

透明材质小型电器表现图 钢笔 马克笔

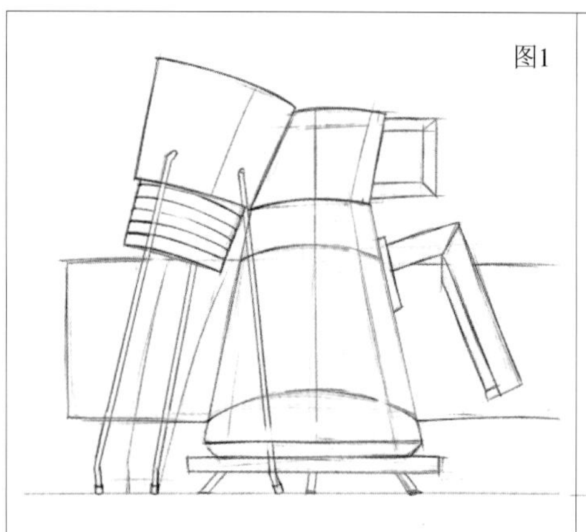

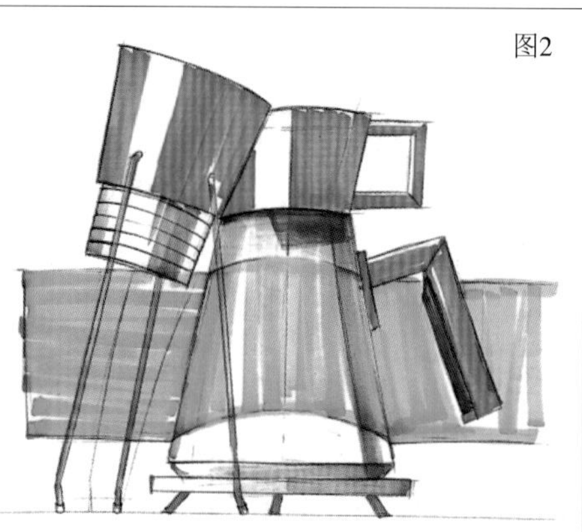

透明材质水壶表现图例

透明材料图例水壶手绘步骤图如上图所示。

图1：确定比例定位，铅笔起形；

图2：用浅色马克笔先上透明部分，再上其他材质部分，注意留出高光和明暗交界线的位置，留意透明部分后面透出的背景，画出相应的变化；

图3：选用较深色号加重暗部颜色；完善造型细节，修整产品边缘线；加强产品的高光效果，继续加深暗部，提高画面的对比度。

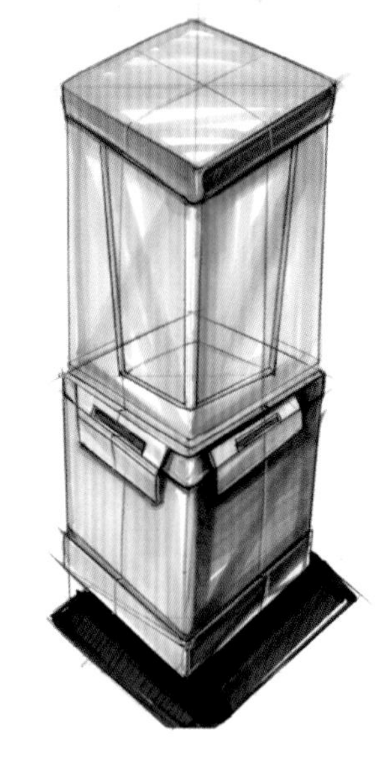

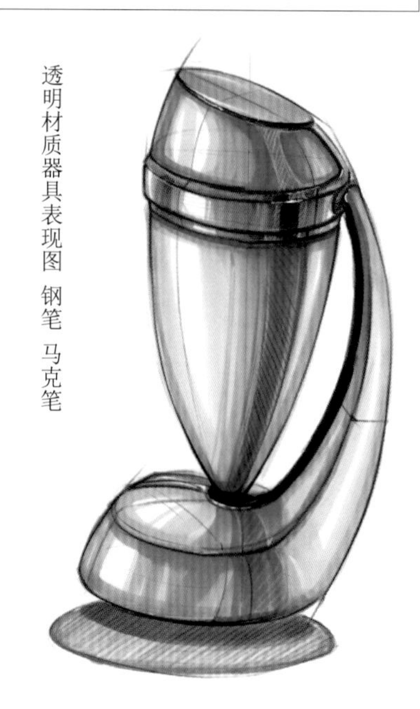

透明材质器具表现图 钢笔 马克笔

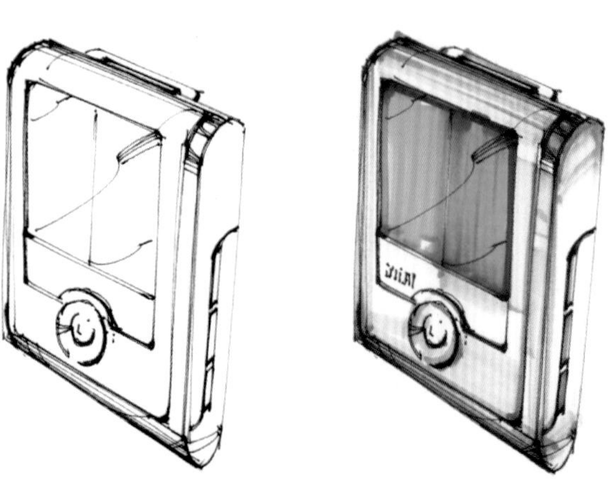

水杯手绘视频

透明材质器具表现图 钢笔 马克笔

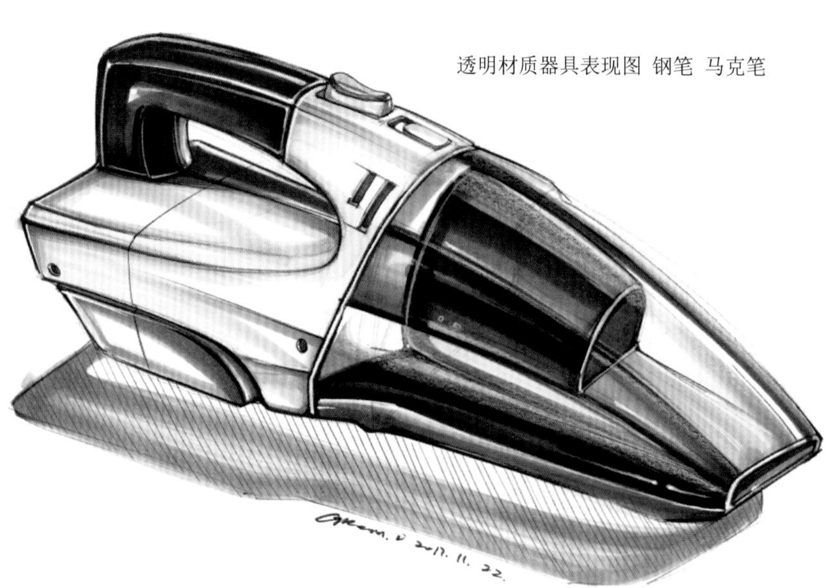

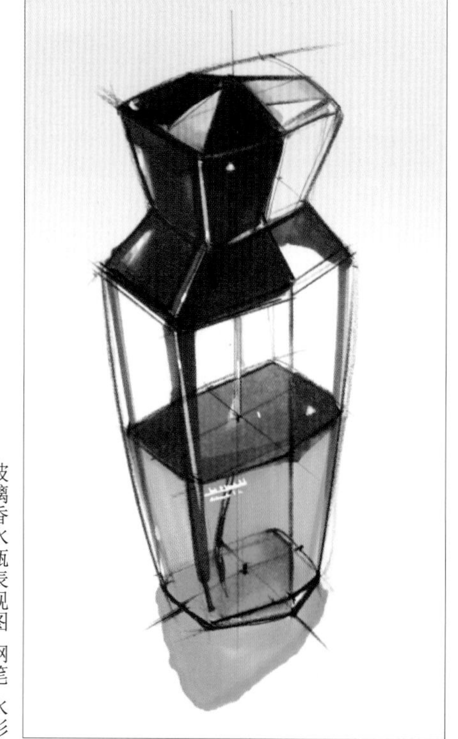

玻璃香水瓶表现图 钢笔 水彩

透明材质小型电器表现图 钢笔 马克笔

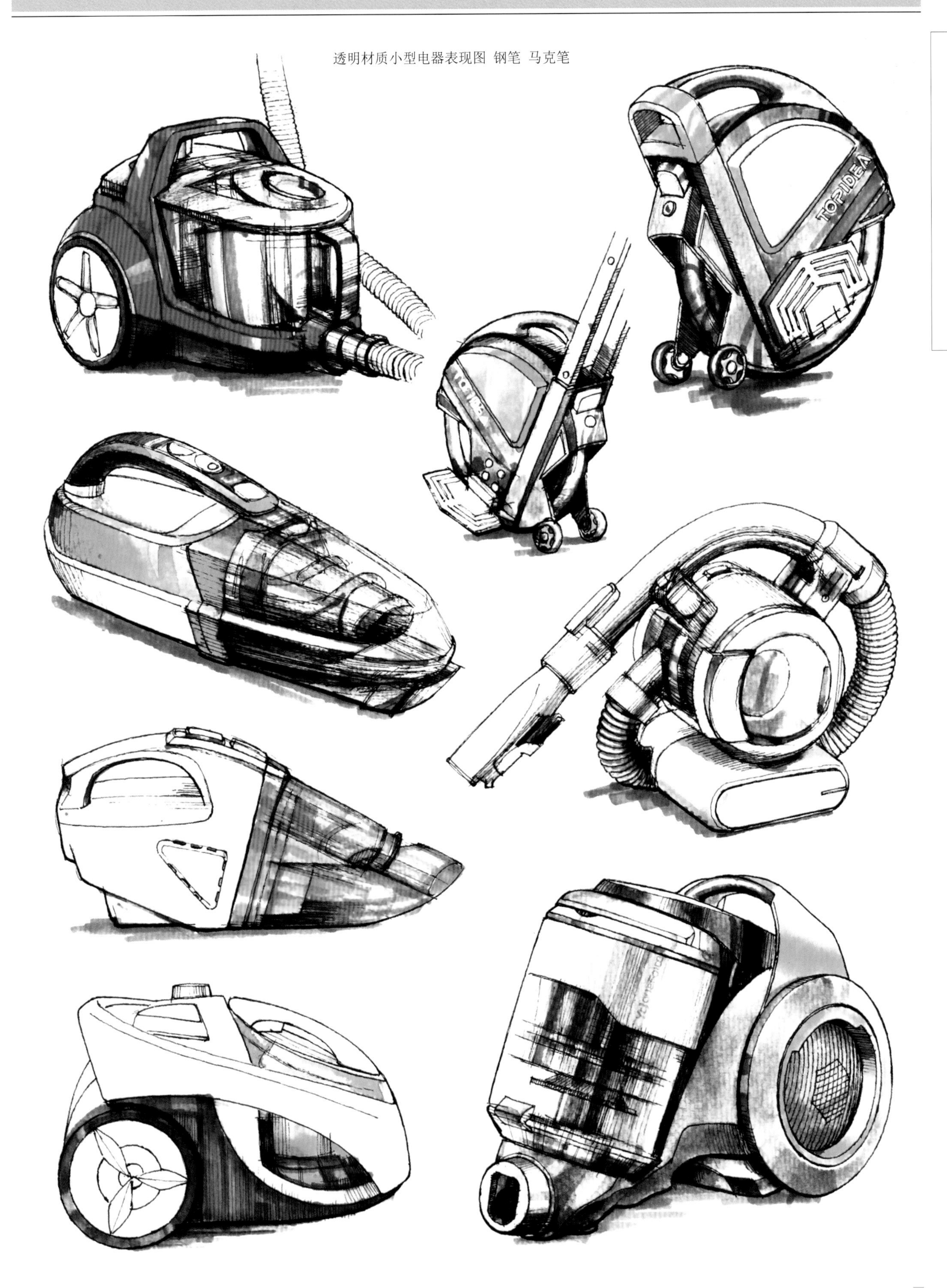

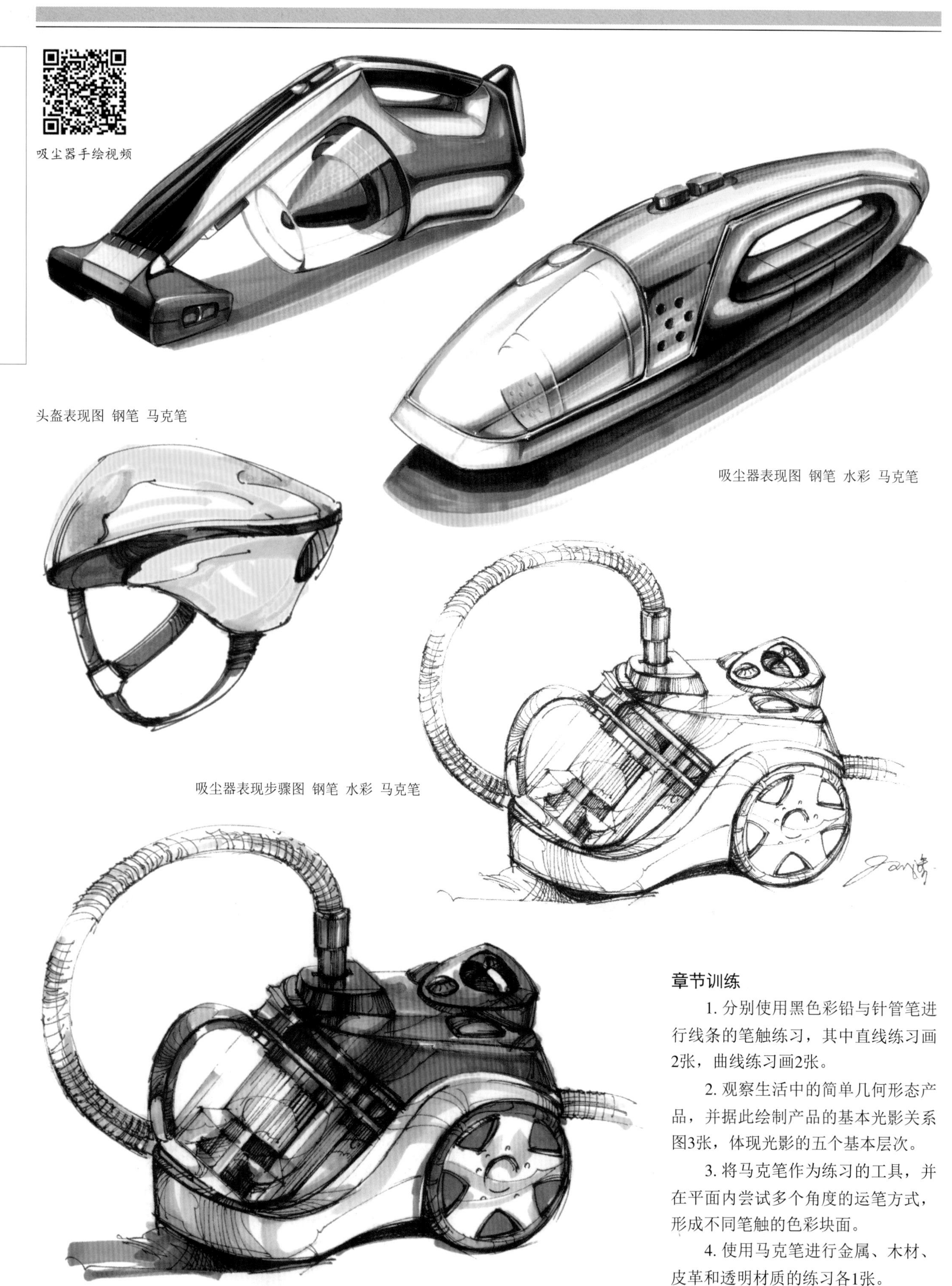

吸尘器手绘视频

头盔表现图 钢笔 马克笔

吸尘器表现图 钢笔 水彩 马克笔

吸尘器表现步骤图 钢笔 水彩 马克笔

章节训练

1. 分别使用黑色彩铅与针管笔进行线条的笔触练习，其中直线练习画2张，曲线练习画2张。

2. 观察生活中的简单几何形态产品，并据此绘制产品的基本光影关系图3张，体现光影的五个基本层次。

3. 将马克笔作为练习的工具，并在平面内尝试多个角度的运笔方式，形成不同笔触的色彩块面。

4. 使用马克笔进行金属、木材、皮革和透明材质的练习各1张。

第四章 精进部分
渐进的创意表现训练方法

一、训练项目1 线描产品训练

线描产品表现以线条的训练为核心，注意前面章节讲过的线条的轻重拿捏，每根线的轻落重走及线条整体的流畅性，是产品造型外观是否硬朗干净的重点。所以线描产品中的线条是塑造产品造型最基础的要求，也是画好产品手绘的第一步。

线描产品训练着重描绘产品的外观造型，训练核心是关注形体的塑造和结构的分区表达。每个结构部件都要有明确的轮廓支撑，结构与结构之间的线条可相对深入。

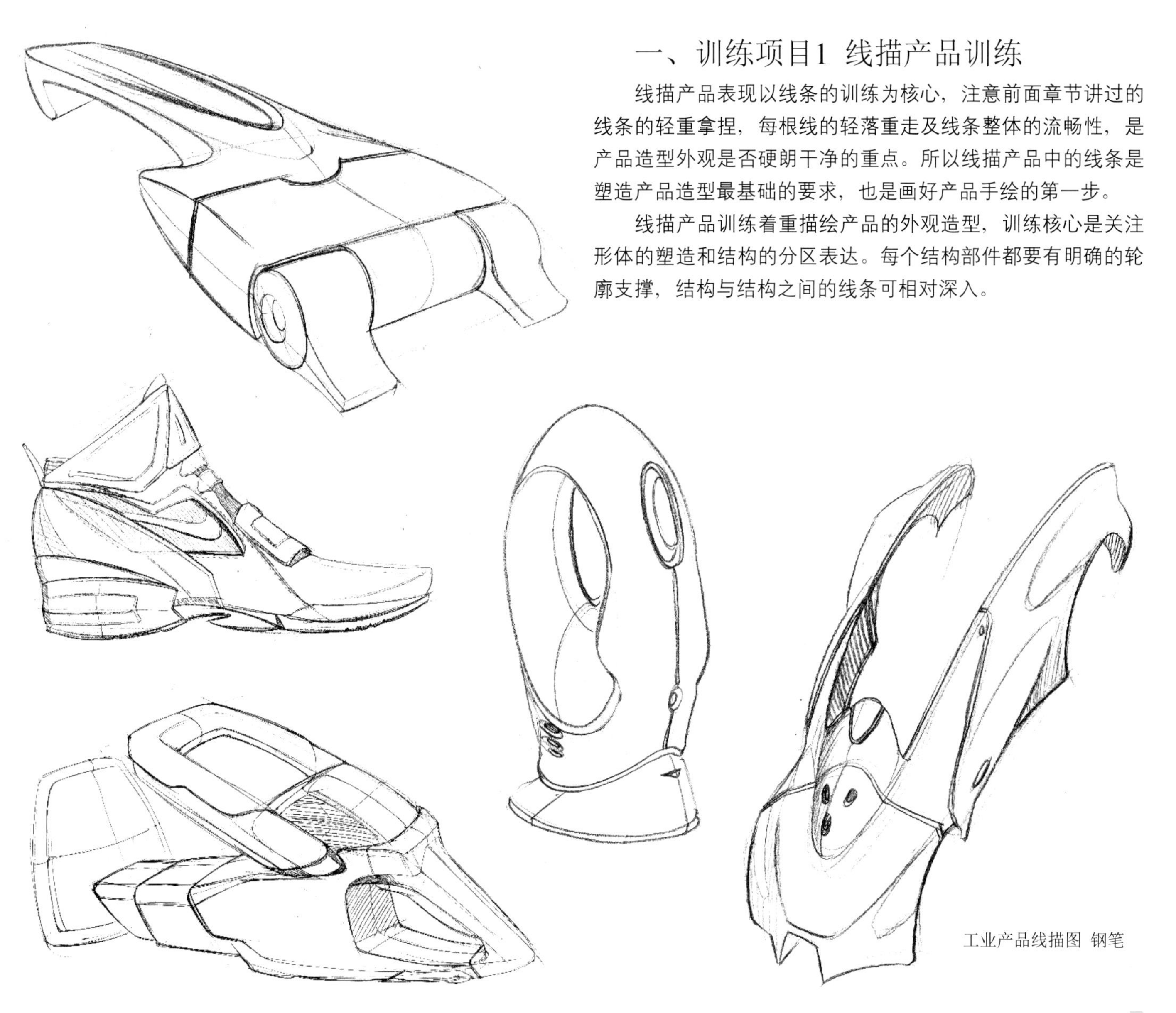

工业产品线描图 钢笔

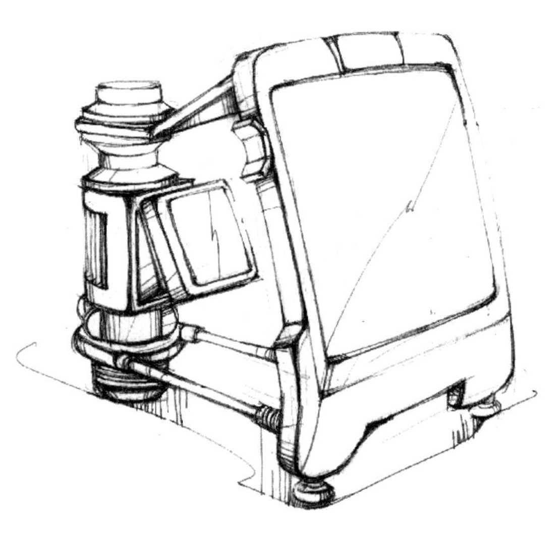

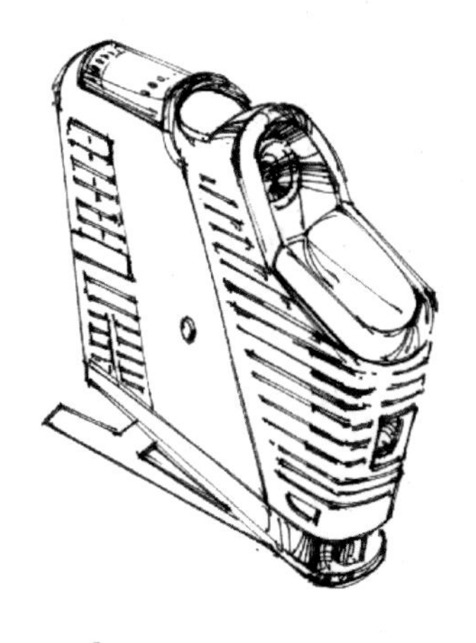

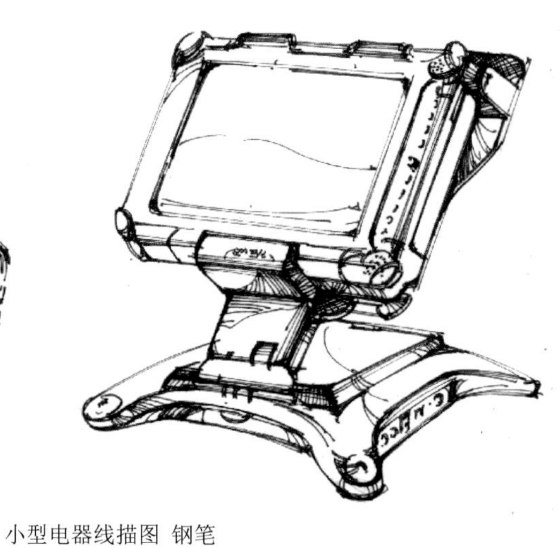

小型电器线描图 钢笔

图释：线描作品应关注产品外形，要先确定产品轮廓所在的盒子比例，定位产品尺寸和比例关系，然后确定主要结构的位置和造型趋势，采用比较概括的线条将其表现出来。在刚开始绘制产品线描作品时，要时刻注意产品透视关系，包括外部形态和内部联系，忽略内部结构的透视往往是初学者容易出现的问题。

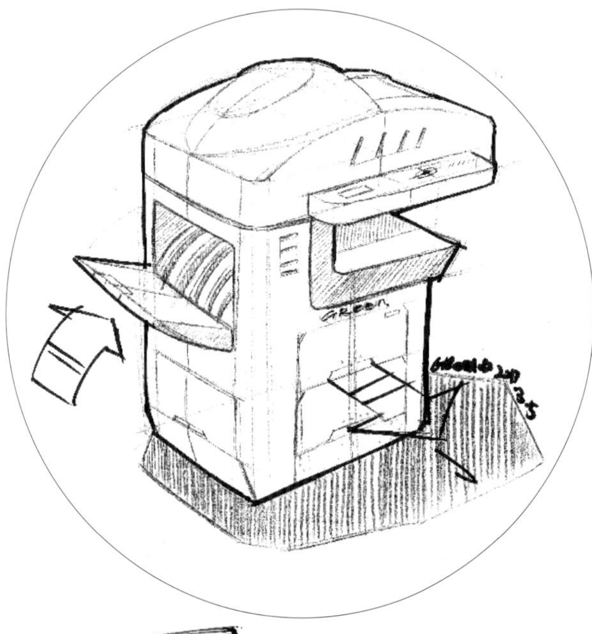

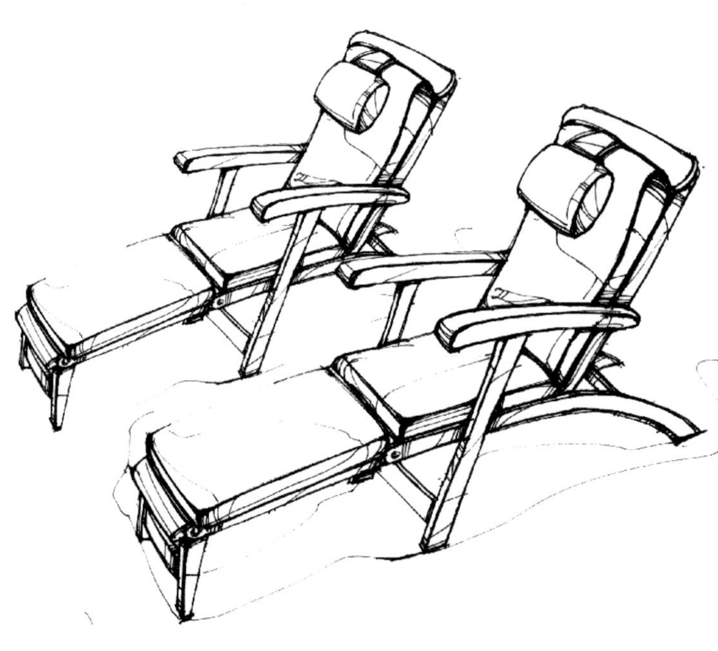

家居座椅线描图 钢笔

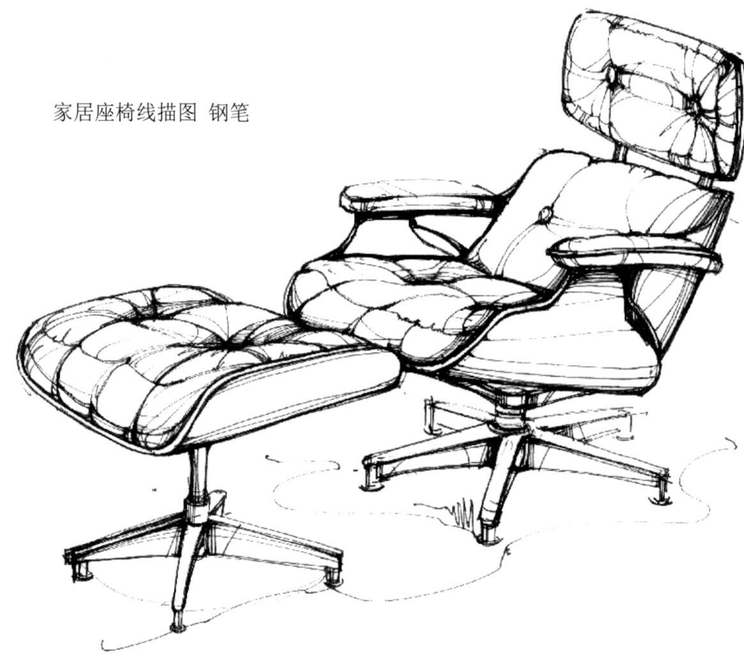

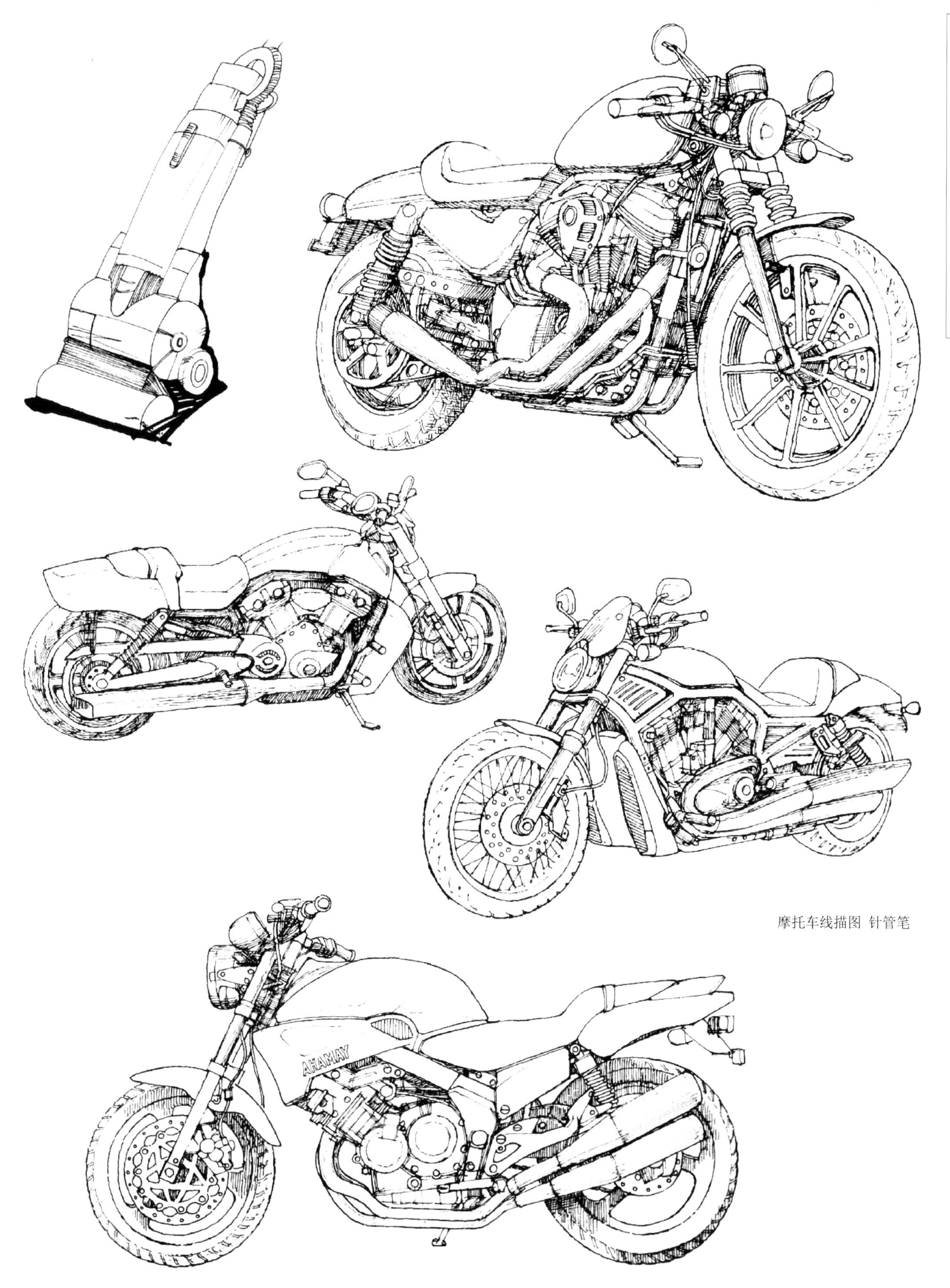

摩托车线描图 针管笔

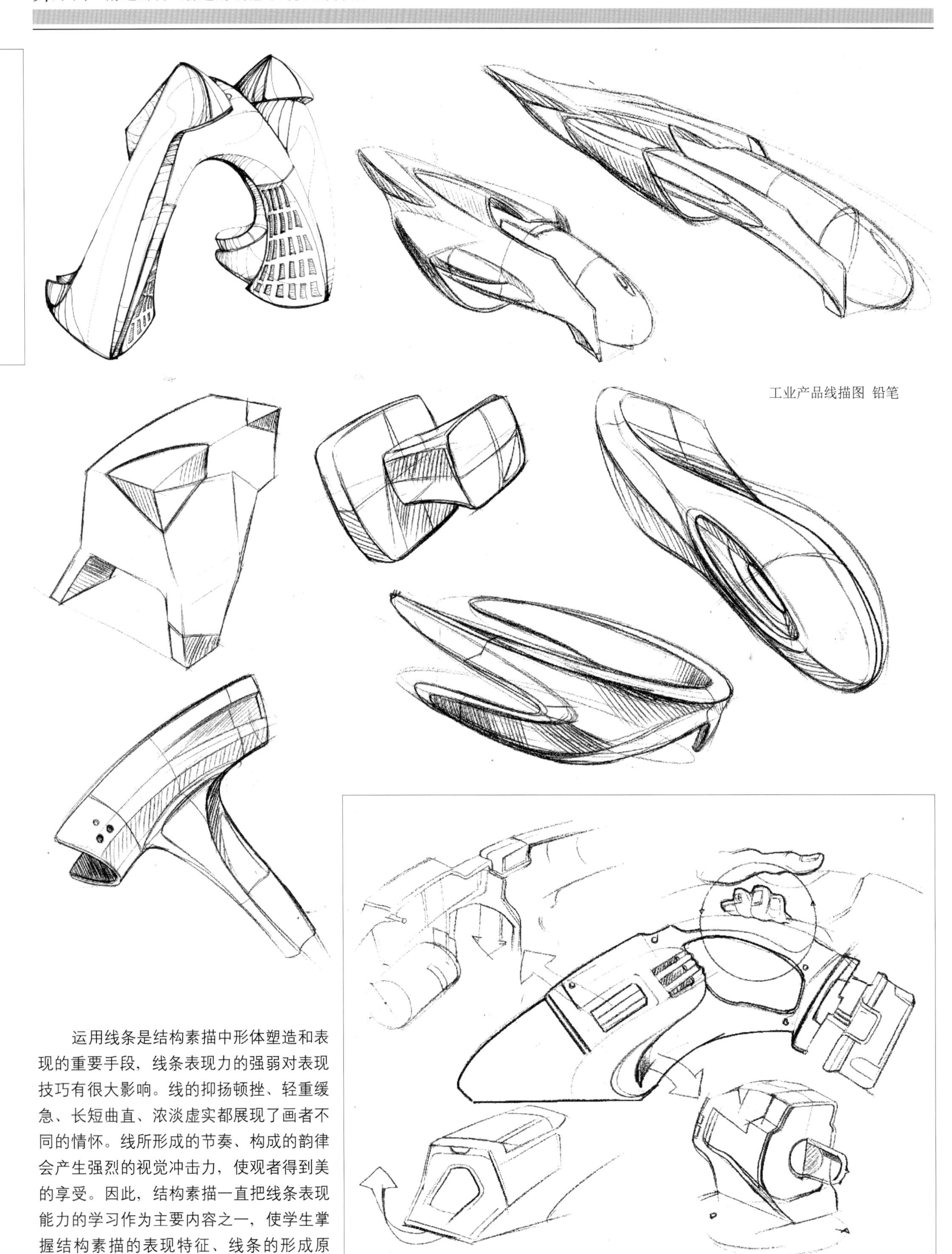

工业产品线描图 铅笔

运用线条是结构素描中形体塑造和表现的重要手段，线条表现力的强弱对表现技巧有很大影响。线的抑扬顿挫、轻重缓急、长短曲直、浓淡虚实都展现了画者不同的情怀。线所形成的节奏、构成的韵律会产生强烈的视觉冲击力，使观者得到美的享受。因此，结构素描一直把线条表现能力的学习作为主要内容之一，使学生掌握结构素描的表现特征、线条的形成原理、线与面的辩证关系。

线是表现设计形态的最佳方式，不同形态的物体可以由不同的线条表现。有的线条感觉圆润、有的毛糙、有的轻快、有的凝重，所有的线条都是根据客观物体的形体特征去运用的。在线条的练习中，要注意结构素描中的线和国画中的白描线、工程制图中的线是有区别的，这种线条有虚实、强弱、层次、刚柔等特性，并且带有很强的设计性和探索性。工程制图中的线是严谨的尺寸线，是没有浓淡、虚实、强弱、刚柔的，而且是借助绘图工具来描绘的；速写与结构素描中的线都是徒手练习和绘制的，因为只有用徒手的方式才能使画面生动、活泼、流畅和富于变化。初学者在线条的练习过程中要特别注意用线的变化，丰富画面的表现力。

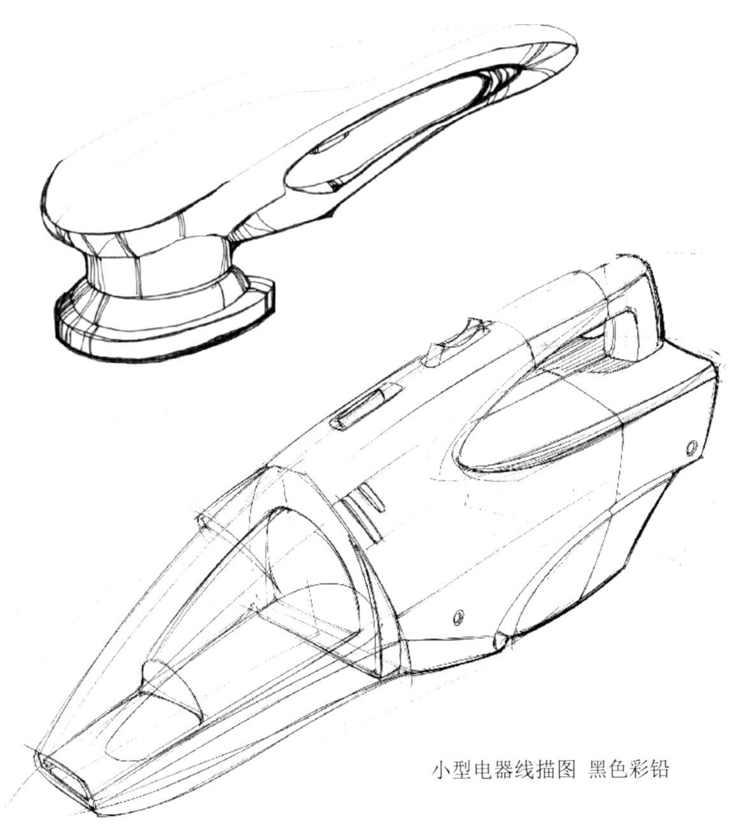

小型电器线描图 黑色彩铅

小型电器线描图 黑色彩铅

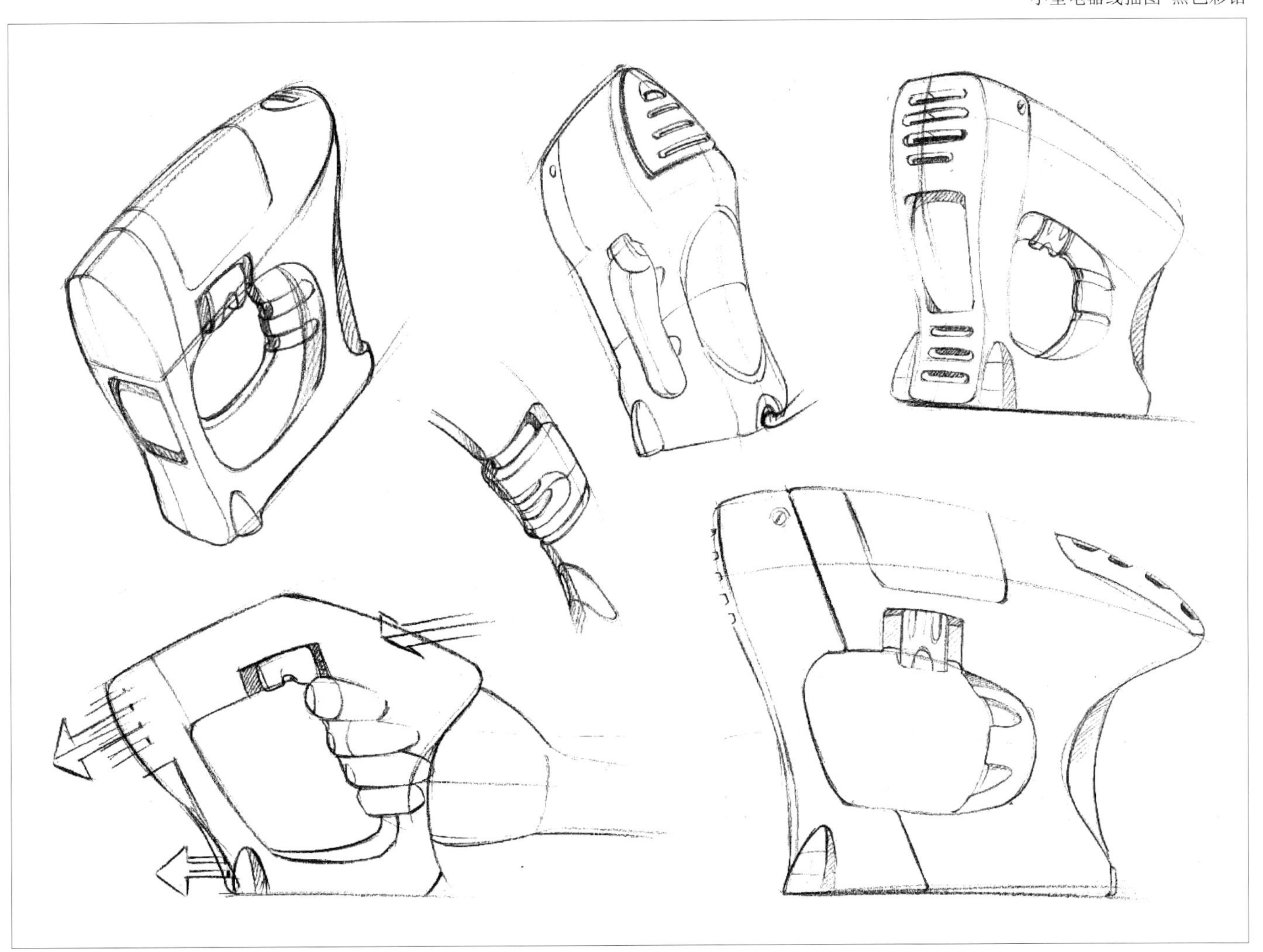

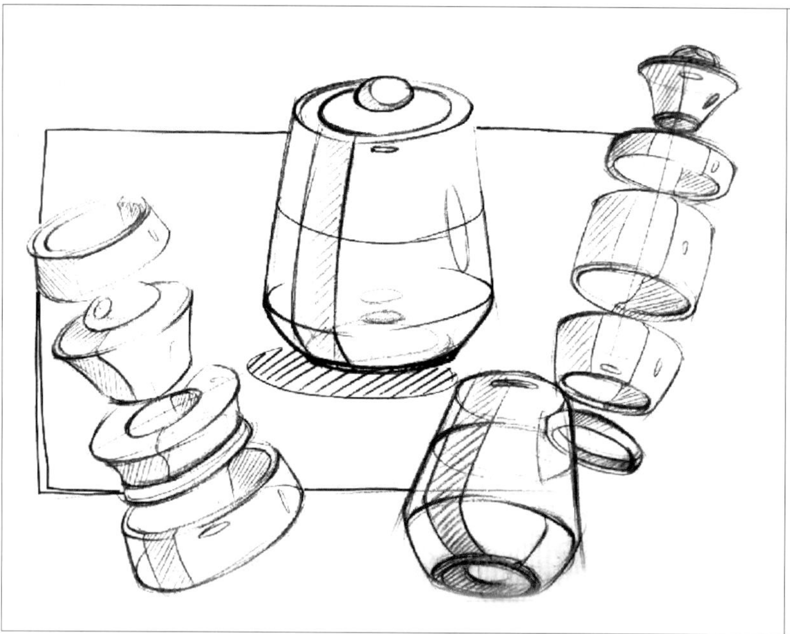

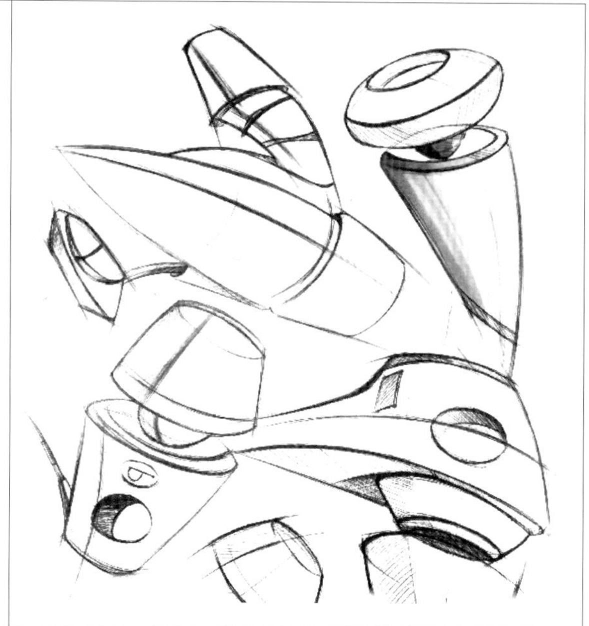

生活用品线描组合 黑色彩铅

防雾霾婴儿车

AIR BABY-CAR PRINCIPLE [illegible]

BABY DOOR SWITCH

室外

air pollution

air clean

CENTRIFUGAL TURBINE TANK

ACTIVATED CARBON FILTER

HUMOP GRID

DUST FRAME

HEPA [illegible] HEPA FILTER LAYER

SILVER ION FILTER

PANEL

Air pollution

clean

clean air

污染空气

干净空气

快题方案中的线描表现 钢笔 马克笔

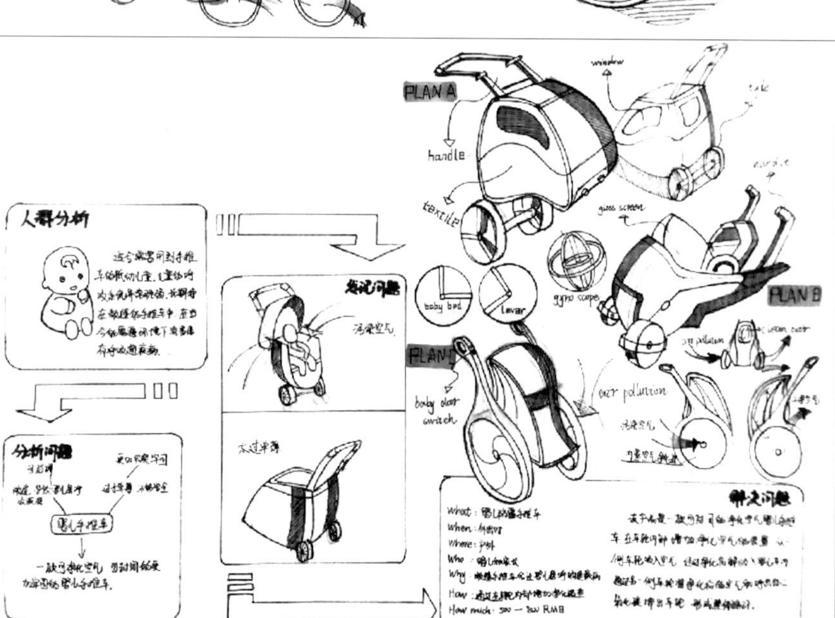

提包线描图 铅笔

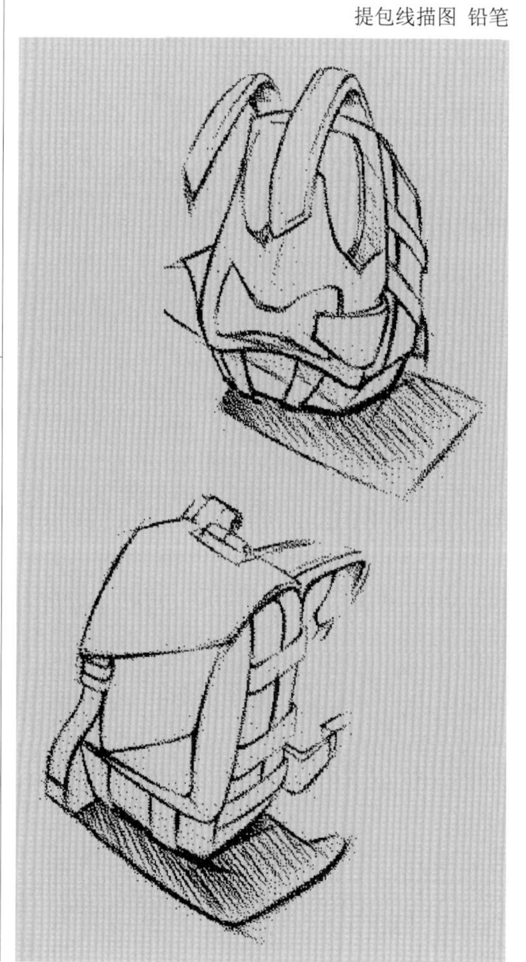

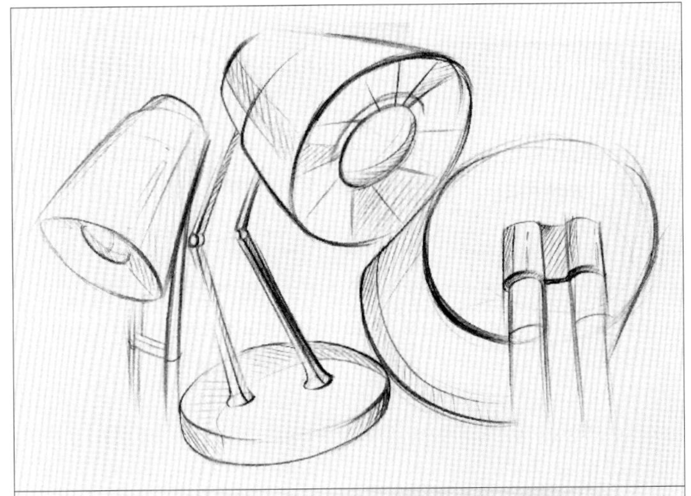

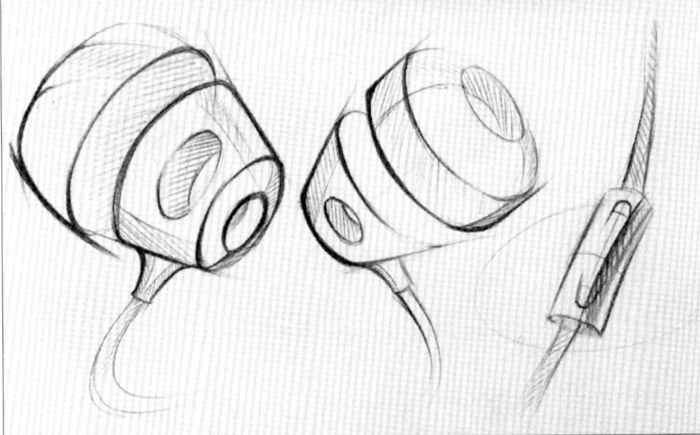

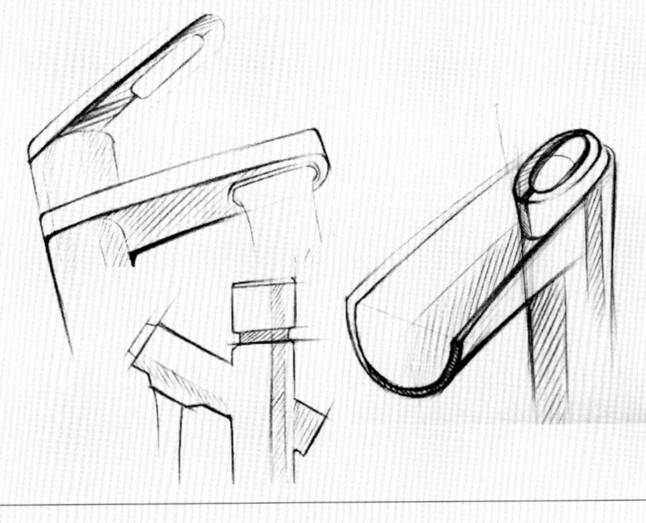

产品素描表现组图 铅笔

二、训练项目2 素描产品训练

素描产品训练的关键依然是通过线条的方式塑造产品平顺的外形，表现出产品清晰的明暗关系，凸显产品立体感和层次感，增强产品的视觉表现力。

一个产品造型的细节都是通过光影效果塑造的，素描产品训练更注重突出物体的光影关系，使得形体更加立体，也增强了产品的视觉表现力。要明确光源方向，熟悉形体产生投影的基本方式，在多次模仿、学习的过程中，学会灵活运用绘制阴影和高光处的方法，提升产品手绘的表现力。

图1：给产品定位，确定比例和各个结构间的透视和关系。

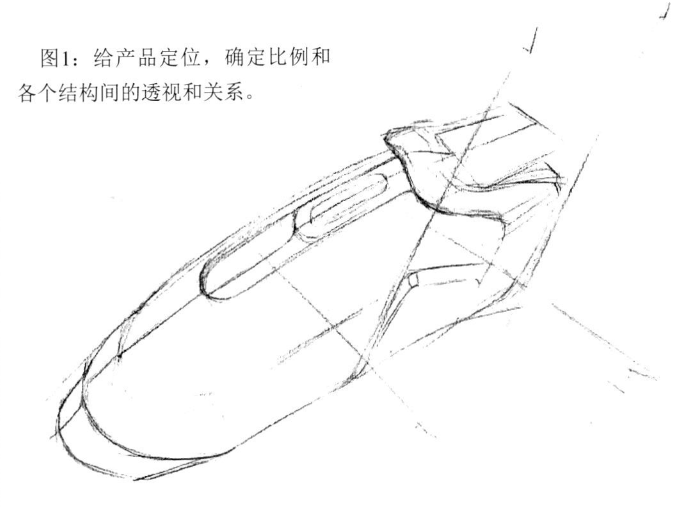

图2：确定产品线稿轮廓，塑造完整外观和结构关系。

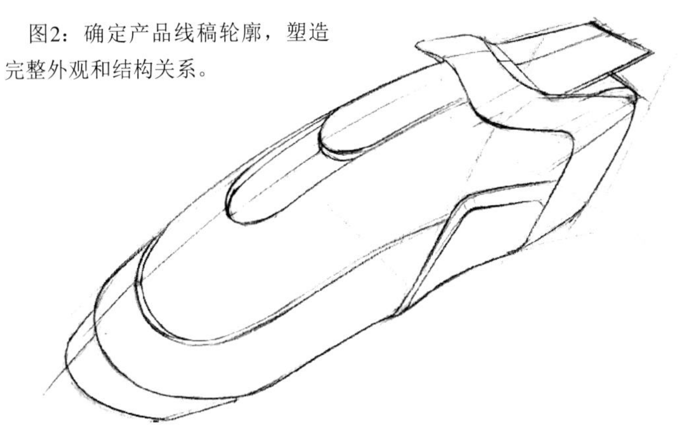

图3：加重重点线条强化产品的立体感，在暗面增加阴影排线，强调光影关系。

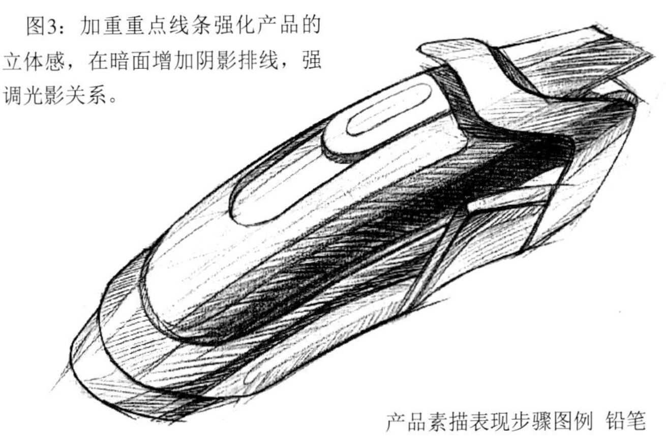

产品素描表现步骤图例 铅笔

图1：给产品定位，确定比例和各个结构间的透视和关系。

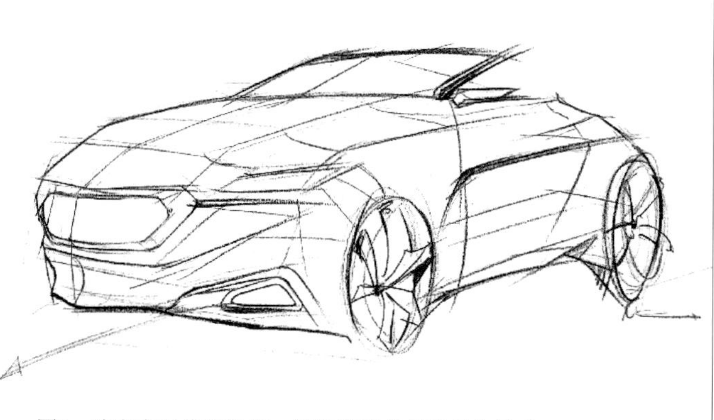

图2：确定产品线稿轮廓，塑造完整外观和结构关系。

图3：加重形体的重点线条，强化其立体感，在暗面增加阴影排线。

轿车素描 钢笔 黑色彩铅

轿车素描训练步骤图例

电动剃须刀素描 铅笔 马克笔

电动剃须刀手绘视频

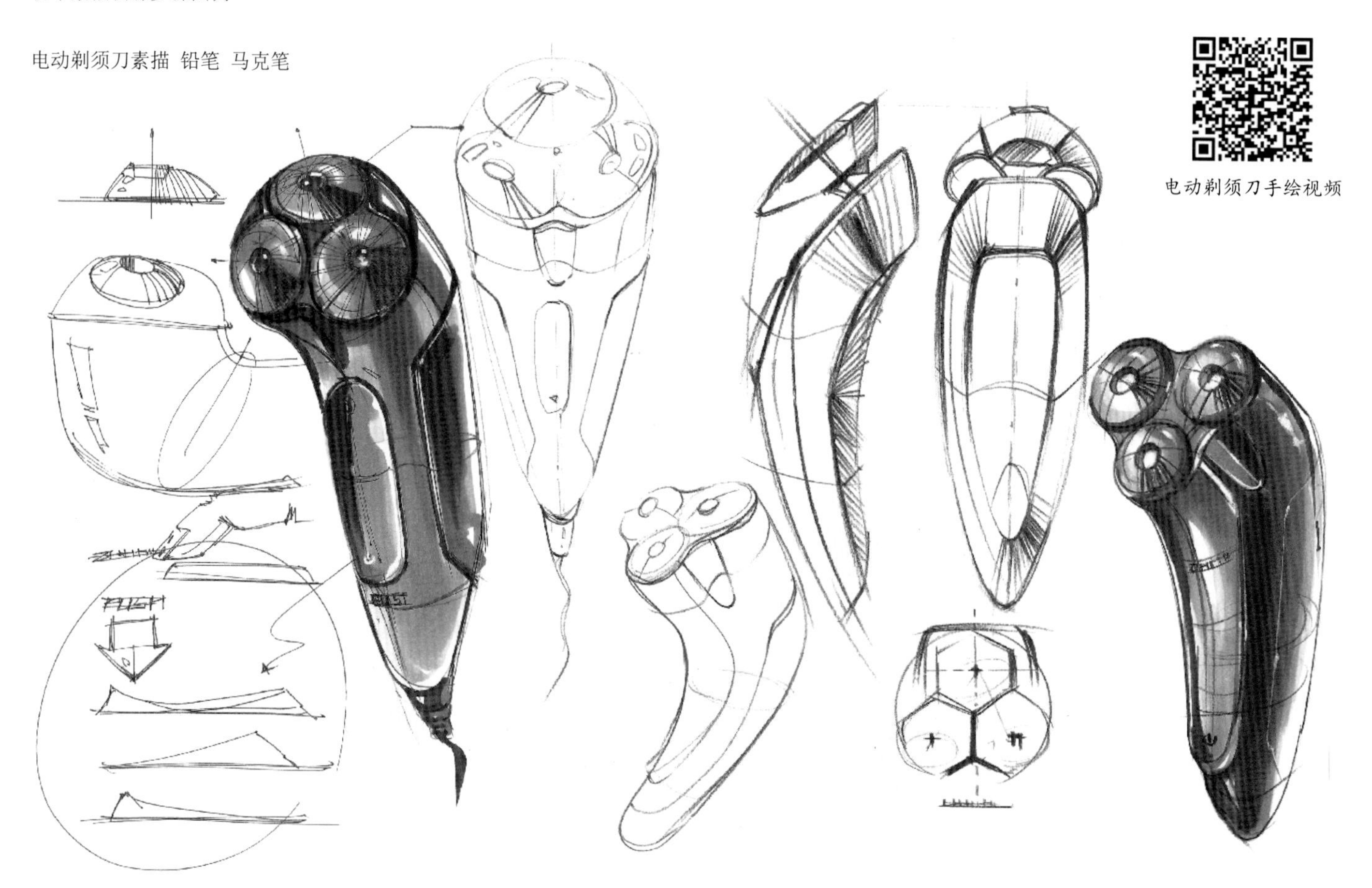

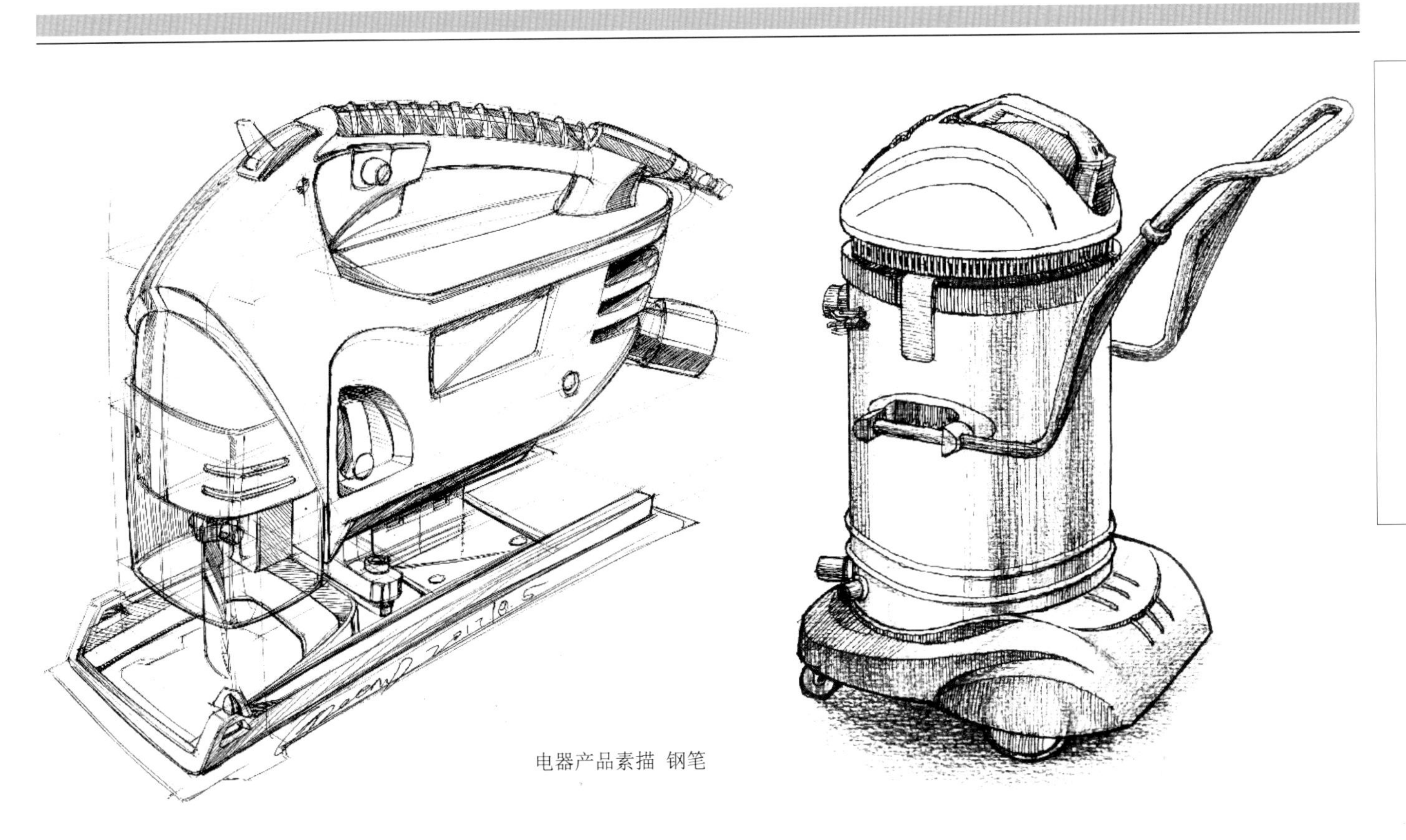

电器产品素描 钢笔

电器产品素描组合 黑色彩铅（网络）

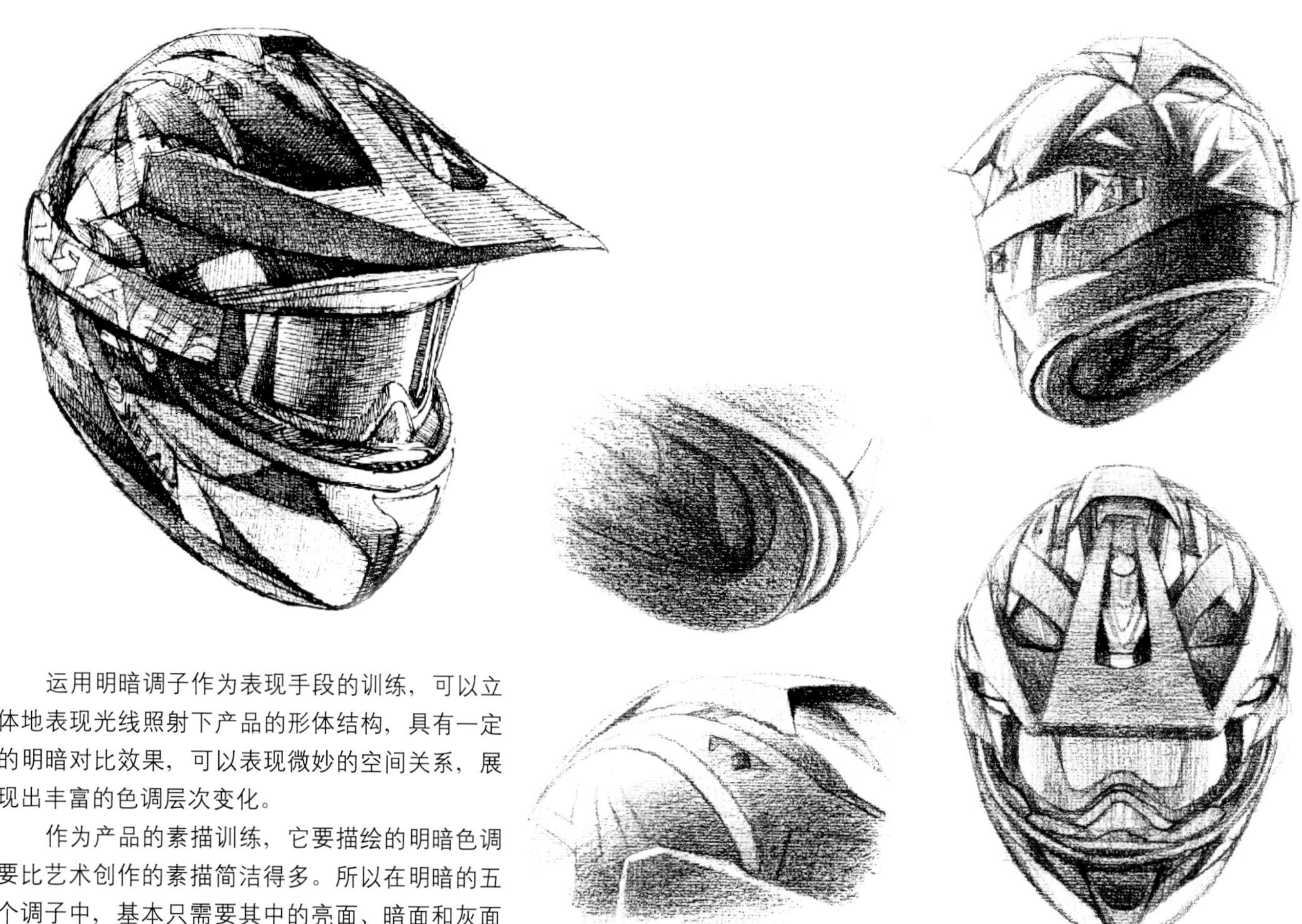

头盔素描练习 钢笔

运用明暗调子作为表现手段的训练，可以立体地表现光线照射下产品的形体结构，具有一定的明暗对比效果，可以表现微妙的空间关系，展现出丰富的色调层次变化。

作为产品的素描训练，它要描绘的明暗色调要比艺术创作的素描简洁得多。所以在明暗的五个调子中，基本只需要其中的亮面、暗面和灰面三个层次就够了。但要注意明暗交界线，并适当减弱中间层次。同时在这种训练中，因为常常会省去背景，有些地方仍离不开线的辅助，亮面的轮廓大都是用线来提示的。

在产品素描训练中，除了抓住产品造型的光影明暗这一因素外，还要关注产品的固有色。初学者在训练中，应该灵活地运用明暗关系和产品的固有色，不要僵硬地概念处理。在以面为主的素描中，要注重运用黑白规律来经营画面，快速而准确地塑造产品形态。

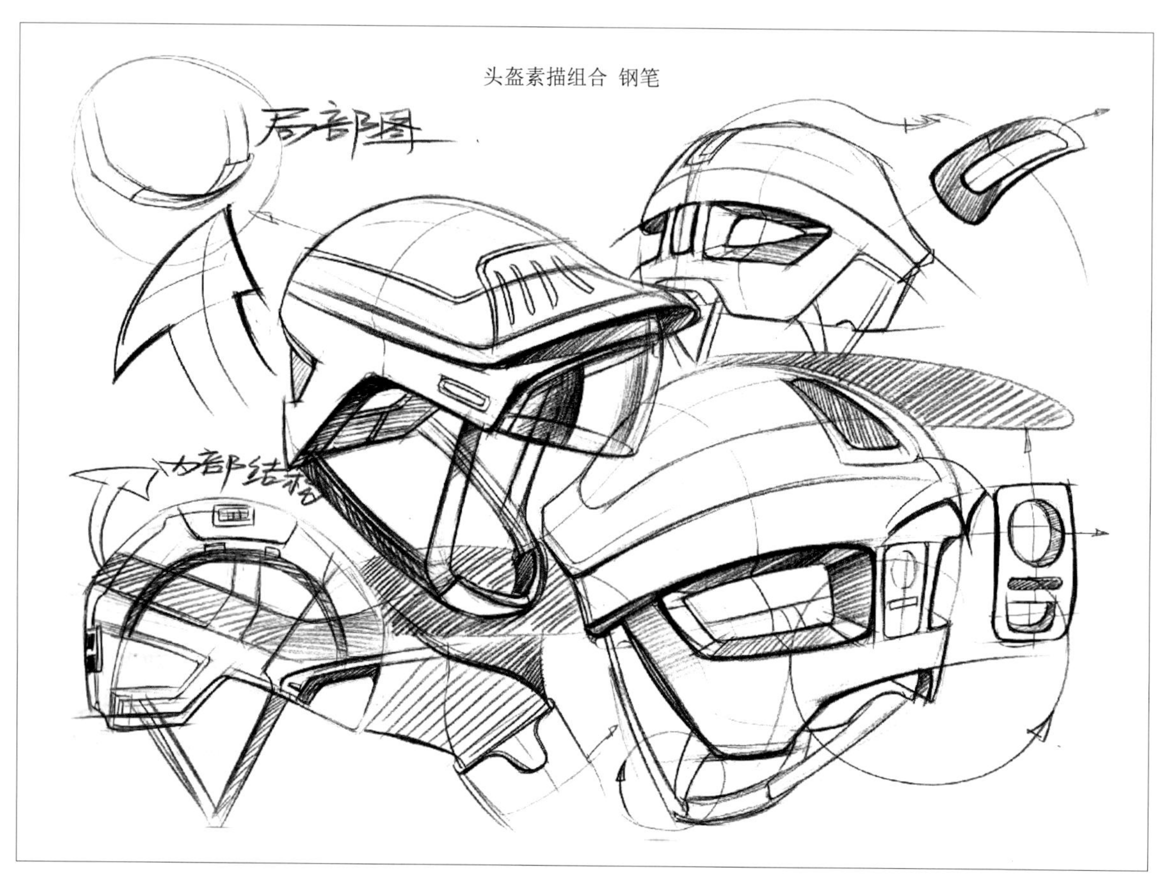

头盔素描组合 钢笔

电动汽车表现图 钢笔

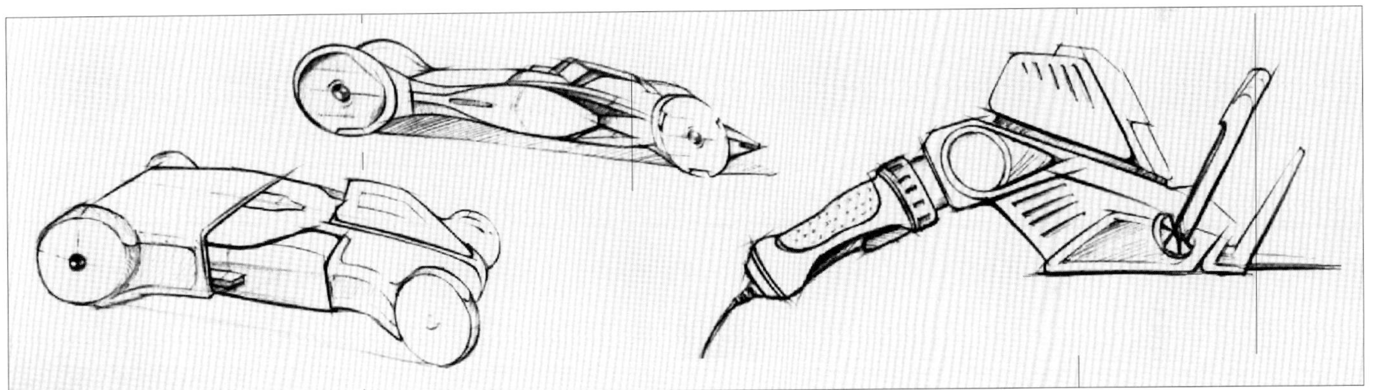

小型电器素描表现 铅笔

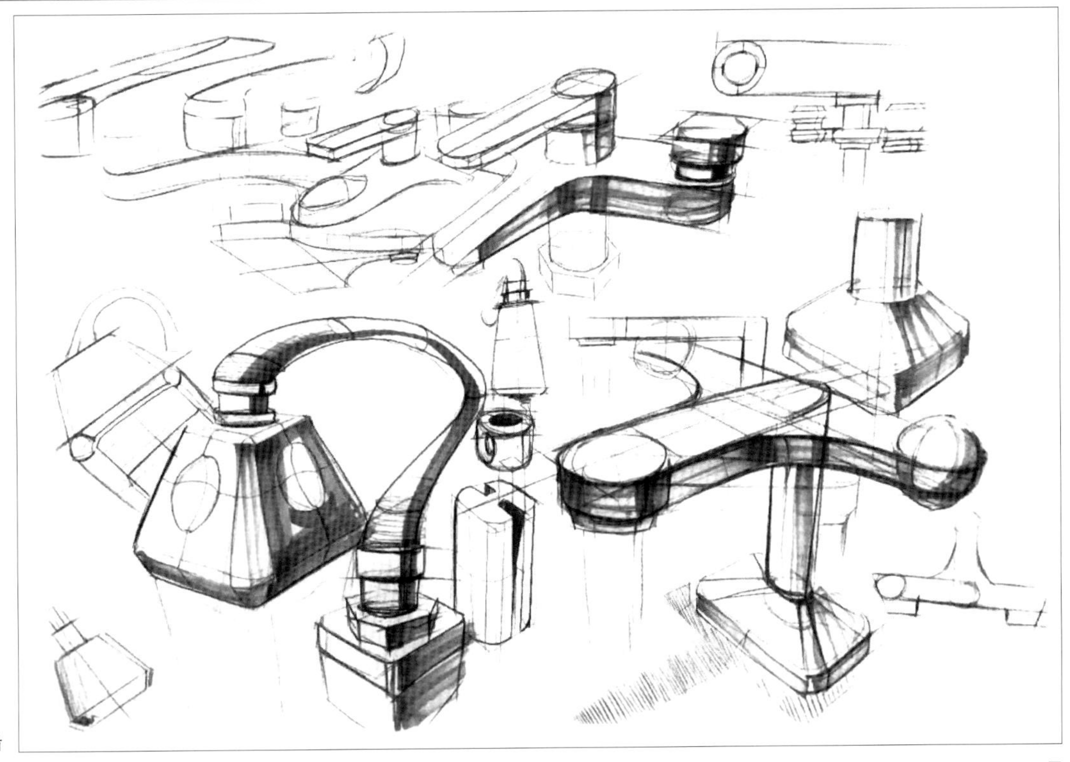

生活用具素描组合 黑色彩铅

三、训练项目3 造型塑造训练

在前期手绘训练中的关键是依形画形，训练的目标是能够更好地还原作品本身的形态关系。在这样的基础上，我们需要进一步提升创造形态、塑造新造型的能力，以适应设计专业的学科要求。

造型塑造训练的关键是对于新形态的塑造，需要训练者具有对复杂形态结构能够进行剖析并分解为简单造型的意识；需要训练者对于形态的起伏变化及造型方向的改变能够分辨出不同的光影关系；需要训练者能够延展、突破原有的简单形态，变幻出新造型的无限可能性。

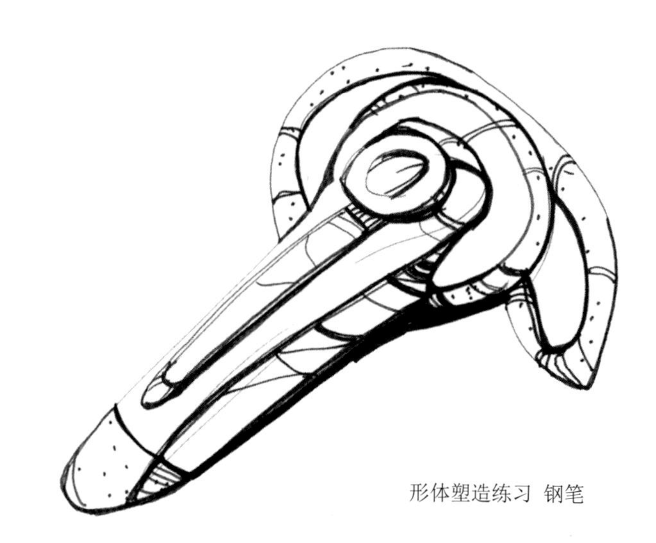

形体塑造练习 钢笔

形态的多种变化1 炭笔

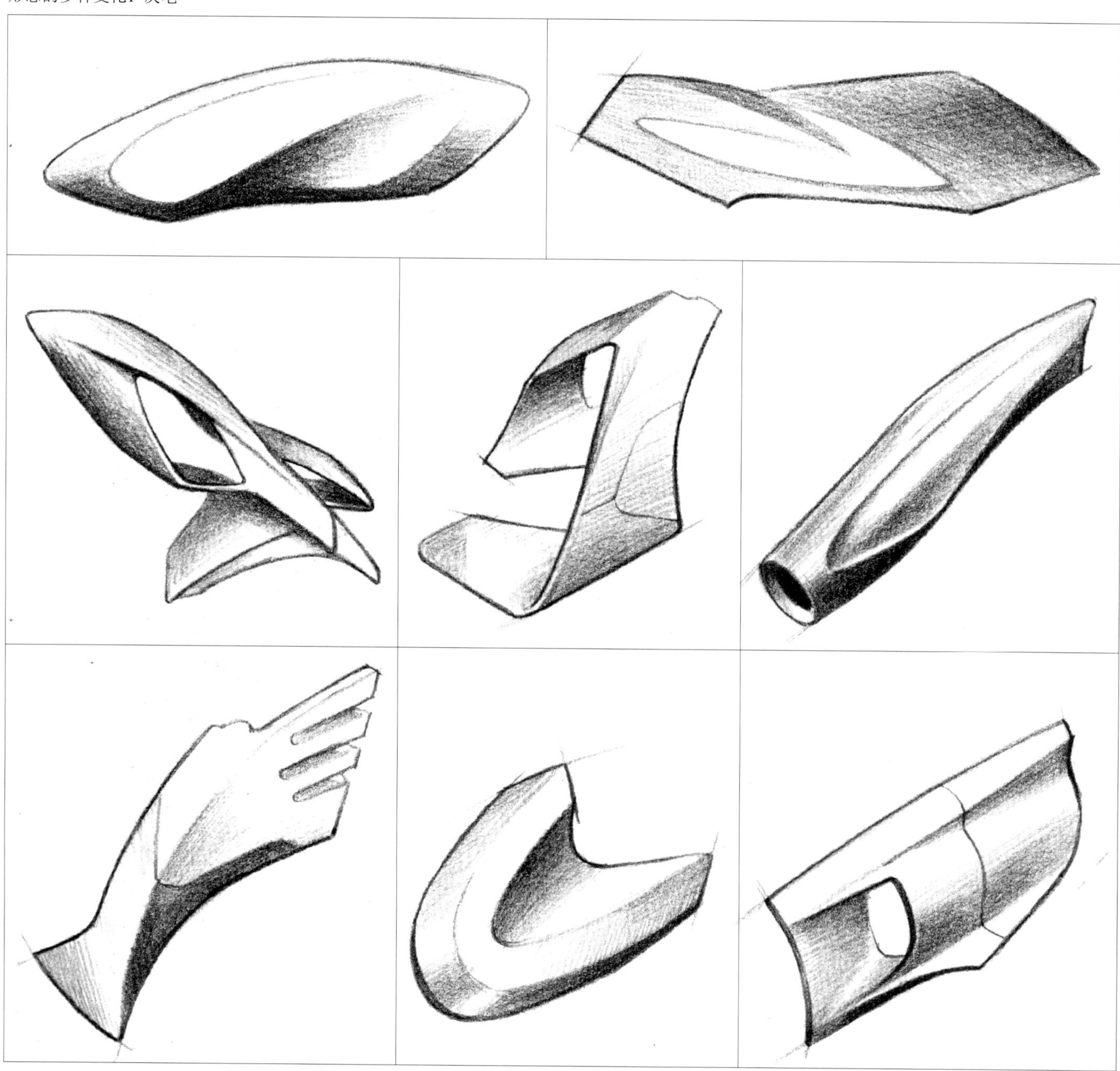

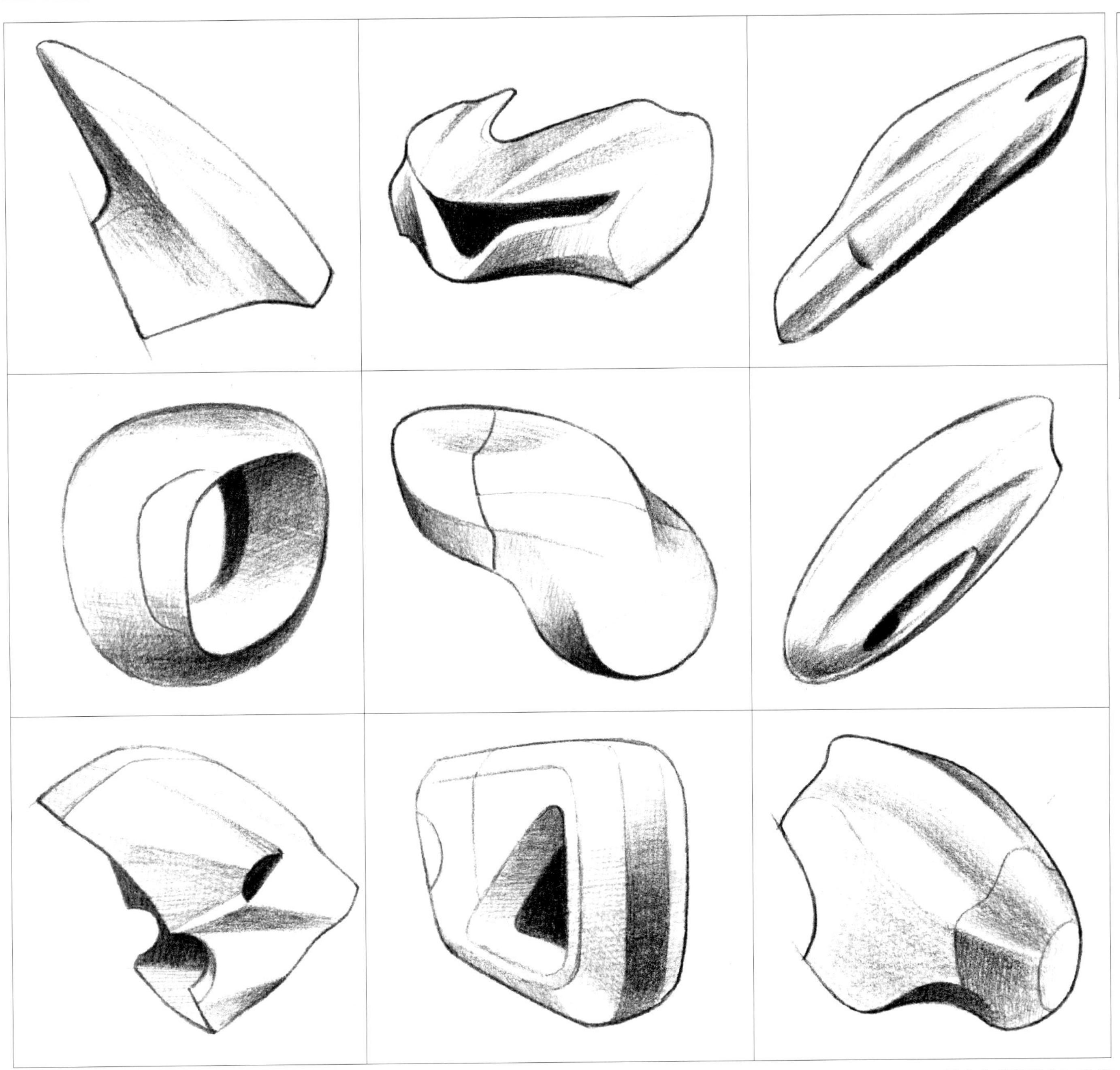

形态的多种变化2 炭笔

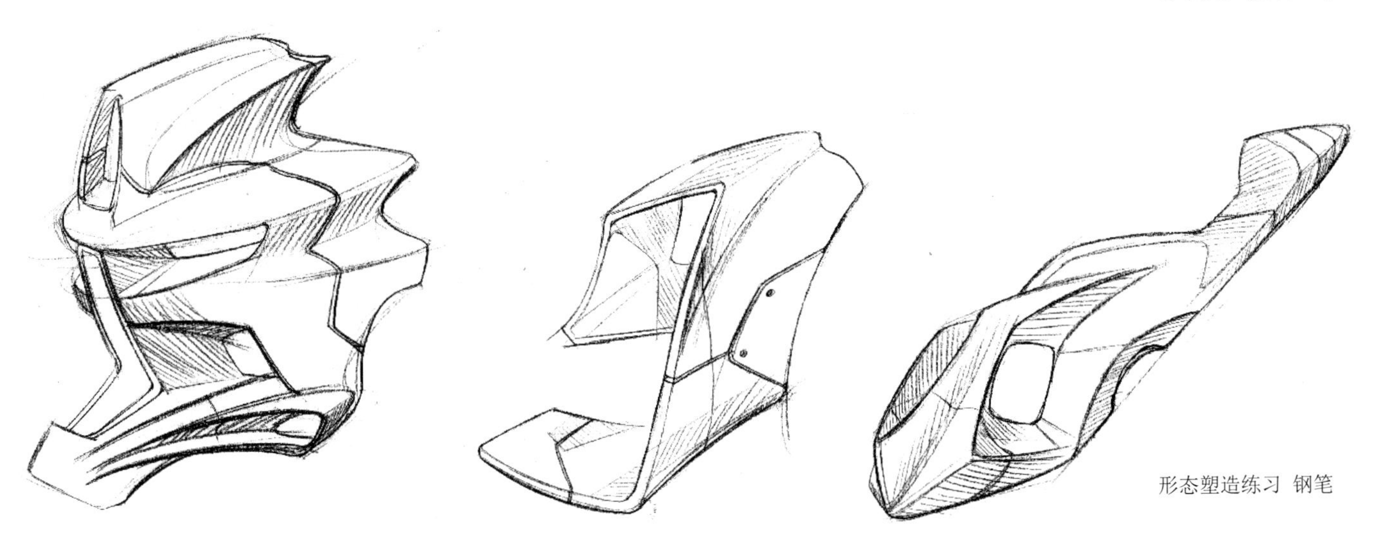

形态塑造练习 钢笔

造型塑造的训练方法如下。

1. 训练形态的基础变化

（1）基础形状的改变：改变产品局部或整体形式的基础形状，在球体，圆形、矩形、三棱形之间做基础切换。

（2）锐度倒角方式的改变：圆润的外观偏向温和，尖锐的外观偏向硬朗，倒角越小锐度也显得越高，可以改变产品外观的整体锐度或局部锐度来塑造新的产品造型。

（3）方向位置的改变：将上下方向、左右方向、前后方向和斜向方向的形态置换，或对产品趋势进行改变。

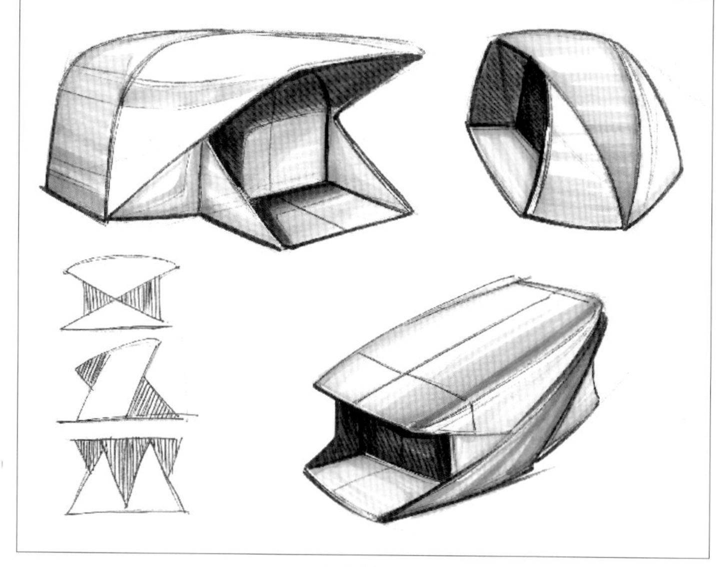

改变基础形状的图形训练 黑色彩铅 马克笔

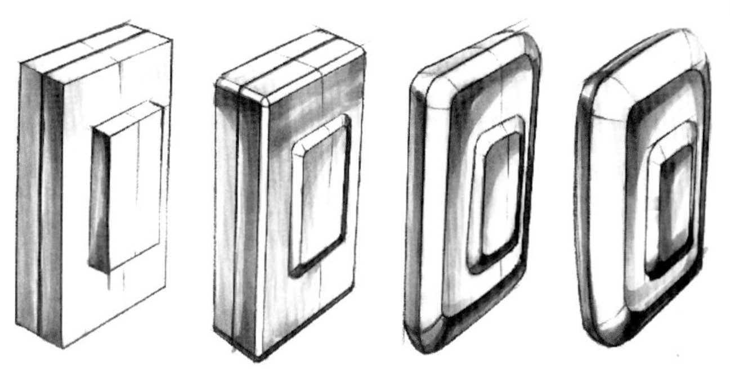

改变锐度倒角方式的图形训练 黑色彩铅 马克笔

改变方向位置的图形训练 钢笔

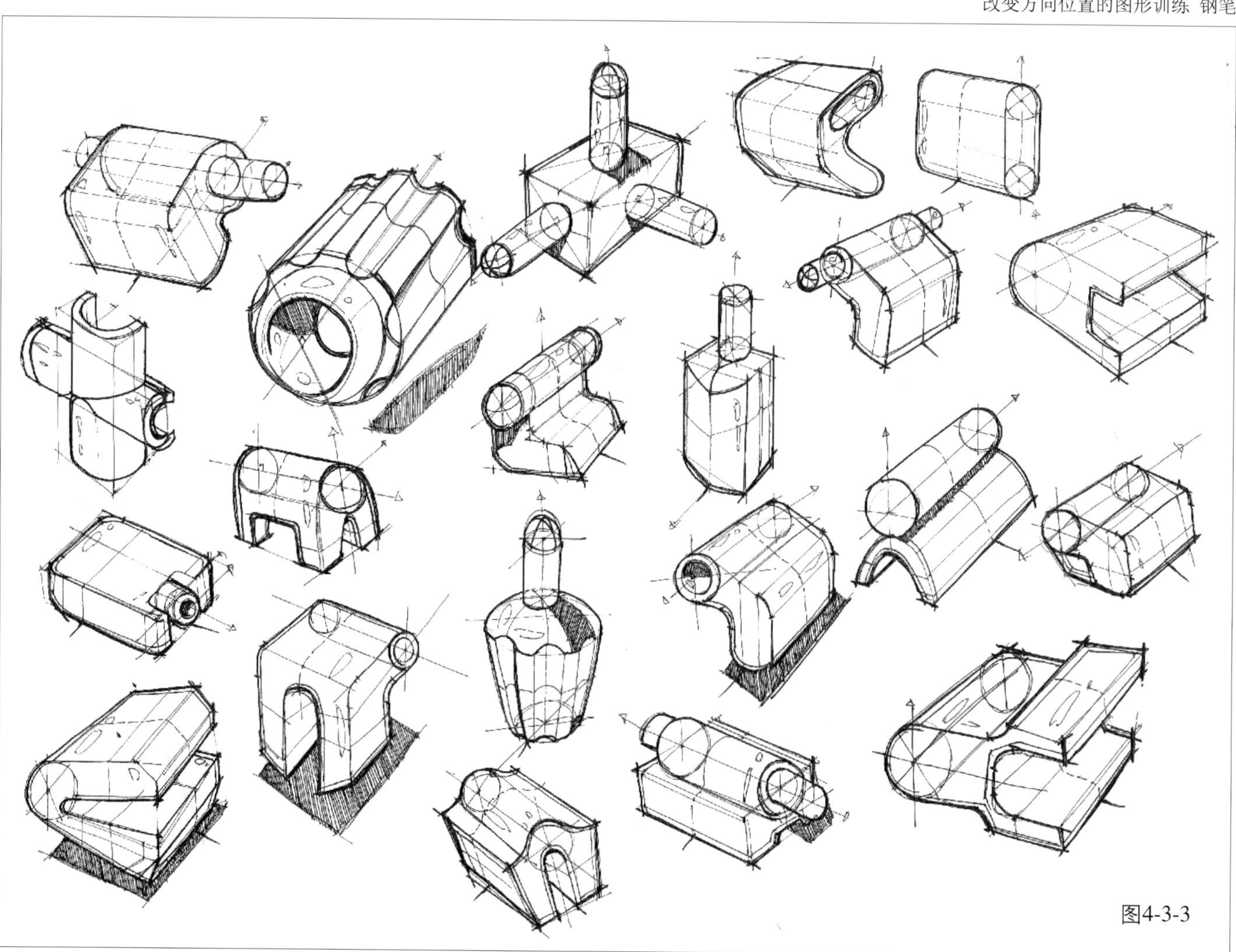

图4-3-3

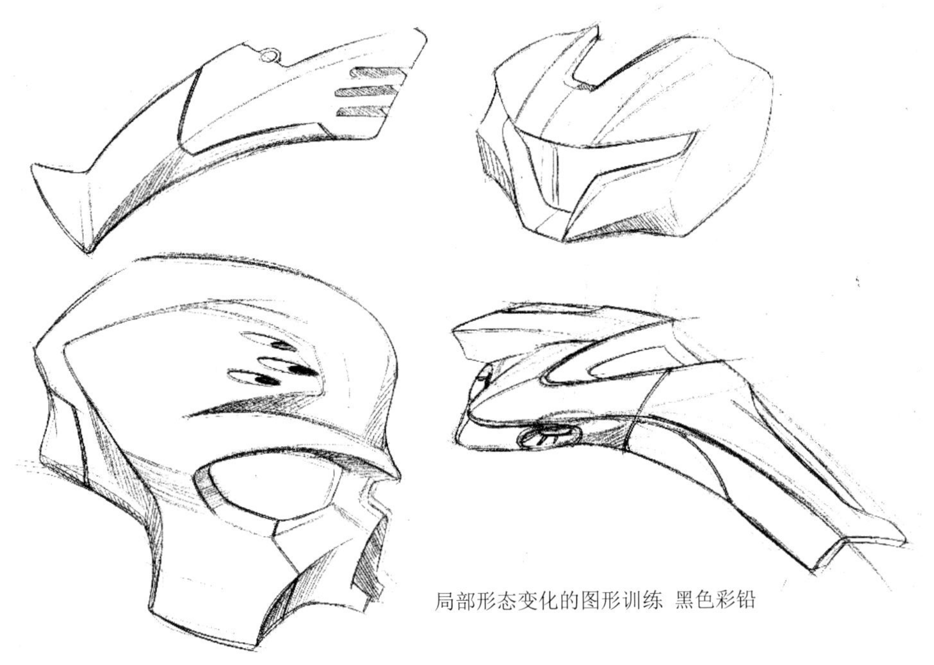
局部形态变化的图形训练 黑色彩铅

（4）比例大小的改变：产品造型之间具有一定的比例关系，包括宽度、长度、高度、厚度等。将各个部件之间的比例关系做适当调整，同时改变局部大小比例也会创造出新的造型感受。

2. 训练形态的叠加

产品形态的叠加包括造型之间的直接叠加、形态的细节添加、形态的穿插叠加、产品的部件添加等。

3. 训练形态的删减

产品造型上的删减包括形态的开槽凹陷及形态的镂空删减两个方面。

4. 训练形态的局部变形

形态的变形训练包括局部形状的改变与韵律变化。

产品局部比例改变的图形训练 黑色彩铅 马克笔

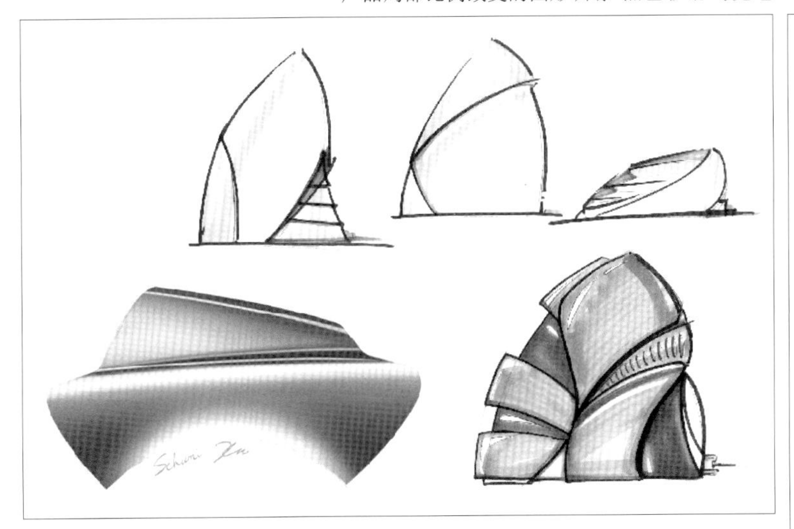

形态细节添加的图形训练 黑色彩铅 马克笔

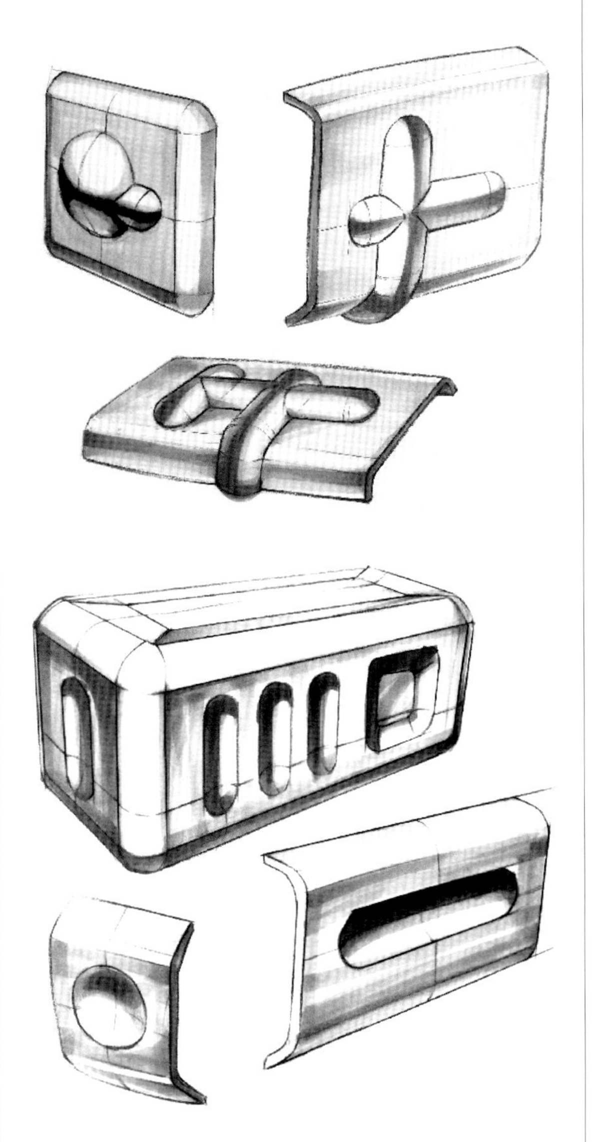

造型直接叠加的图形训练 黑色彩铅 马克笔

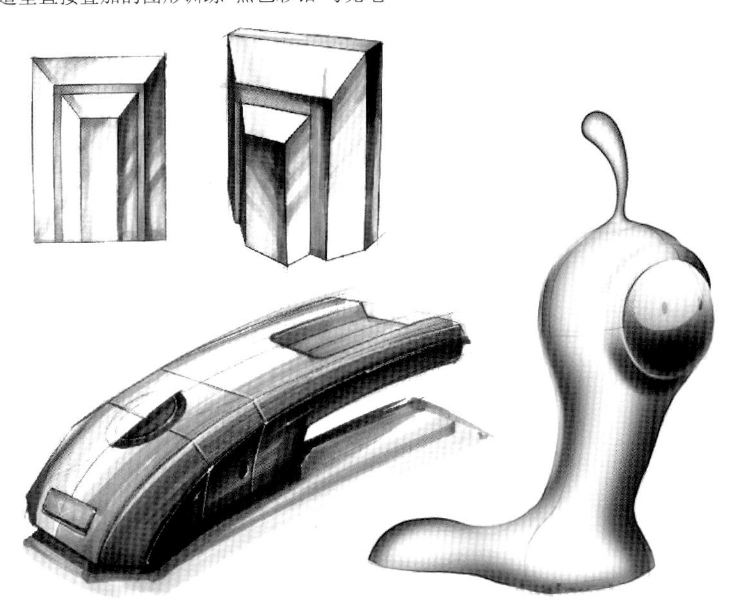

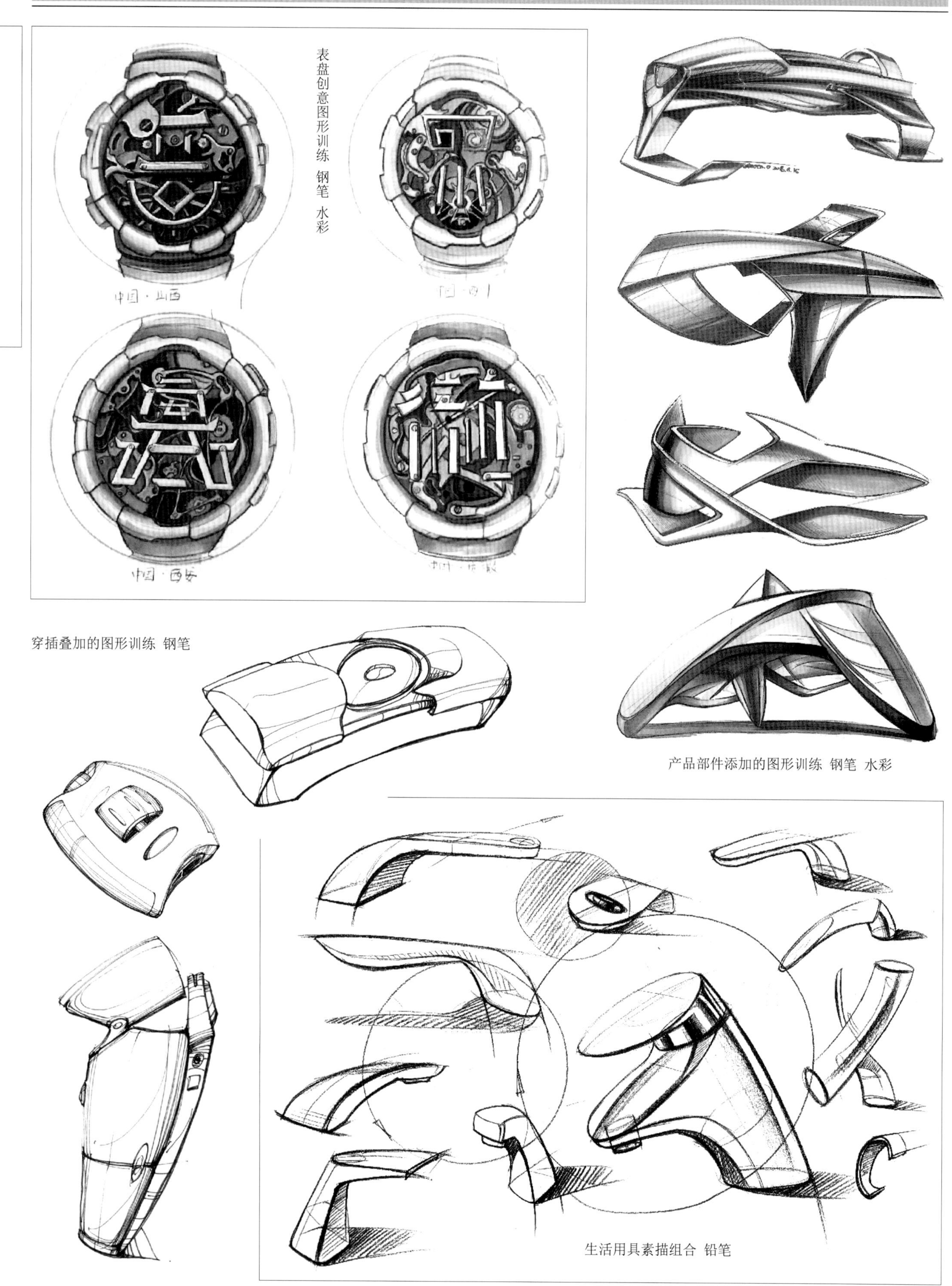

表盘创意图形训练 钢笔 水彩

穿插叠加的图形训练 钢笔

产品部件添加的图形训练 钢笔 水彩

生活用具素描组合 铅笔

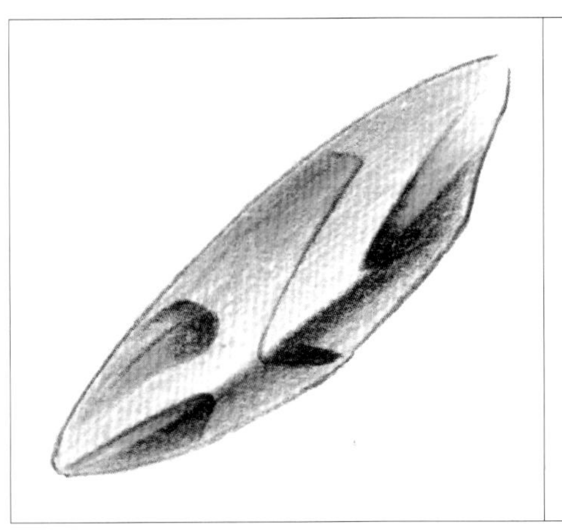

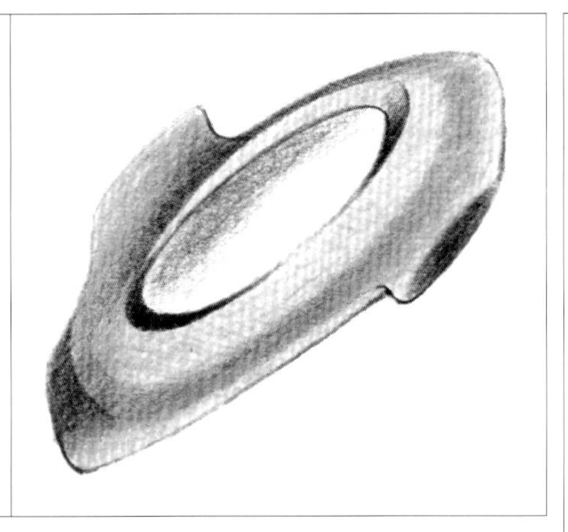

形态开槽凹陷的图形训练 彩色铅笔

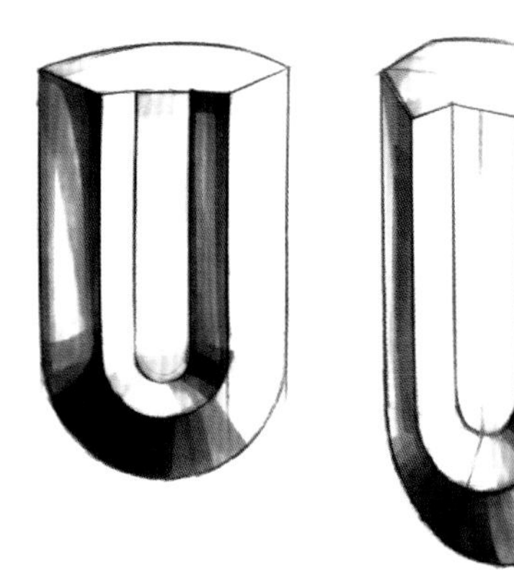

形态开槽凹陷的图形训练 钢笔 马克笔

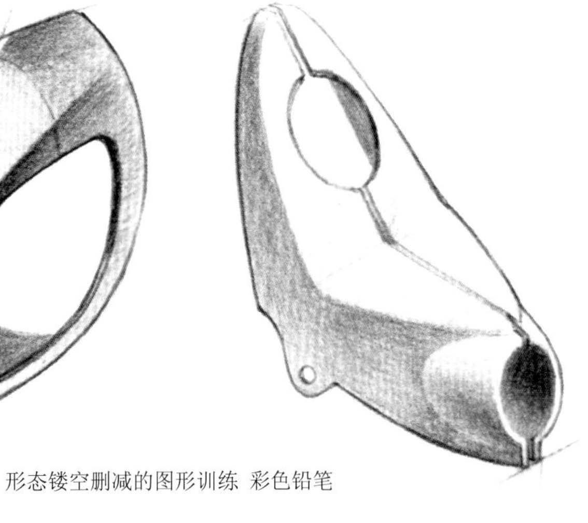

形态镂空删减的图形训练 彩色铅笔

改变方向位置的图形训练
铅笔 水彩

形态多角度变化的图形练习 铅笔 水彩

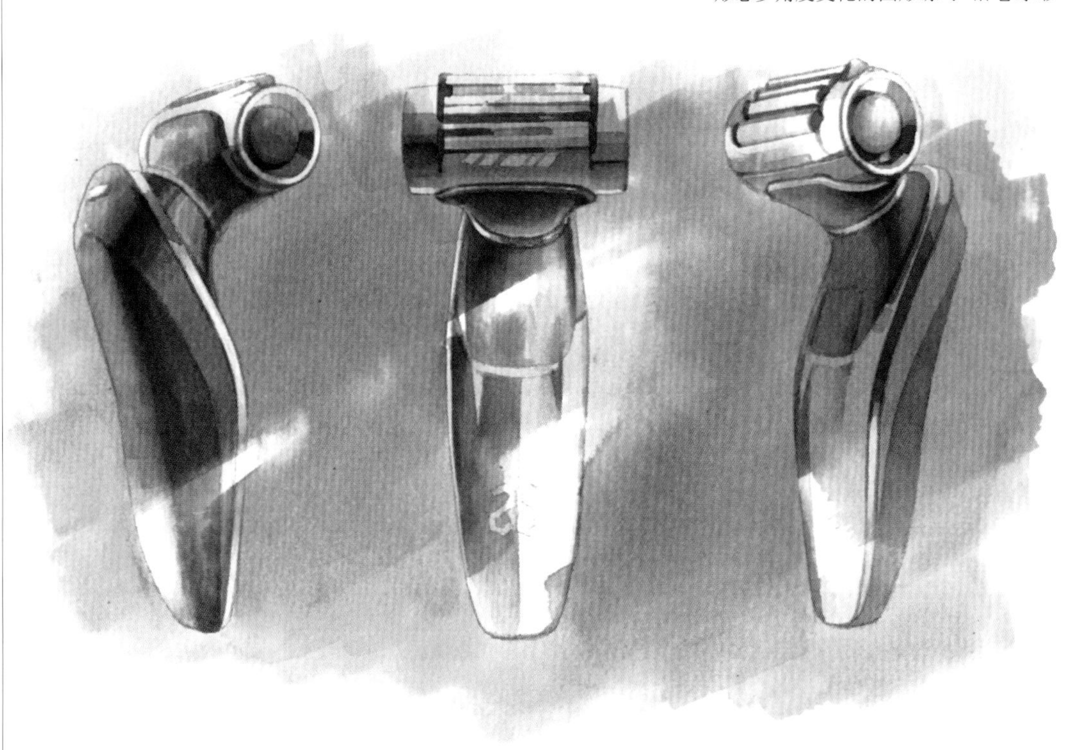

四、训练项目4 草图表达训练

结合上一节造型塑造训练的方法，大家应该逐渐从单纯描绘现有手绘产品过渡到塑造简单形体、创造新的产品造型的练习中，这离从事产品设计工作又更近了一步。本节我们的训练目标是设计草图的表达练习。

对于某一个设计目标来说，设计师通常最先确认的是产品的使用环境、用户的使用需求及产品的功能等，从而推演设计出合理的外观造型来匹配以上条件。但合适合理且受大众喜欢的造型并非是一蹴而就的，需要经过大量的推演过程，形成具有自身特点的几套不同方案草图，从而择佳选优得到最后的产品外观。

作为一个真正的设计师，手绘表达是对自己设计理念和思维的一种展现方式，线条画得再好，颜色用得再熟，不懂得设计方法以及自我方案表达，也是枉然。而对于设计的不同构想和反复锤炼正是设计思维展现的一条必经之路，也是设计草图训练的关键。

手绘对于设计师来说可以分两种：一种是设计师表达自己设计概念的手绘，这种手绘不存在画得好不好，只存在能不能表达清楚，让别人看得懂，这种手绘能力是每个合格的设计师者都应该具备的；另一种是成图的手绘表现，比如说手绘的平面图、透视图，这些就好像是电脑的效果图。在这点上，手绘表现图没有电脑效果图来得快捷。

手绘从灵感出发，练习初期可以适当临摹，却一定要坚持从表达设计灵感开始练习。为此，必须把提高自身的专业理论知识和文化艺术修养、培养创造思维能力和深刻的理解能力作为重要的培训目的贯穿学习的始终。所谓养兵千日，用兵一时，只有长期坚持不懈地练习才能让设计师妙笔生花，将设计意图完美地展现在大家面前。

练习中要严格把握产品的大小、比例、透视、色彩搭配、场景气氛等。因此，必须掌握透视规律，并应用其法则处理好各种形态，使画面的形体结构准确、真实、严谨、稳定。

除了对透视法则的熟知与运用之外，还必须学会用结构分析的方法来对待每个形体内在的构成关系和形体之间的空间联系，而且对形体结构的分析方法要依赖结构素描的训练。构图是任何绘画形式都不可缺少的最初阶段，产品设计表现图当然也不例外。所谓的构图就是把众多的造型要素在画面上有机地结合起来，并按照设计所需要的主题，合理地安排在画面中适当的位置上，形成既独立又统一的画面，以达到视觉与心理上的平衡。

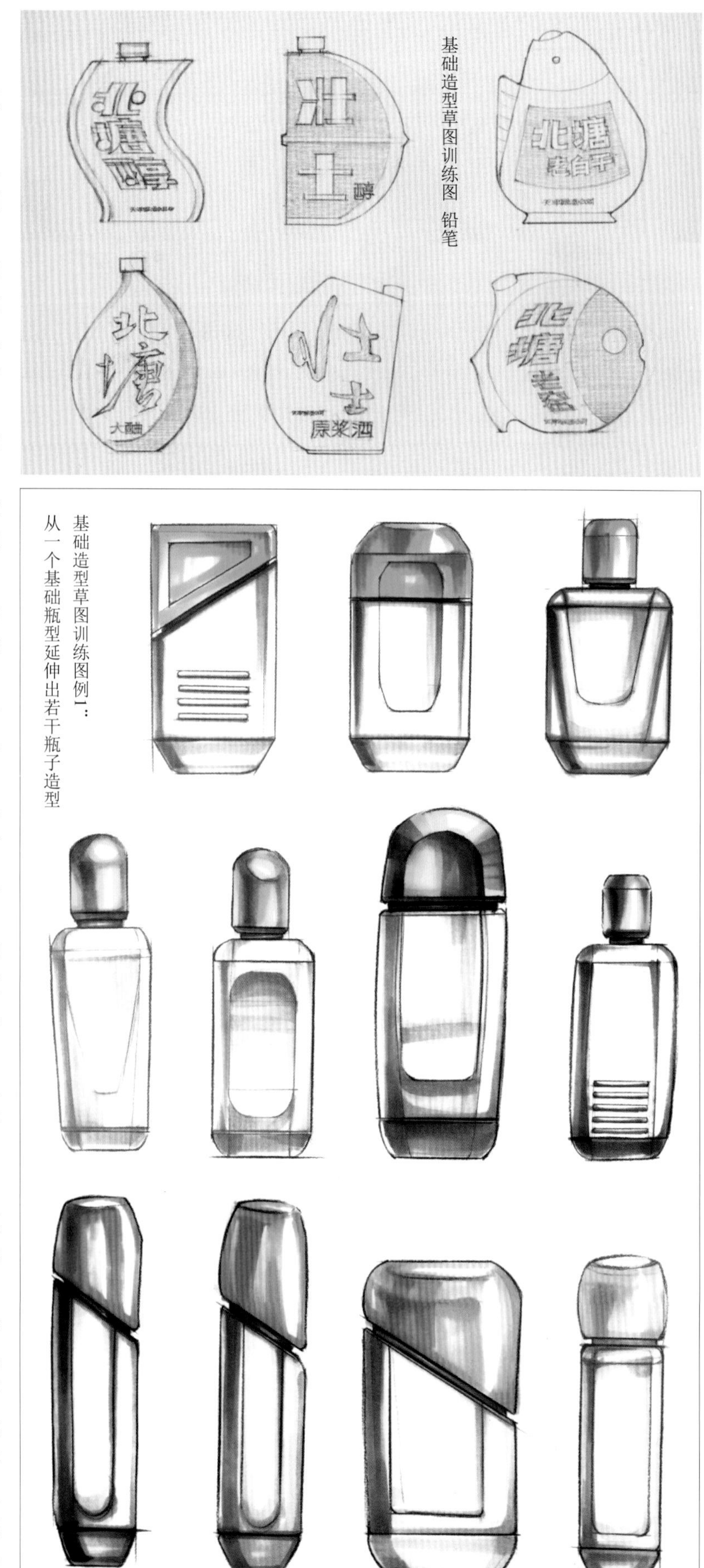

基础造型草图训练图 铅笔

基础造型草图训练图例1：从一个基础瓶型延伸出若干瓶子造型

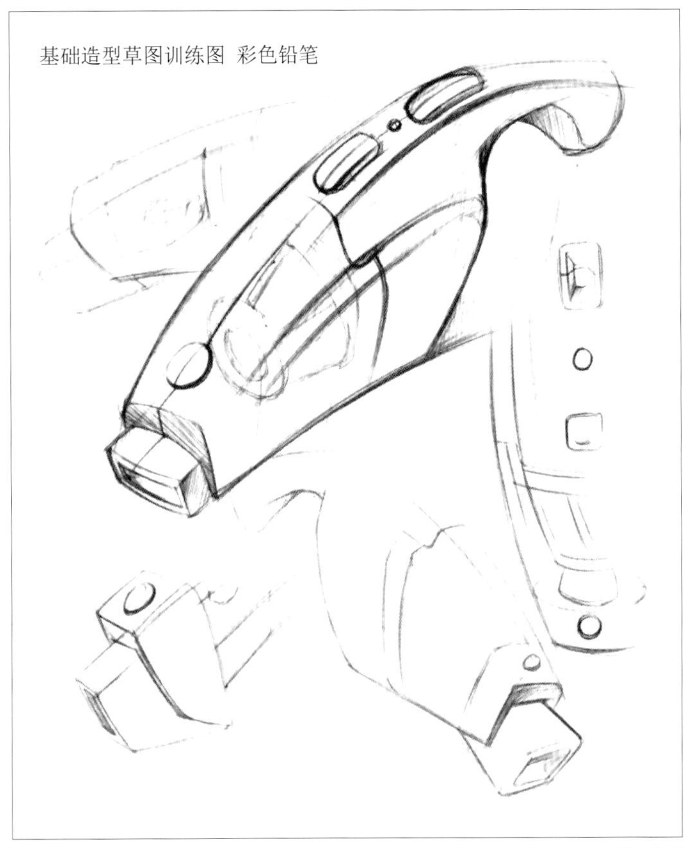

基础造型草图训练图 彩色铅笔

草图训练的核心在于对某一类产品造型进行合理的联想推理，从造型风格到使用方式都可以进行演化改变，形成一系列既在使用性上相关联、又在审美风格上有区别的草图方案。作为练习的开始，草图训练可先从侧视图开始。

1. 基础造型训练

从一个基础造型开始，采用对比训练的方法延伸出若干产品造型结构，形成既有关联、又有区别的系列造型。

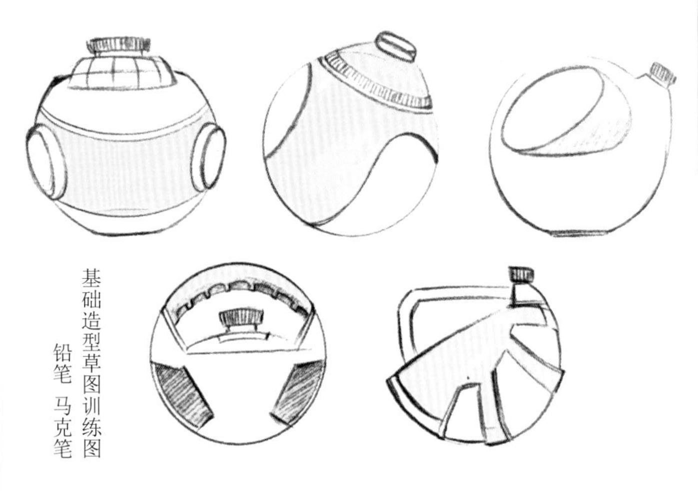

基础造型草图训练图 铅笔 马克笔

基础造型草图训练图例2：从一个基础圆形延伸出若干瓶子造型

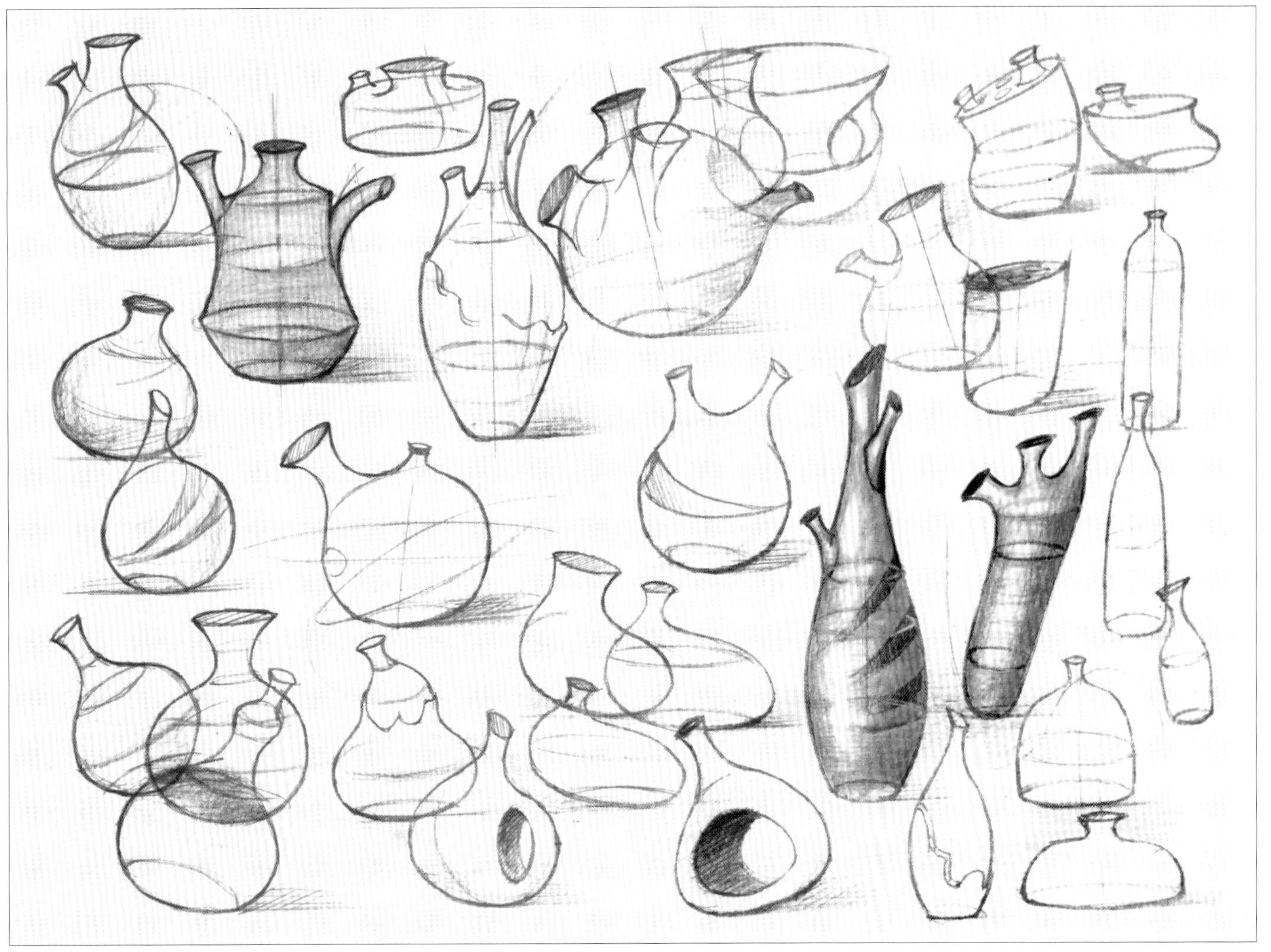

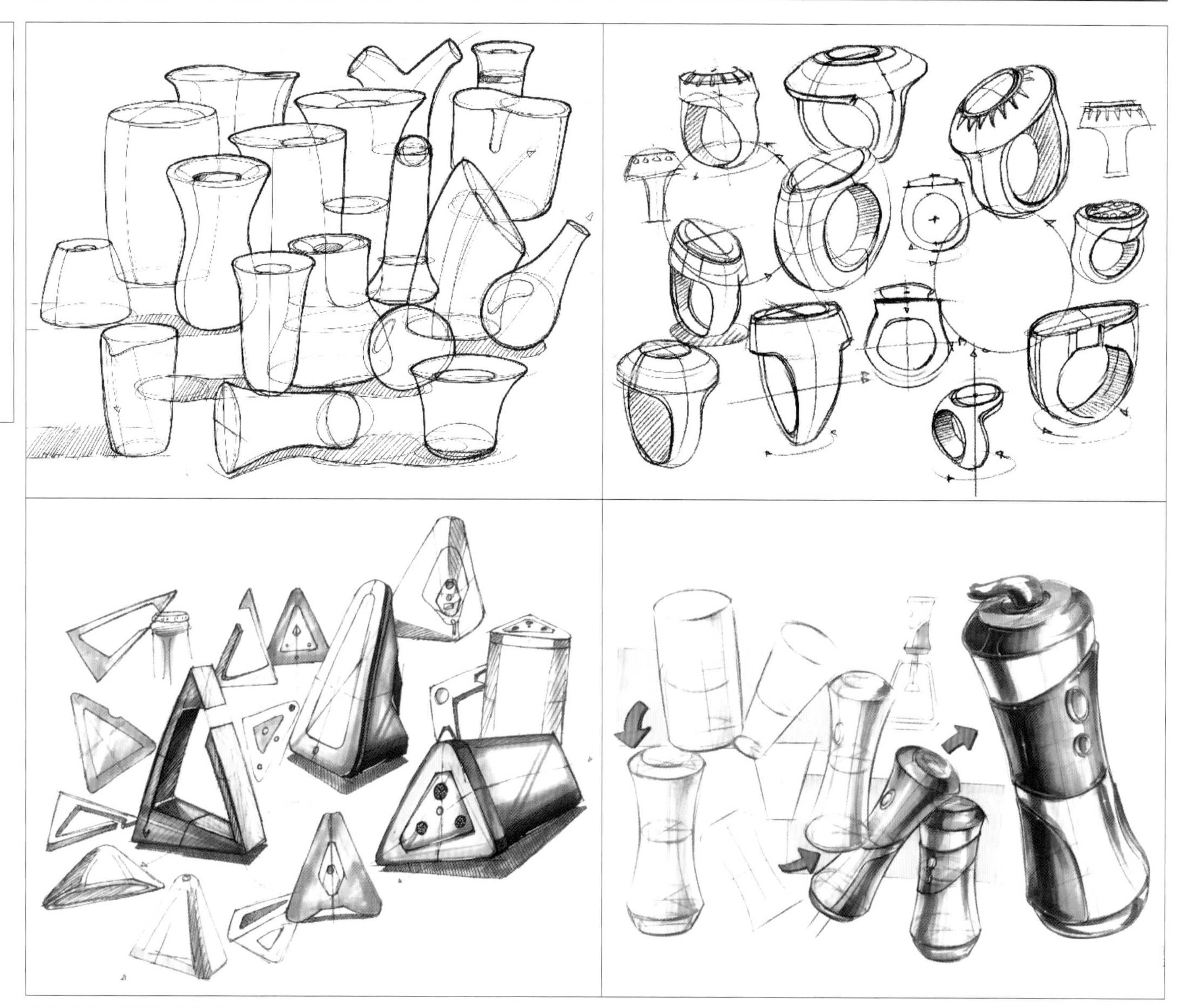

基础造型草图训练图例3：
从一个基础造型延伸出若干新的造型

操作方式变化的草图训练1 黑色彩铅 马克笔

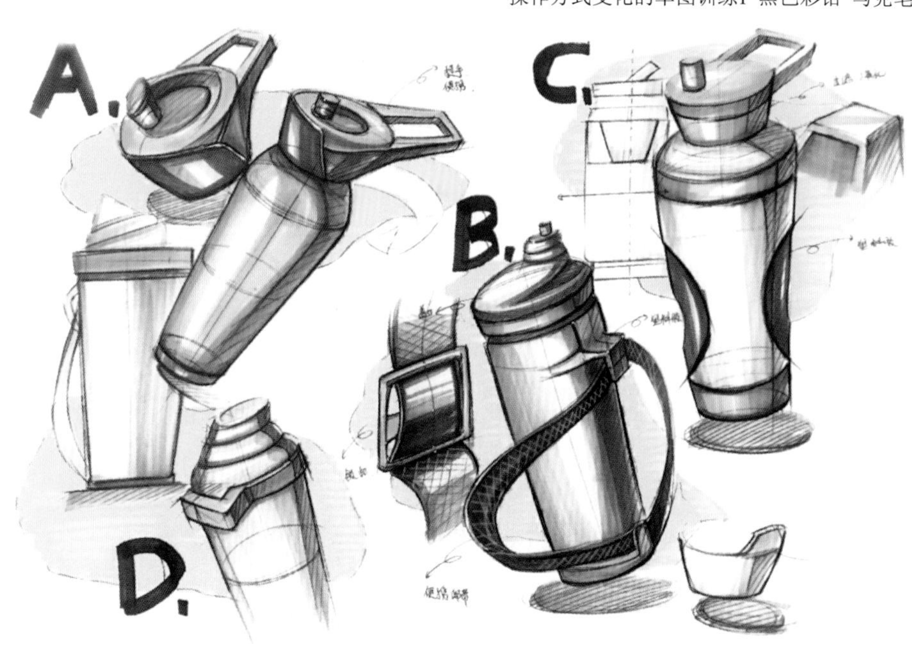

2.功能性思考的变化训练

在功能性的变化训练中，包括三个方面的内容。

（1）操作方式变化；

（2）操作界面变化；

（3）人机关系变化。

3.形成产品的方案草图

在形成产品的方案草图的过程中，要注重强调产品功能的一致性和产品外观的独特性。

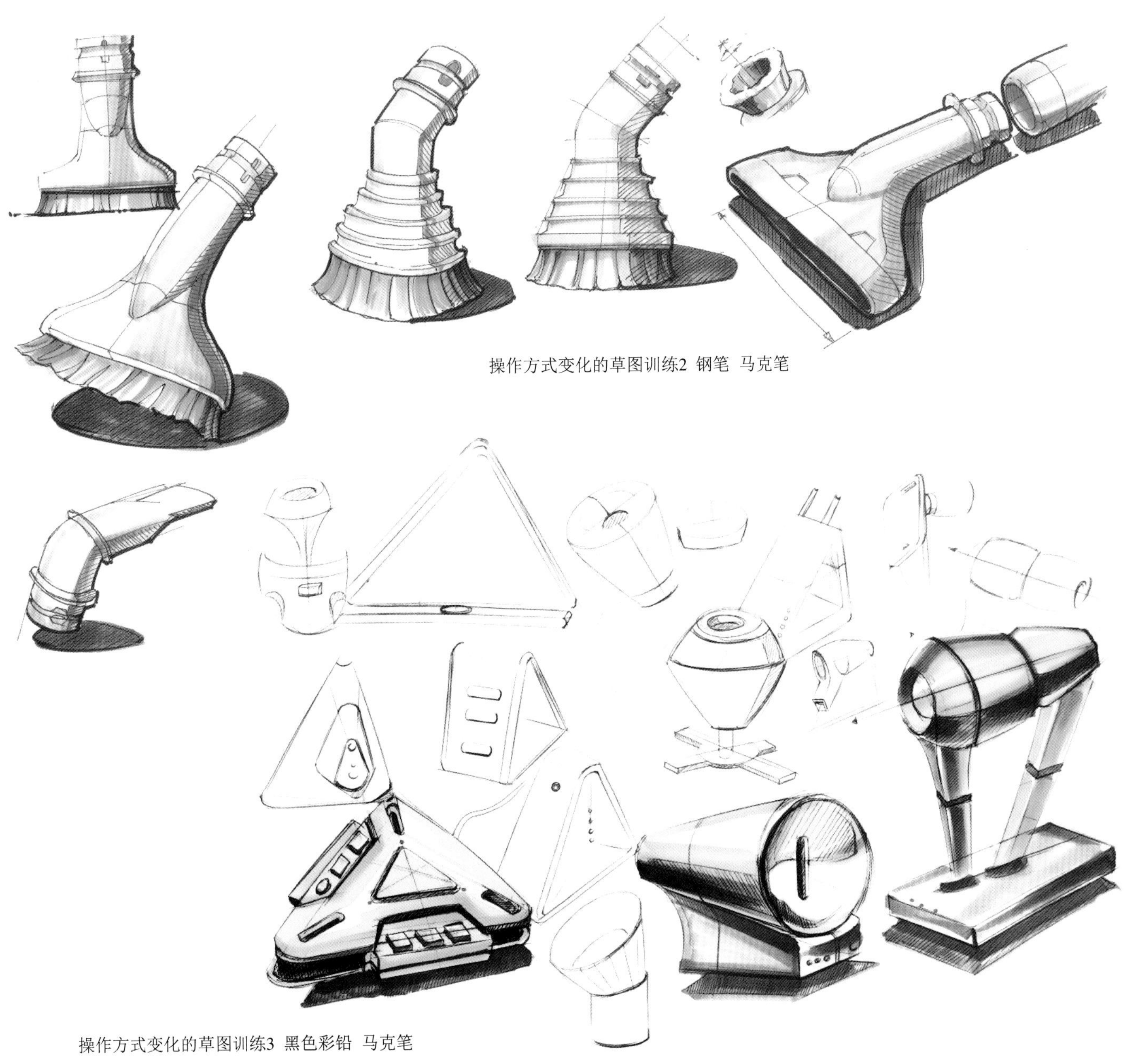

操作方式变化的草图训练2 钢笔 马克笔

操作方式变化的草图训练3 黑色彩铅 马克笔

操作方式变化的草图训练4 黑色彩铅 马克笔

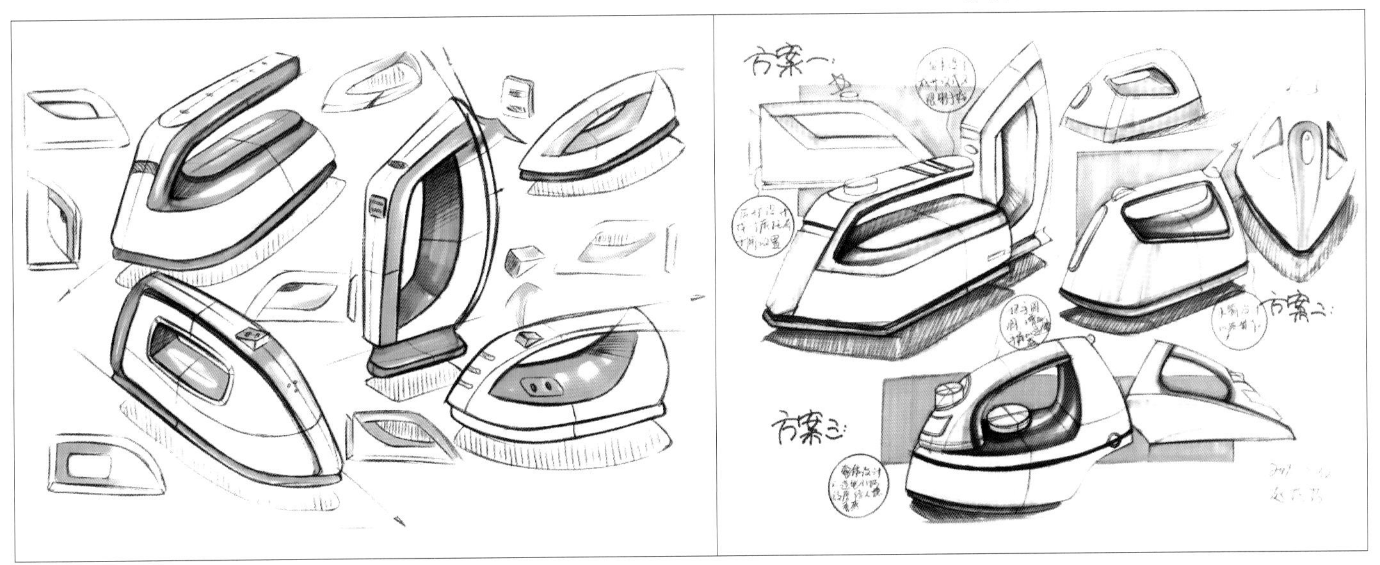

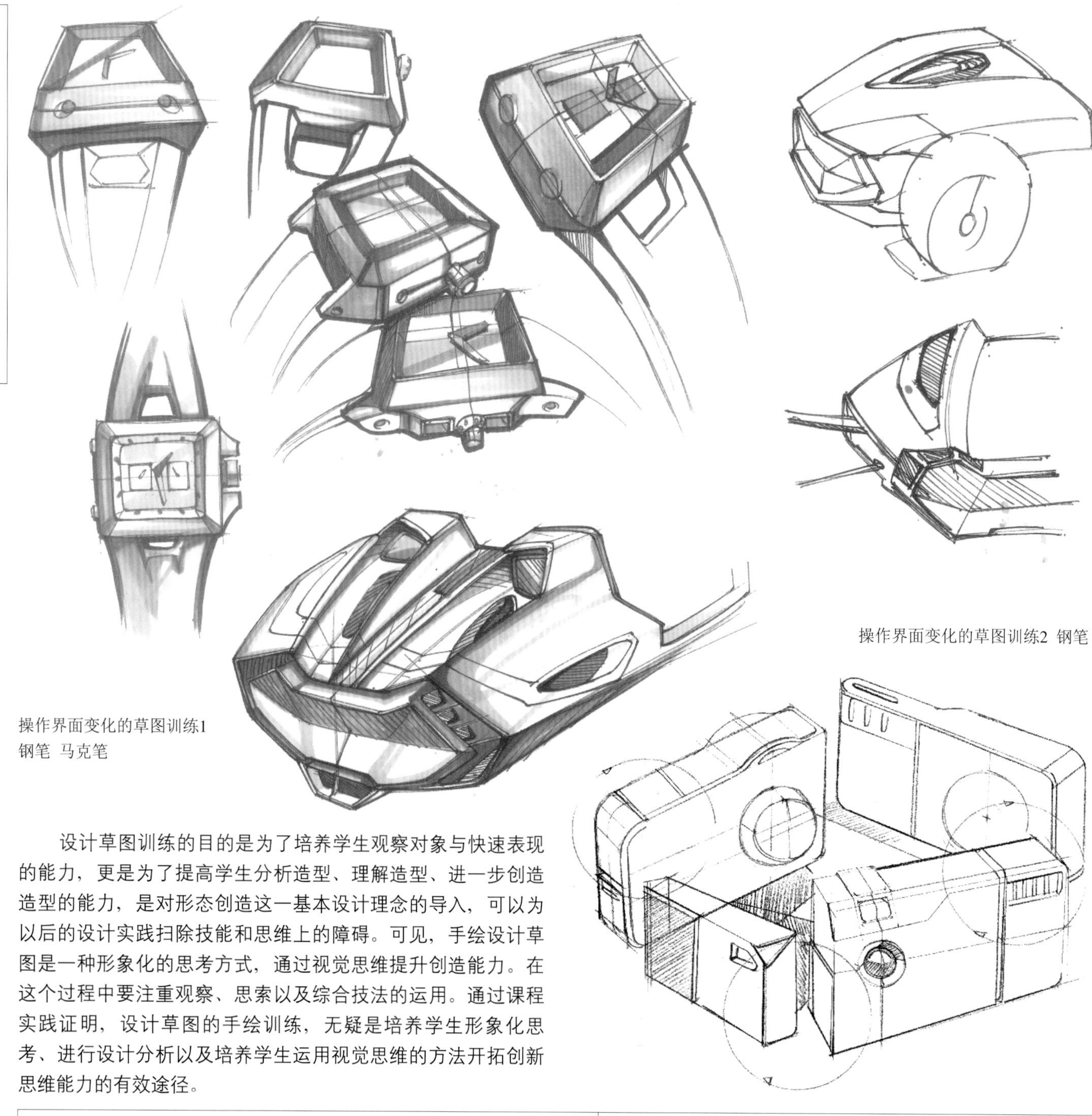

操作界面变化的草图训练2 钢笔

操作界面变化的草图训练1
钢笔 马克笔

设计草图训练的目的是为了培养学生观察对象与快速表现的能力，更是为了提高学生分析造型、理解造型、进一步创造造型的能力，是对形态创造这一基本设计理念的导入，可以为以后的设计实践扫除技能和思维上的障碍。可见，手绘设计草图是一种形象化的思考方式，通过视觉思维提升创造能力。在这个过程中要注重观察、思索以及综合技法的运用。通过课程实践证明，设计草图的手绘训练，无疑是培养学生形象化思考、进行设计分析以及培养学生运用视觉思维的方法开拓创新思维能力的有效途径。

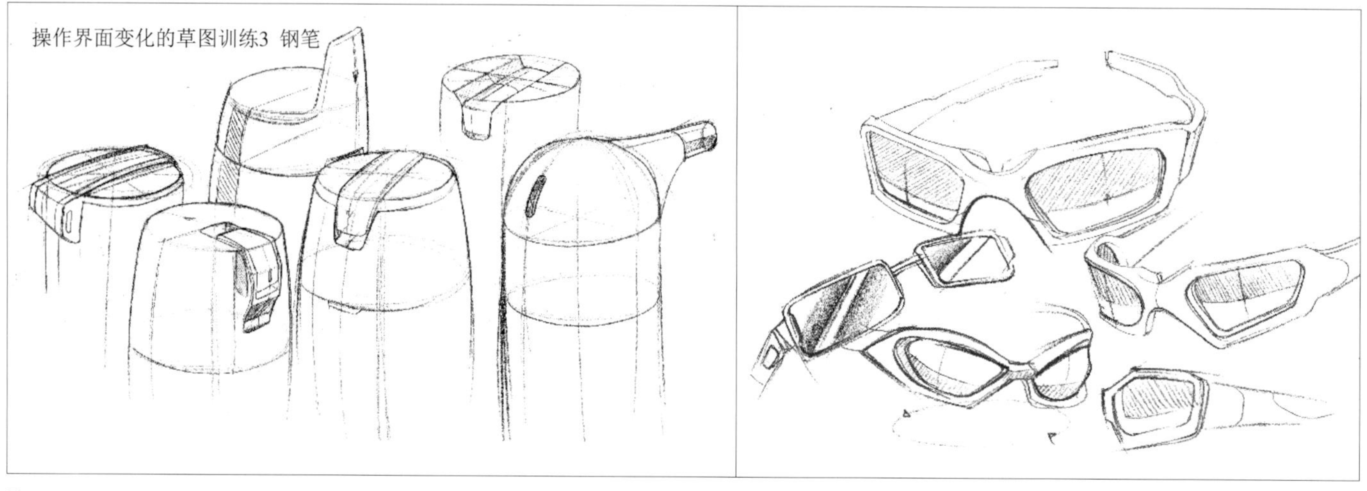

操作界面变化的草图训练3 钢笔

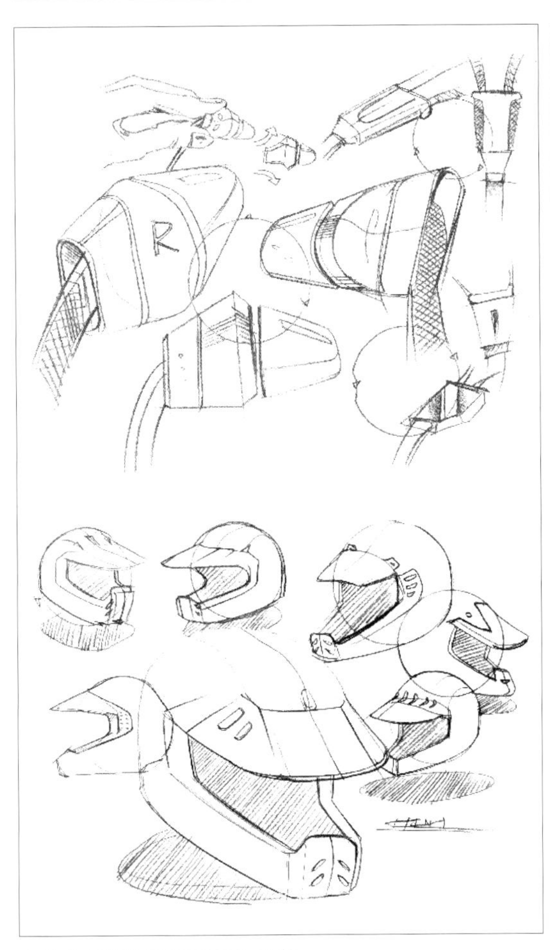

人机关系变化的草图训练 铅笔

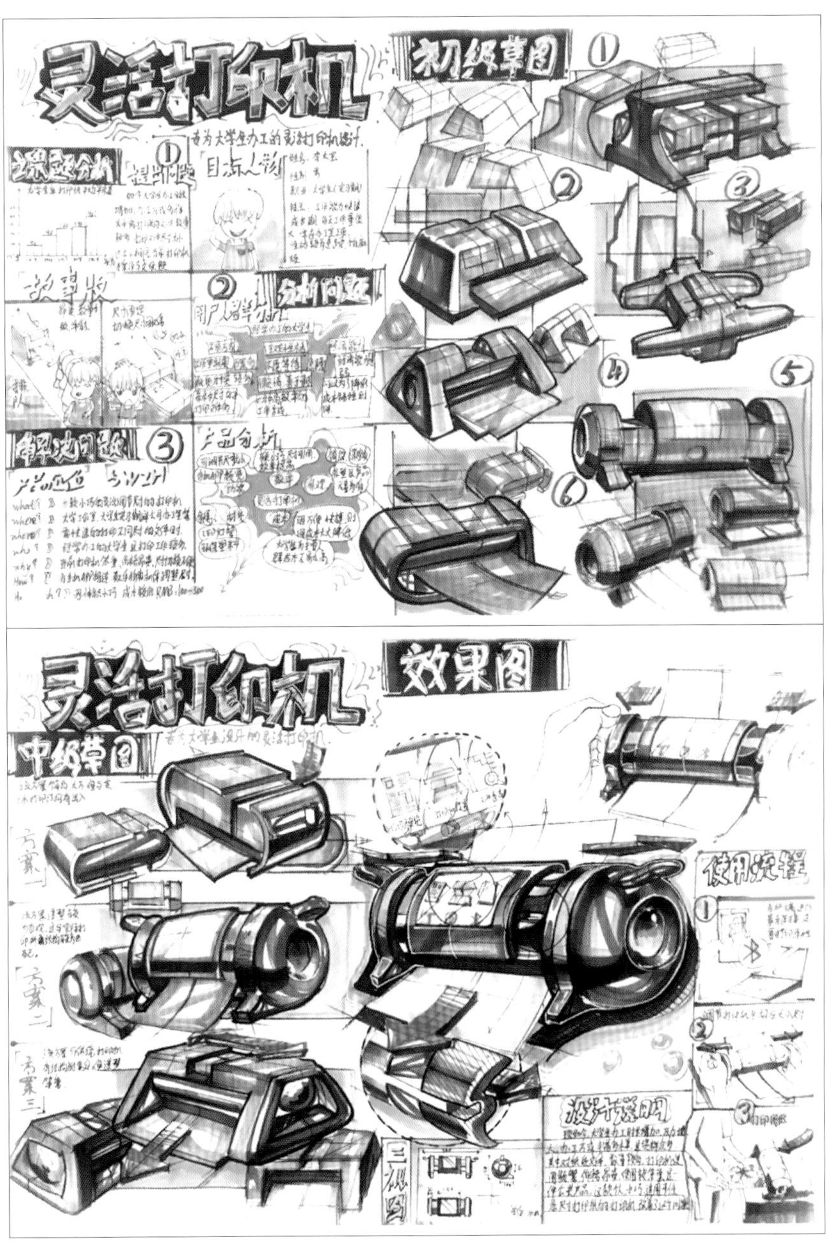

快题表现中的草图深化

形成产品方案的草图训练 钢笔 马克笔

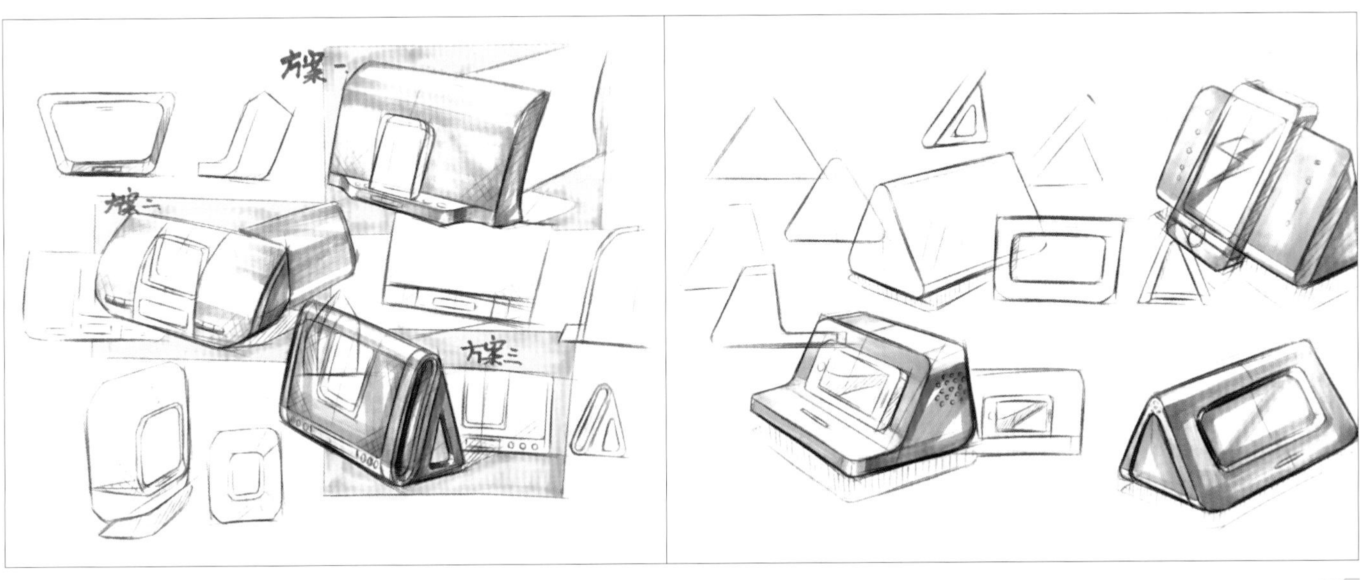

五、训练项目5 效果图表现训练

彩色效果图的手绘表现是产品设计过程中非常重要的阶段，可以让观者或甲方对产品设计产生更加直观和清晰的认知，产品的配色方案、光影关系、材质表面处理、产品风格等属性都会通过产品效果图的表达得到完美的体现。

跑车方案效果图 钢笔

（一）效果图的分类

根据工业产品的设计要求，产品效果图的类别大致可分为方案效果图、展示效果图和三视效果图等三种。

1.方案效果图

这一阶段以启发与诱导设计、提供交流、研讨方案为目的。此时，一般设计尚未完全成熟，还处于进一步的推敲阶段。这时往往需要画较多的图来进行比较、优选、综合，在色彩上尽可能接近产品的整体关系。

2.展示效果图

这类效果图所表现的设计已较为成熟、完善，作图的目的在于提供给决策者审定，实施生产时作为依据，同时也可用于新产品的宣传、介绍及推广。这类效果图对表现技巧要求更高，对设计的内容要进行较为全面、细致的表现，有时还需要描绘出特定的环境，以加强真实感和表达力。随着电脑技术的发展和软件功能的不断强大，很多展示性效果图也由传统的手绘方式转变为由电脑辅助完成。

3.三视效果图

这类效果图是利用三视图来制作的，特点是能够清晰反映出产品各立面的结构、比例与尺寸，对立面的视觉效果反映最直接，尺寸、比例没有任何透视误差和变形。缺点是表现面较窄，难以显示产品的立体感和空间的视觉形态。

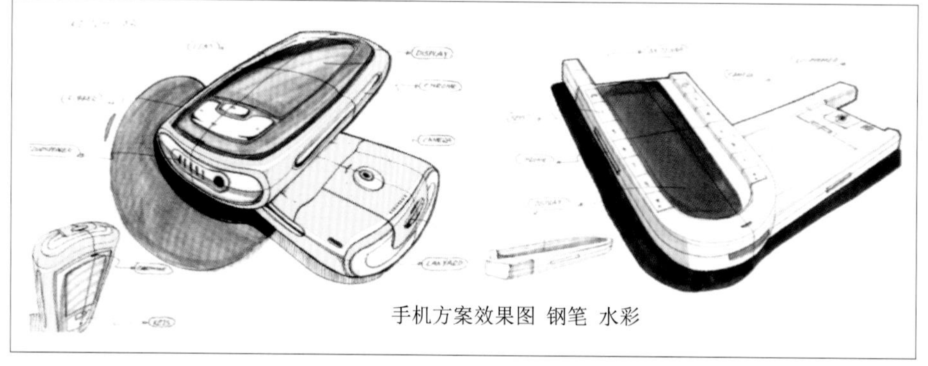

手机方案效果图 钢笔 水彩

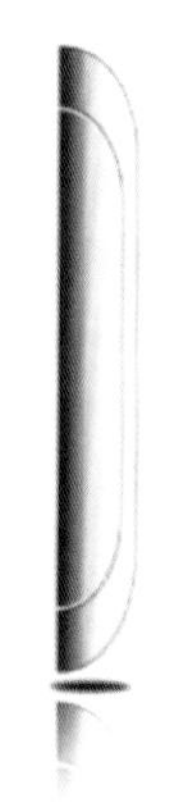

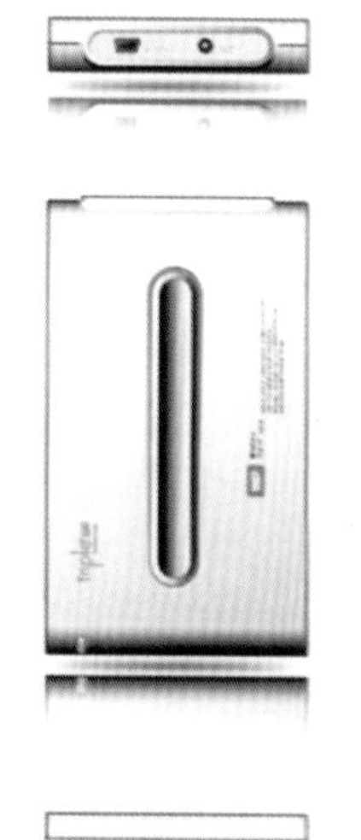

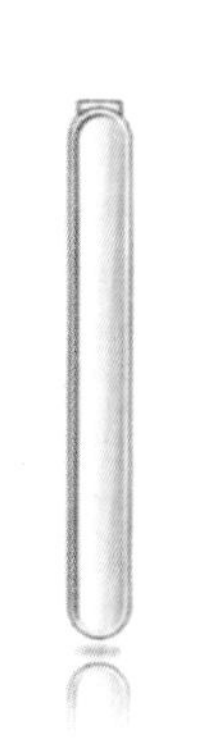

手机三视效果图 电脑

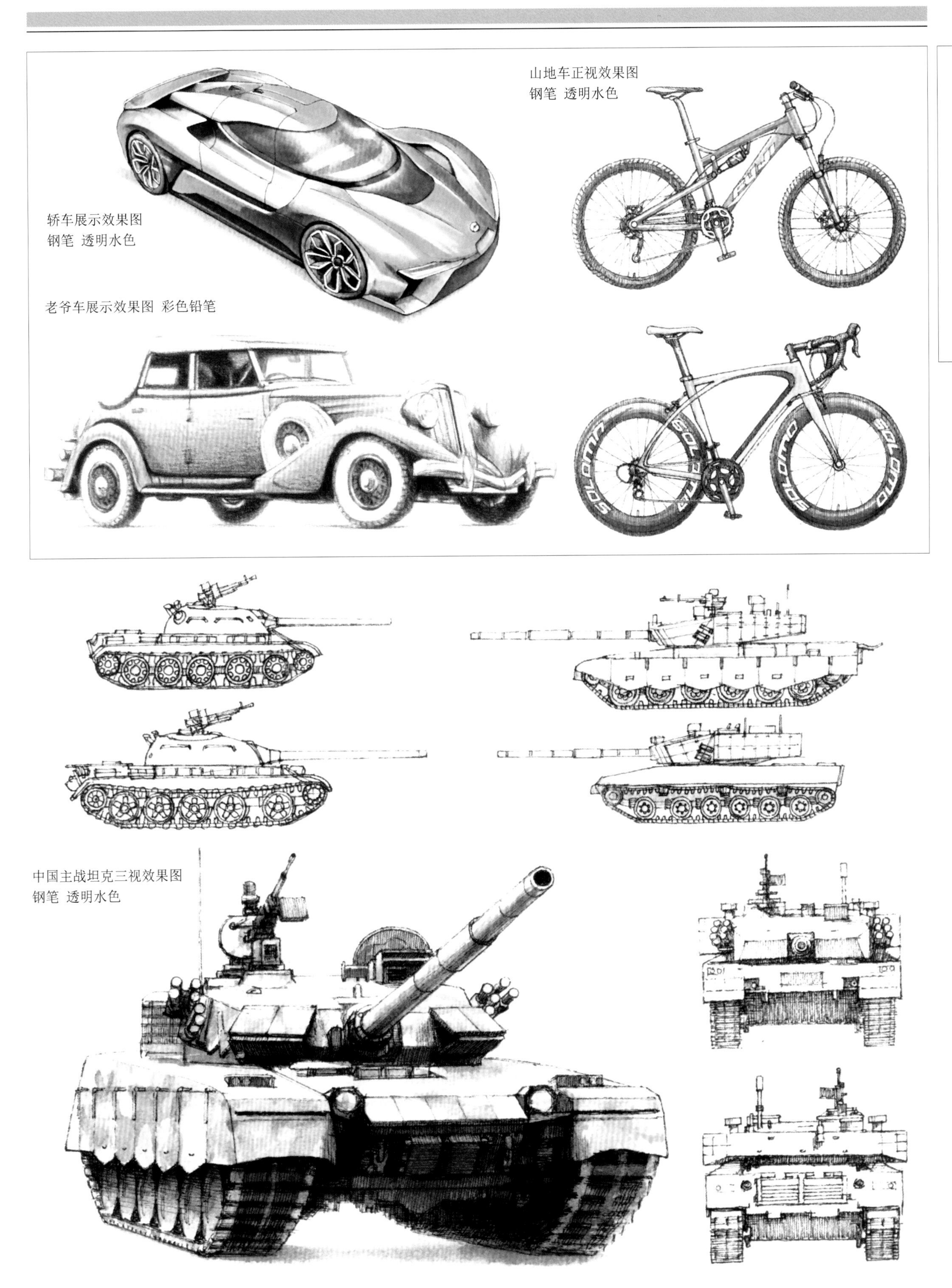

轿车展示效果图
钢笔 透明水色

山地车正视效果图
钢笔 透明水色

老爷车展示效果图 彩色铅笔

中国主战坦克三视效果图
钢笔 透明水色

（二）效果图的练习

1. 单色效果图训练

我们进行效果图训练可以先从单色效果图着手，即仅采用灰色系做产品光影效果，添加极少其他色调。单色效果图训练的好处是将马克笔着色的光影关系更加清晰地表达出来，且更容易让初学者掌握上色技巧。初学者在日常草图绘制中最常使用的是灰色系列，作为快捷表现明暗结构关系，它来得最快最直接。单纯地运用马克笔难免会留下不足，可以与彩铅、高光笔等工具结合使用。

图1

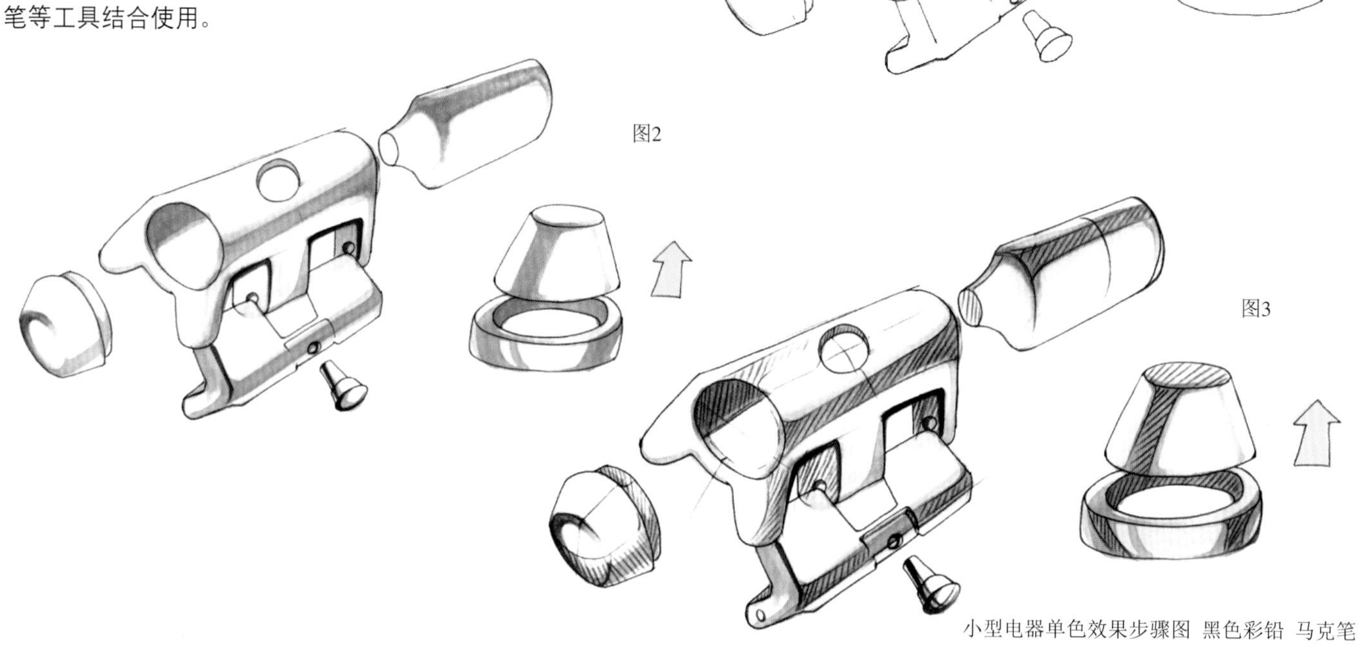

小型电器单色效果步骤图 黑色彩铅 马克笔

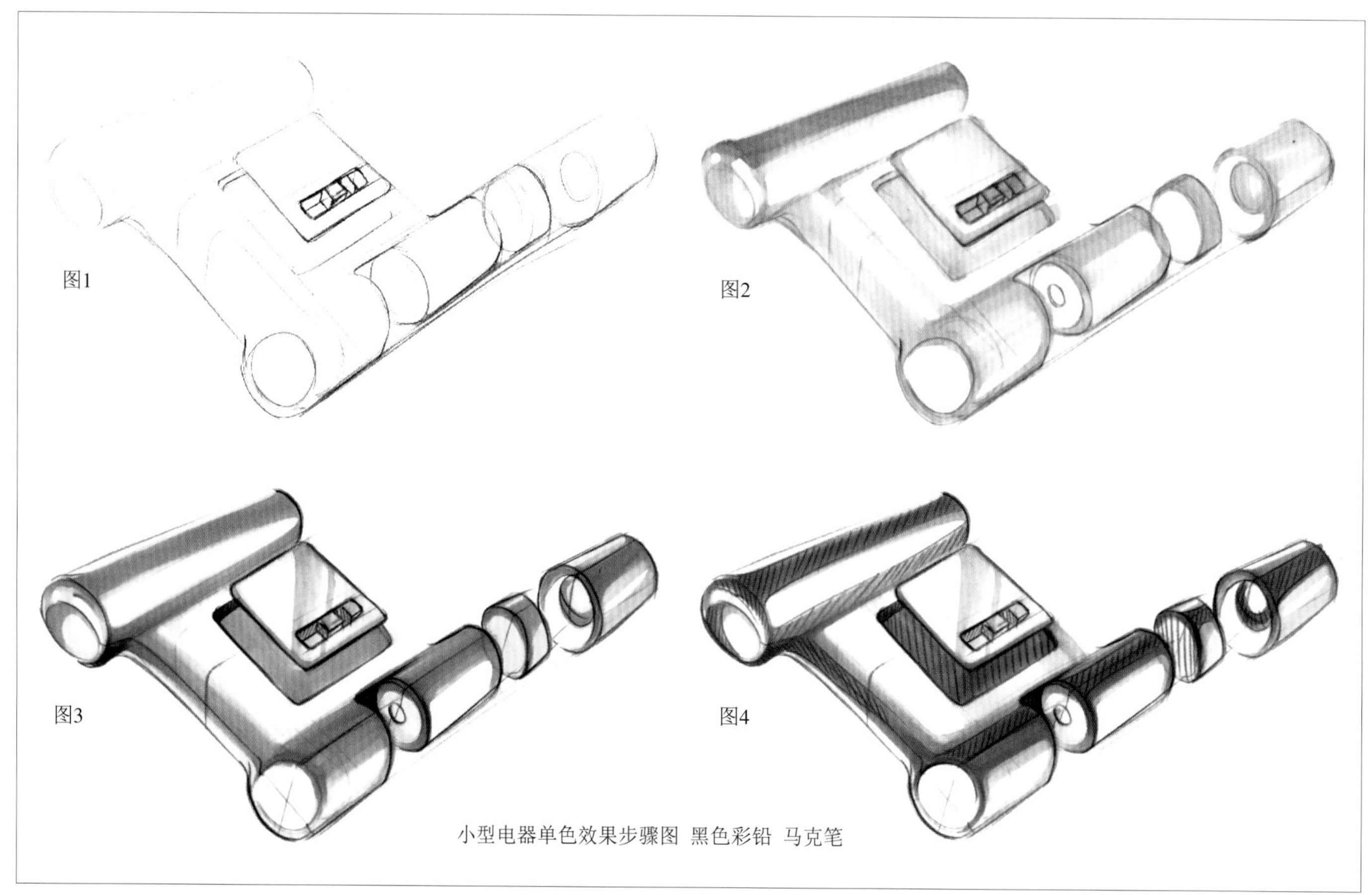

小型电器单色效果步骤图 黑色彩铅 马克笔

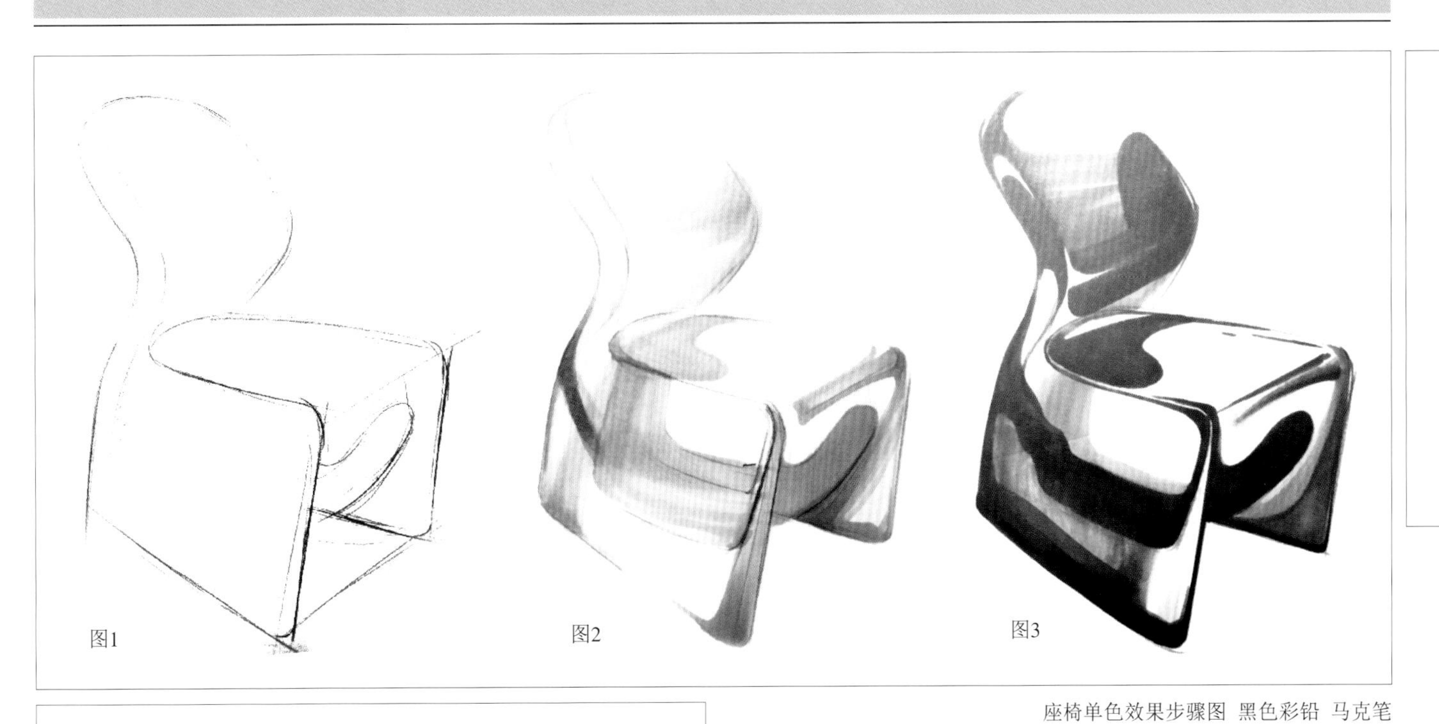

座椅单色效果步骤图 黑色彩铅 马克笔

图1

图2

小型电器单色效果步骤图 黑色彩铅 马克笔

机械零件单色效果步骤图 黑色彩铅 马克笔

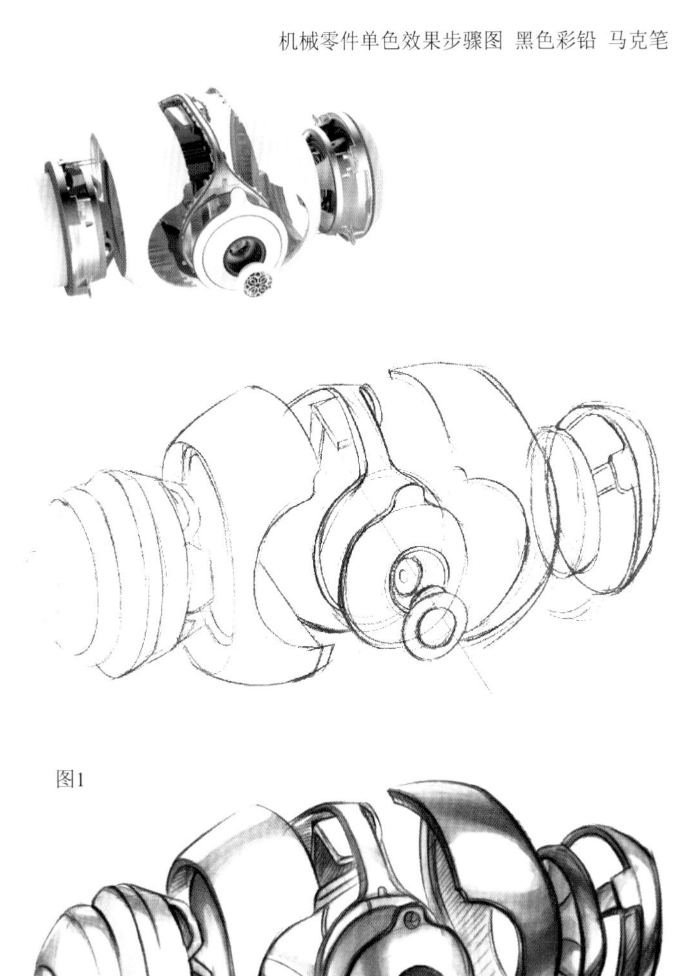

图2

墨水瓶单色效果图
黑色彩铅 马克笔

水壶手绘视频

水壶单色效果图
黑色彩铅 马克笔

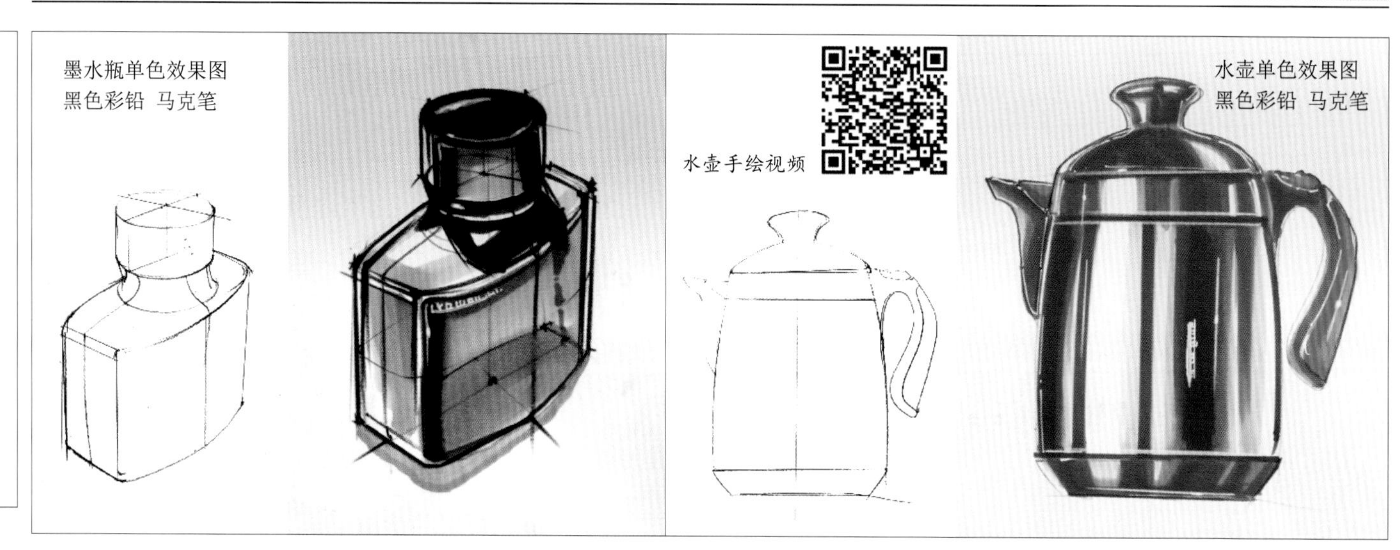

器具单色效果图 黑色彩铅 马克笔

水壶单色效果图
黑色彩铅 马克笔

电钻单色效果图 彩色铅笔 马克笔

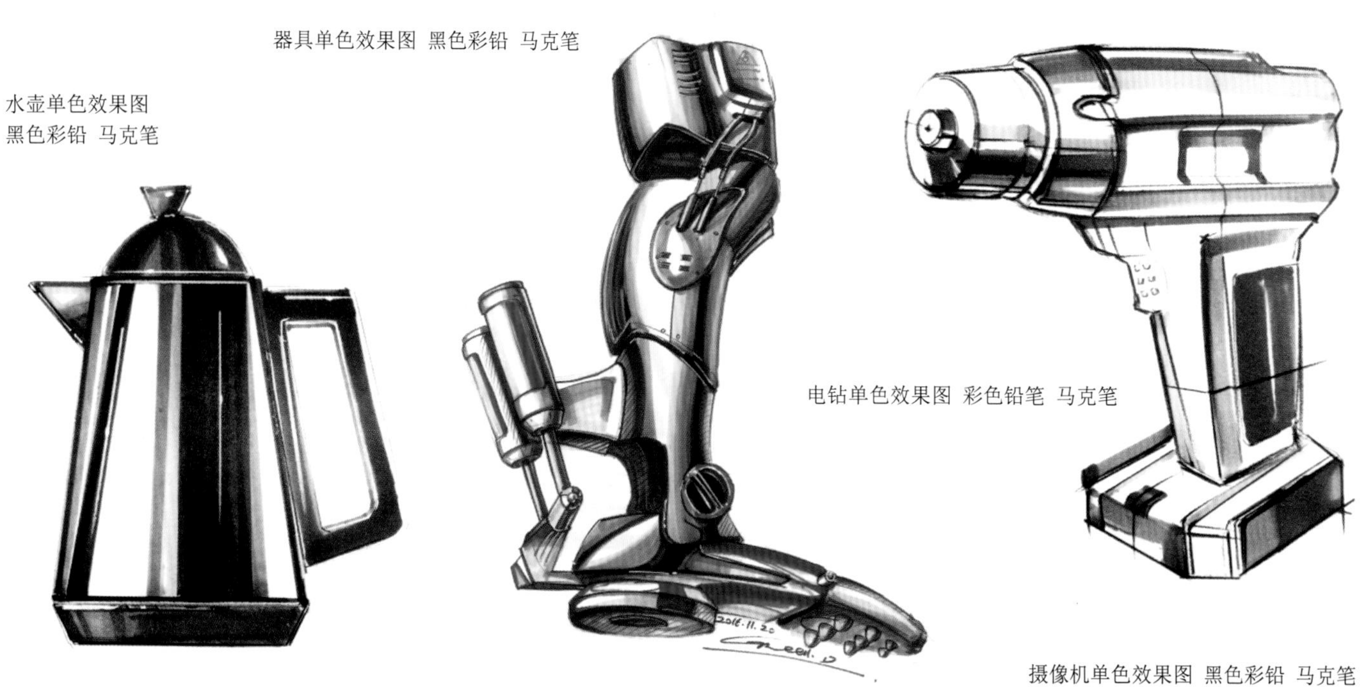

摄像机单色效果图 黑色彩铅 马克笔

摄像机手绘视频

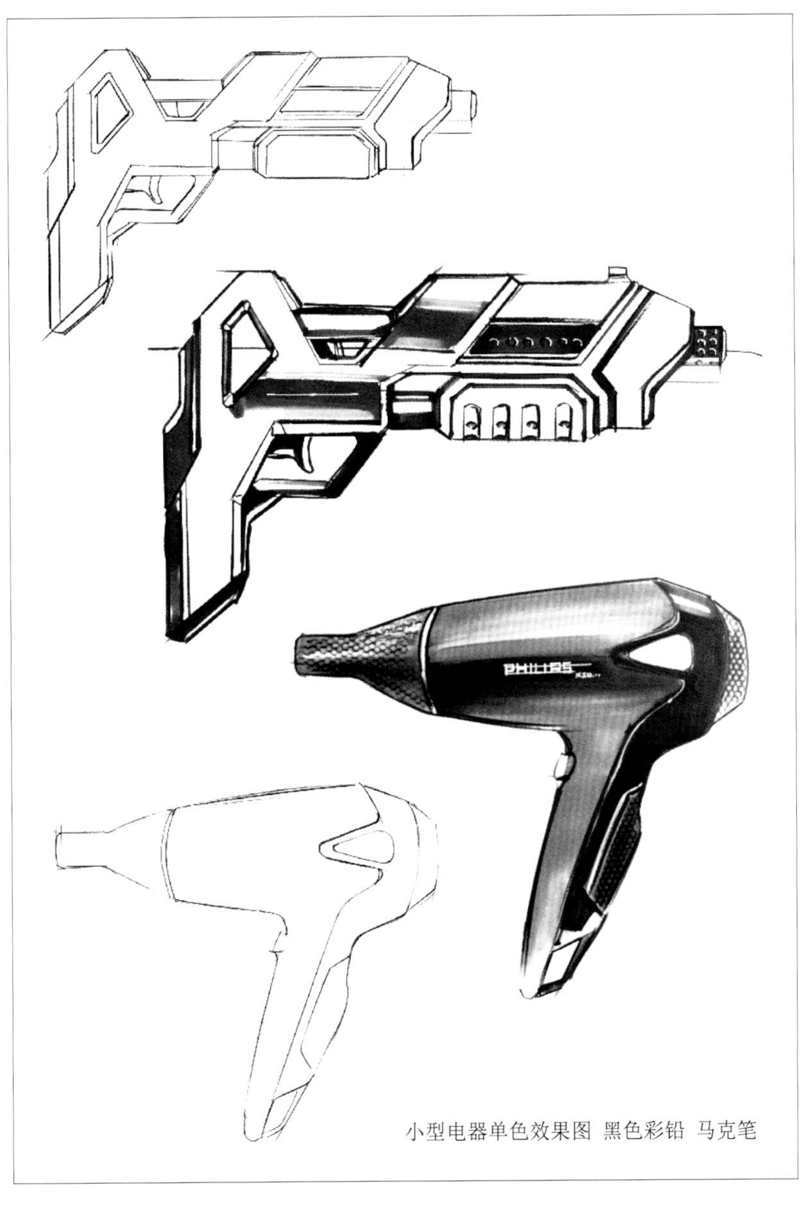

小型电器单色效果图 黑色彩铅 马克笔

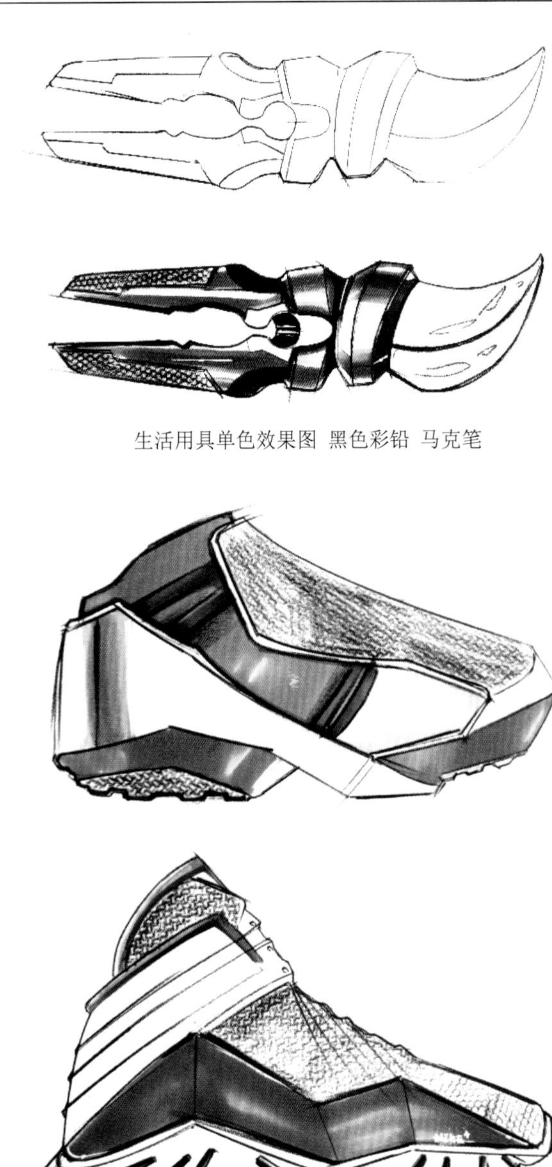

生活用具单色效果图 黑色彩铅 马克笔

休闲鞋单色效果图 黑色彩铅 马克笔

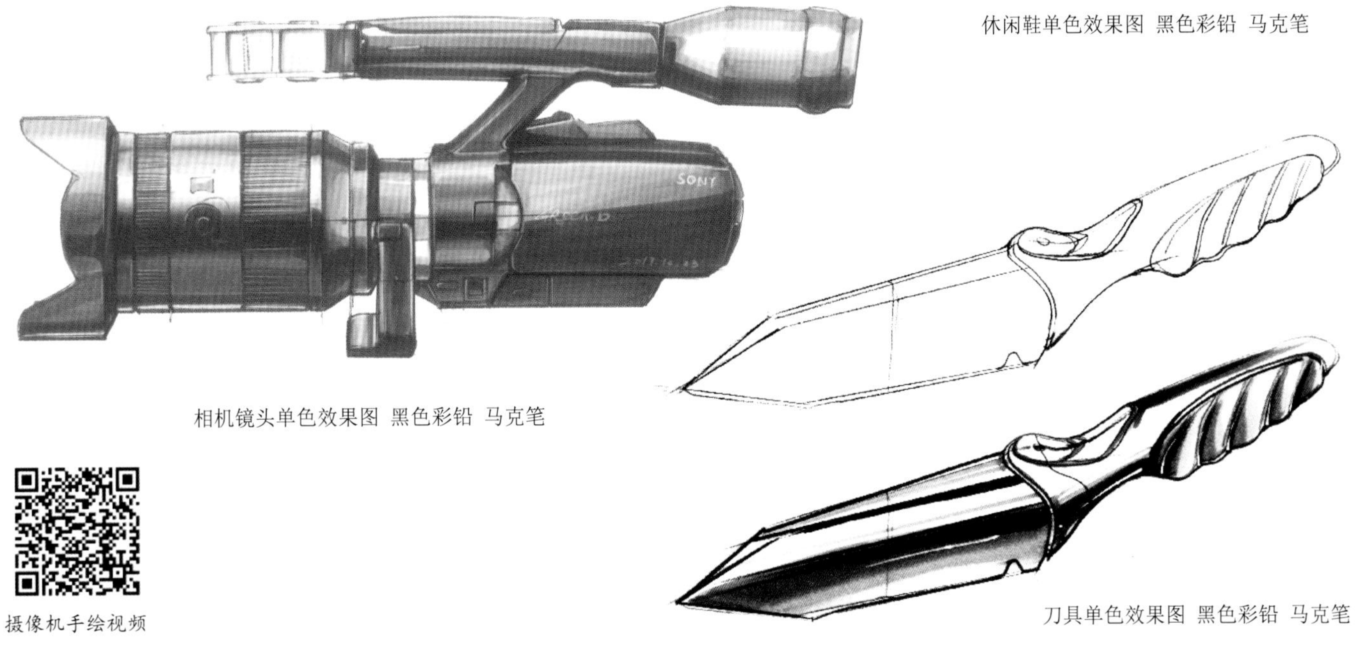

相机镜头单色效果图 黑色彩铅 马克笔

刀具单色效果图 黑色彩铅 马克笔

摄像机手绘视频

2. 彩色效果图训练

彩色效果图的表现需要手绘者经过更深层的功底训练。马克笔的色度有很多种，上色时需对产品的色彩之间的关系有充分的把握，如明度、色相等。深入刻画的重点是理清产品造型之间的关系，包括明暗关系、冷暖关系、虚实关系等，这些是主宰画面的灵魂。

（1）定稿。在这一阶段没有太多的技巧可言，完全是基本功的体现。如何把混淆不清的线条区分开来，形成一幅主次分明、表现力强的表现图，需要绘制者在这个阶段格外用心。从主体入手用笔尽量流畅，一气呵成，切忌对线条反复描摹。先画前面，后画后面，避免不同的物体轮廓线交叉。在这个过程中可以边勾线边上明暗调子，逐渐形成整体。如果对明暗调子把握不准的话，可以只对主体部分进行少量的刻画，剩下的由马克笔来完成。

电钻手绘视频

家用电器表现图 圆珠笔 马克笔 水彩

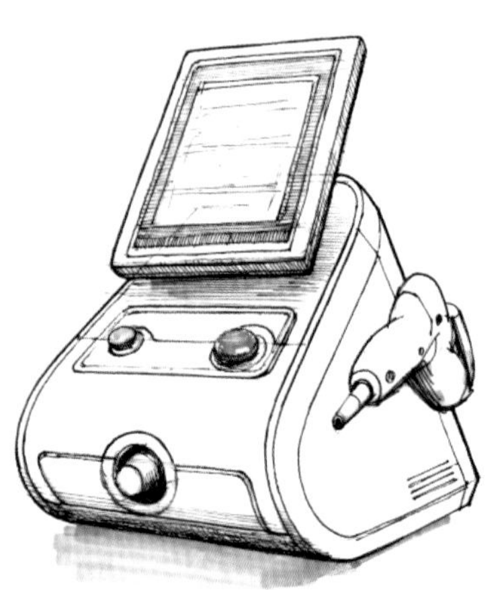

测试仪器表现图 钢笔 马克笔

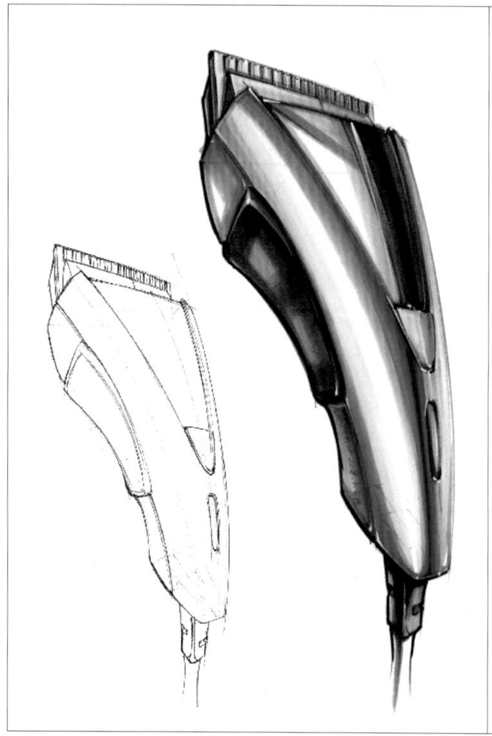

小型电器表现图 圆珠笔 马克笔

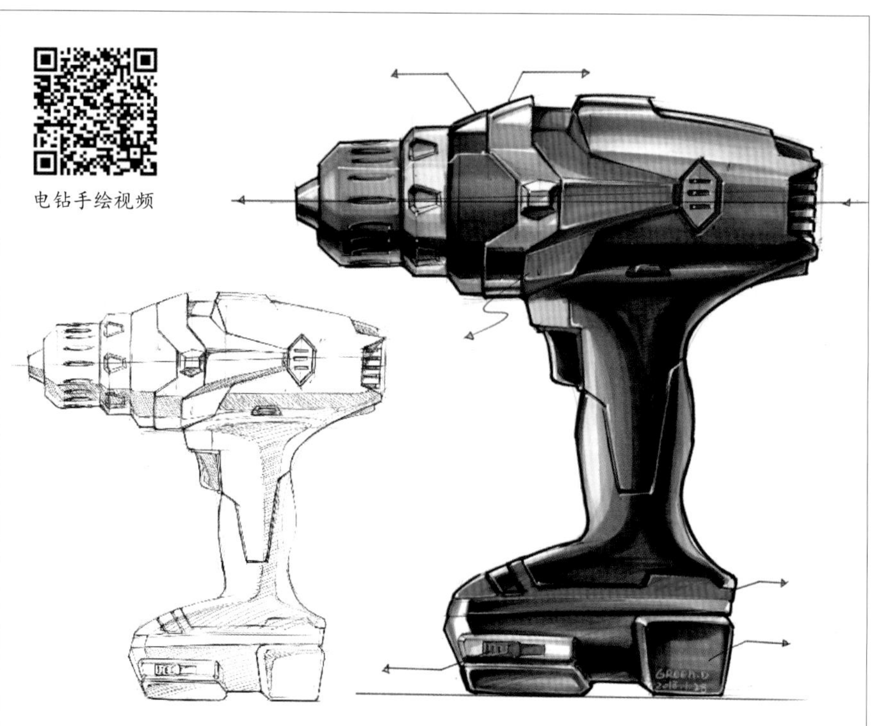

电钻表现图 圆珠笔 马克笔

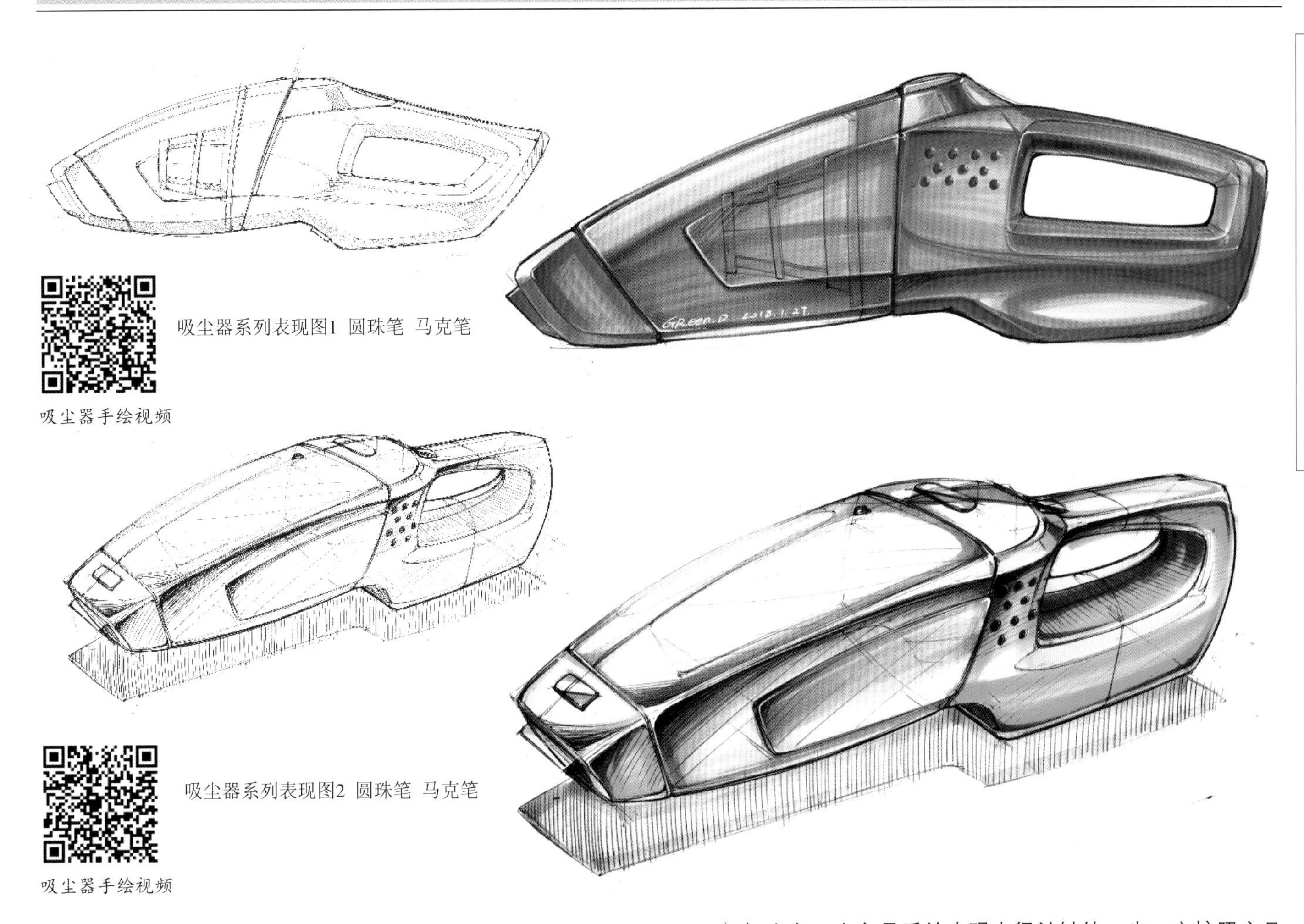

吸尘器系列表现图1 圆珠笔 马克笔

吸尘器手绘视频

吸尘器系列表现图2 圆珠笔 马克笔

吸尘器手绘视频

（2）上色。上色是手绘表现中很关键的一步，应按照产品的结构上色。上色的基本原则是由浅入深，若一开始就往深里画，修改起来将变得困难。在作画过程中时刻把整体放在第一位，不要对局部过度着迷，忽略了整体，否则画面的效果容易产生混乱。产品的色彩关系受着环境的影响，并不是孤立存在的。色彩关系没画准确，只能是一堆颜色的堆砌，而不能称为一幅成功的效果图。对比和协调只是画准这些关系的手段，在作画的过程中还要学会分析和思考。

小型电器表现图 圆珠笔 马克笔

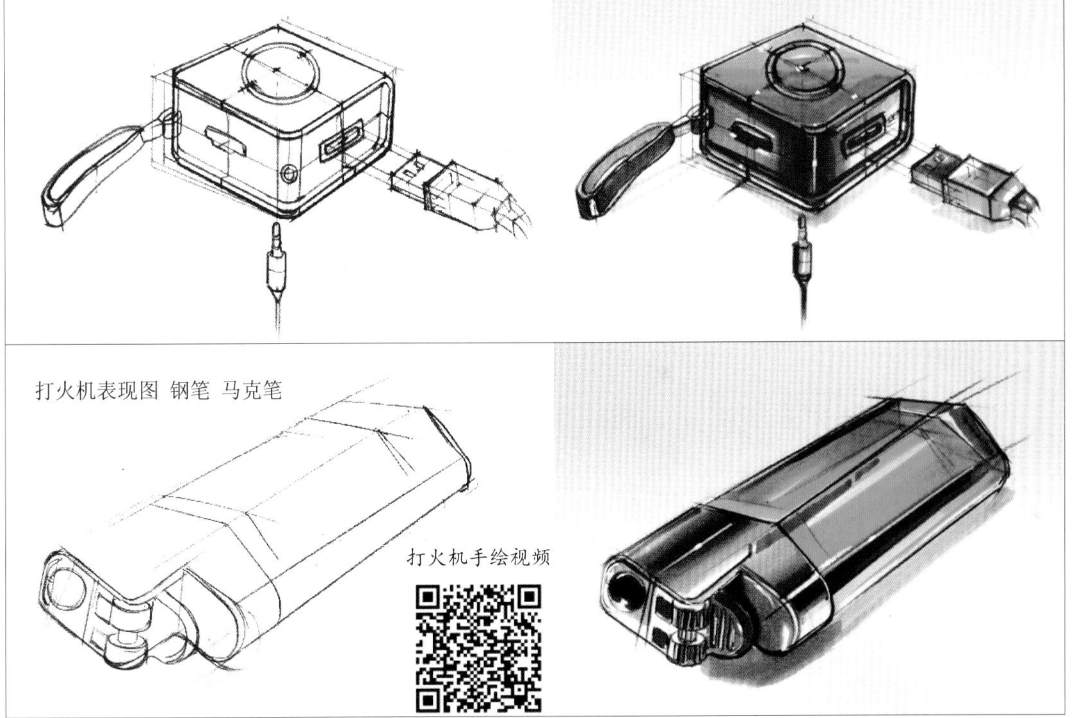

打火机表现图 钢笔 马克笔

打火机手绘视频

（3）调整。在这个阶段主要是对局部进行修改，统一色调，对物体的质感进行深入刻画。到这一步需要彩铅和高光笔的介入，作为对马克笔色调的补充。彩铅的修改一般不要多，起到辅助和加强的作用即可，高光笔的使用要流畅平顺。

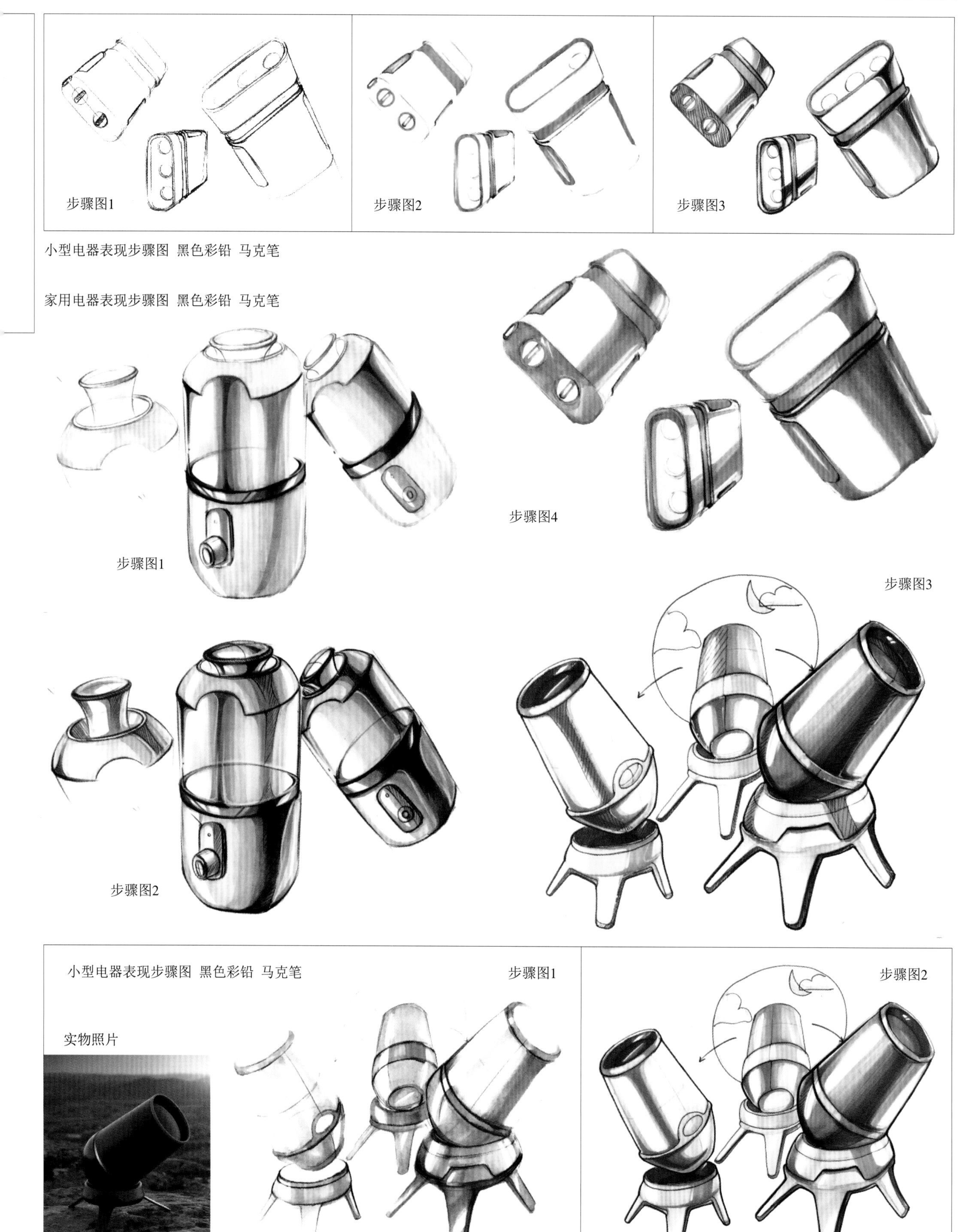
步骤图1 步骤图2 步骤图3

小型电器表现步骤图 黑色彩铅 马克笔

家用电器表现步骤图 黑色彩铅 马克笔

步骤图1

步骤图4

步骤图3

步骤图2

小型电器表现步骤图 黑色彩铅 马克笔

步骤图1

步骤图2

实物照片

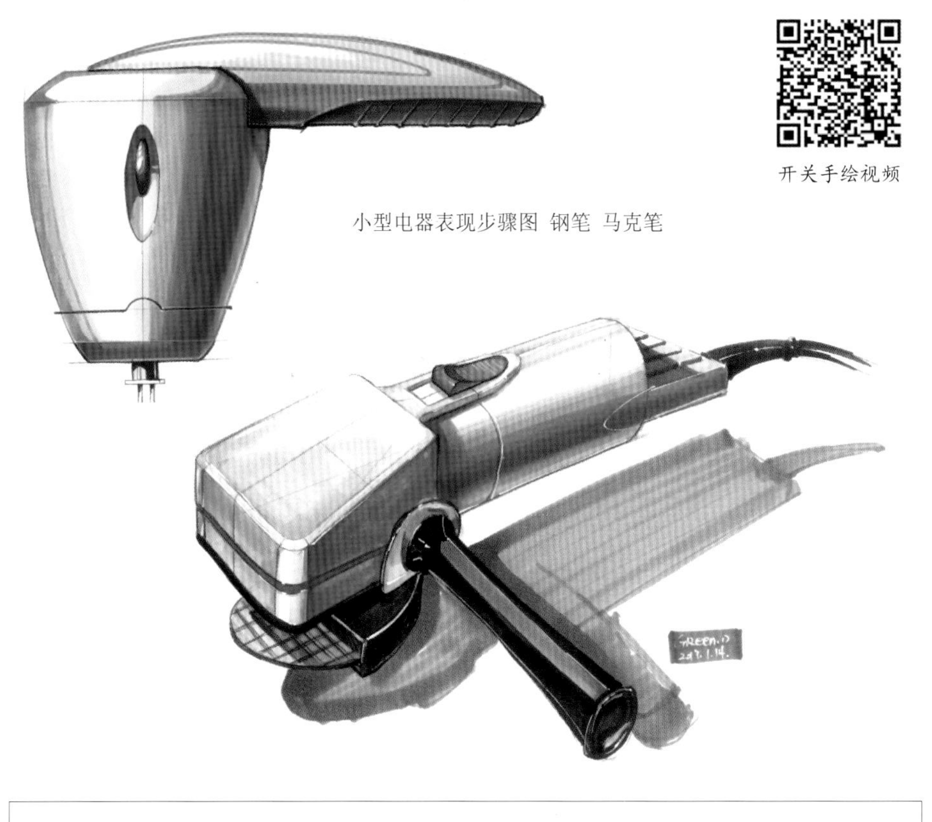

小型电器表现步骤图 钢笔 马克笔

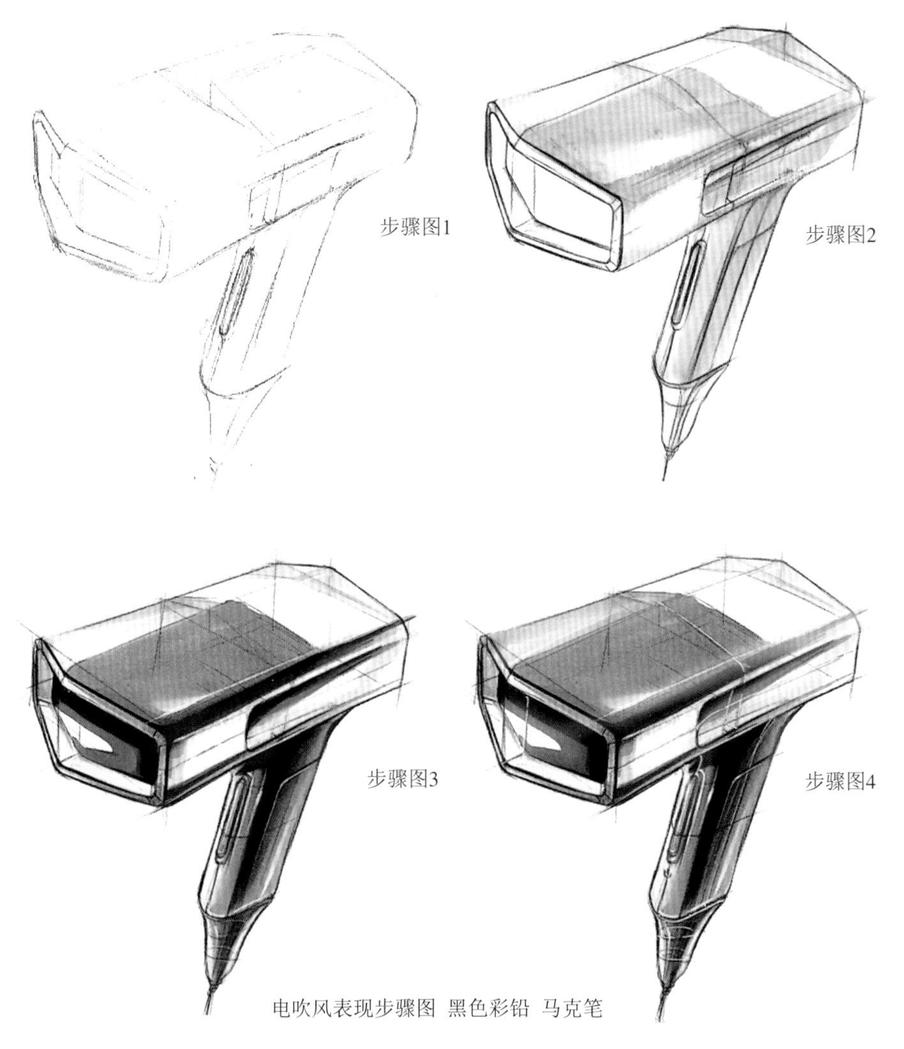

电吹风表现步骤图 黑色彩铅 马克笔

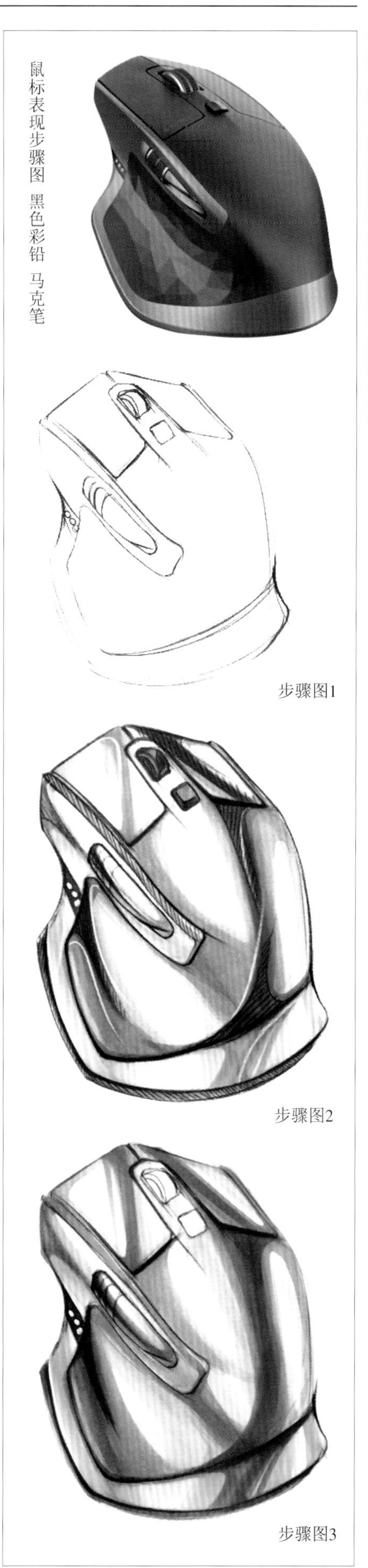

鼠标表现步骤图 黑色彩铅 马克笔

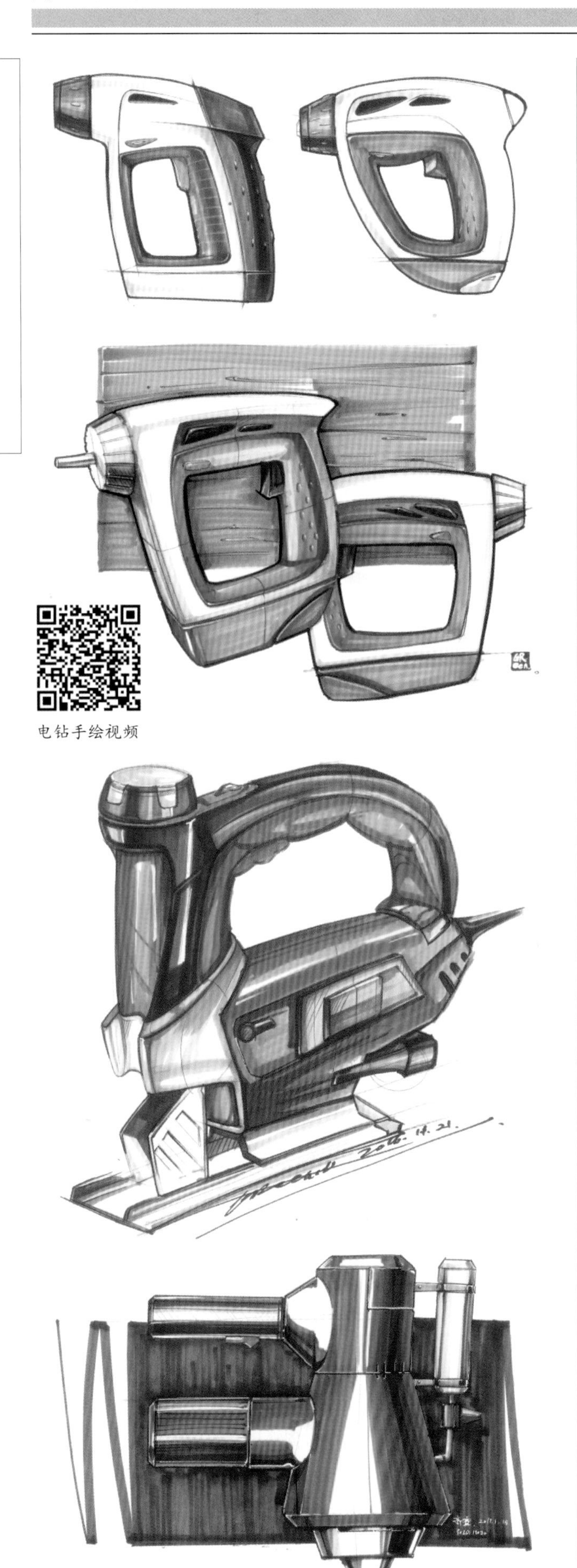

电钻手绘视频

家用电器系列表现图 黑色彩铅 马克笔

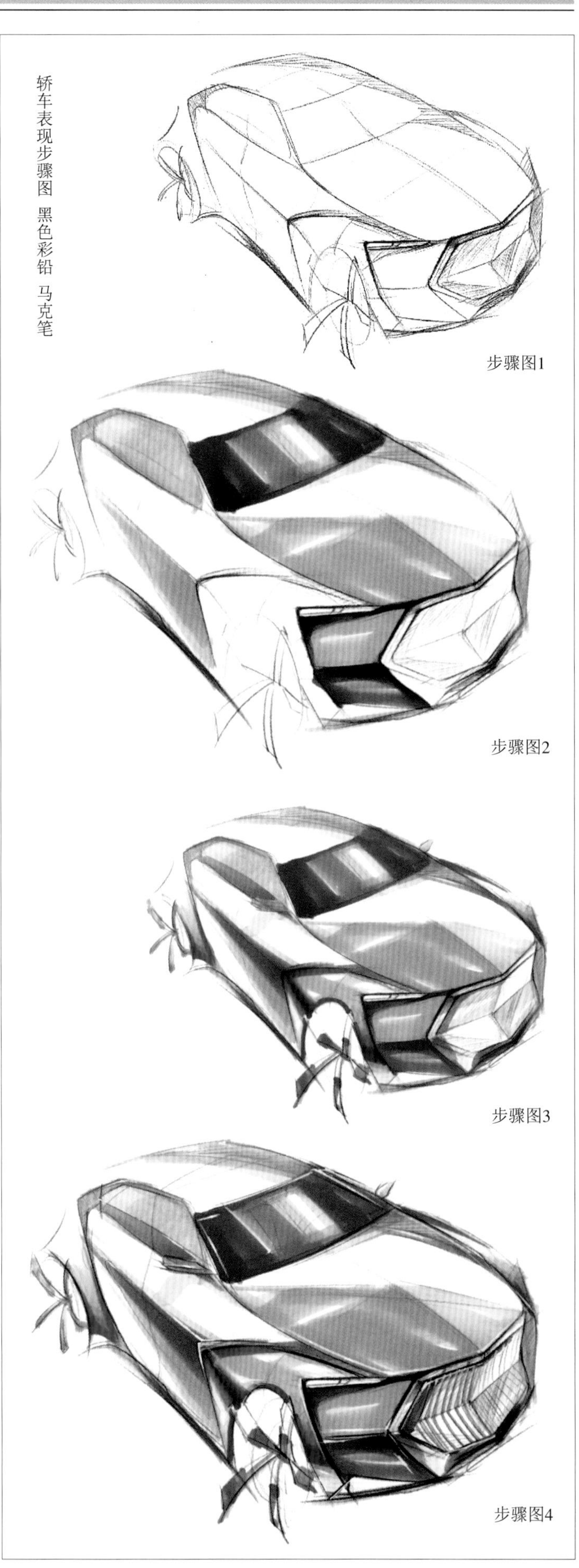

轿车表现步骤图 黑色彩铅 马克笔

步骤图1

步骤图2

步骤图3

步骤图4

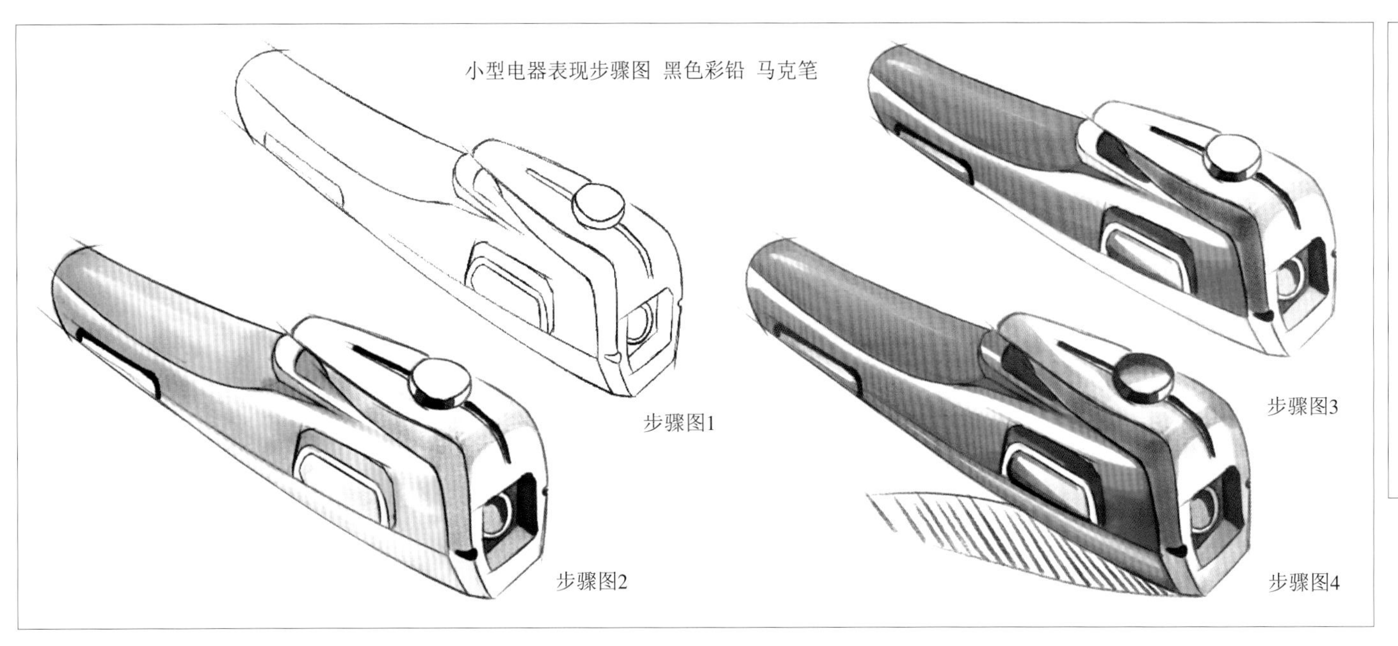

小型电器表现步骤图 黑色彩铅 马克笔

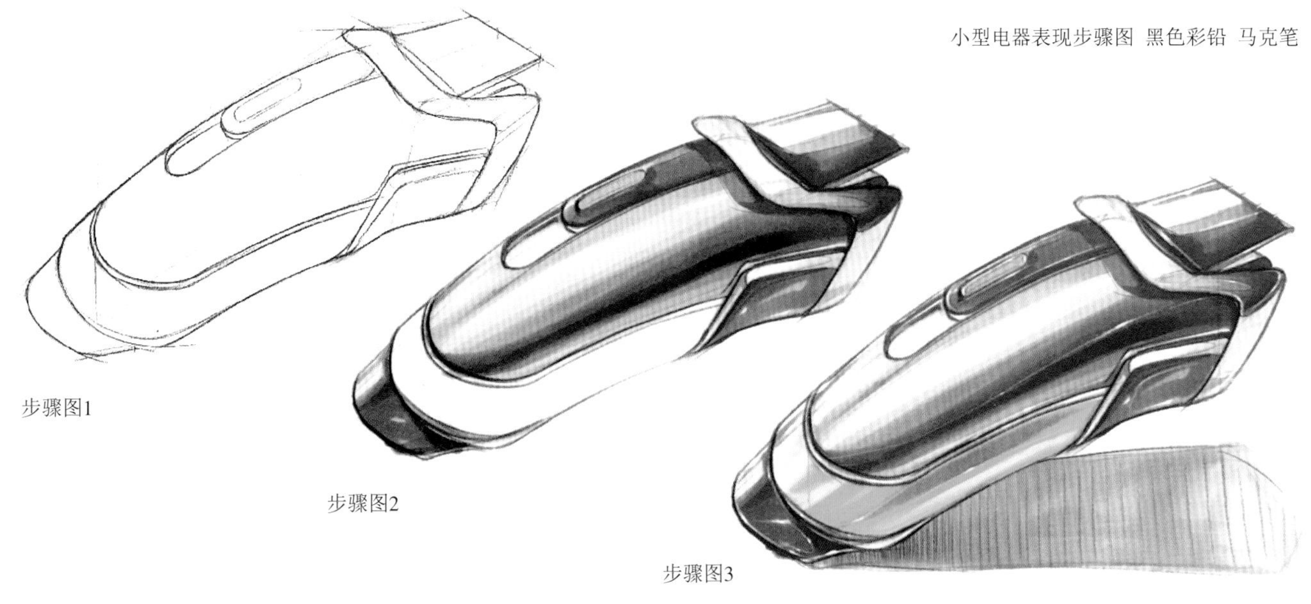

小型电器表现步骤图 黑色彩铅 马克笔

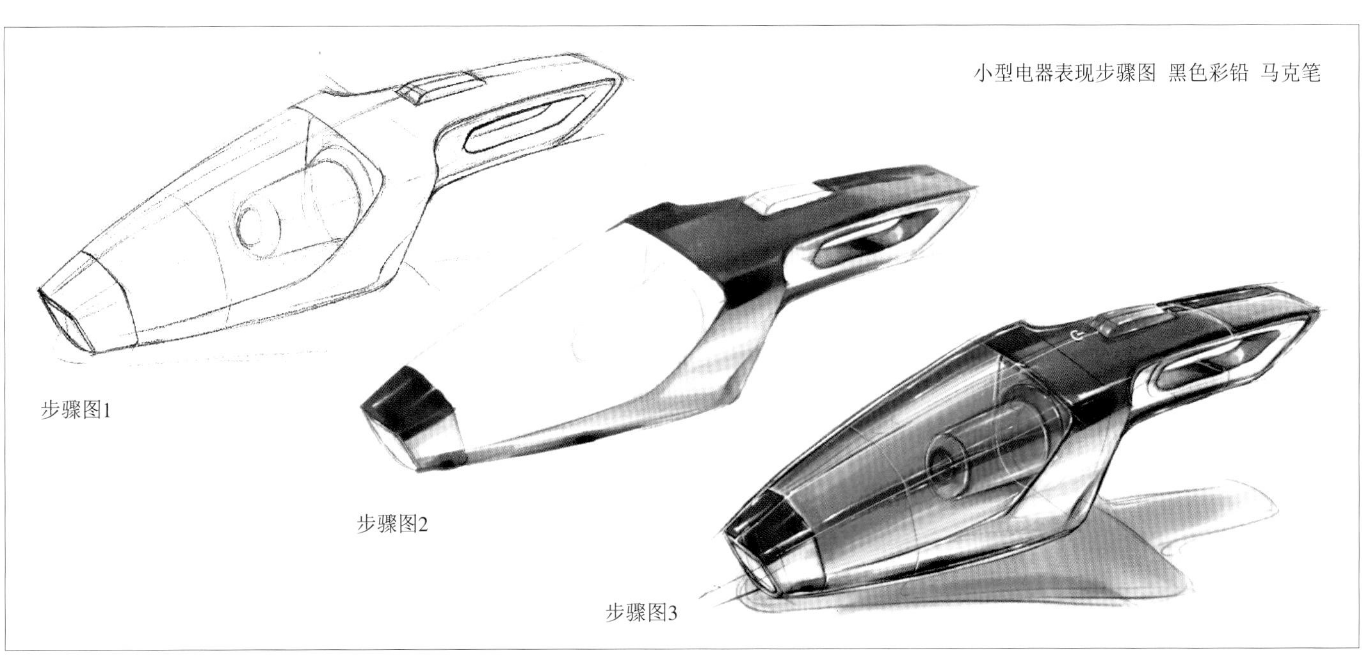

小型电器表现步骤图 黑色彩铅 马克笔

在手绘效果图的过程中，各个块面的处理很是关键，初学者应从以下几个方面加以注意。

其一，尖锐角面的处理。在用马克笔表现的时候切忌将面画得过死，要学会留白，要用笔触的交错画出透明而生动的块面来。在运笔时灵活运用马克笔头的各种形态，变化出各种块面关系。

其二，有圆角面的处理。首先明确光线的来源，然后用较淡的马克笔在圆的半弧偏一点的位置旋转落笔，手感要稳健，下笔要准确、肯定。

其三，弧曲面的处理。同样要考虑光线的来源，而后根据曲率和明暗的变化特征及转折关系，用简洁宽松的用笔把对象表现到位，再用叠加的笔法表现物体的厚重感。关键是用笔的次序要掌握好，先轻后重，使笔触之间相互配合。

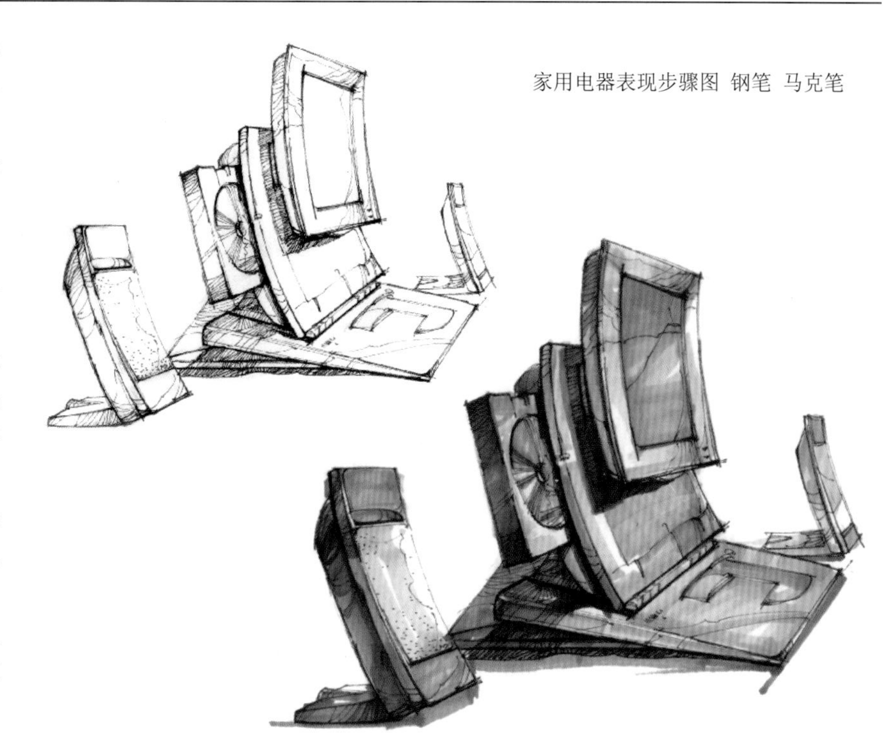

家用电器表现步骤图 钢笔 马克笔

越野车表现步骤图 钢笔 马克笔

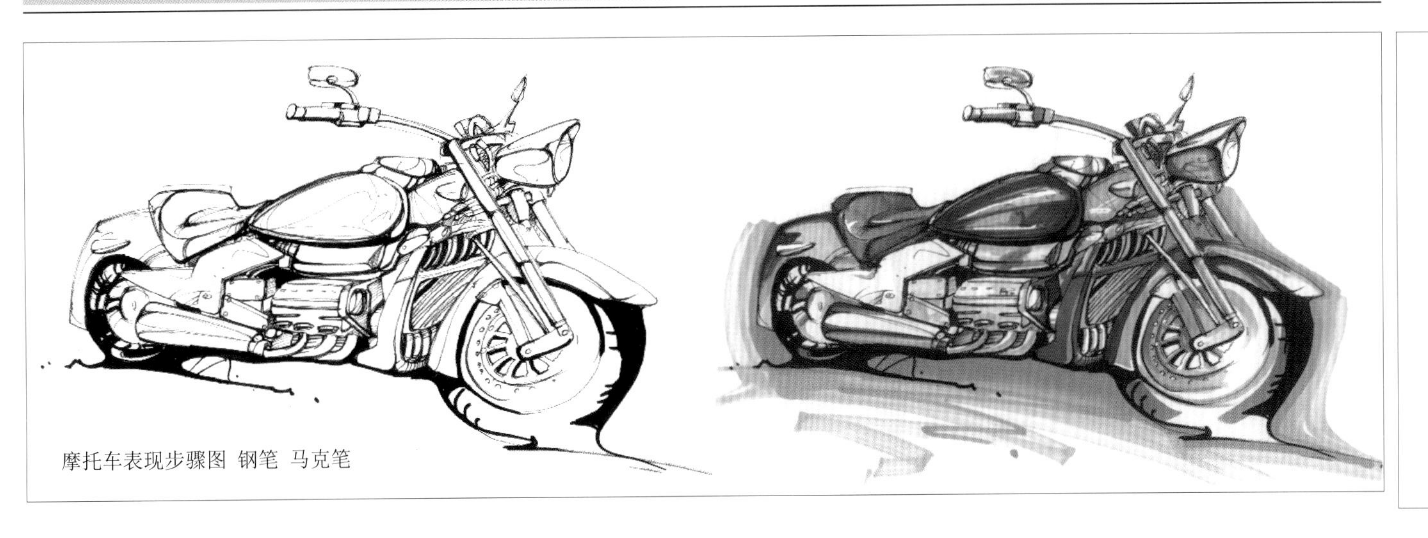

摩托车表现步骤图 钢笔 马克笔

步骤图1

步骤图2

步骤图3

越野车表现步骤图 钢笔 马克笔

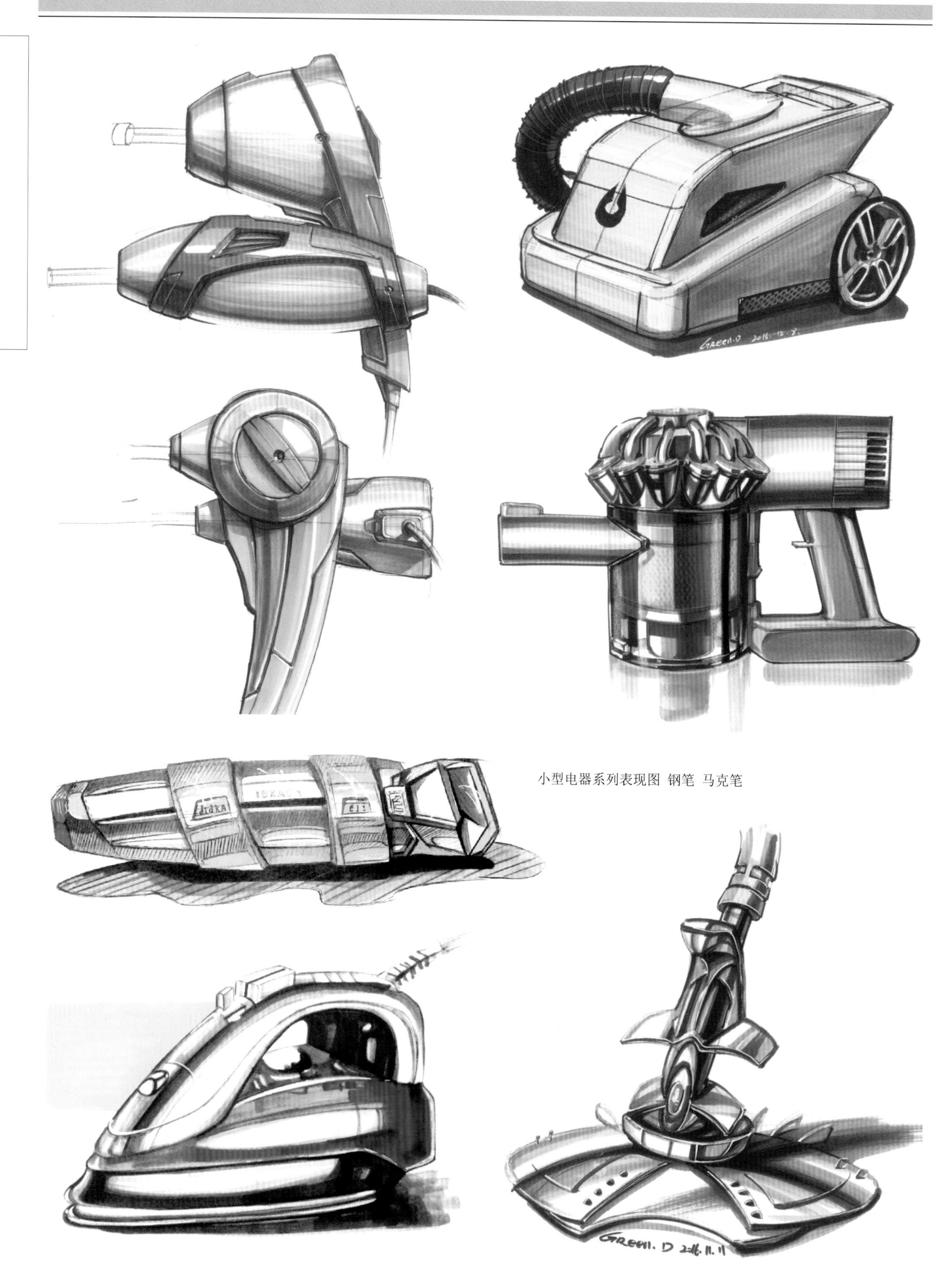

小型电器系列表现图 钢笔 马克笔

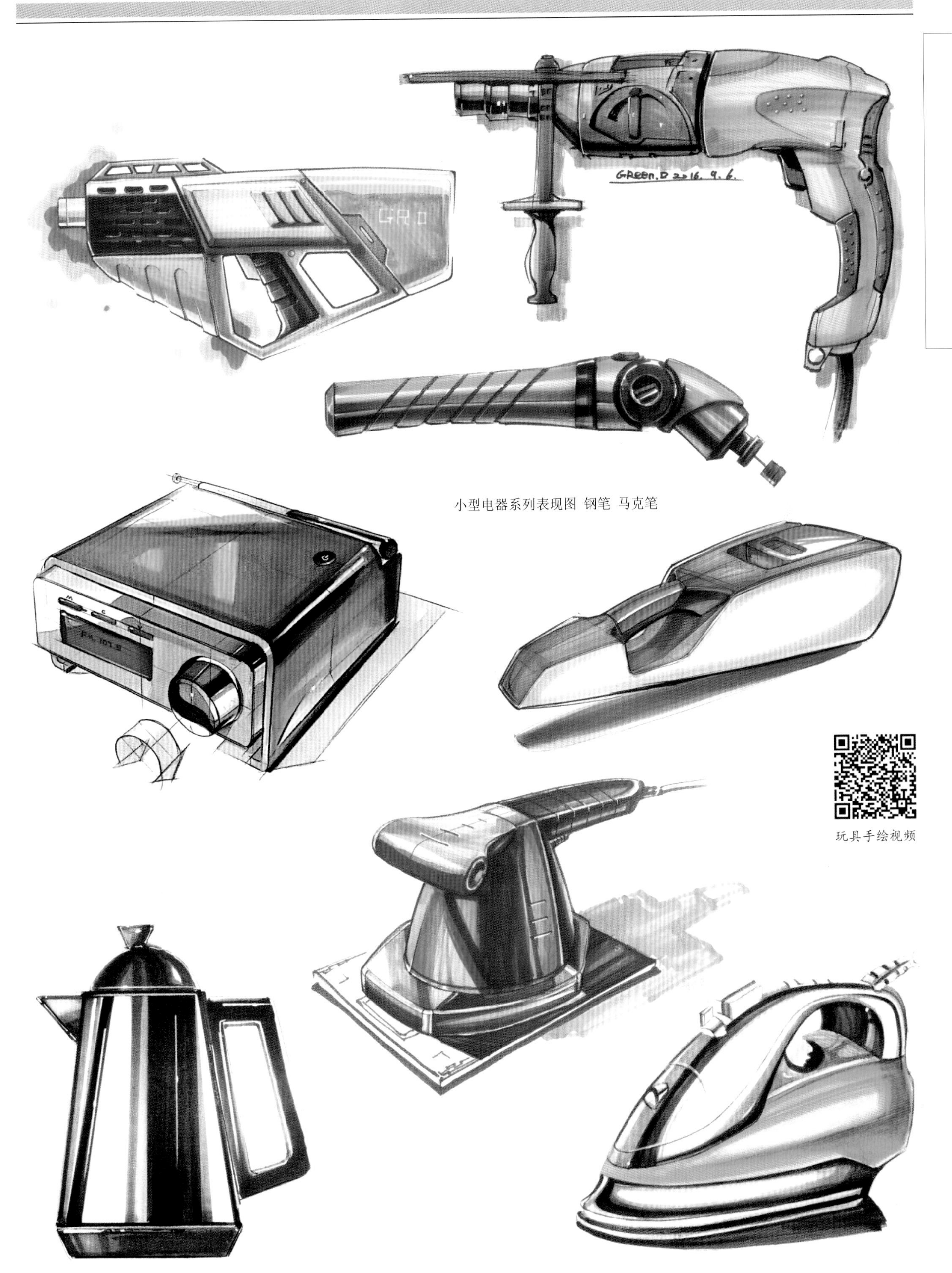

小型电器系列表现图 钢笔 马克笔

玩具手绘视频

六、训练项目6 其他材料表现训练

我们除了应该熟练掌握草图线稿绘制方法和马克笔效果图表现技法外，还应尝试更多不同的表现材料和工具来丰富表现内容和效果，以便在手绘实践中获得更适合自己设计风格的表现方式。

军用吉普车表现图 钢笔 彩色铅笔

越野车表现图 炭笔

除了马克笔之外，我们还经常使用的表现工具与材料有钢笔、彩色铅笔、水彩、透明水色、水粉等，这些工具与材料都是手绘快速表现时可以选择的。此外，目前电脑手绘表现由于软件工具的日新月异变得更加便捷，也表现出越来越大的优势。尤其是将纸质手绘表现的比例定位优势与电子手绘的色彩笔触效果及还原清除功能的优势结合在一起，更成为很多设计师事半功倍的表现手法之一。

越野车表现图 钢笔 炭笔

拖拉机表现图 水彩

拖拉机表现图 水粉

拖拉机表现图 钢笔

拖拉机表现图 钢笔 水彩

拖拉机表现图 水彩

军用吉普车表现图 钢笔 透明水色

中国主战坦克表现图 钢笔 透明水色

跑车表现图 水粉

轿车表现图 水彩

俄罗斯战机三视图 钢笔 透明水色

俄罗斯战机表现图 钢笔 透明水色

步骤图1

步骤图2

摩托车表现图之一 彩色铅笔

摩托车表现图之二 彩色铅笔

步骤图1

步骤图2

老爷车表现图 彩色铅笔

章节训练

1. 使用黑色彩铅及针管笔进行线描产品临摹，5张A4纸。

2. 使用黑色彩铅及针管笔进行素描产品临摹，5张A4纸。

3. 临摹基础造型作品5张，并进行外形推演练习，形成5款原创的新造型。

4. 以“灯具”为主题进行多草图延伸训练，形成一张原创的灯具造型方案。

5. 以“球形”为主题进行多草图延伸训练，形成一张以球形为基础的造型方案。

6. 使用马克笔工具临摹产品效果图10张。

7. 分别使用彩色铅笔和水彩临摹产品效果图各2张。

8. 熟悉每一种色彩工具的特点，总结高光笔、彩色铅笔与色彩工具结合的使用方式和特点，并确定适合自己的手绘表现工具。

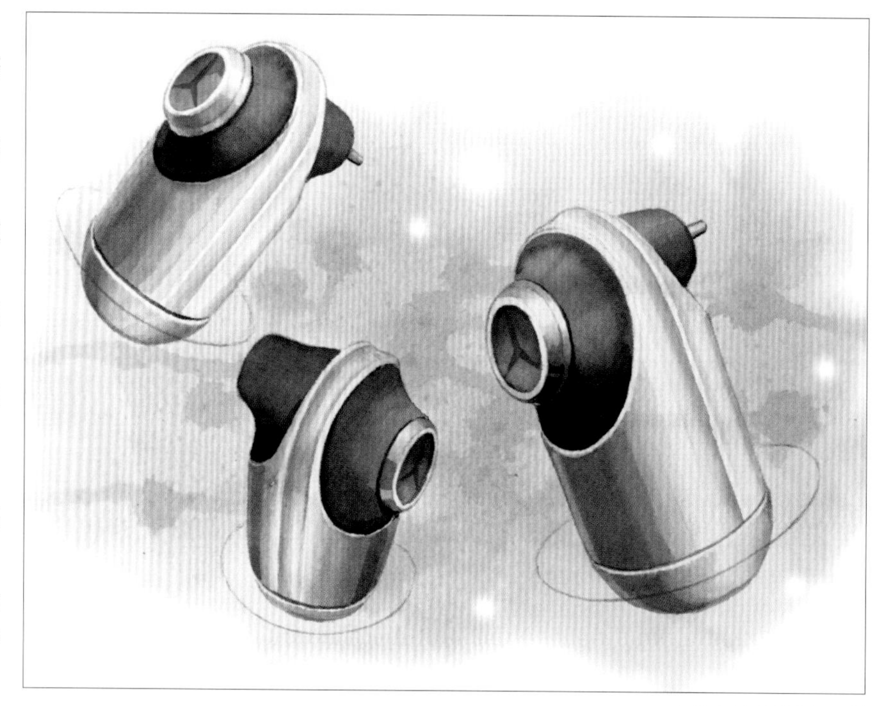

小型电器表现图 水彩

手表表现图 水粉

枪械表现图之一 水粉

枪械表现图之二 水粉

摩托车表现图 钢笔 水彩

第五章 应用部分
快题方案应用方法

一、快题引入

（一）快题是什么

设计快题是目前众多高校艺术设计专业的研究生升学考试的专业课考试科目之一，是让学生用快题的形式对某设计主题进行手绘方案展现的一种方式。通常情况下院校会根据自身需要规定快题设计使用的纸张规格，比较普遍的形式有A1纸、A2纸、A3纸等，幅数从1张到多张都有。

快题的核心是集中几个小时的时间针对某一个设计命题进行方案设计，从设计分析入手，快速进行几套草图方案的建立，思考该方案的功能性、材料工艺、人机关系、使用场景等各方面的内容，从中分析、比较，得到一个较为合理优越的方案进行深入设计与表现，最终得到一款合理可行的产品设计方案。

快题方案的阅读者能够从这几页方案表现图中，得到该方案的主要设计理念和设计者对于该设计命题的理解和诠释方式，设计者需要通过有限篇幅的手绘方案，尽可能全面地展示出自己的设计理念和思考方式。

（二）快题有什么

1. 快题的主题类型

设计主题有千百种，每个学校都会根据自身需求侧重产品的不同需求来进行命题。根据产品类型，快题主题大致可分为几大类：（1）家居家电类；（2）智能科技类；（3）工业工具类；（4）交通工具类；（5）医疗健康类；（6）户外公共类；（7）绿色环保类；（8）办公文创类；（9）特殊关怀类；（10）特殊形体类。

以上每个主题都是热门的快题类别，且每个主题类别下都能够衍生出千变万化的快题主题，盲目地准备方案会消耗很多的精力。经过更多的比对分析，能够看出不同的高校在出题时会形成自己的风格，有的高校注重和社会热

快题的内容显示图例1

点的紧密结合，有的高校注重和自有科研课题的相关性，有的高校更注重对学生原创设计力的考核及用户在使用产品时的体验分析等。目前越来越多的学生选择考研升学的挑战，快题考核的内容也越来越丰富，越来越超前。许多高校会选择一个更加细微独特的角度切入主题，对设计创新性和临场发挥力都有了更高的标准。

2. 快题的版块分类

一套完整优秀的快题设计应做到版面饱满丰富却不凌乱，按照一个明确的逻辑思路延伸至整版方案，让观阅者在浏览后得到最多的产品信息。而毕竟在考场上构思表现的时间有限，所以一份逻辑清晰、质量上乘的快题设计方案通常会提供以下十大版块信息。

（1）标题；

（2）设计分析（故事版）；

（3）草图方案；

（4）效果图；

（5）细节图；

（6）使用场景图；

（7）爆炸图；

（8）三视图；

（9）设计说明；

（10）交互界面图。

大部分的快题设计会包含以上十大版块的全部内容，但是根据纸张篇幅的不同以及不同高校考试重点的不同，也会有省略的版块，如故事版和爆炸图等。这十大版块的具体内容和注意事项会在本章的第二节中详尽讲解。

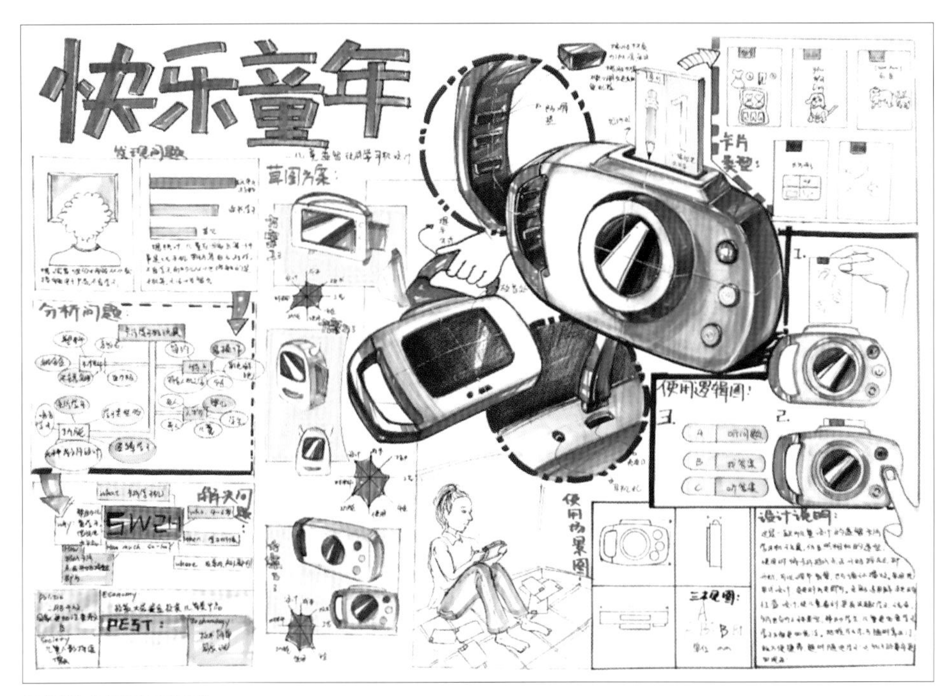

快题的内容显示图例2

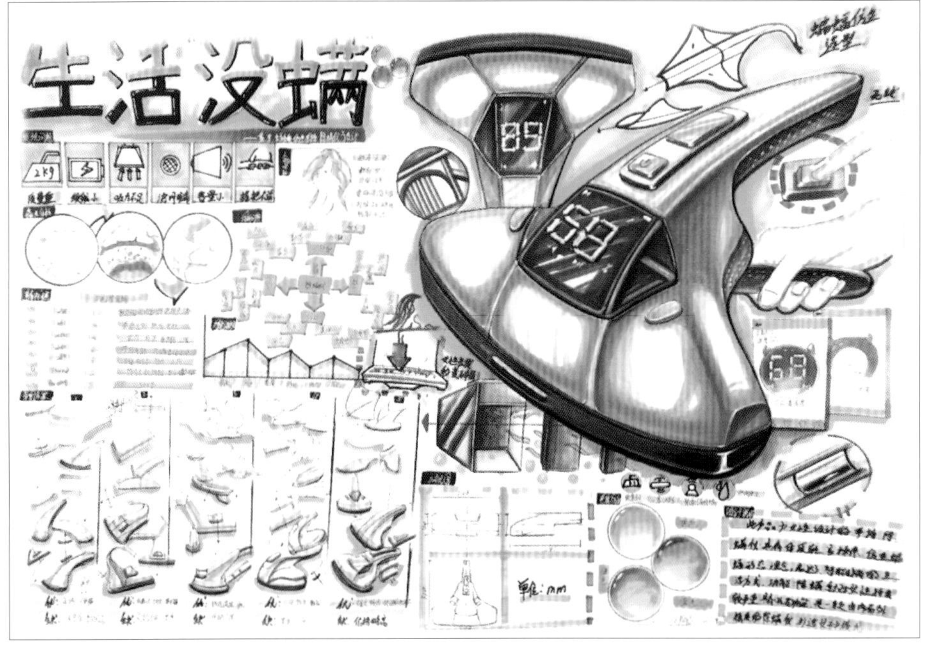

快题的版块分类图例

（三）快题考什么

快题作为研究生升学考试的指定科目，必然会具有其专业考核的特定标准，也就是说作为一门考试科目，老师最主要的是想考核学生什么？考生最主要的应该呈现出什么？这是不可回避的一个话题。按照考核目标的重要程度，可分为以下三大标准。

1. 设计思维 40%

面对考试题目，全面合理地展示整个产品分析及设计思维过程至关重要。快题设计考核的主要目的是考查学生们面对设计课题时的设计思路、方案的设计理念、对用户需求的合理分析以及产品使用痛点的准确把握。

如何将设计师的设计思维展现出来，主要依靠的是产品设计分析版块以及产品方案的细节图，使用图、人机分析图部分的表达。我们应重视此三方面的表达方式：①产品设计程序；②产品设计分析；③方案解读。

2. 手绘技法 30%

因为快题考试是手绘表现，所以手绘技法的水准自然成为老师在阅览时无法忽视的考核标准，可以说表现技法的优劣就是给阅卷老师的第一印象。这个第一印象非常重要，它会很大程度上决定这套快题设计的评分等级，如果因为第一印象差而被归类为二类试卷，那么再好的设计思维可能也很难挽救了。

在手绘表现技法中应注意以下几个方面。

①造型新颖；②结构合理；③透视准确；④线条流畅；⑤光影有层次；⑥产品有质感。

3. 画面表现力 30%

此外，我们还应该对画面表现力给予高度重视，这其实和手绘表现力有同等的重要性，是快题设计整幅画面的整体表现效果给予观者的视觉体验，也直接影响着阅卷者对快题画面的印象和观感。

画面表现力主要内容包括三方面：①画面布局合理；②内容主次分明；③配色具有冲击力。

以上三点为快题考核当中主要的考核目标，也是设计者最应加强训练的三大核心内容，以形成一幅完整优秀的快题设计。

二、快题版块详解

（一）标题

1. 标题的内容

标题最重要的作用是什么？是要让阅读者迅速知道快题设计的主旨。因为每个阅览者阅读一套快题的时间只有短短的几分钟，需要迅速地理解设计师的核心设计理念，而标题就是一个很好的辅助他理解的工具。所以在标题当中我们要明确地点出两点：①设计的主体——产品名称；②设计的主旨——设计理念。

标题分为主标题和副标题。

其一，主标题：①简短，不应超过6个字；②吸引读者兴趣；③字体大方并工整。

其二，副标题：①对主标题进行详细解释，明确设计内容；②字体工整；③避免英文。

2. 标题的形式

好的题目可以为整个快题版面增辉。为了让快题版面的整体效果突出，产品设计类的快题标题形式一般不建议直接用手写体（当然你自信写得一手漂亮帅气的模范字帖笔迹除外）。推荐采用POP（point of purchase）字体为佳，它是一种常用于商业广告、刺激视觉感官、引导消费者消费的“卖点广告”常用字体。

进行快题设计时只需练习一两种属于自己的POP字体，可以兼顾到或儿童产品的可爱风格或救援类产品的工业风格等不同类型版面即可。注意该字体的笔画处理方式，横竖、撇捺、顿点、弯折等不同笔画的书写特点，做到能够用该字体灵活自如地书写所有类型的文字。背景和阴影以及字体之间的配色应具有和谐、醒目的特点。

简单醒目的背景和阴影的运用会为你的标题添色，但要记得不要因此浪费过多时间。

快题的主标题与副标题图例1

图中副标题字体太小而影响阅读

图释：因为标题往往是阅览者首先看到的内容，所以相对随意的标题书写会直接影响阅览者的第一印象。

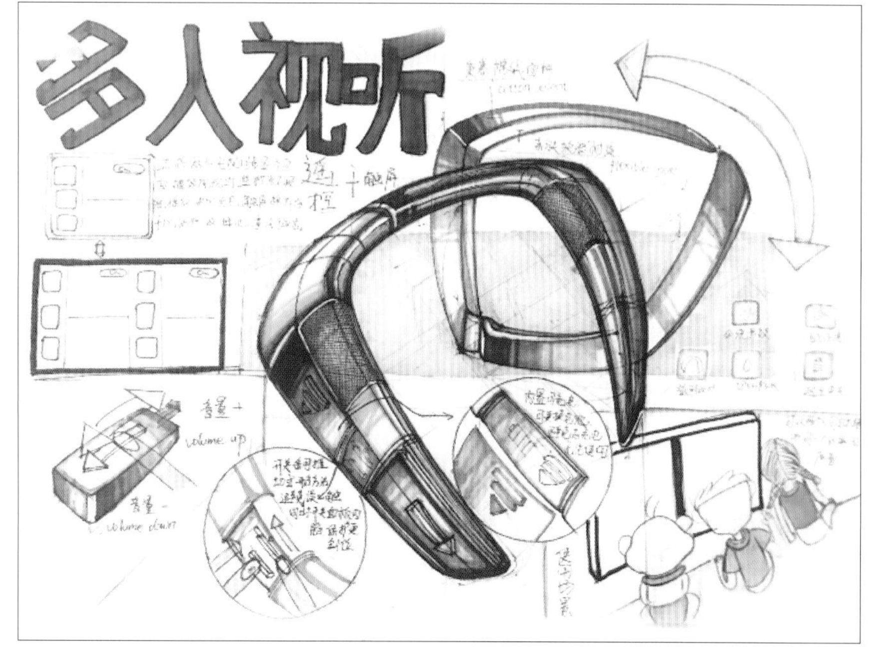

快题的主标题与副标题图例2

快题的主标题图例集萃

封神榜加湿器设计
虎假虎威儿童玩具设计
封神榜加湿器设计
狐假虎威儿童玩具设计
封神榜加湿器设计
狐假虎威儿童玩具设计
封神榜加湿器设计
封神榜加湿器设计
狐假虎威儿童玩具设计
封神榜加湿器设计

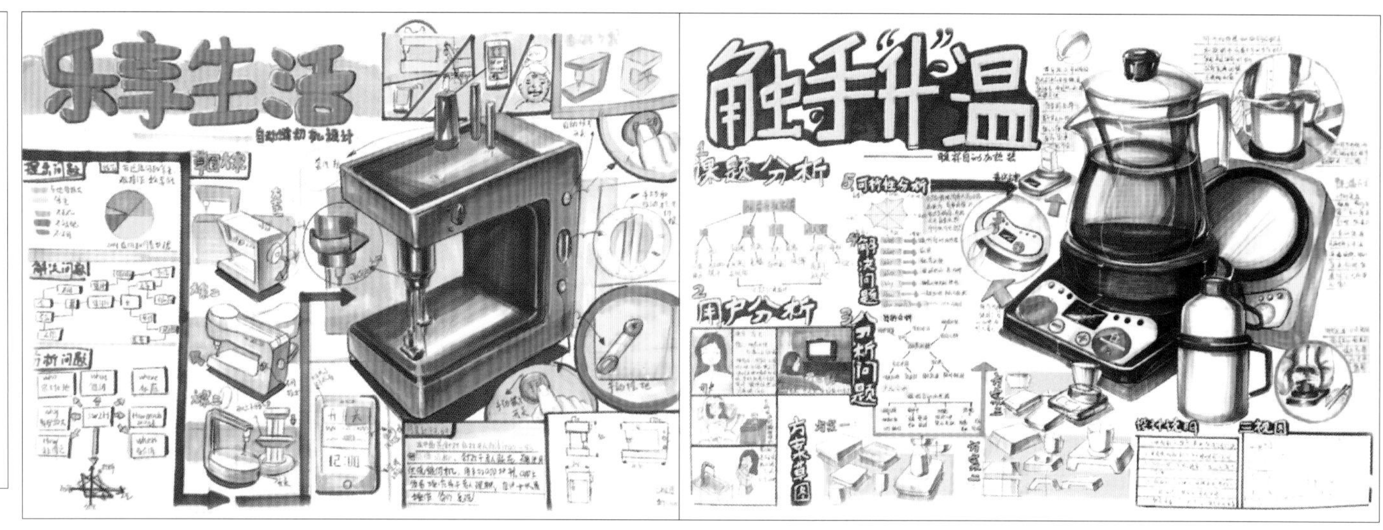

快题标题的位置图例1

快题标题的位置图例2

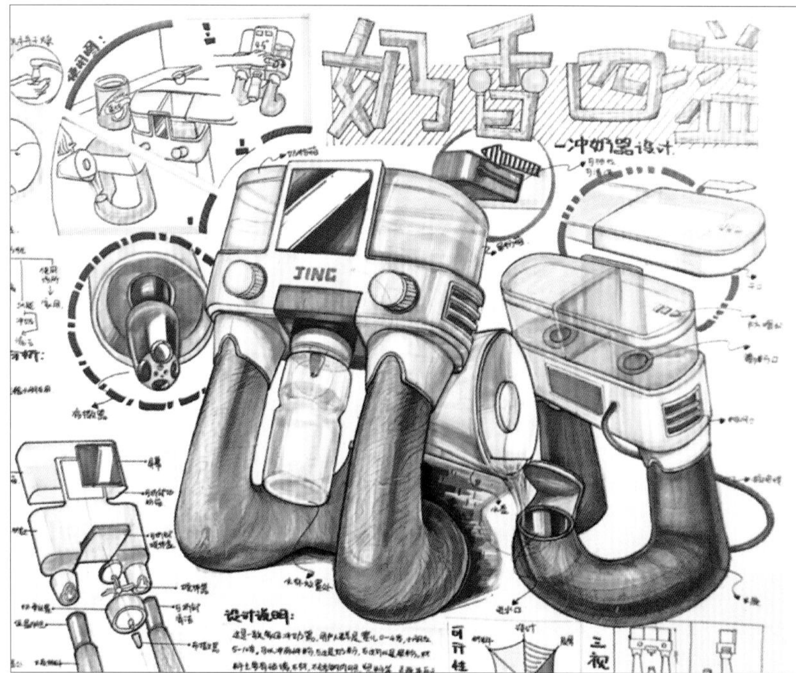

快题标题的大小

标题放在哪才够醒目？方案标题好比餐厅招牌，必须让第一次来的顾客快速而清楚地了解这是什么地方。可选位置应是画面左上角或右上角，忌讳在画面中间或画面下方。

好的标题应该既醒目又不喧宾夺主，以A3尺寸图纸为例：标题板块高度应该为50 mm左右，相当于一张名片高度。

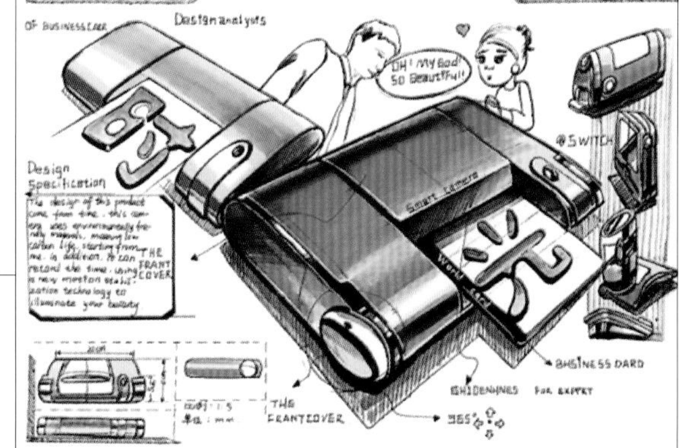

图释：这幅快题的标题本想标新立异，但其所选位置和排列形式却不尽适宜。

（二）设计分析

1. 结构化思维

我们想表达的信息纷乱如麻，通过结构化信息，建立清晰可见的信息脉络，整理等级关系，使得阅读者对产品信息的处理速度自然加快。作为设计者，需要对你的方案设计进行结构化思维整理。

方法一：自上而下找结构。使用熟悉的结构框架，自上而下拆散分解，如5W2H法则、用户分析法等。

方法二：自下而上找结构。当我们面对一个问题毫无头绪时，如何建立一个清晰完整的脉络？这时我们需要自下而上找结构。过程：信息归类—信息分组—结构提炼—完善结构。如痛点归类、用户体验分析、设计角度归类等。

方法三：数据信息化。如设计数据的饼状图、柱状图化等。

快题内容的设计分析图例

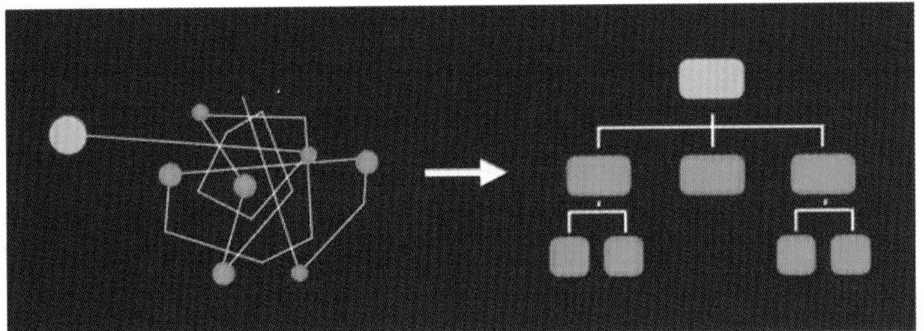

方案设计的结构化整理示意

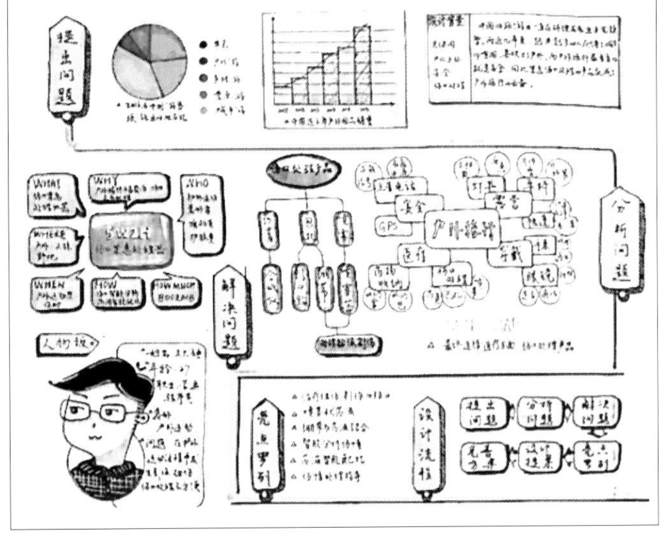

快题设计数据的饼状图例

图释1：列举一些数据分析图样式，可用于快题分析当中（网络）

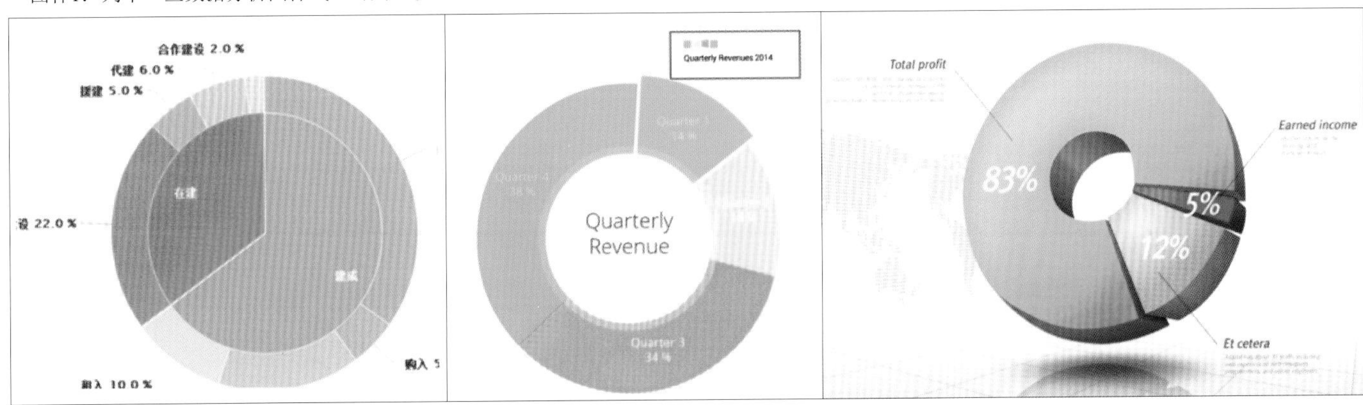

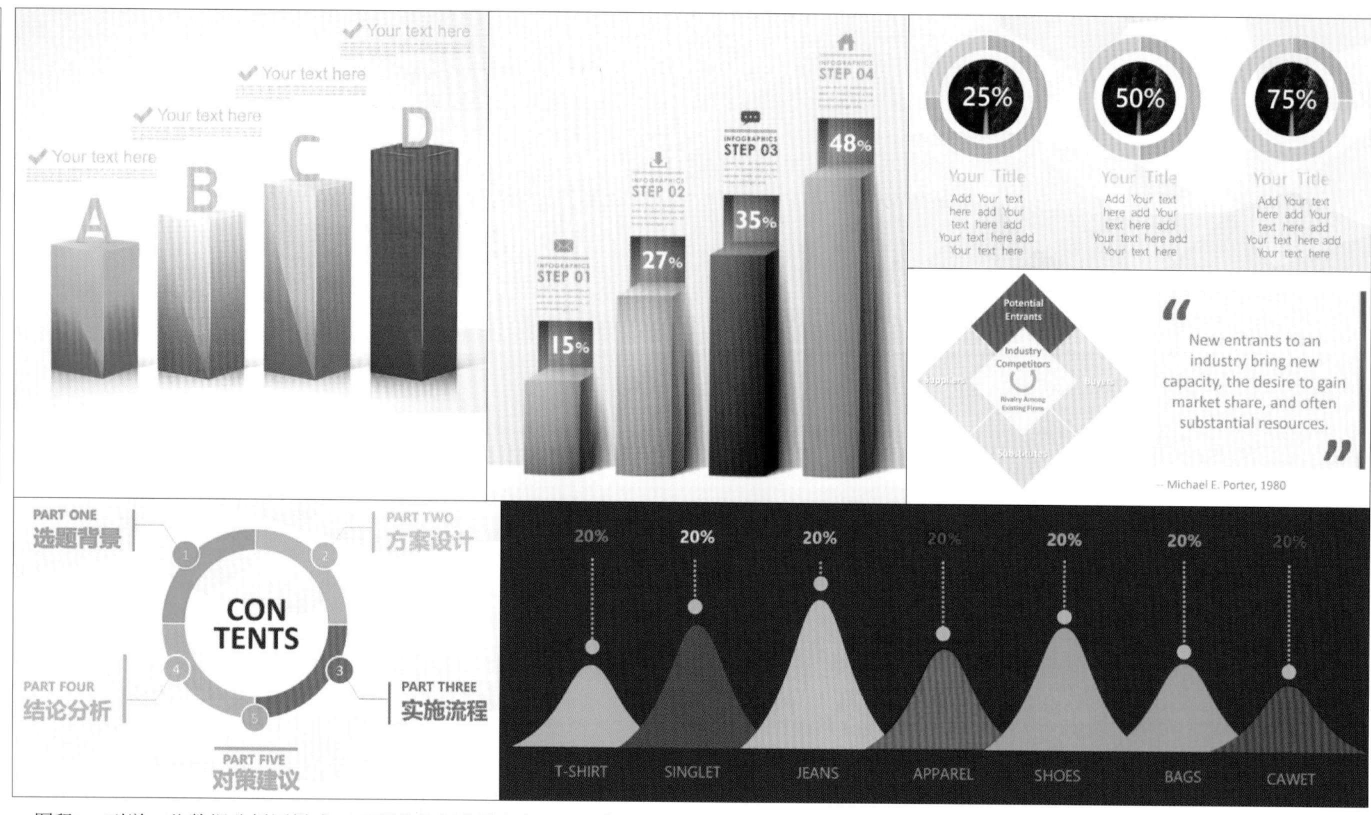

图释2：列举一些数据分析图样式，可用于快题分析当中。（网络）

2. 快题设计分析的总思路

快题设计分析的思路应该符合设计师平时产品设计的思路，按照提出问题—分析问题—解决问题的顺序，每个程序中都有相应的可以去展开分析的点，不同的设计初衷会从不同的点展开设计，由此我们提供以下参考方向。

1. 提出问题

●痛点（从产品使用过程中出现的问题展开）

●社会责任（从环保问题、关怀弱势群体等社会责任问题角度出发，延伸出的产品设计需求）

●趋势需求（符合时代特点的产品设计需求，如智能化设计、老龄化设计等）

●提出主题（针对一些以特殊主题命题的快题设计，需从提出主题的角度展开分析）

2. 分析问题

●用户（用户基本属性、用户使用需求、用户精神需求、特殊用户特点）

●痛点（使用方式改良、使用环境改良、使用人群特点改良）

●产品（产品定位、环境定位、人机关系、材料分析、可用性分析）

●主题展开（由特定主题展开用户、痛点或产品分析）

3. 解决问题

产品设计定位：产品属性、适用人群、使用环境、使用方式、价格定位、易用性分析、材料工艺等。

快题设计分析图例

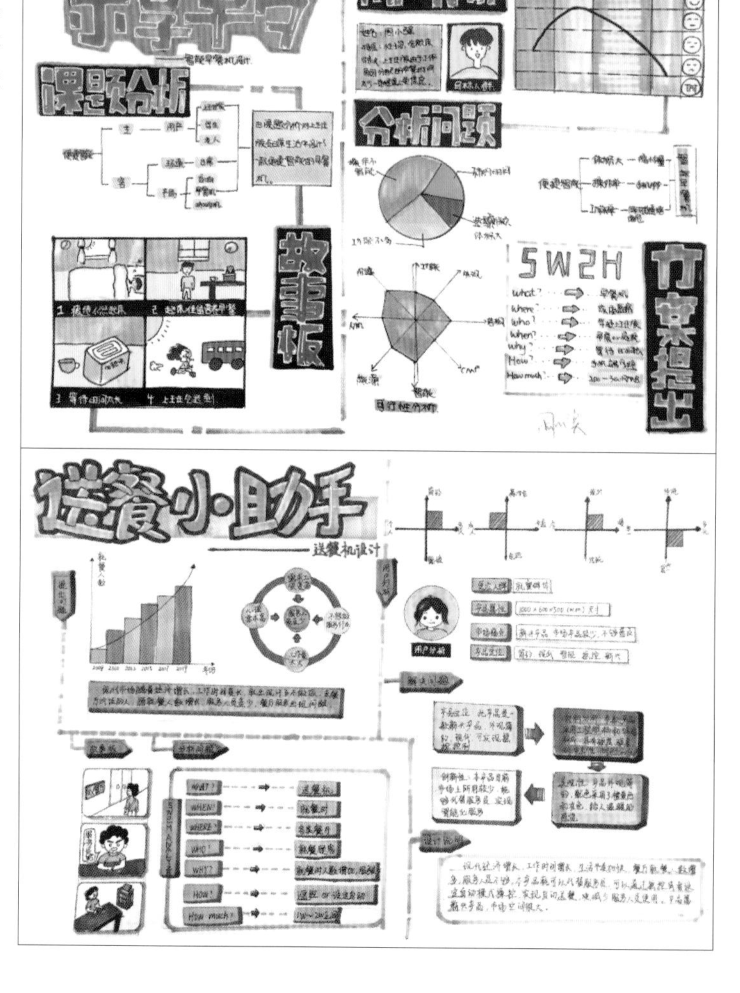

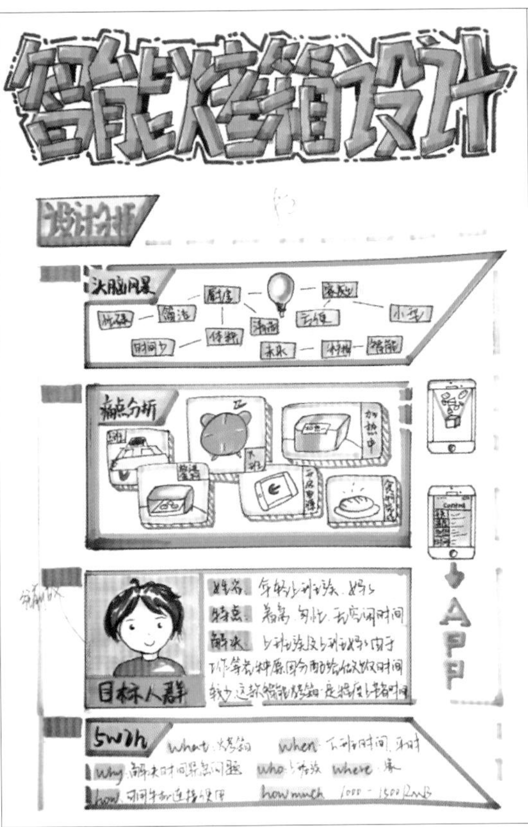

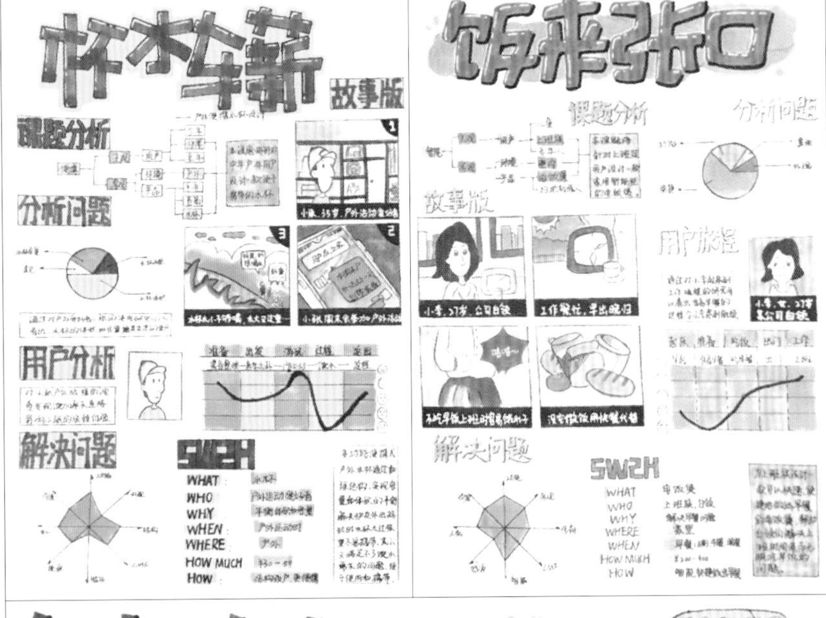

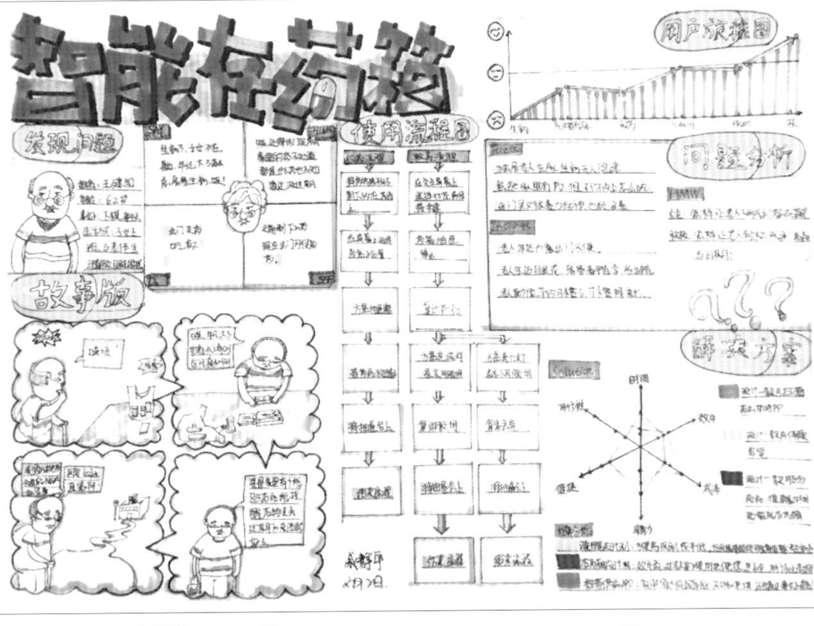

快题设计分析图例3～图例8

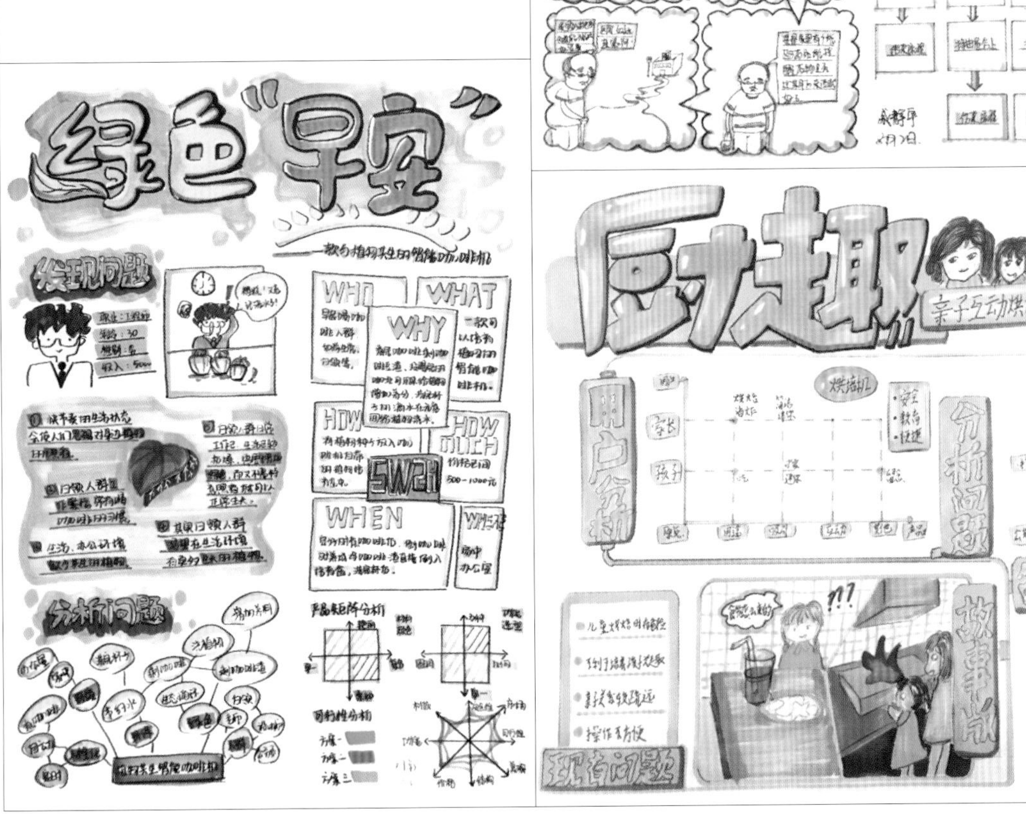

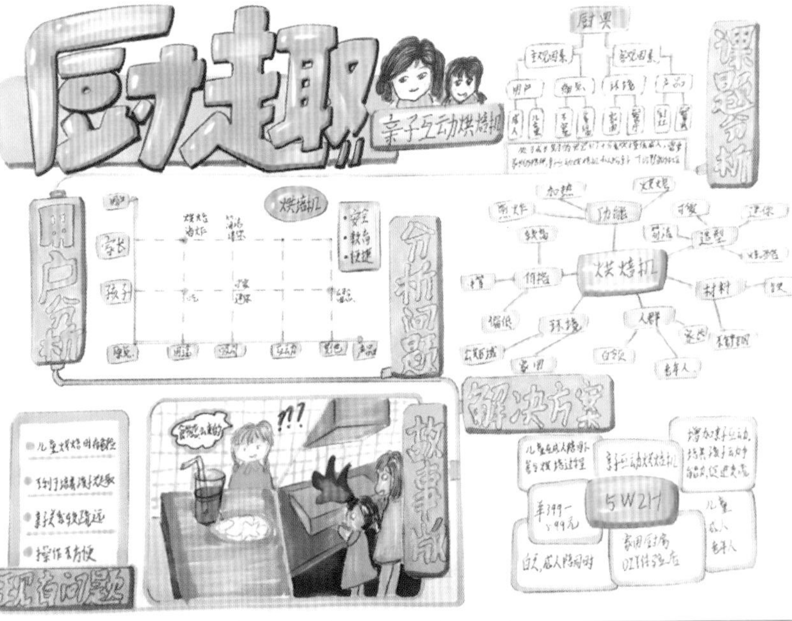

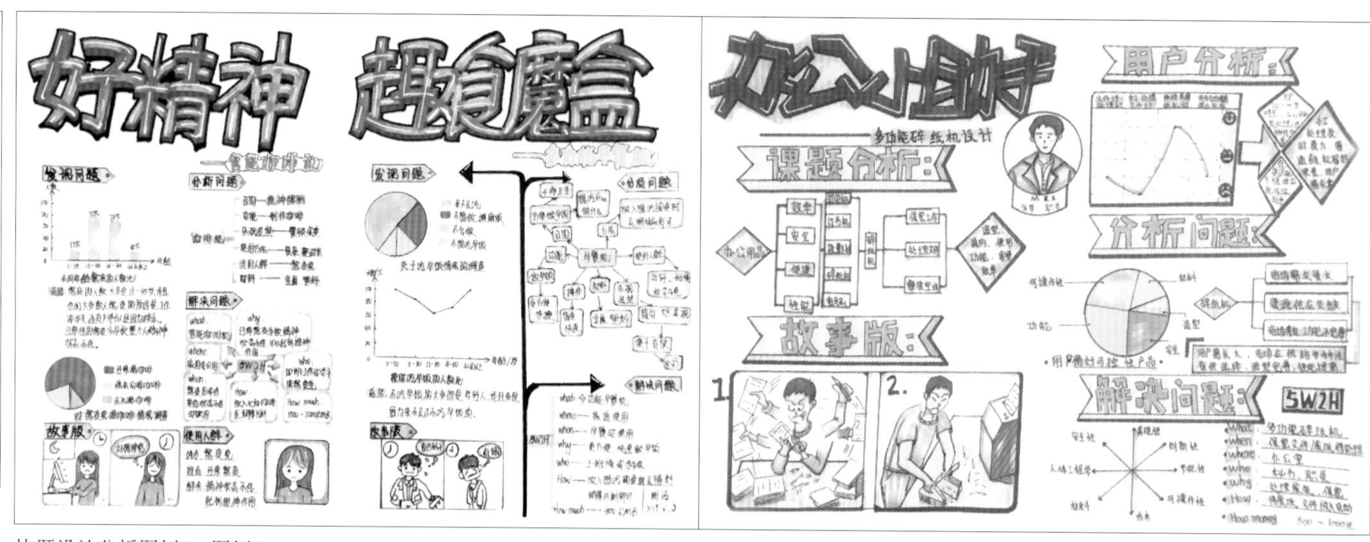

快题设计分析图例9、图例10

（三）故事版

快题设计的版面内容为什么要有故事版？这是因为设计的目的是解决问题，解决问题前则需要发现问题。

故事版的作用就在于用讲故事的方式将问题呈现出来，以提高方案理解速度，并引发读者的共鸣。故事版利用人人都爱看漫画的特点，将用户生活中的问题还原，让阅览者切身体会问题所在，然后觉得：是的！我们确实需要一个好设计来解决这个问题！

1. 故事版三要素

（1）人物（遇到问题的当事人）

（2）情境（故事发生的环境背景）

（3）痛点（产品问题所在，引发共鸣）

每个故事版中都需要确定存在这三要素，要提出中心用户，必须把用户遇到问题时的情境表现出来，不能只是用户对话的陈述，那和单纯用文字说明没什么区别，也必须要把产品使用的痛点表现出来。否则，故事版存在的意义将事倍功半，因为画故事版所需要的时间比单纯用文字分析要多。

快题设计的故事板示意图集萃

快题设计版面适宜的人物形象1

快题设计版面适宜的人物形象2

快题设计版面适宜的人物形象3

快题设计版面不适宜的人物形象1

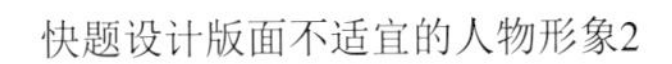

快题设计版面不适宜的人物形象2

（四）草图方案

草图方案在快题试卷中的目的是为了体现作者对形态的推敲和方案思考的过程，表明设计师的最终方案是如何形成的。草图方案不是凑数用的，阅览者要通过草图方案看到你的设计是如何发展而来的，形态是如何演变的。

可将快题设计草图方案分为以下三种形式。

1. 独立个案

在快题设计中用背景、版式将草图分割成3～4套独立的方案，每套方案的造型、使用方式、设计特点应做到各不相同，尤其在造型方面应各具特色。

快题设计独立个案图例1～图例6

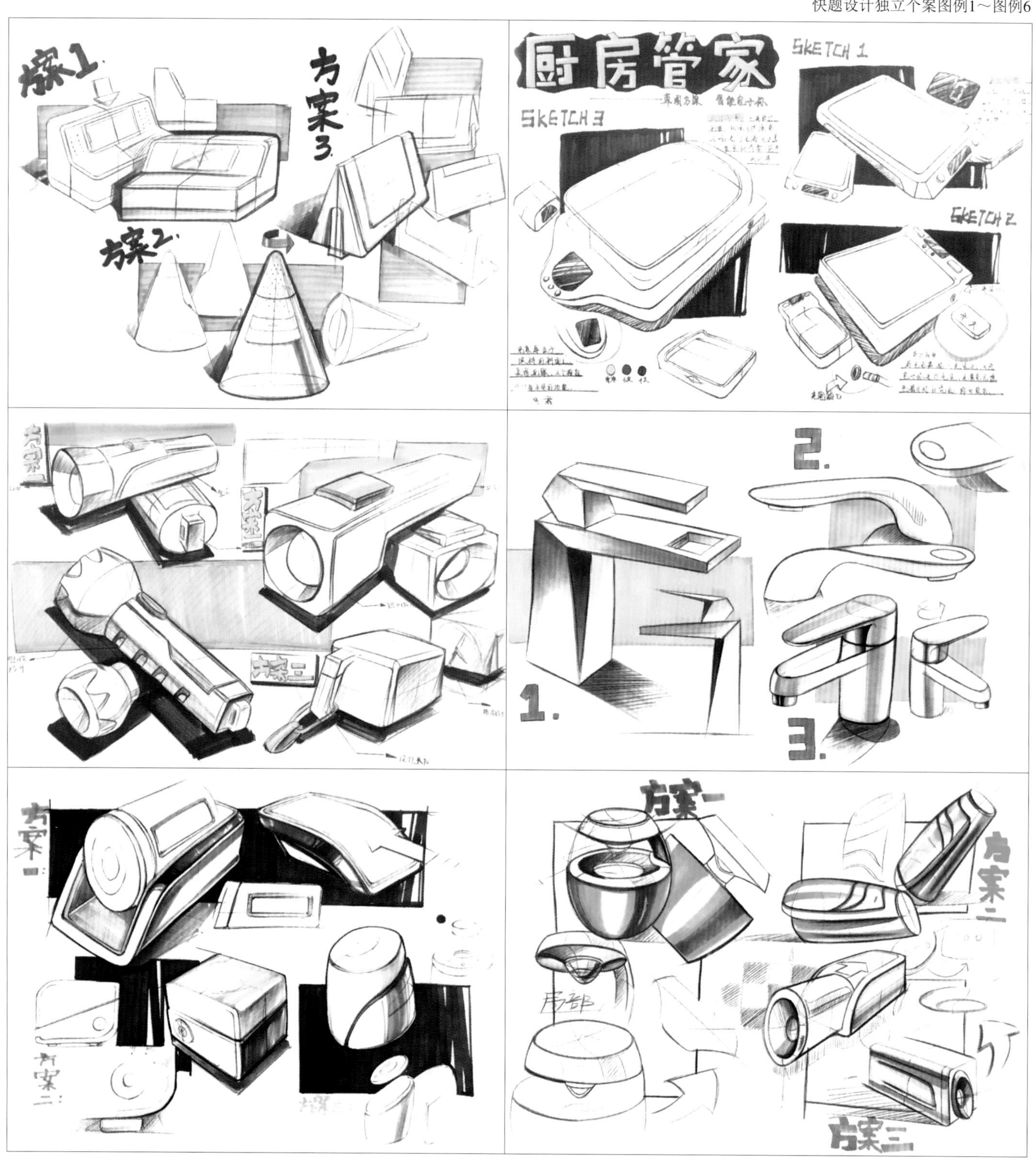

2. 多混草案

将草图方案从造型方面进行多方位的推演诠释，层次堆叠，大小罗列。从视觉上感受到草图数量的优势，主要表现造型的演绎过程及手绘技法。

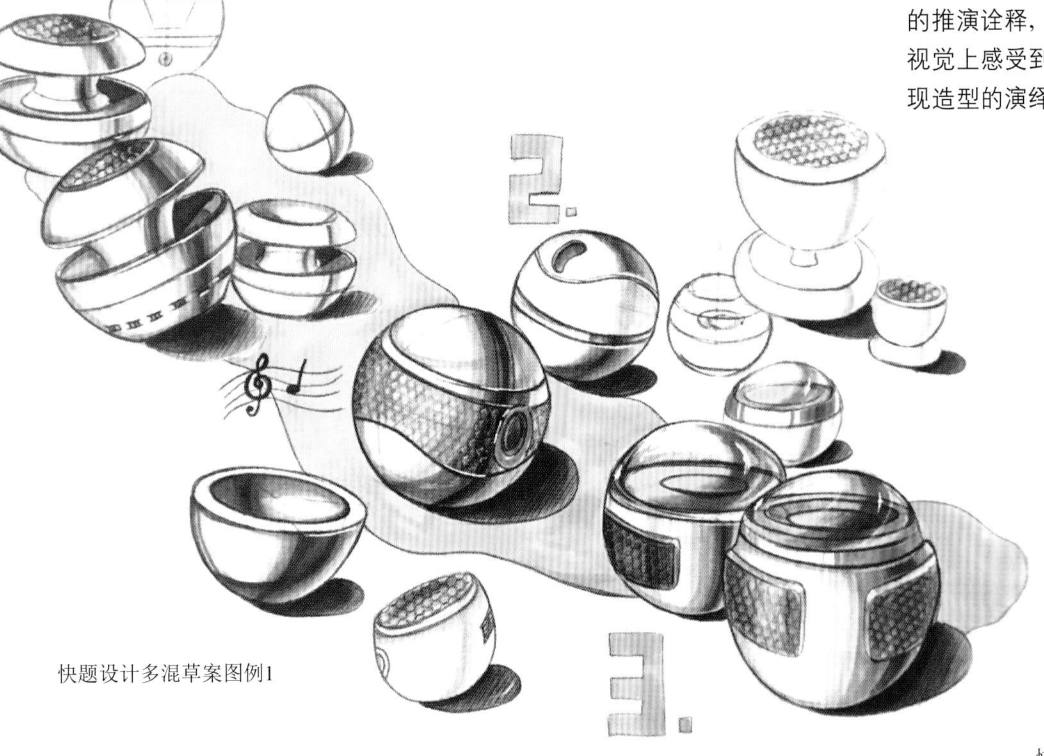

快题设计多混草案图例1

快题设计多混草案图例2～图例5

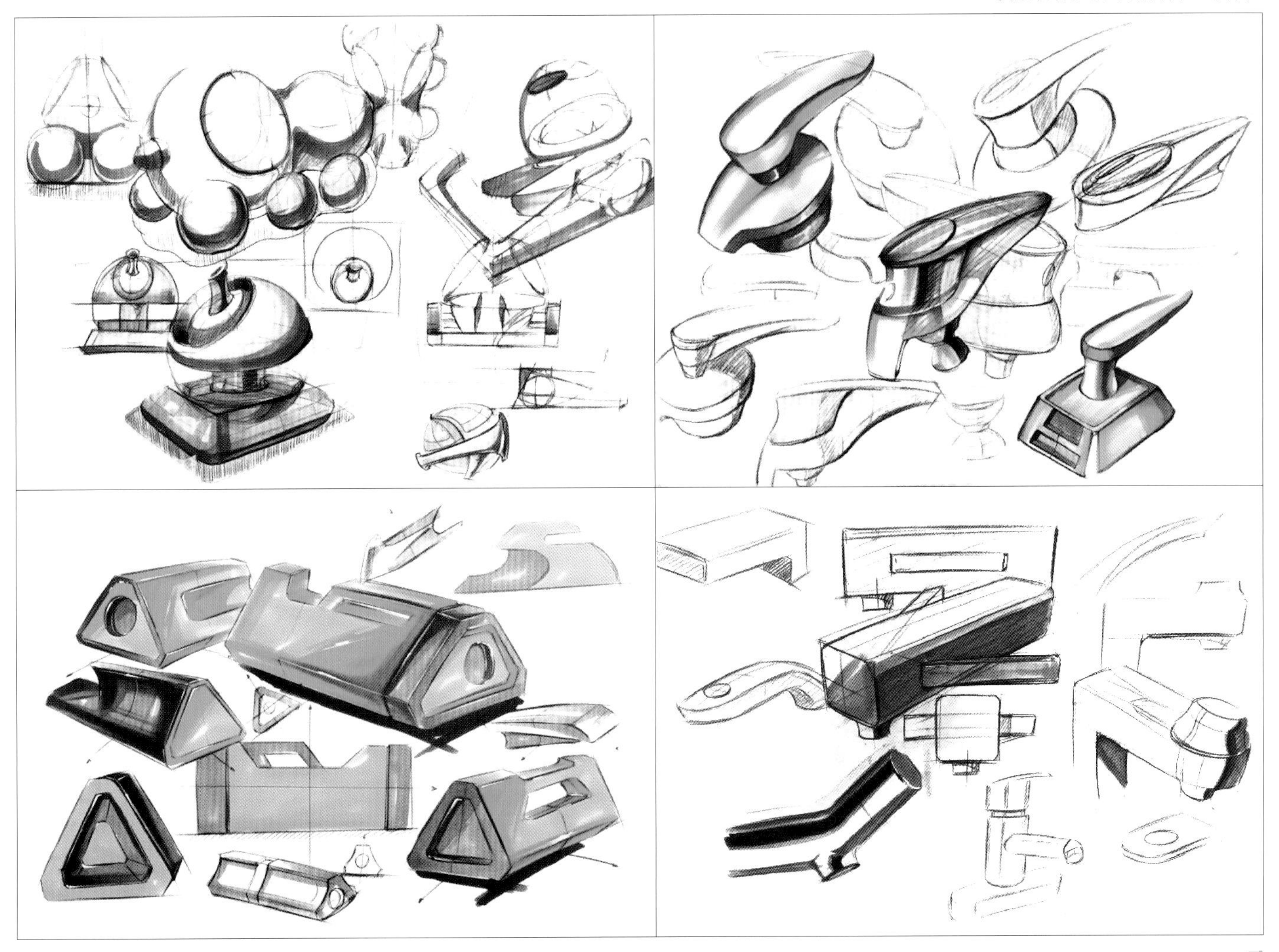

3. 故事性草案

快题设计不仅仅应展现产品的造型特点，更重要的是表现产品的使用方式和设计理念，有初步的使用情景和功能语意。

快题设计草图方案要画到什么程度？应该说，草图方案不宜过细，也不宜过草，我们推荐备选方案在如下三个方面进行构思。

（1）勾勒整体形态，体现结构和部分细节；

（2）颜色不超过两种；

（3）用线框背景规整草图方案。

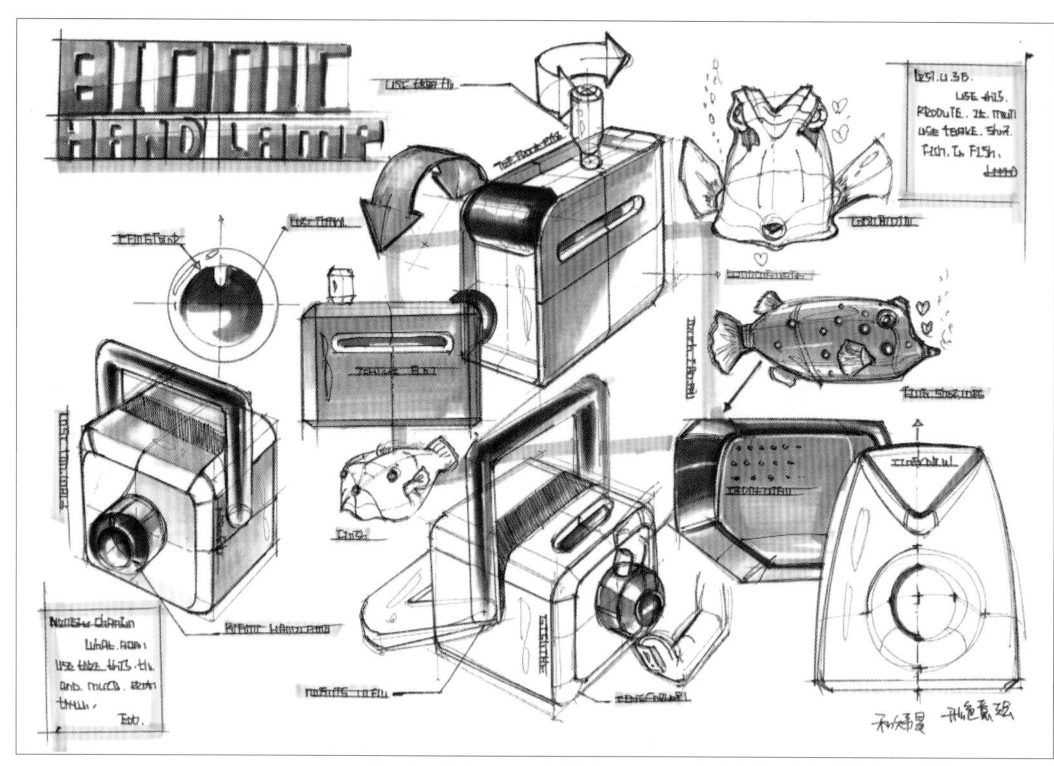

快题设计故事性草图图例1

快题设计故事性草图图例2～图例5

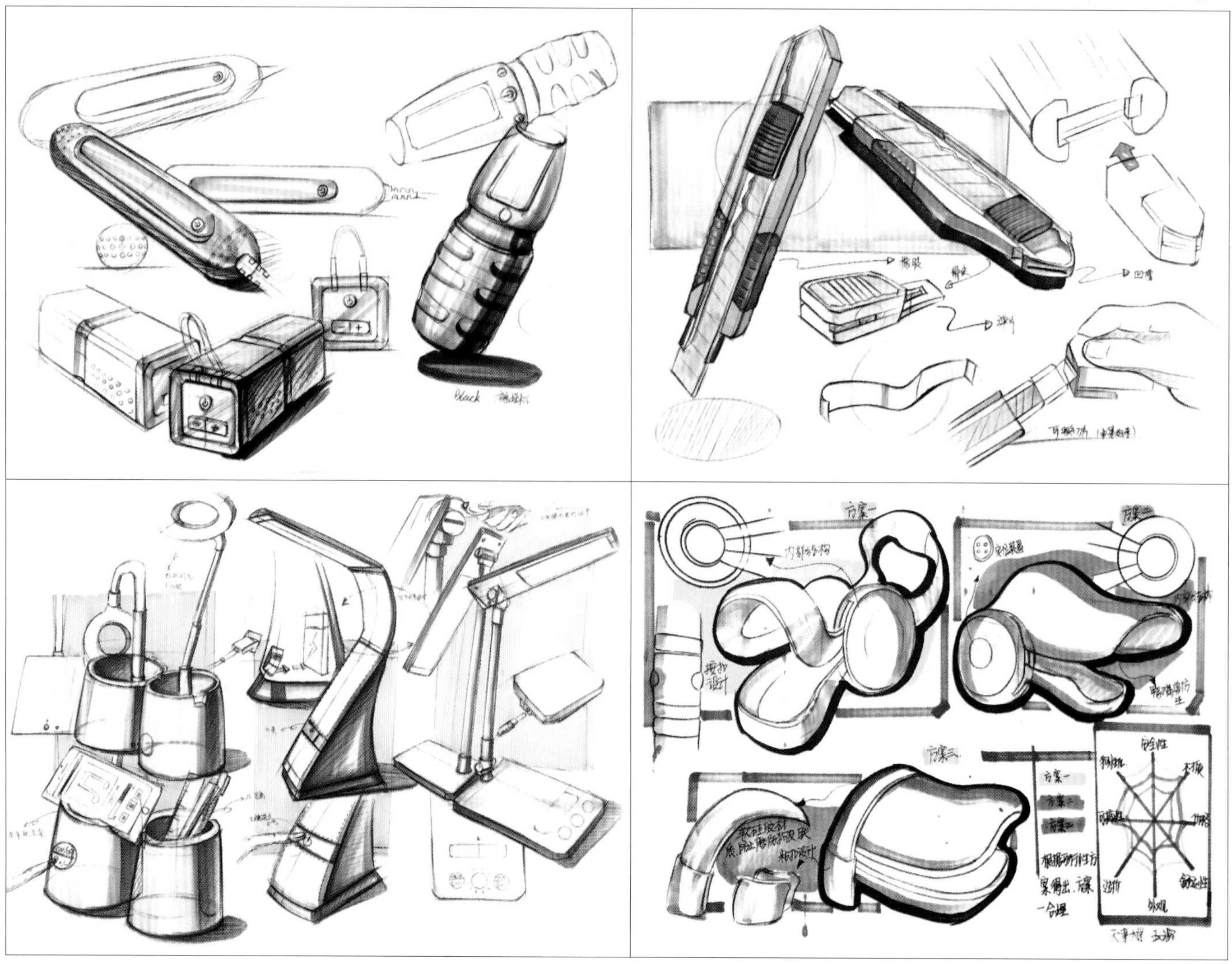

（五）效果图

1. 位置

快题设计版面中产品效果图的最佳位置既不应在画面的正中央，也不宜在四个角落，而应该选择画面构图黄金分割的主视点，这样才能取得最佳的视觉效果。

2. 大小

如果快题设计只用一张纸的篇幅来表现，效果图的最佳尺寸应为整体画面的1/4再小一些。如果是2～3张纸的快题表现，那么最佳尺寸为整体画面的1/3～1/2为宜，如果纸张更多的话，可以考虑再放大一些。实践证明，这是主效果图看起来最舒服的尺寸。在考试中，可以根据产品复杂程度的不同以及表达角度个数的不同进行调整。

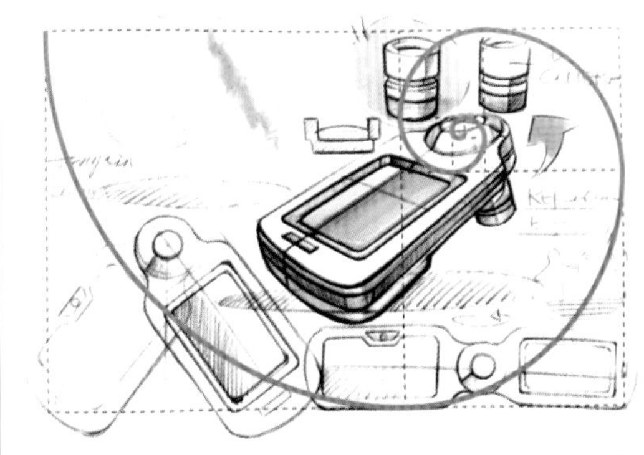

效果图在版面最佳位置图例示意（网络）

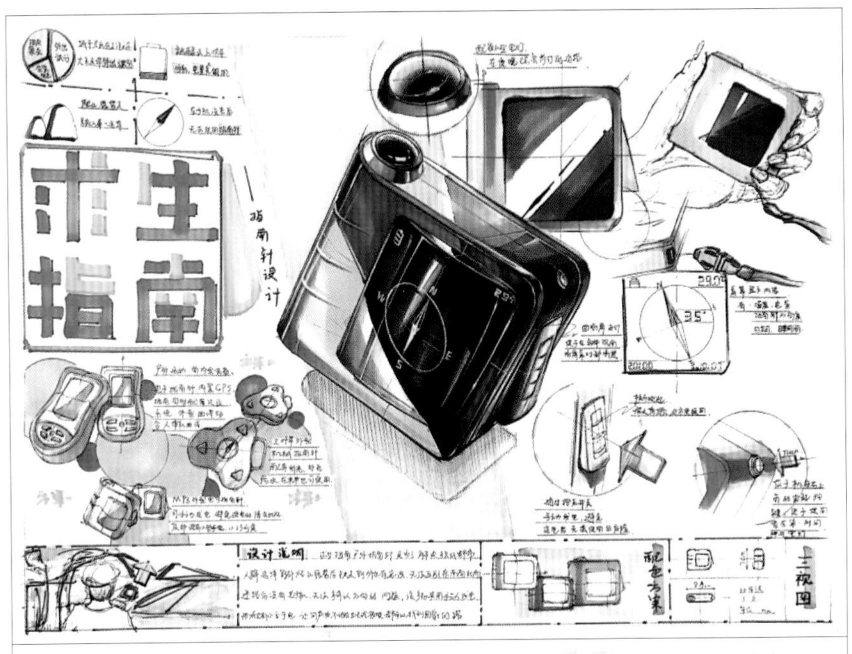

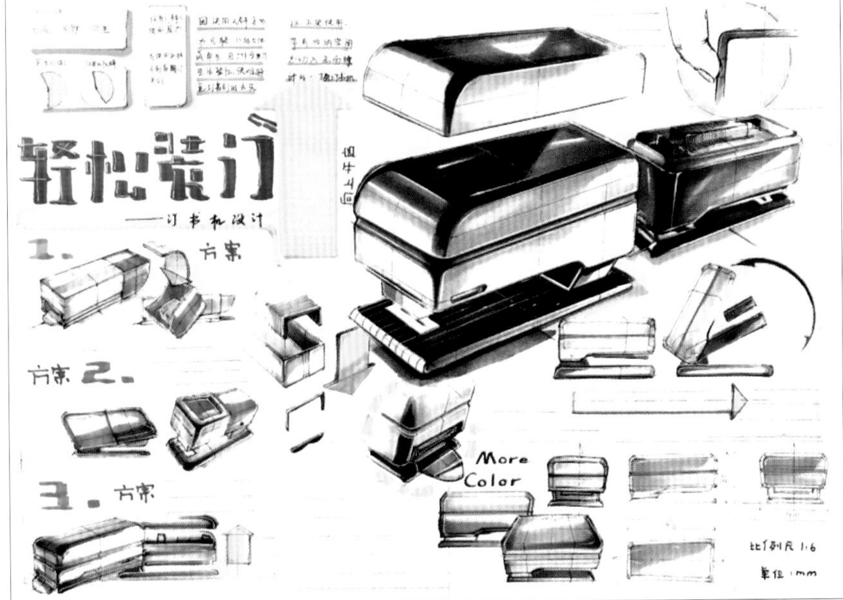

效果图在版面位置图例1、图例2

图释：在该版面中，效果图则显得过小。

图释：在单幅试卷中此效果图显得过大，但如果是多幅试卷中则较为合适。

3. 视角

在快题设计时选择一个好的视角是很有必要的，角度选择得适宜就能够最好地展现产品特点。在设计角度的选择上，常用视角有：a. 45度角平视；b. 大角度仰视或者俯视；c. 两个视角组合（主次分明）。

4. 体量感

选择有体量感且容易表达设计点的产品是快题设计的关键，这包括如下三个方面。

（1）要把产品的倒角边的厚度及单层结构的厚度都表现出来，用以体现产品的体量感；

（2）尽可能不要选择纤细类、管状类或十分微小的产品；

（3）尽可能不要选择难以体现设计细节的产品。

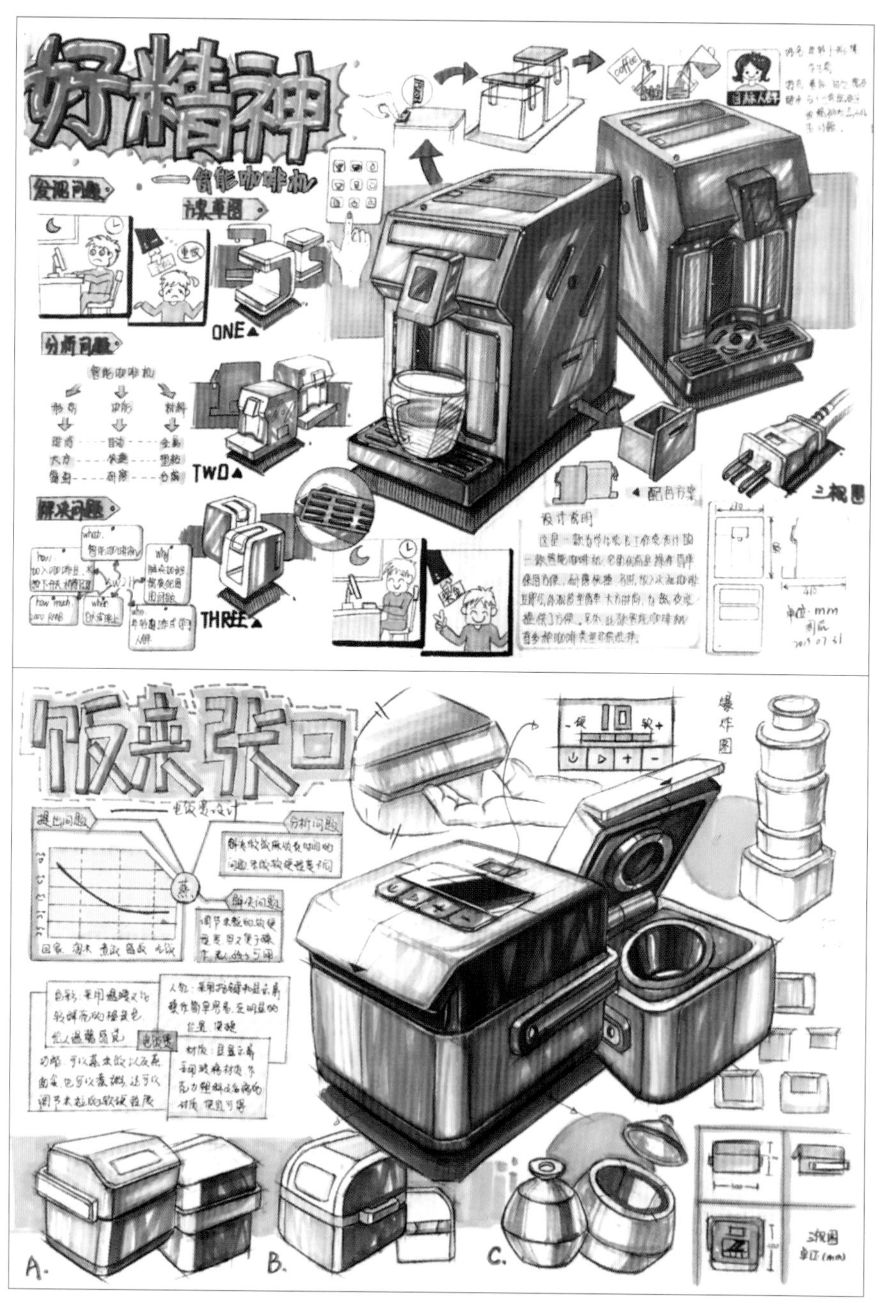

快题设计的视角选择图例1、图例2

图释：纤细类产品的快题设计较难表达出产品的体量感，会降低画面表现力。

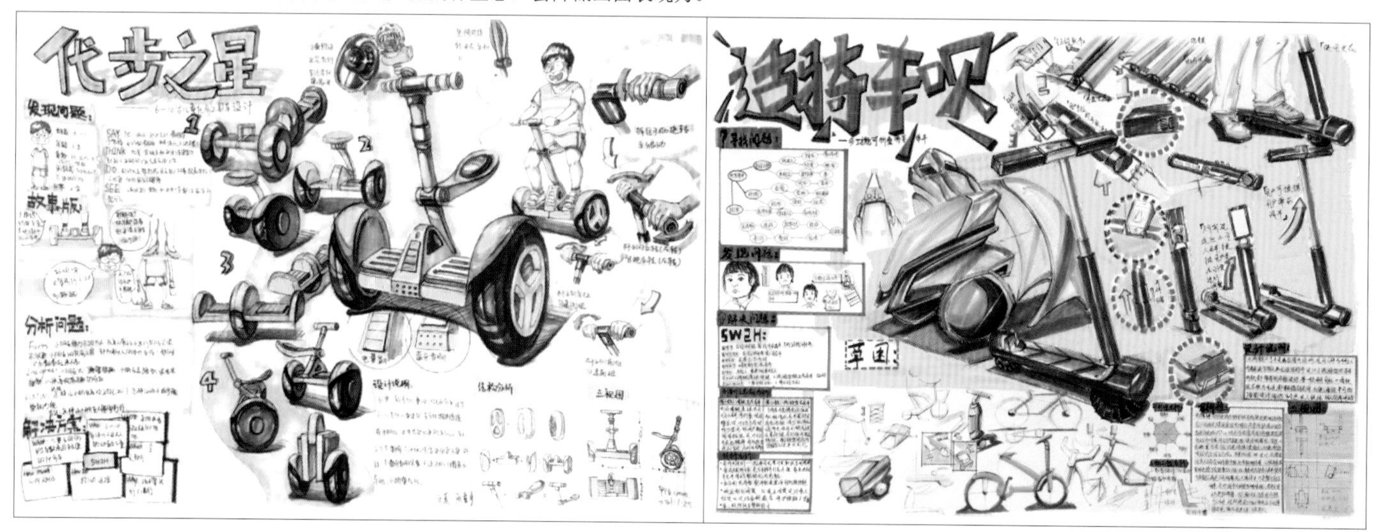

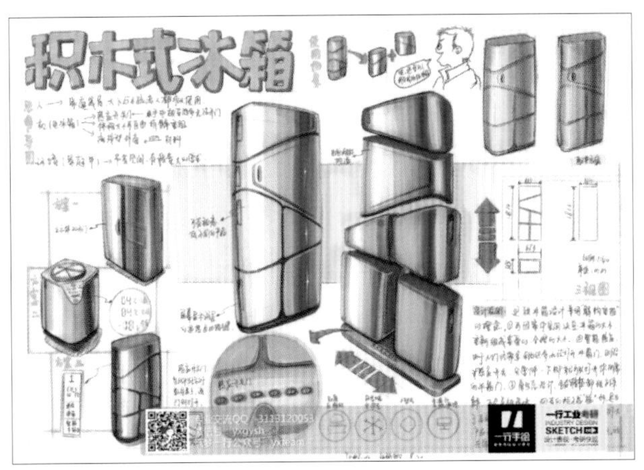

图释：冰箱设计的细节都在内部，使得此快题的效果图缺乏细节表现。

5. 层次感

在快题设计中，层次感的塑造也是很重要的，其一，层次感来自丰富的倒角面，丰富的倒角面和细节让产品更有层次感；其二，层次感来自产品的光影和明暗对比。

反之，如果产品造型没有丰富的倒角面，快题的草图方案和效果图就会很平淡，缺乏层次感。同样，产品造型缺乏光影的对比和留白的烘托，显得很沉闷，也会缺乏层次感。

图释：在快题设计中具有丰富的倒角面和细节，从而使产品更有层次感。

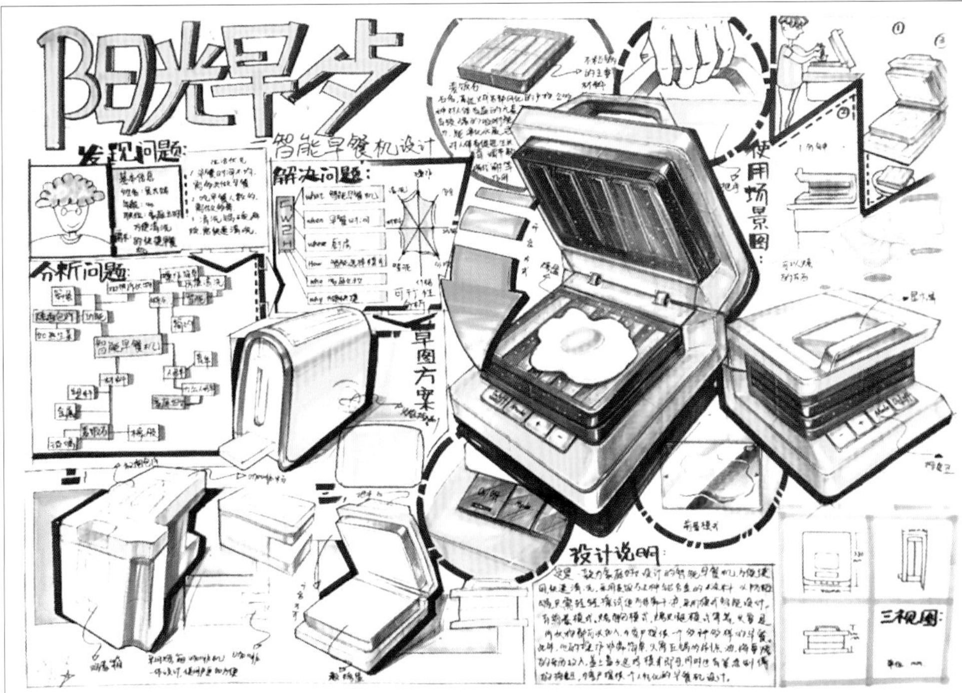

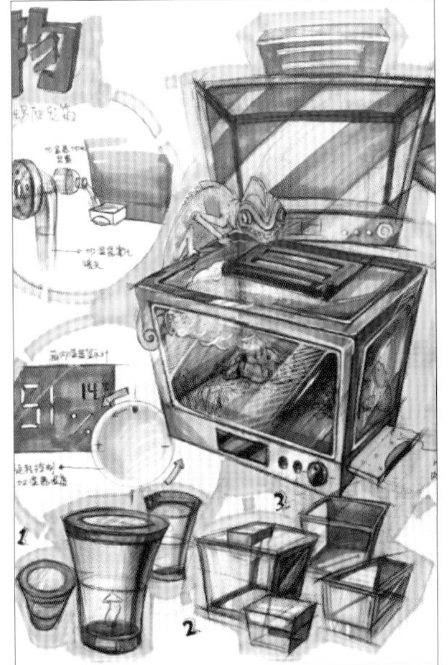

快题设计注重倒角面的图例

快题设计缺乏光影的图例

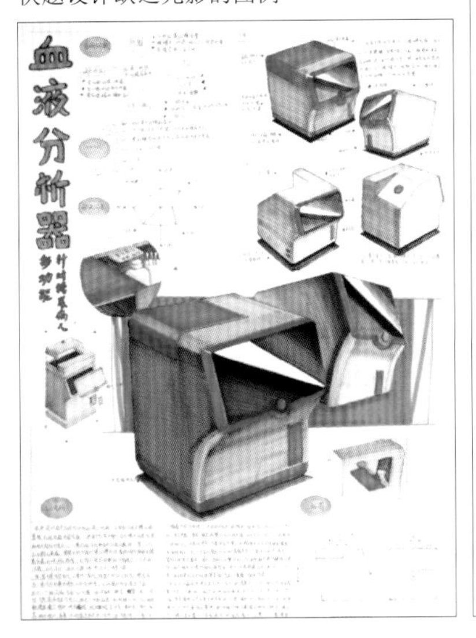

6. 细节图

细节图就是局部放大吗？在快题设计中，细节图忌讳的是毫无意义的局部放大，所以细节图严禁放大并不出色的局部及放大本身就很清晰的局部。例如在一些快题设计中，某些细节图放大了本身在效果图上已经能看清楚的造型以及如何操作的开关部分，既浪费时间，也浪费了篇幅。

一般来说，细节图是放大和进一步说明效果图方案中的细节、结构以及操作部分，放大的局部应该具有以下特点。

（1）局部造型丰富别致，需要放大看细节；

（2）有功能需要放大来表现；

（3）不同角度的细节需要表现；

（4）表现人机关系及操作要领。

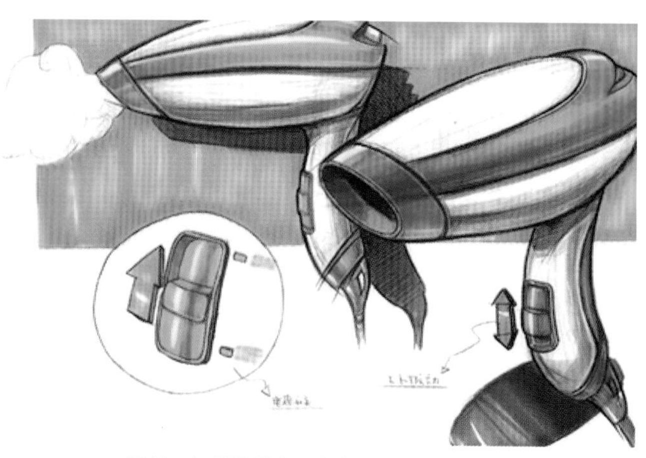

图释：细节图放大了本身已经看清的结构，是不必要的。

细节图例1，此图体现了体温枪的测试头部分被推出时的状态。

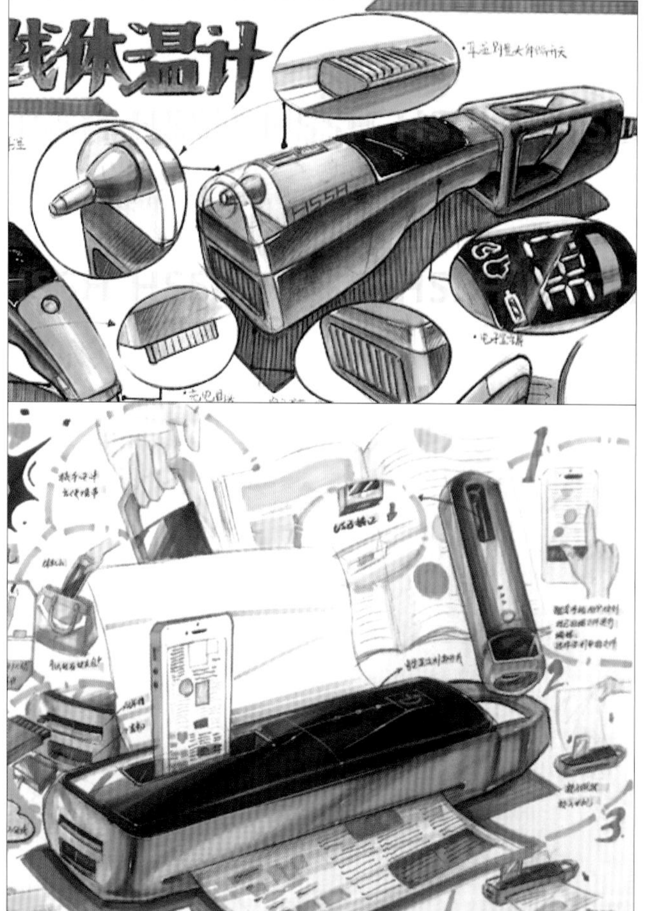

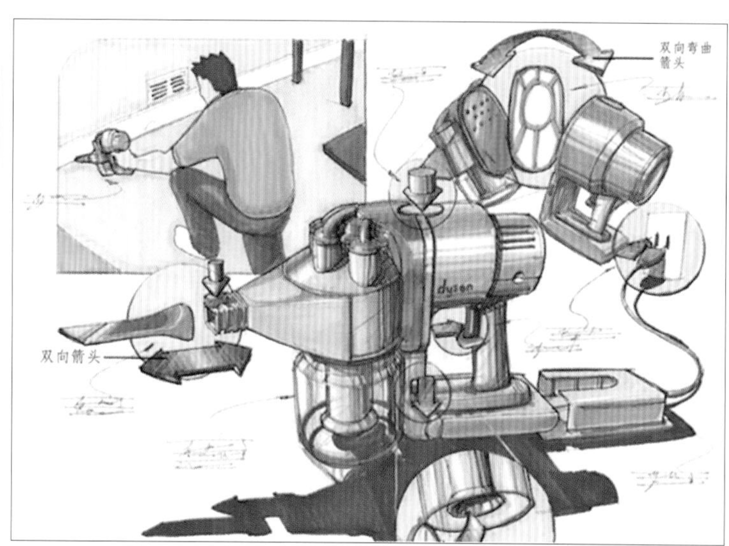

箭头的使用图例1

细节图例2，体现了打印机打印时和携带时的使用方式。

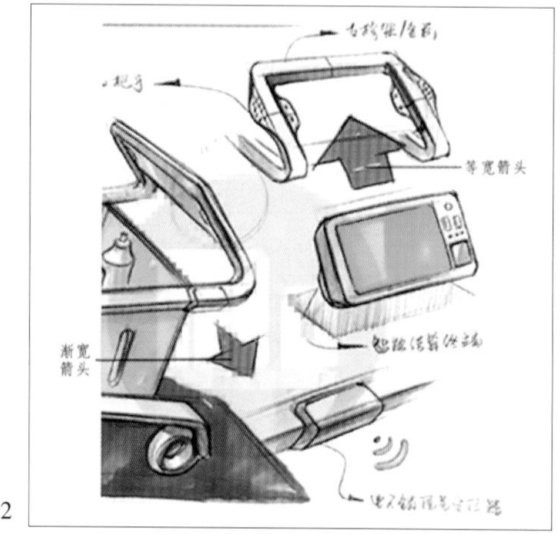

箭头的使用图例2

在快题设计中，设计者应该学会熟练运用有宽度的箭头来表示产品的使用方式和结构关系，在版面上，带有宽度的箭头都是在表示产品的方向概念。

●单向等宽箭头：是最基础的方向指示箭头，表示产品中可以单向运动，如抽拉，弹出，按压等；

●单向渐宽箭头：表示放大的意思，也可表示把结构单独提出来放大成细节图的意思；

●双向箭头：双向箭头表示可以双向运动的产品结构或者使用方式，带弯曲和弧度的箭头则根据箭头弯曲的方式表示使用方式和运转方式的运转轨迹。

此外，还应学会适当使用图标。快题设计当中对产品需要有各种注释和说明，适当使用图标来引导用户的理解可以更迅速有效地表达产品信息，而且比文字更容易得到视觉关注。可以自己多搜集一些较为常见的信息图标，例如一些常见类型产品的功能主题，如表示时间、表示声音、表示无线网、表示语音通话等信息的图标来辅助说明产品功能。

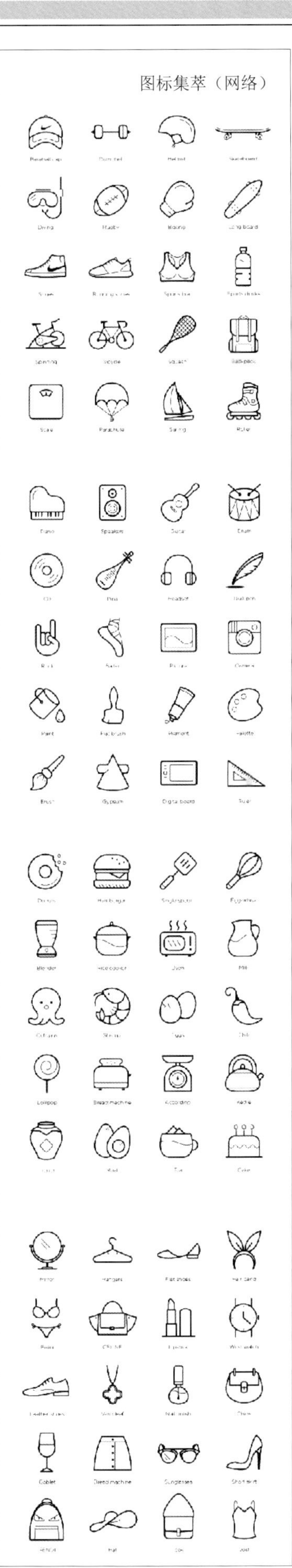

7. 使用场景图

场景使用图并非快题考核中的指定动作，但是却对产品理念的阐述尤其是使用方式的说明起到至关重要的作用，本书建议学生们都应该学会运用表现使用场景图。使用场景图一定要展现该款产品最具典型性的使用环境和使用情节，让阅览者能够产生同理心和认同感，也能帮助阅览者理解一些创新类产品具体的操作方式，握取方式等。使用场景图可以分为以下两个类型。

（1）手部使用图。通常表现为人的手部（脚部、头部等）与产品之间的使用关系，能够更加清晰地体现人机关系和产品操作方式。

快题表现中手部使用图例1、图例2

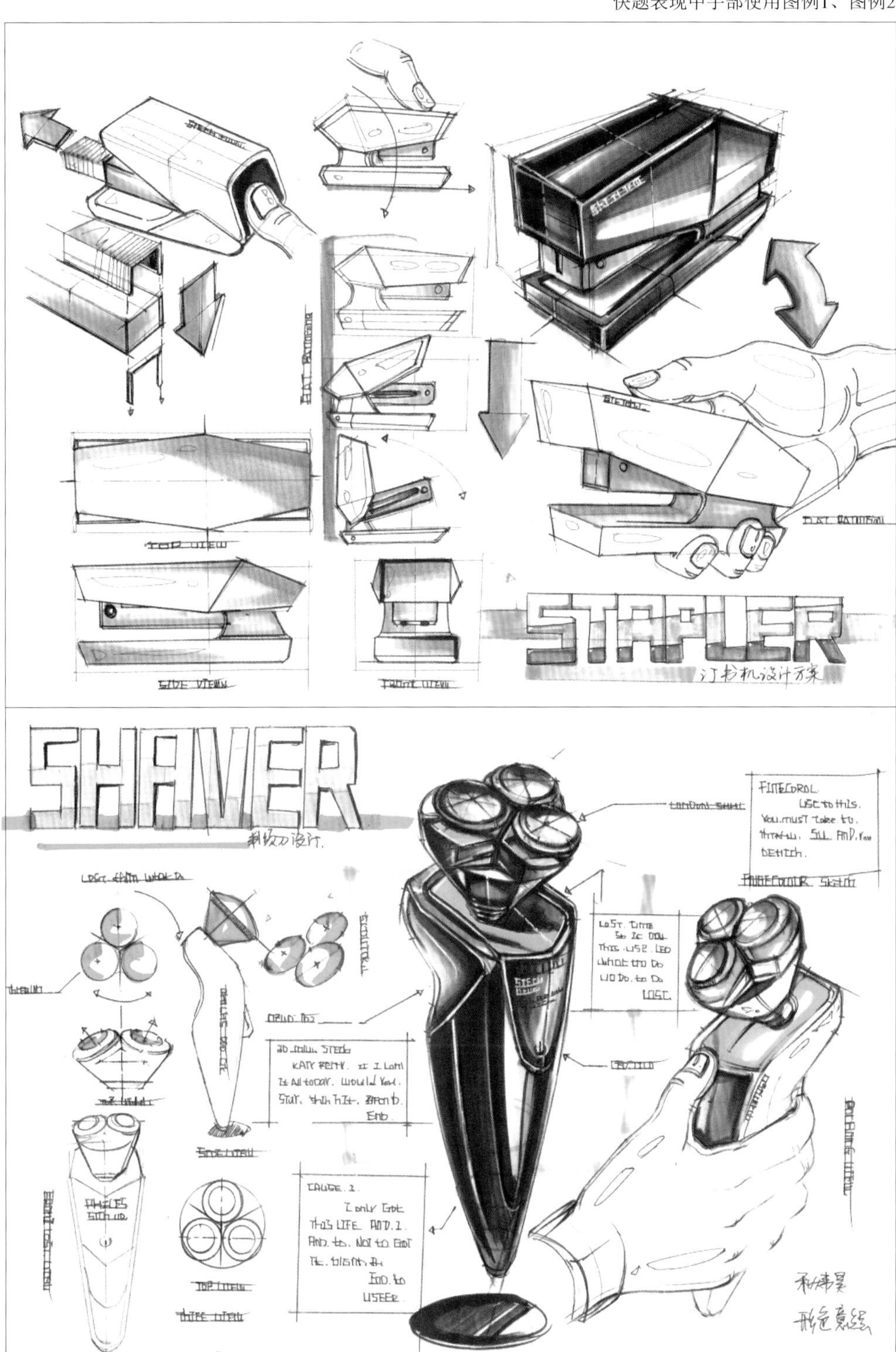

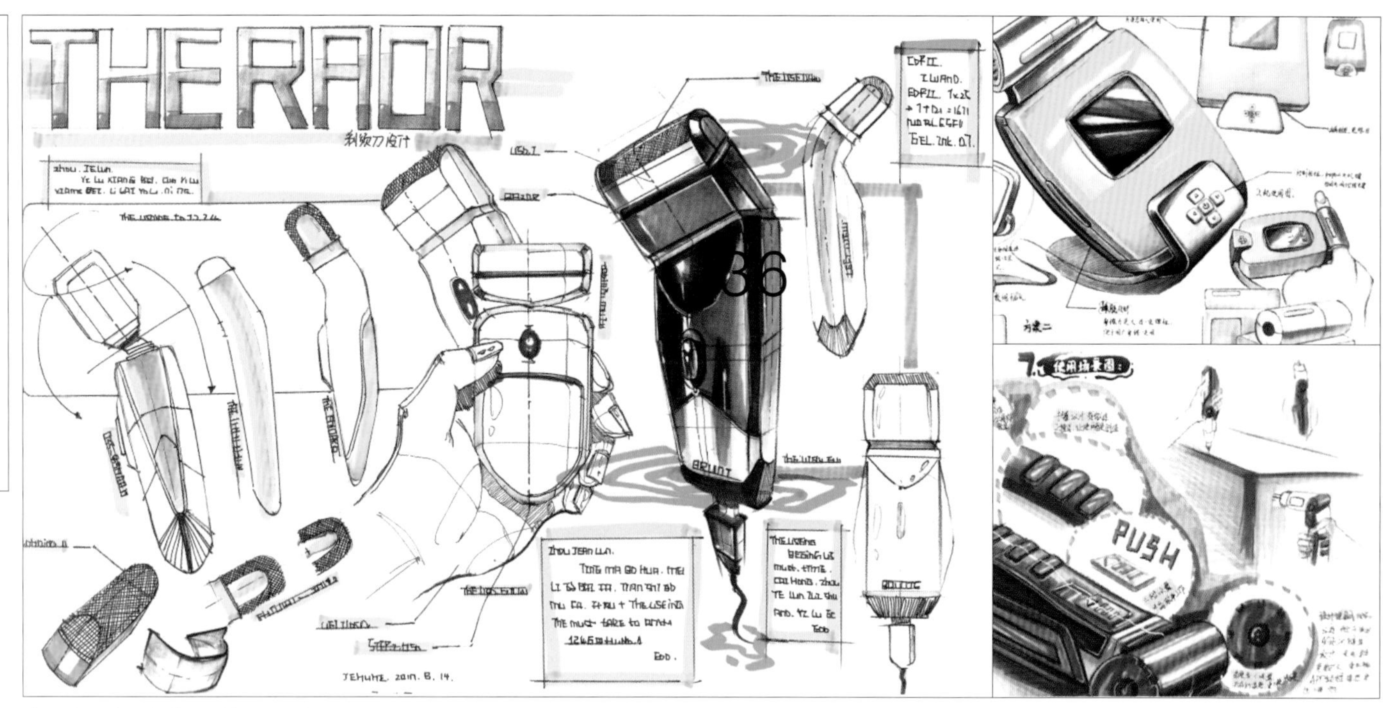

快题表现中手部使用图例3～图例5

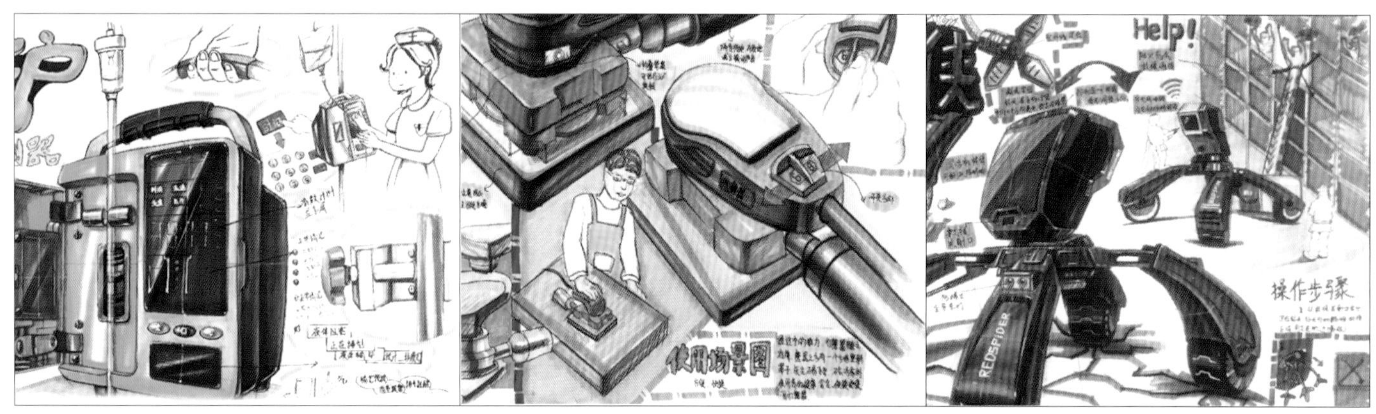

快题表现中的场景图例1～图例3

（2）使用场景图。在快题设计中表现用户在某个场景中使用产品的情景，能够体现人机关系和产品的使用情景。现在也有一些快题设计将使用场景图和操作图直接与效果图结合，创造出了较有视觉冲击力的画面效果，取得了很好的效果，但要注意区别故事板和使用场景图的不同之处。

注释：故事板是前期对设计进行分析时引出旧有产品使用痛点和新产品设计理念的作用，而使用场景图则是用户在使用新产品时的使用方式和环境。

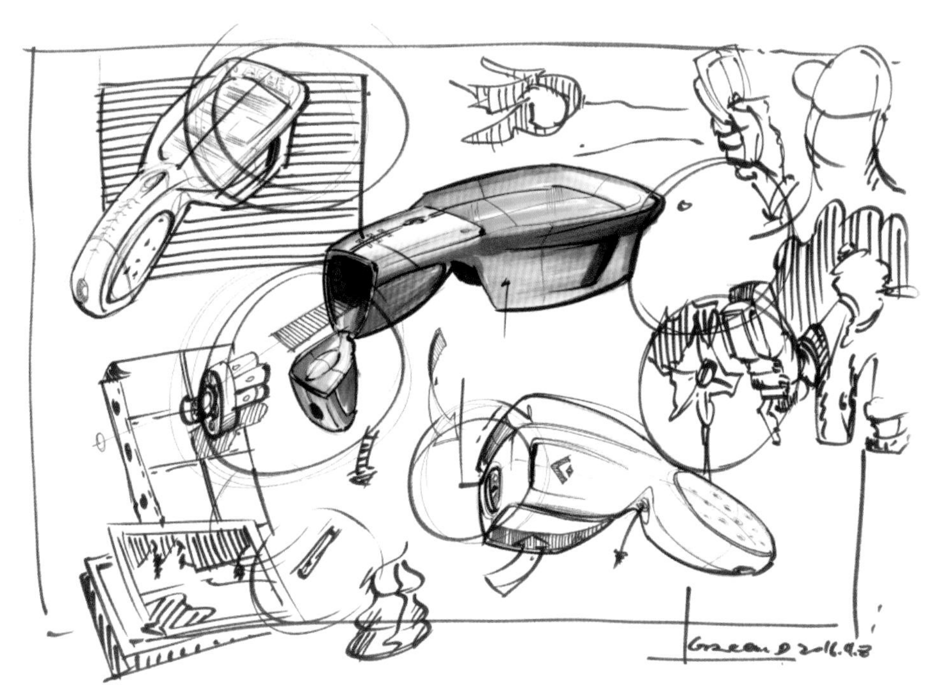

草图方案中的场景图例

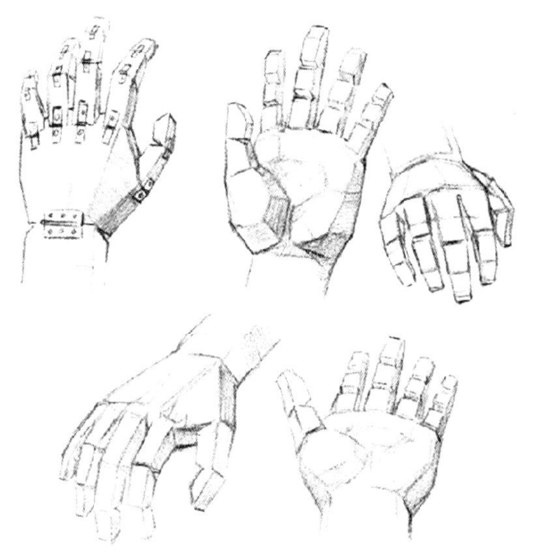

手的画法集萃

快题方案中手的表现

快题表现中设计说明图例1～图例3

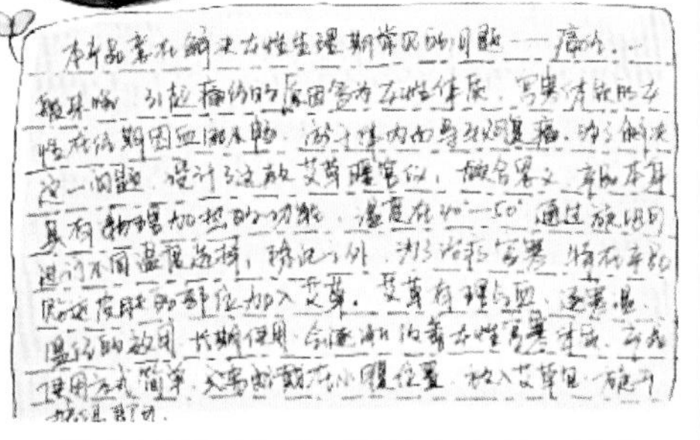

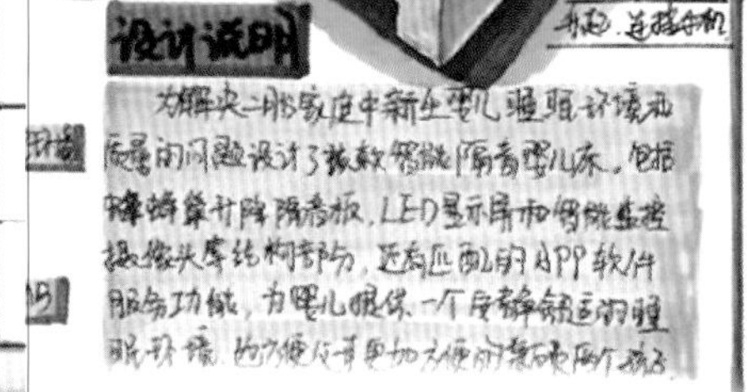

8. 设计说明

一般快题考试都会要求设计者用200字说明产品的设计理念。设计说明注意事项：①字迹大方，拒绝潦草；②注意排版，整体在一个规矩的方框内；③内容是对方案的整体介绍，将设计理念和创新点直接点明；④尽量用黑色；⑤少用英文。

当阅卷者从卷面中不能够清晰地理解你的设计意图时，那么此时设计说明就非常重要了。一段条理清楚、文字简练的设计说明能够迅速让阅卷者对设计方案有整体的认识和理解。相反，如果设计说明条理不清，晦涩难懂，字迹潦草，那么会让阅卷者对方案印象迅速下降，产生排斥。

同时，设计说明的撰写要形成明确的层次，比如，第1句点明设计理念，第2句明确创新点，第3句介绍适用人群和使用方式及环境，第4句介绍产品的材料结构，第5句说明产品的价格区间等等，也可以按照自己设定好的思路分条目书写设计说明。每个产品都可以按照同样的框架梳理，省时省力且高效。

9. 爆炸图

快题方案中的爆炸图是用来表现产品的内部结构，恰当地使用能够体现作者对于产品内部结构和产品工作原理的充分掌握，对于快题考核来说是一个加分项，但是也要谨防露怯。有的学校会在考核说明中明确要求画出产品爆炸图。

产品爆炸图类别如下。

（1）单轴向爆炸图——延横向或纵向展开的爆炸图。爆炸图沿着某一根轴线展开，如果轴线为水平线，则称为横向展开；如果轴线为垂直线，则称为纵向展开。二者的选择取决于产品结构。

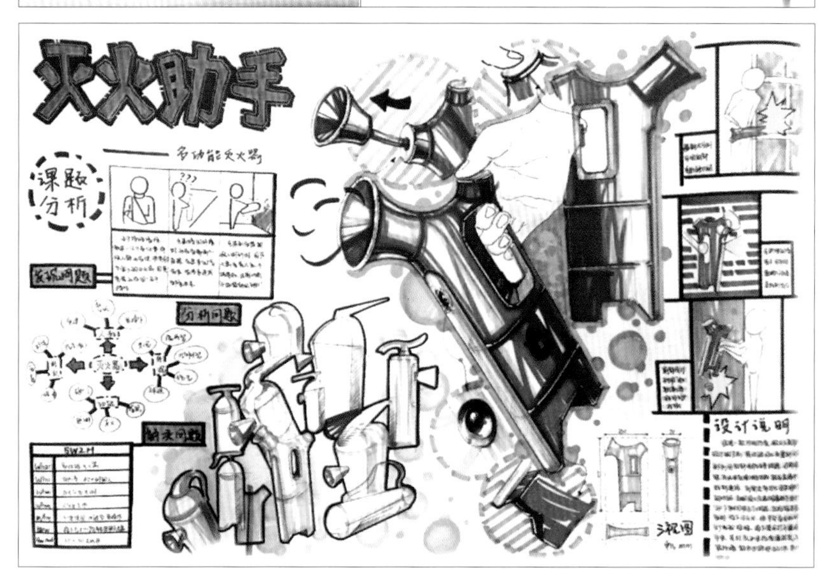

快题表现中爆炸图图例1

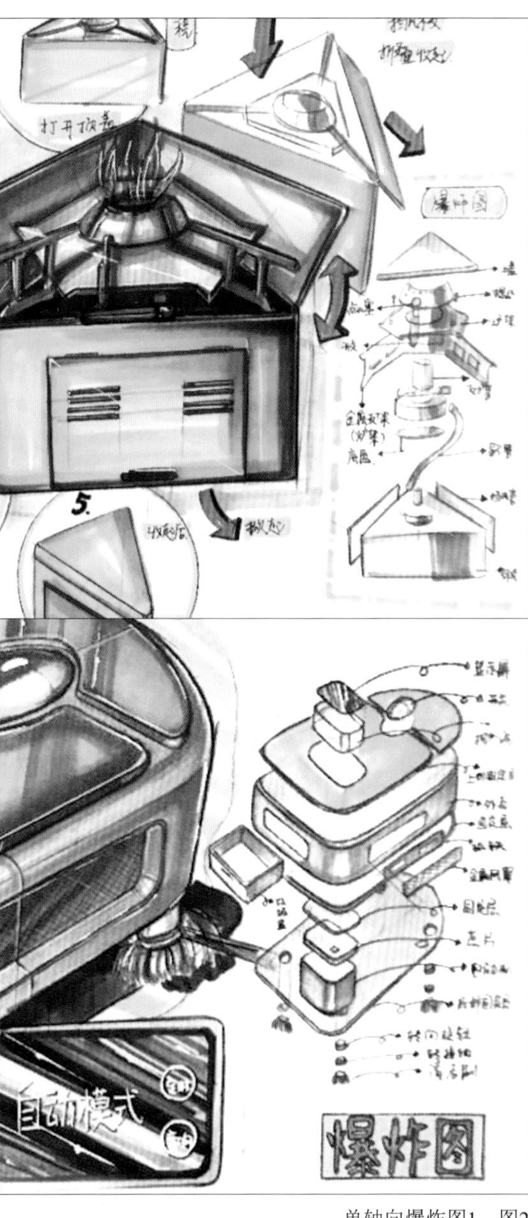

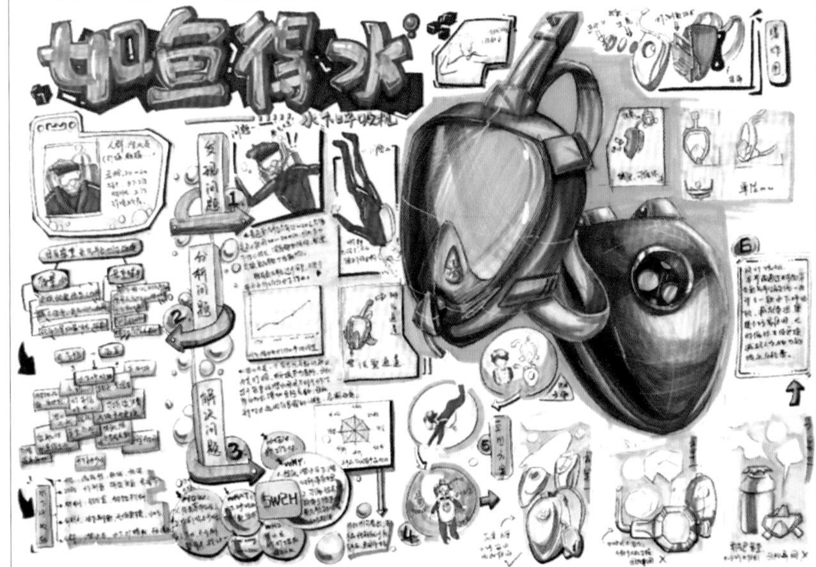

快题表现中爆炸图图例2、图例3

单轴向爆炸图1、图2

（2）多轴向爆炸图——沿横向和竖向全面展开的爆炸图。这种爆炸图不是沿着某一个单一的轴线展开，结构较为复杂，表现起来难度较大。

需要注意的是，在快题设计中产品爆炸图不仅要把结构按照轴向的透视画出，且一定要把主要的内部结构展示出来并把名称标明，否则产品的炸开便失去了意义。

10. 三视图

三视图是一个容易被很多学生忽视，但是却很重要的快题部分。在三视图中能够体现的专业信息非常丰富，而且包含了一项阅览者十分重视的关键信息，即产品尺寸。作为专业的产品设计师会非常重视产品的尺寸是否与使用者的身体尺寸符合，是否与使用环境相符合，因为这是产品设计的关键问题。

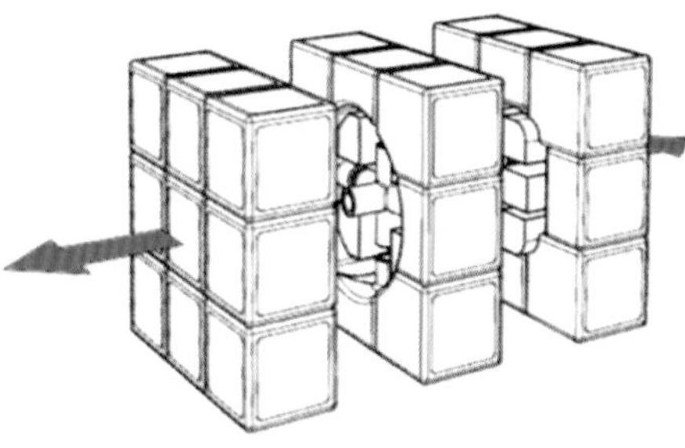

沿一个透视方向分解的单轴向示意图（网络）

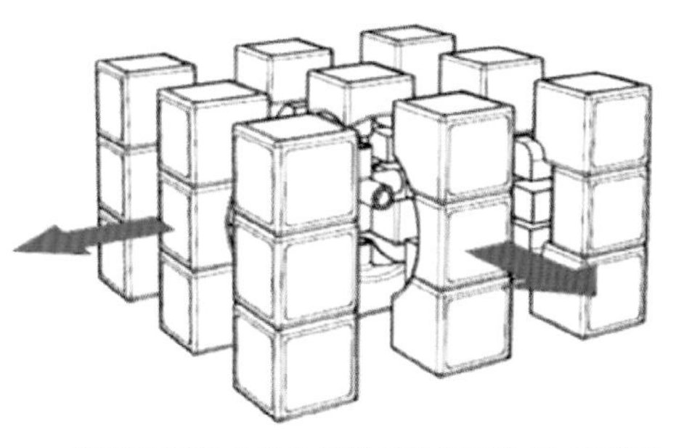

沿两个透视方向分解的多轴向示意图（网络）

单轴向爆炸图3

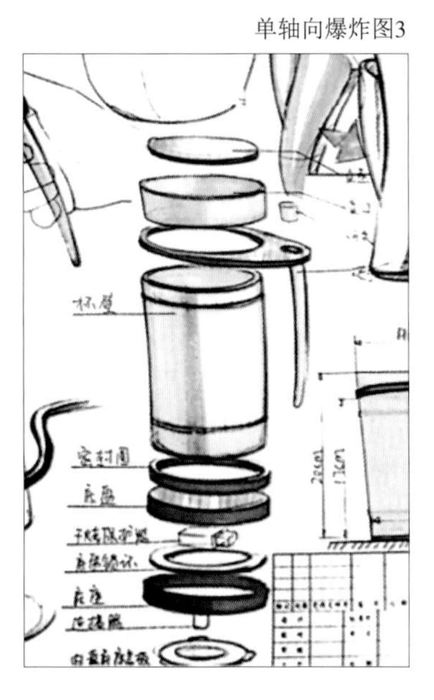

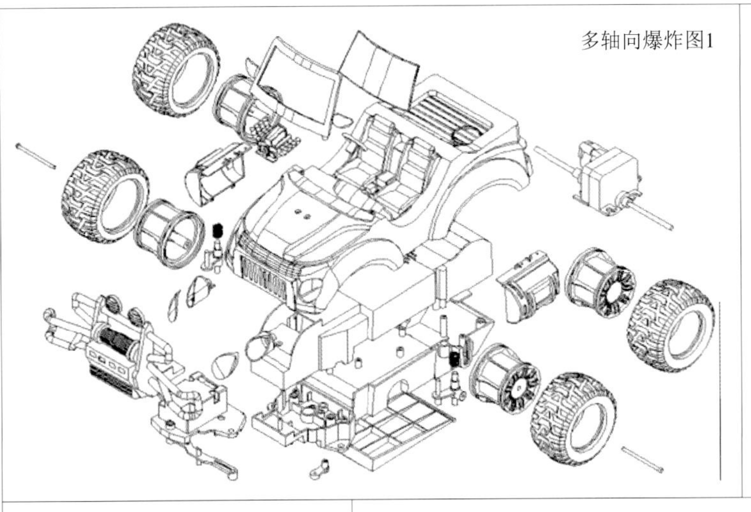
多轴向爆炸图1

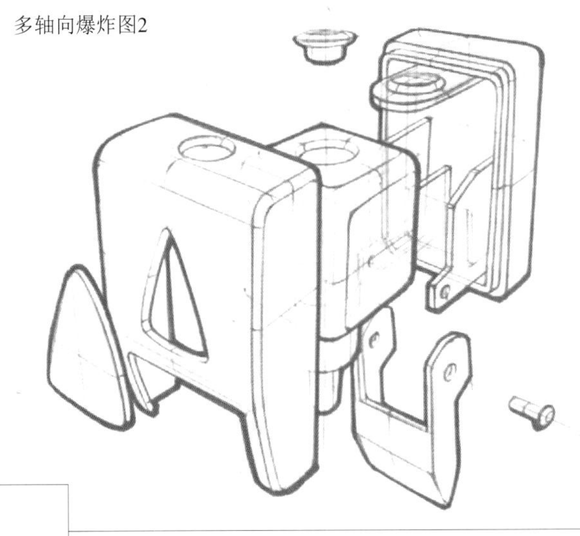
多轴向爆炸图2

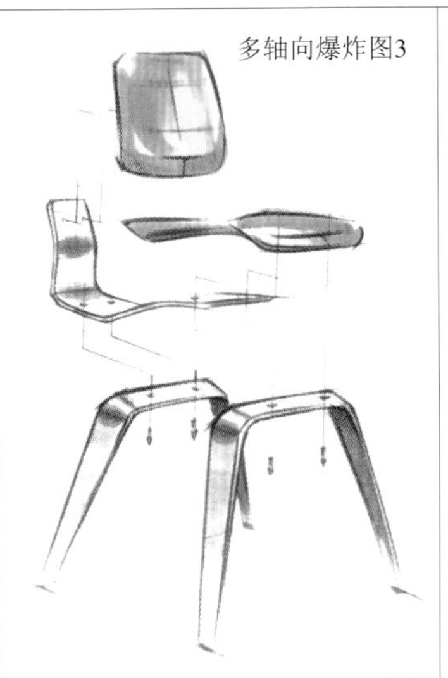
多轴向爆炸图3

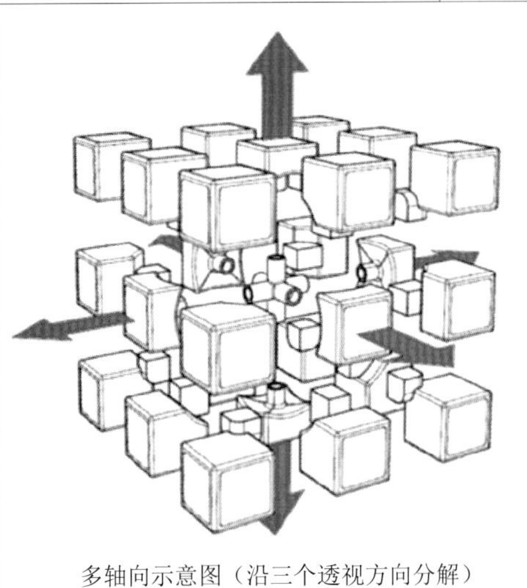
多轴向示意图（沿三个透视方向分解）

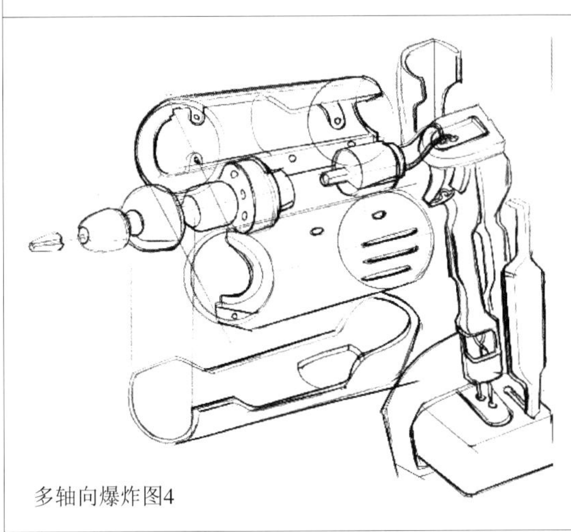
多轴向爆炸图4

快题表现三视图注意事项如下。

（1）三视图的视角选取和排布要规范，视角选取应为正视图、俯视图、左视图，排布如图例所示。

（2）三视图必须体现结构和尺寸，图中出现的尺寸是阅览者参考产品可行性和实用性的一个重要参考指标，十分重要。

（3）三视图应该对齐。图中的每一个结构和尺寸都应该上下左右严谨对齐，使人一目了然。

快题表现中三视图范例1～范例3

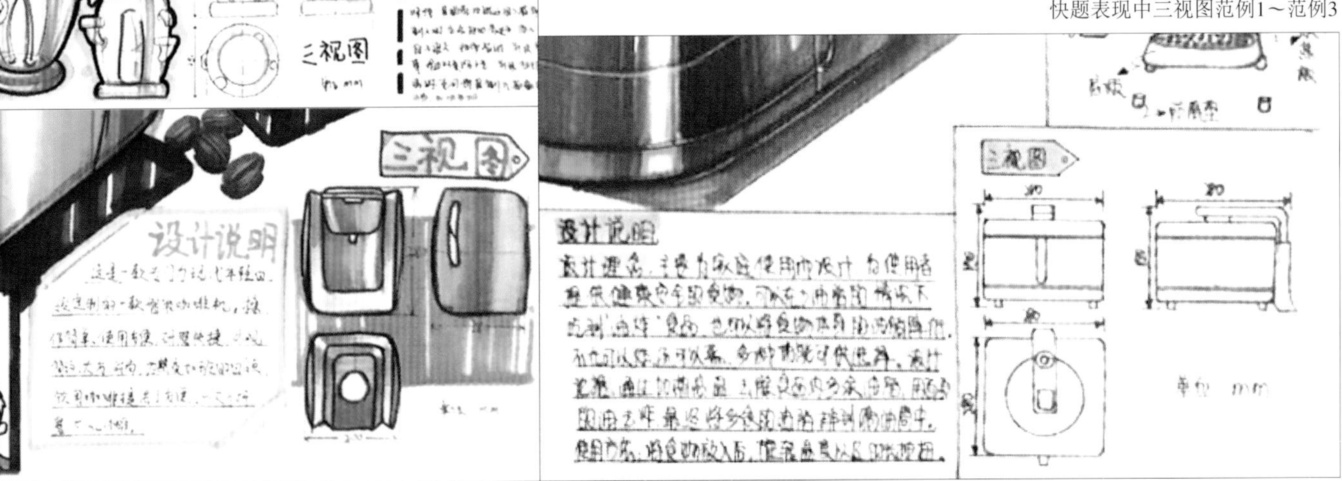

快题表现中爆炸图与三视图范例

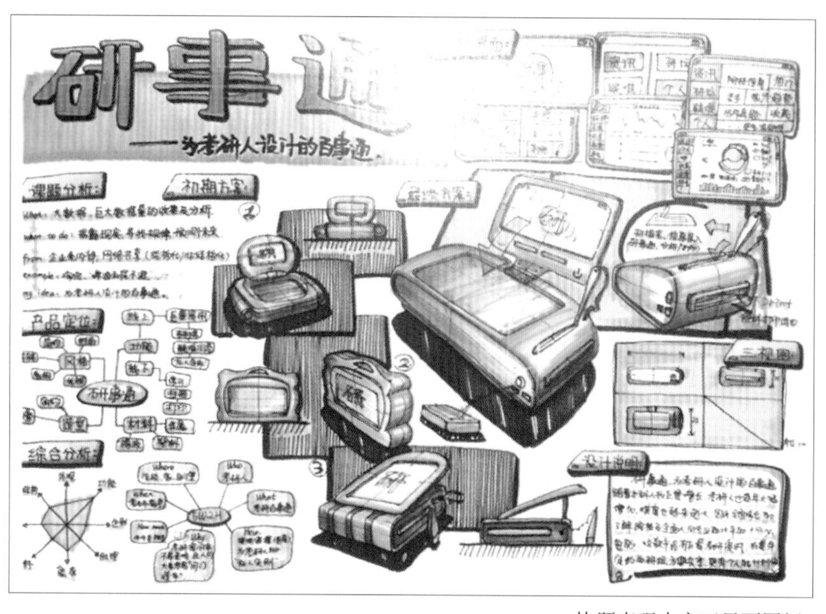

快题表现中交互界面图例1

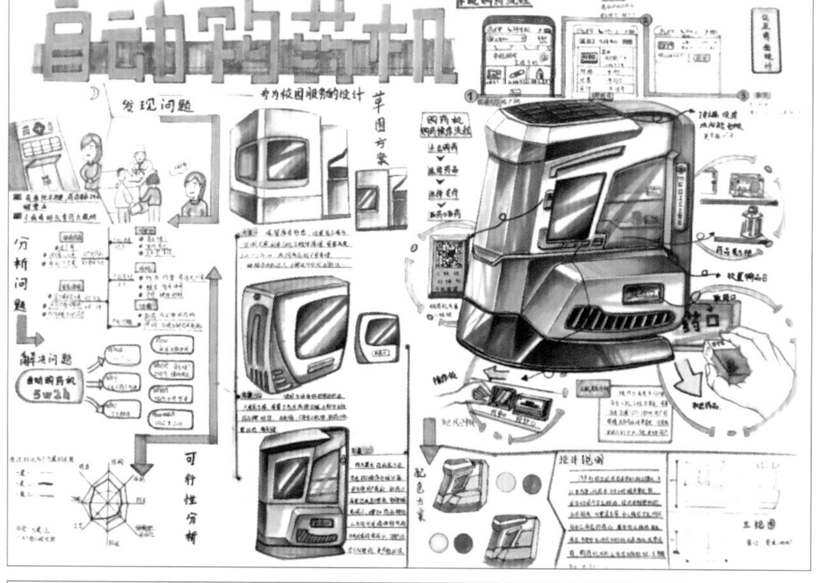

快题表现中交互界面图例2

11.交互界面图

随着移动时代和AI时代的来临，智能产品的设计已越来越多，很多的快题设计表现图中还会出现内容交互界面图。尤其是对于产品本身结构较为简单、操作方式仅为与屏幕交互的单一使用方式这样类型的产品，画出交互界面图也是丰富快题图面的一种方式。

手机交互界面示意

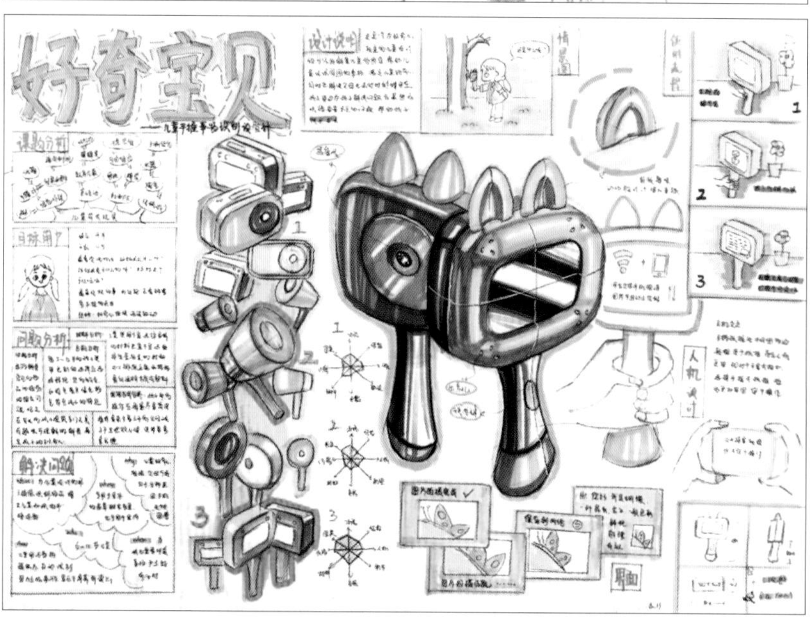

快题表现中交互界面图例3

三、快题精进策略

本节精进策略分为三部分：①快题版式布局的重要性；②快题配色策略的选择；③快题应试策略分析。

（一）快题版式布局的重要性

在本章的第一节讲到的快题考核的重点内容中提到了，在快题设计中，重要的考核内容有以下几点：①创意思维展现；②快题表现技法；③画面视觉效果。

那么快题的版式布局就与画面的视觉效果息息相关，如何做好快题的版式设计，我们应注意以下几点。

●画面饱满度高；
●区域划分合理；
●设计重点突出；
●逻辑结构严谨。

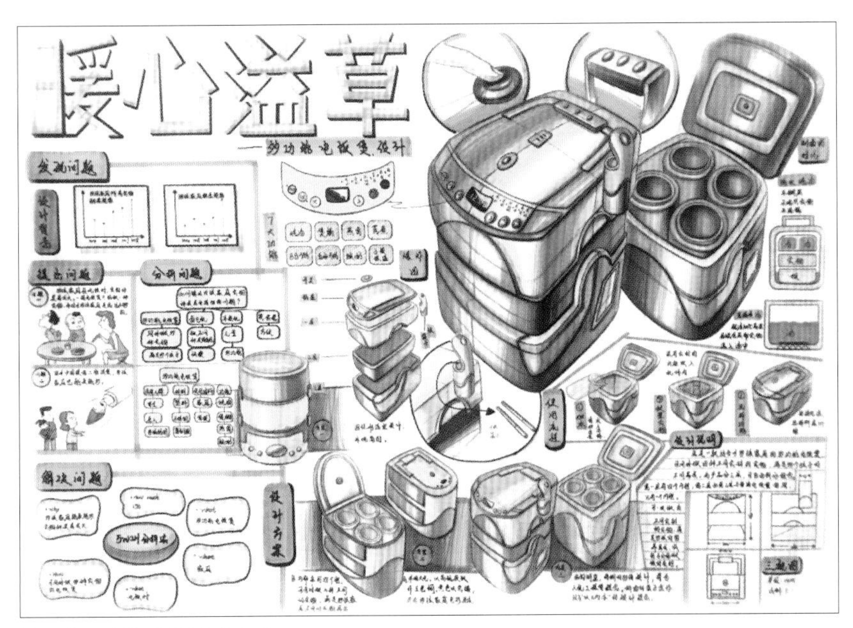

快题表现中饱满的图面示例1

快题表现中饱满的图面示例2

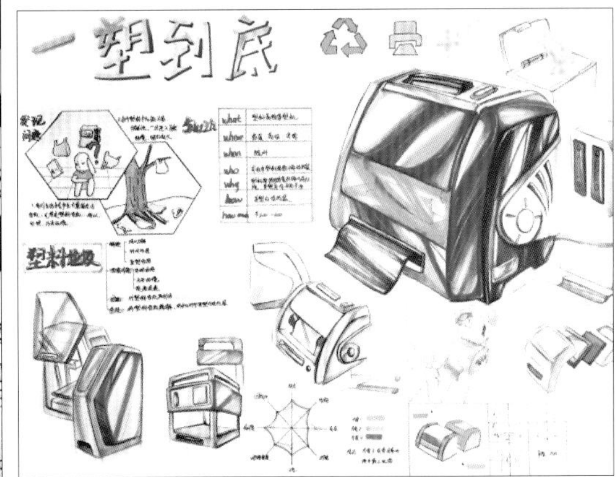

快题表现中松散的图面示例1

1. 画面饱满度

本页的几幅快题设计图非常明显地展现出了饱满的图面效果与空散的图面效果的对比，空散的图面让产品缺乏表现力，且会让阅卷者认为设计师对自己设计的产品缺乏想法和理解，无法充分说明产品的设计理念，又或者该产品本身缺少设计点和创新性，导致设计者无话可说。而饱满的图面则会给人相反的视觉印象，这种对比效果是非常明显的。

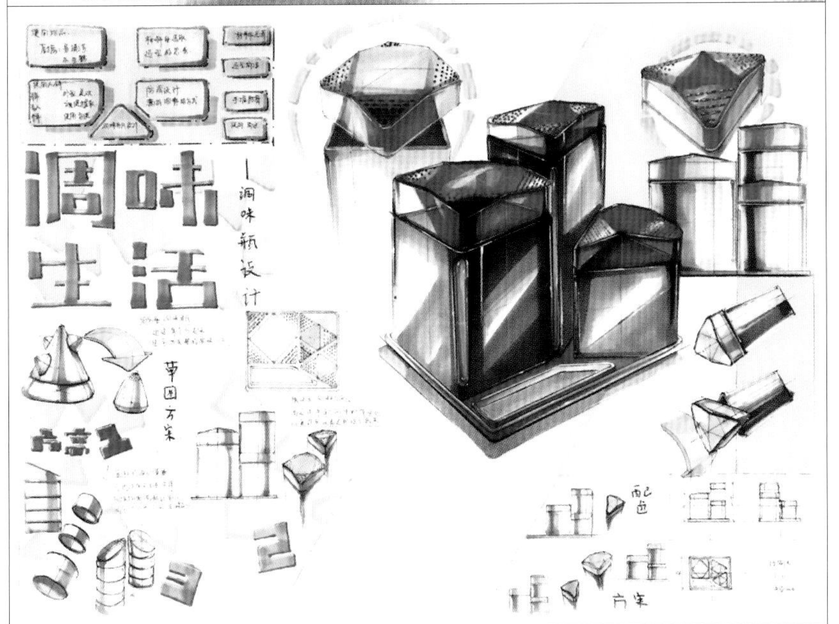

快题表现中松散的图面示例2

2. 区域划分合理

对于快题版块应学会合理规整地进行划分，让图面看上去很整齐，能够清晰地看出不同版块的区域边界。饱满而不凌乱是每张快题设计应该做到的基本形式，提供以下途径进行参考。

（1）要学会善用背景。在快题的很多区域里都会出现背景图块和线框，善用背景图块来划分版块区域是一个常用方式，也会为整体的快题效果增加层次感和变化性，没有背景色块和线框划分区域的快题常会显得零散。

（2）要善用标题引导。本书提倡多用、善用标题来引导阅览者的阅读顺序，在每一个板块区域都应善用醒目的标题来辅助阅览者对快题的快速理解。

（3）要尝试隐形分割。除了明显的线框来划分区域外，一些在版面上形成的有序空白也能形成版面的隐形分割，只要在图面视觉中形成了版块的划分即可。

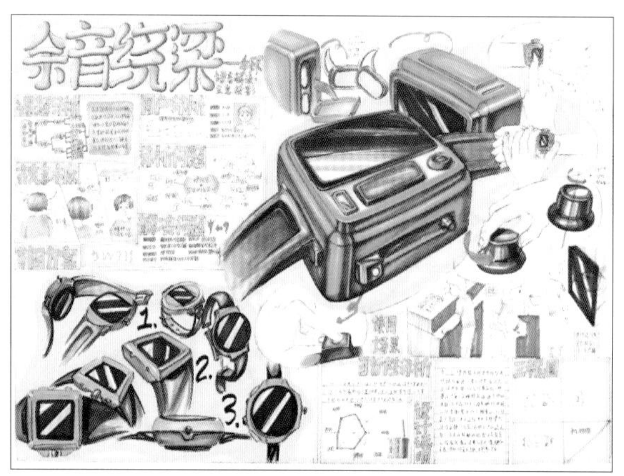

善用标题引导图例

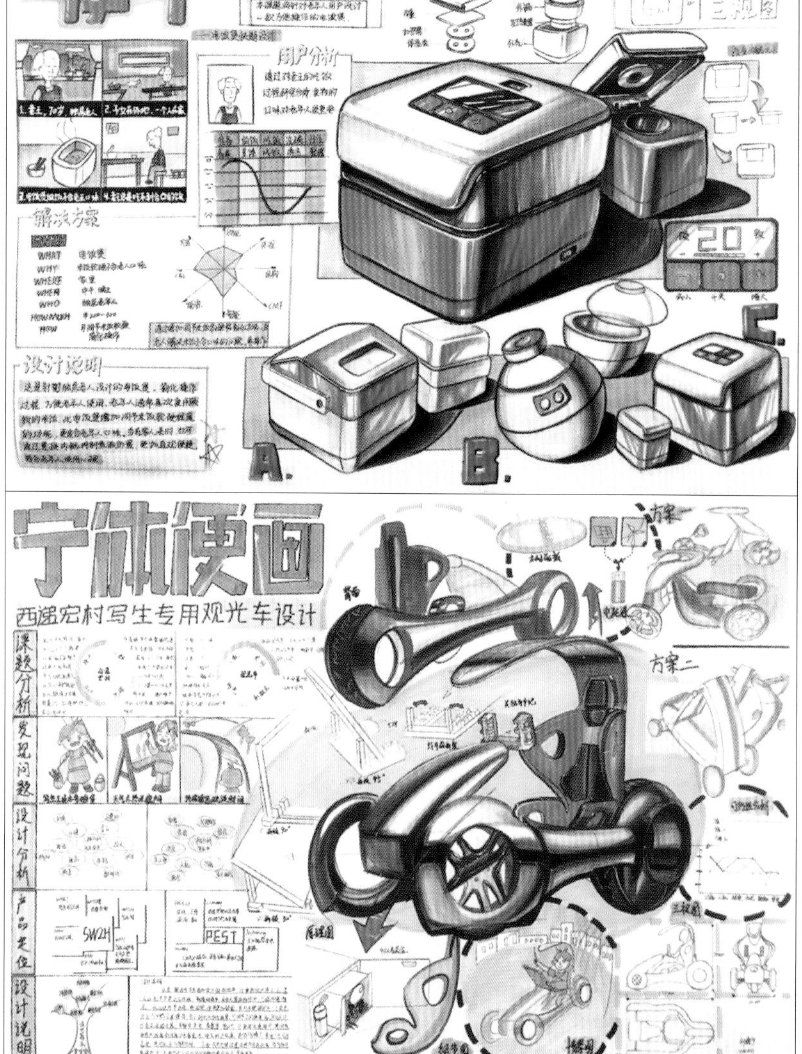

学会善用背景图例1、图例2

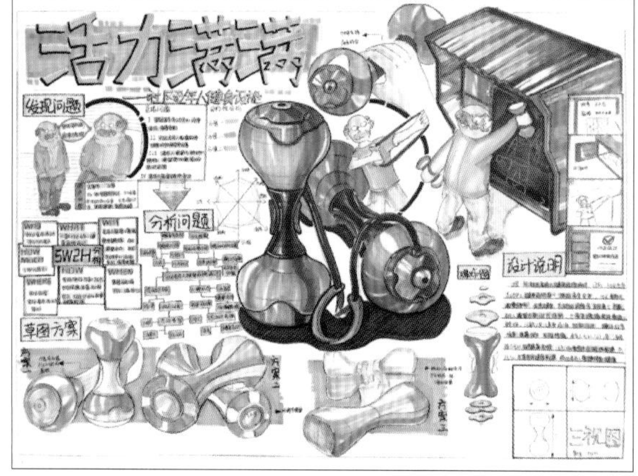

善用标题引导图例

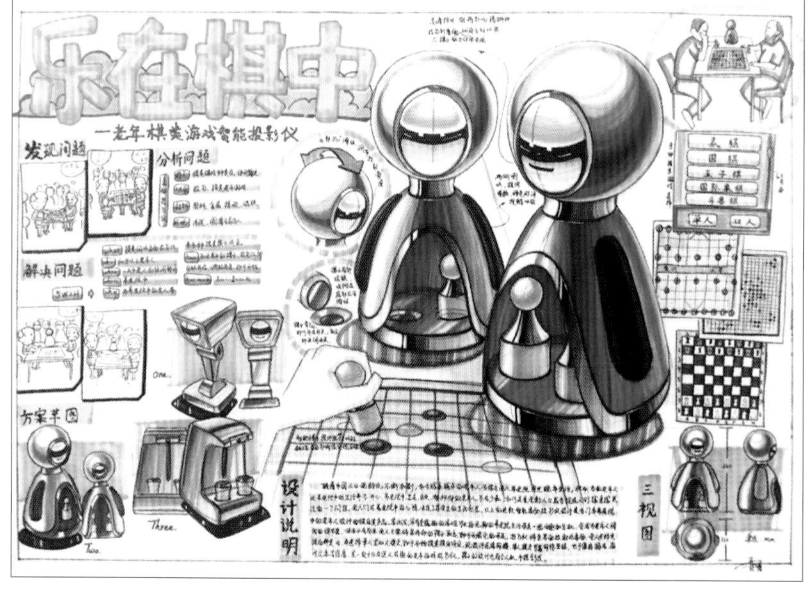

尝试隐形分割图例

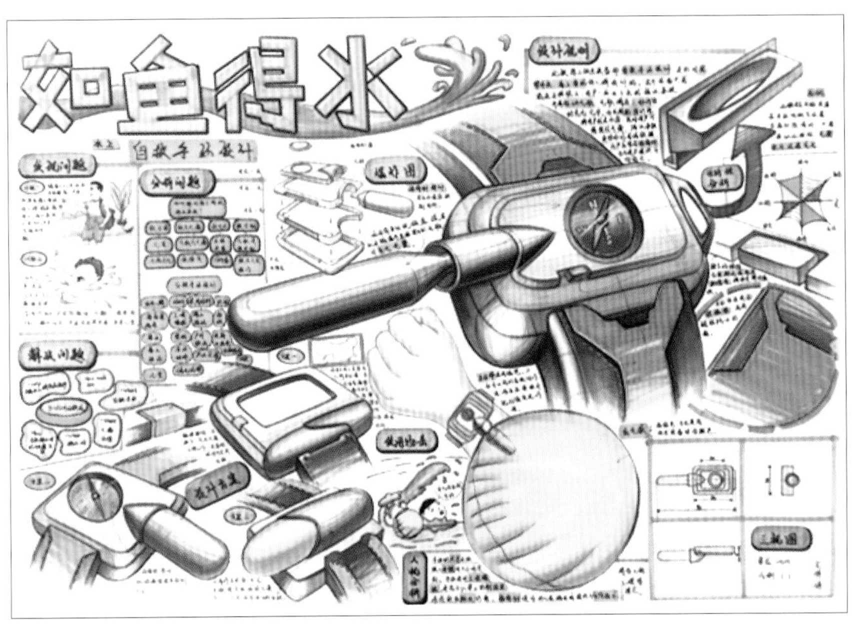

快题表现案例《如鱼得水》

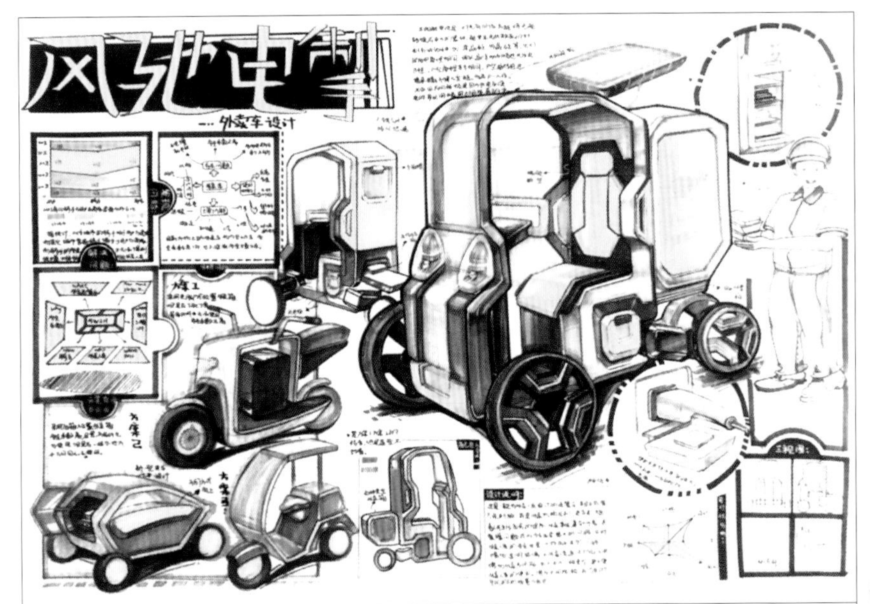

快题表现现案例《风驰电掣》

快题表现现案例《峡谷先锋》

3. 设计重点突出

阅览者在阅读快题的时候分配给每张快题的时间都非常短暂，通常只有2～5分钟左右，所以要在这短短的5分钟内快速地抓住读者的思维，让其理解本产品的设计理念是至关重要的。因此，在快题图面的醒目位置和视觉重心上一定要突出产品的设计重点。

设计重点包括以下三点。

（1）效果突出；

（2）功能突出；

（3）创新性突出。

图例《如鱼得水》：该产品的主要设计理念为在水中可随时爆开的救生气囊，在效果图上突出了产品救生气囊的结构，以及使用图中爆开的黄色气囊也十分醒目，与效果图对应，能够让人快速地领悟到产品的使用方式和效果。

图例《风驰电掣》：该产品的设计主题为外卖车设计，产品的鲜黄配色效果和外卖车上的醒目图标都迅速突出了这一主题，且拿着饭盒的外卖人员与产品之间的人机互动，也将产品的尺寸及使用方式都展现了出来。

图例《峡谷先锋》：该产品的设计主题是旅游游览车设计，效果图将产品设置在一个幽深山谷的背景下，与主题对应。缆车近景与缆车远景交相辉映，全面地突出了产品的使用环境和游客游览时的状态。

（二）快题配色策略的选择

综合常用的快题配色策略及部分出色的快题配色方案，可以总结出以下几种可行性配色策略。

1. 明快大方型

采用一二种明亮色彩搭配灰色作为辅助，是目前最为普遍的一种配色方式。经过了长时间的验证，该配色方式是最容易驾驭且不会出问题的方式。明亮的颜色不宜过多，表现产品的主色调要醒目，一些背景和标题的微小辅色要和主色调和谐搭配。

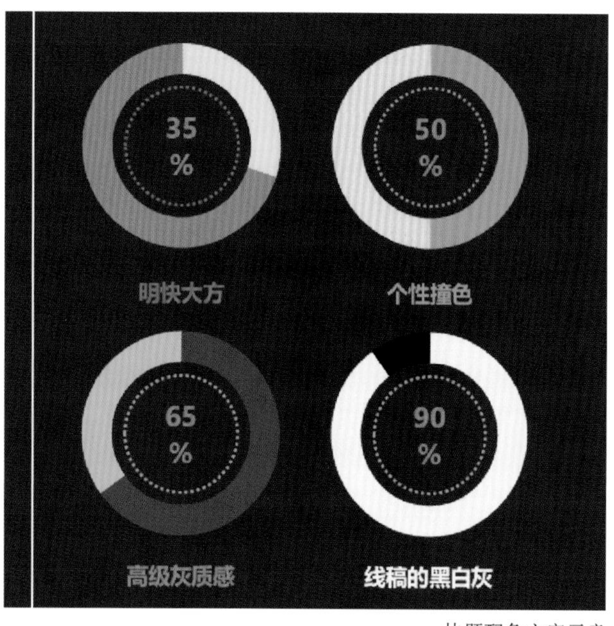

快题配色方案示意

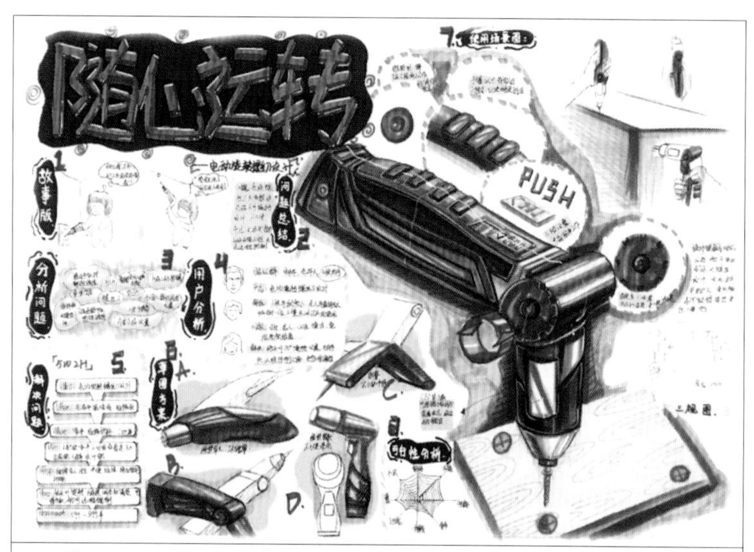

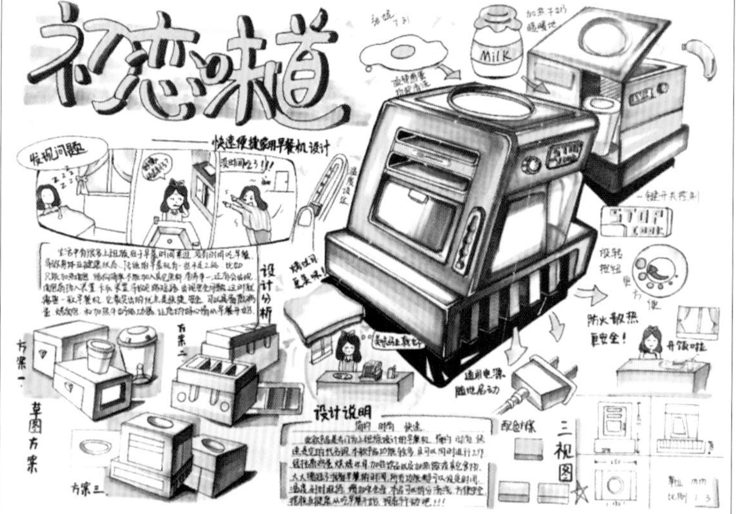

快题表现明快大方型图例1、图例2

2. 个性撞色型

明快大方的配色方式虽然好用，但有的时候和诸多同类快题放在一起会不够突出，所以可以尝试一些适合自己的配色方式。要以视觉效果舒适，重点突出为目的，也可以尝试撞色和高级灰质感等方式。

个性撞色需要设计者对色彩搭配有良好的敏感度，撞色搭配得好会特别突出，但搭配不好有时会产生反效果，且撞色搭配适用一些较为有针对性的主题，如文化主题的产品，或儿童主题产品，会出现非常不错的效果。

快题表现个性撞色型图例1、图例2

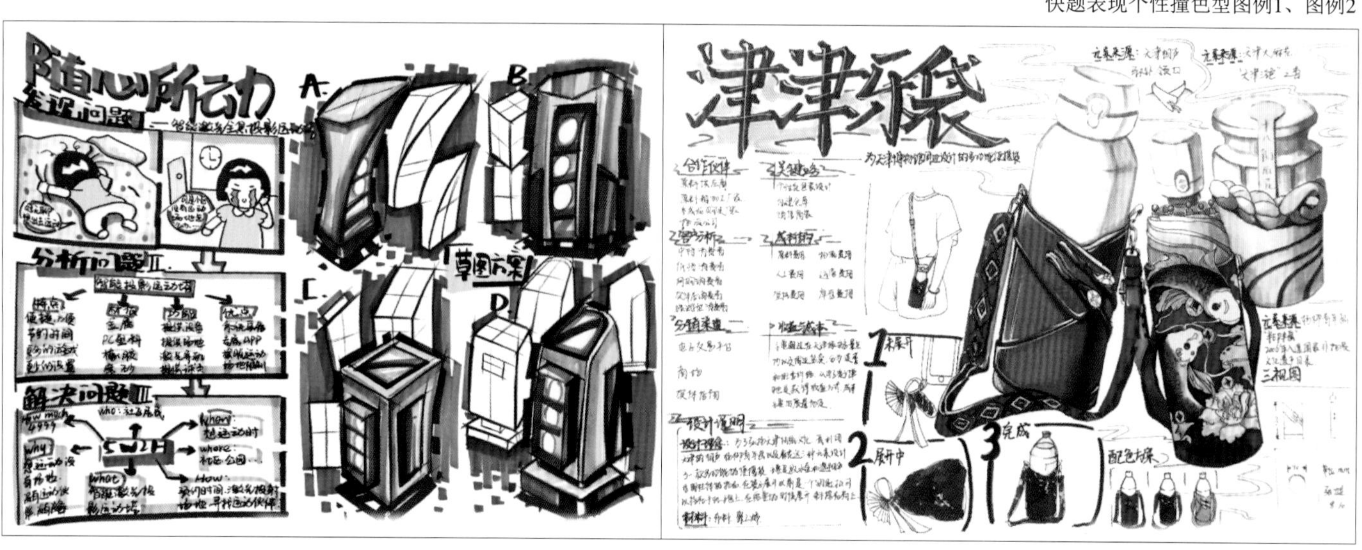

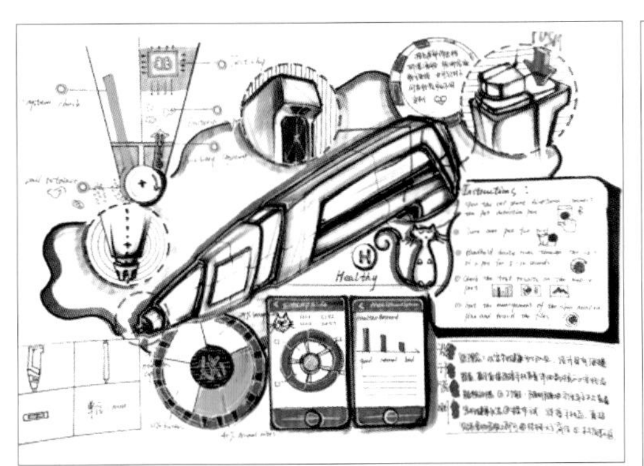

快题表现个性撞色型图例3

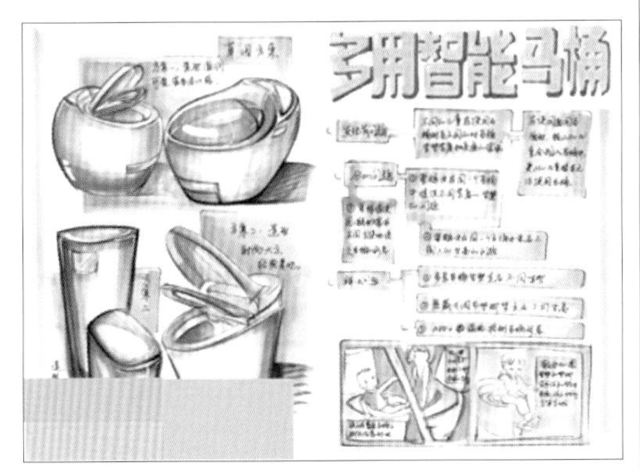

快题表现个性撞色型图例4

快题表现个性撞色型图例5（网络）

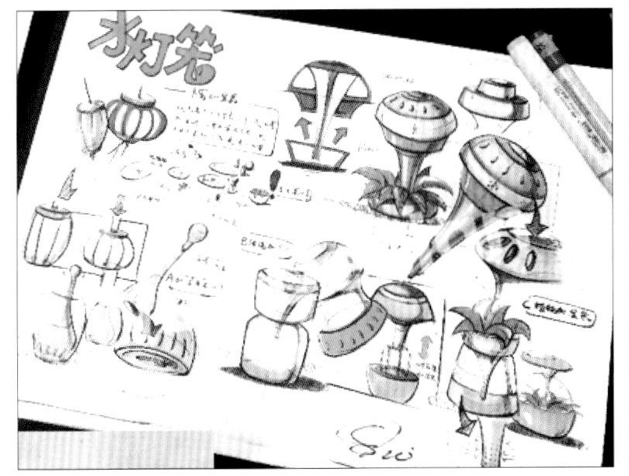

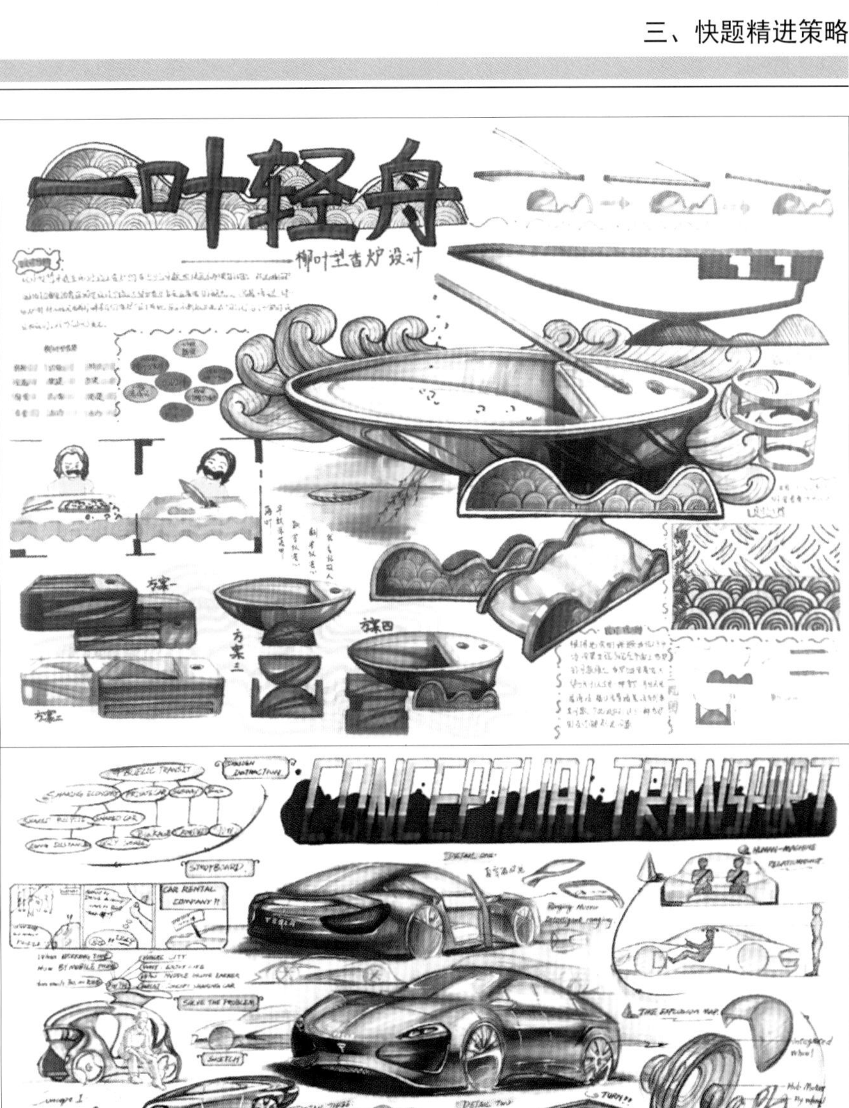

3. 高级灰质感

高级灰质感的快题方案是将灰色作为快题图面的主色调，形成非常沉稳、高级的质感，运用得当的话通常也会得到阅览者的青睐。

快题表现高级灰质感图例1～图例3

（三）快题应试策略的分析

1. 考场时间安排

以3小时考试时间为例，考试时间不同，可等比例酌情延长。①读题+设计构思+构图=30分钟；②整体方案刻画=90分钟；③效果图深化+细节刻画=40分钟；④整体完善调整=20分钟。

2. 典型真题速览

案例1：基于环保理念的野外露天宿营产品。

要求：针对野外环境，完成3款不同的宿营产品，要求方案新颖、可行。

设计分析要求：①设计依据论述；②说明创新点并作可行性分析；③产品人机分析、材料及成型方法说明，试论现代生活方式与产品设计的关系。

教师分析：题目难度：★★★☆

解析：较为典型的基本考题，题目中规定了产品主题的大范围——环保主题，以及产品的基本类型——野外露营产品。是比较典型的一种出题方式。如果降低难度则会只规定其中一个方向，两个方向的综合会考核更多学生临场发挥的能力，但是这两个方向都是比较常见的主题。

案例2：设计主题："简约"。

简约不等于简单，它是经过深思熟虑后经过创新得出的设计和思路的延展，不是简单的"堆砌"和平淡的"摆放"，不能粗浅地理解为"直白"，比如床头背景设计有些简约到只有一个十字挂件，但是它凝结着设计师的独具匠心，既美观又实用。要求如下。

（1）以简约的形式设计，考虑广告创意设计、标志设计、产品造型设计、环境艺术、服装设计等，选择其中一种作出效果图一张。

（2）要求有简单的设计理念。

（3）写出100字的设计说明（备注：绘图手法不限，纸张为8开）。

教师分析：题目难度：★★

解析：较为典型的主题类考题，且主题非常常见，降低了考试难度，应运用主题设计分析方法进行展开。

案例3：设计一款游泳指南针。

设计要求：①提出至少3个设计方案；②从3个方案中选一个进行深入设计，有文字说明；③至少2个草图要标注尺寸；④至少有两个配色方案，要标注色标。

教师分析：题目难度：★★★★☆

解析：此题目的产品类别较为特别，限定得非常明确，且并不常见，考核了设计师的临场发挥和专业积累，难度较高。此类题目目前越来越常见到，说明高校越来越注重设计者的创新思维能力。

案例4：为儿童设计一款玩具，分析用户属性和行为模式。

教师分析：题目难度：★★★☆

解析：该题是从用户角度出发的考题，要注意分析用户模型。其次产品的类型设定为玩具，是一个比较有限定性的产品，需要设计者具有一定的专业性。

3. 模拟题练习

题目1：为社区活动中心设计一款公共健身设备。

设计要求：①提出至少三个设计方案；②从三个方案中选一个进行深入设计，有文字说明；③至少三个草图要标注尺寸；④至少有两个配色方案，要标注色标。

题目2：提出有助盲人出行的设计方案。

从解决盲人用户某一个具体情境的行为障碍出发，画出四套产品方案草图，每个草图要有使用方式图，针对一个草图进行效果图和使用场景图的诠释。

题目3：为你的妈妈设计一款户外产品。

这是带有家人情感的题目，方案中要有深入的用户分析和可行性分析。

题目4：为养老院设计一款服务类产品。

融入互联网+的概念，要求有可行性分析、人机工程分析。

四、快题案例参考

（一）多幅快题学生案例

由于每个高校对硕士考试快题设计的要求各不相同，在规定纸张大小与篇幅时也都有所不同，本节例举的都是2～3张篇幅的快题设计，多为A3、A2大小的纸张。

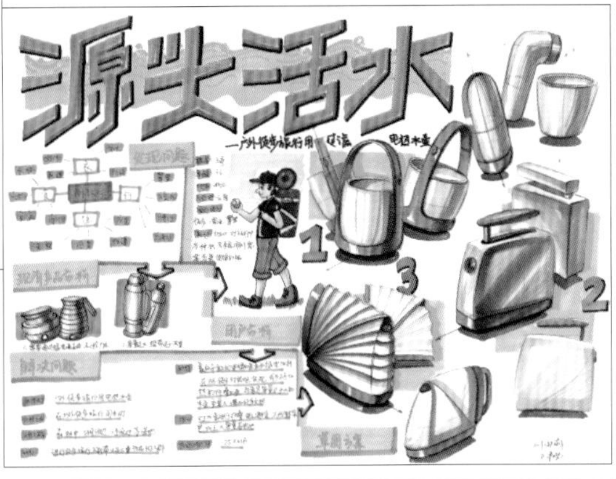

快题表现案例《源头活水》组图

快题表现案例《童趣相伴》组图

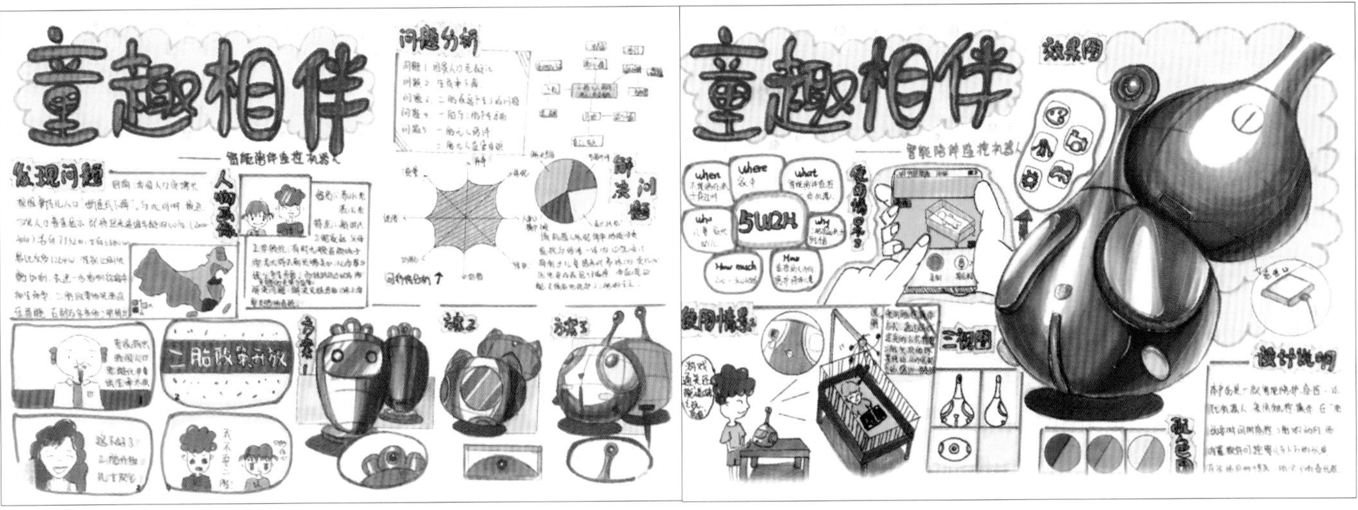

快题表现案例《共享车位》组图

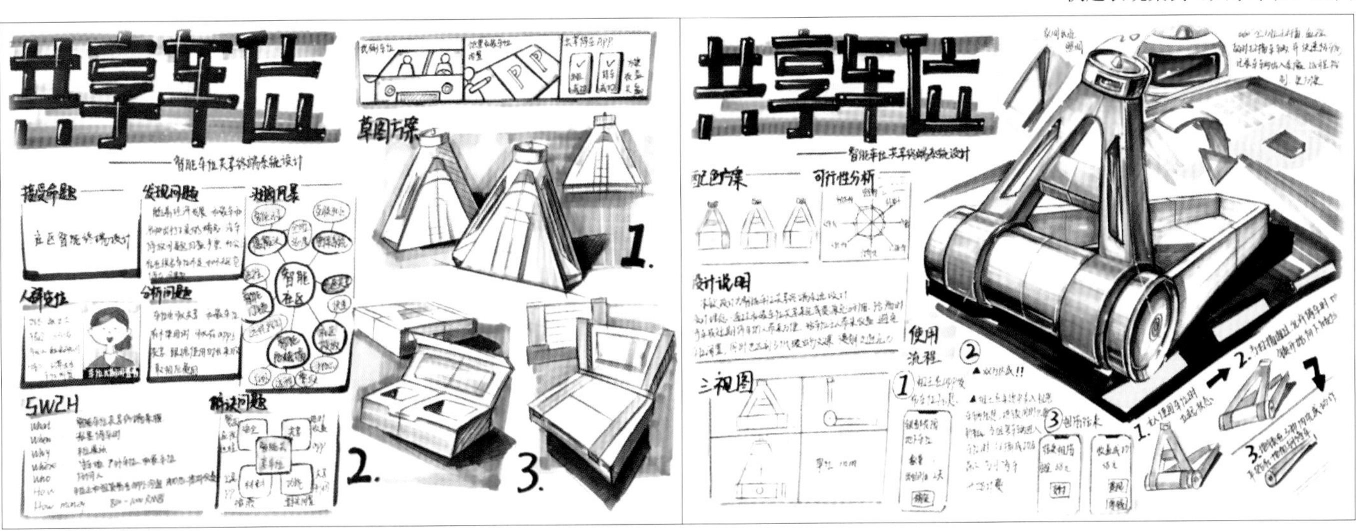

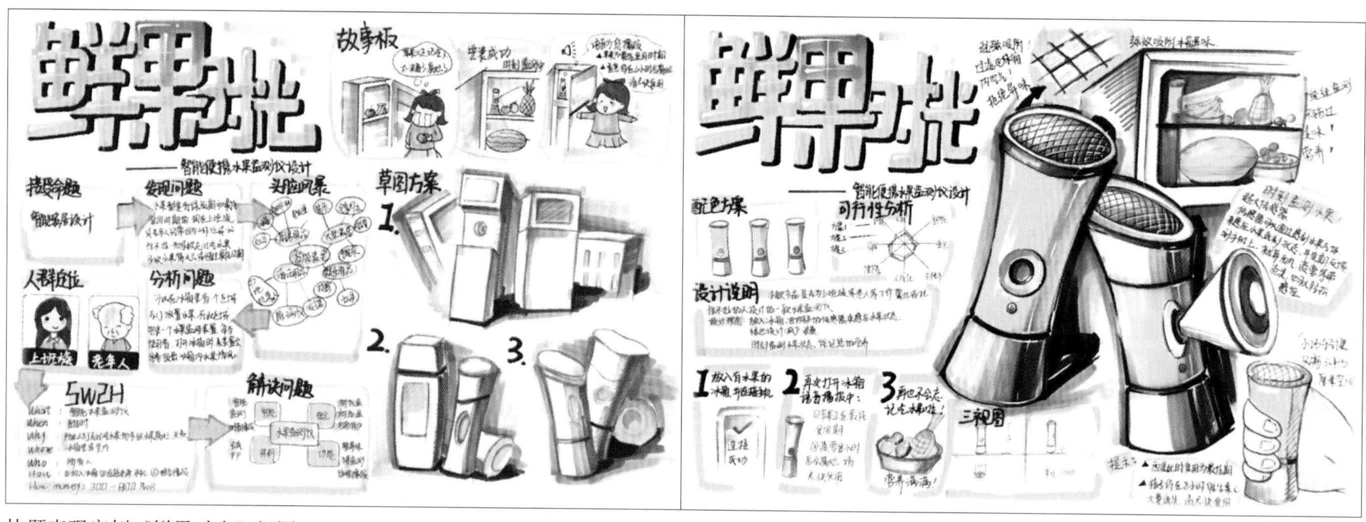

快题表现案例《鲜果时光》组图

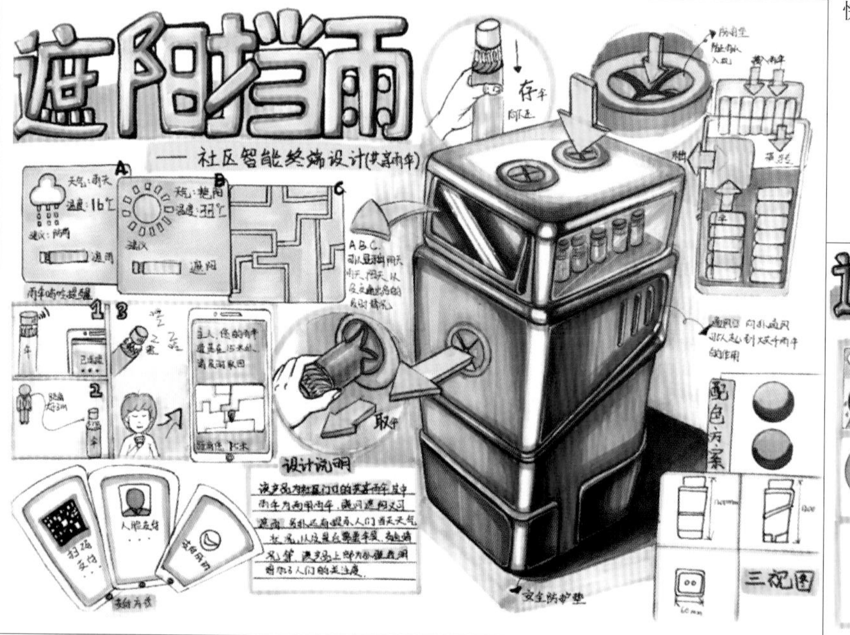

快题表现案例《遮阳挡雨》组图

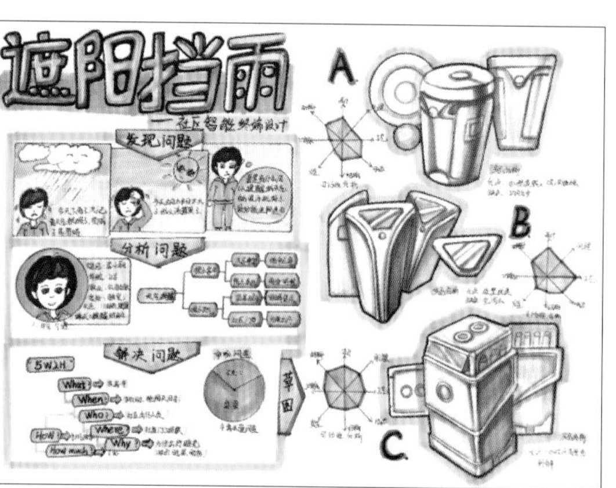

快题表现案例《大有作为》组图

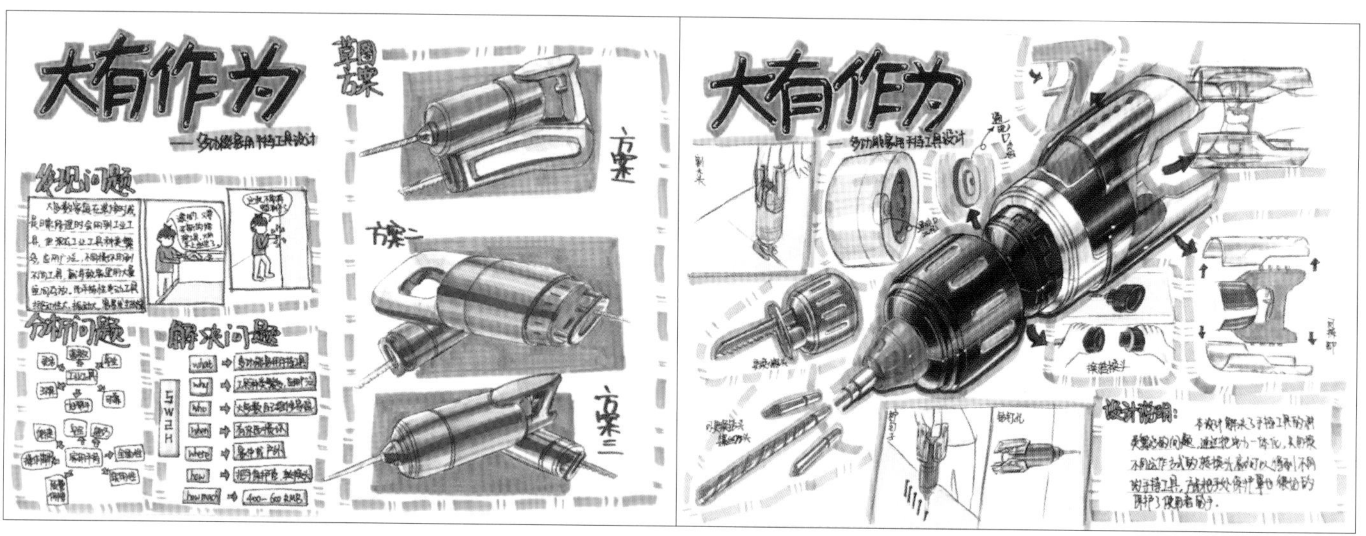

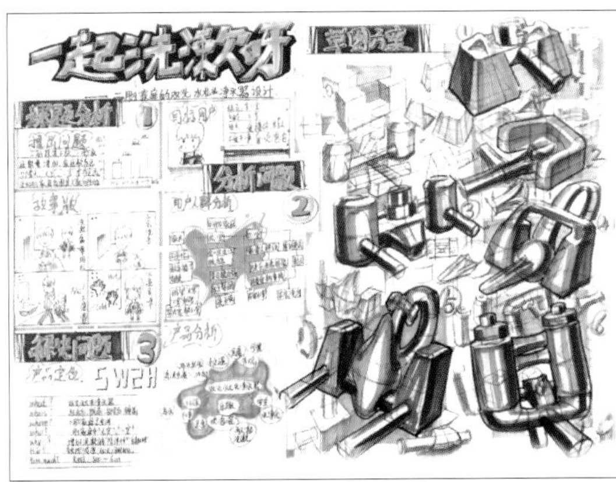

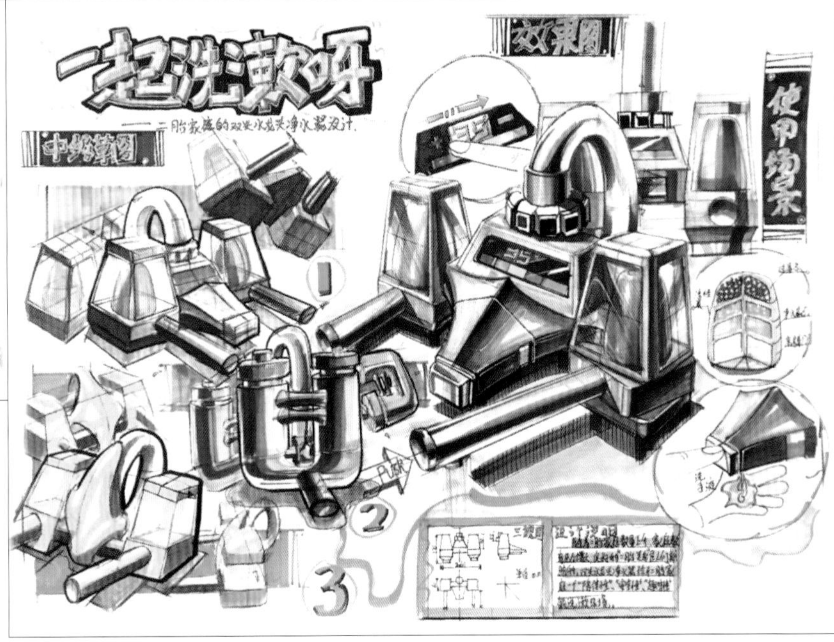

快题表现案例《一起洗漱呀》组图

快题表现案例《衣一相应》组图

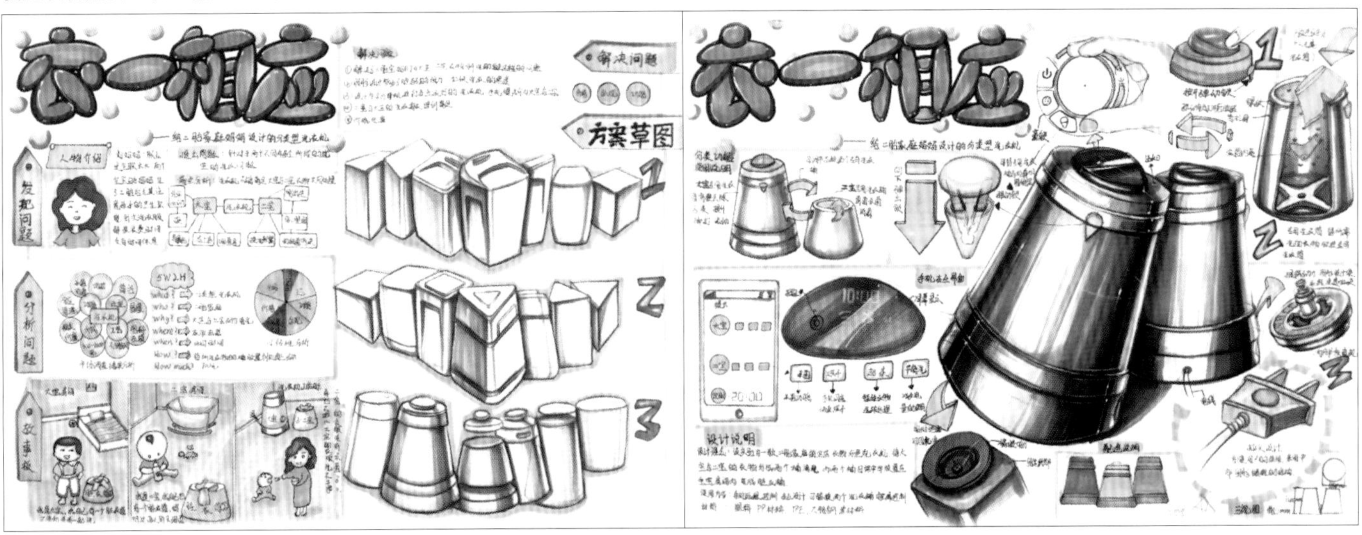

快题表现案例《和风津津》组图

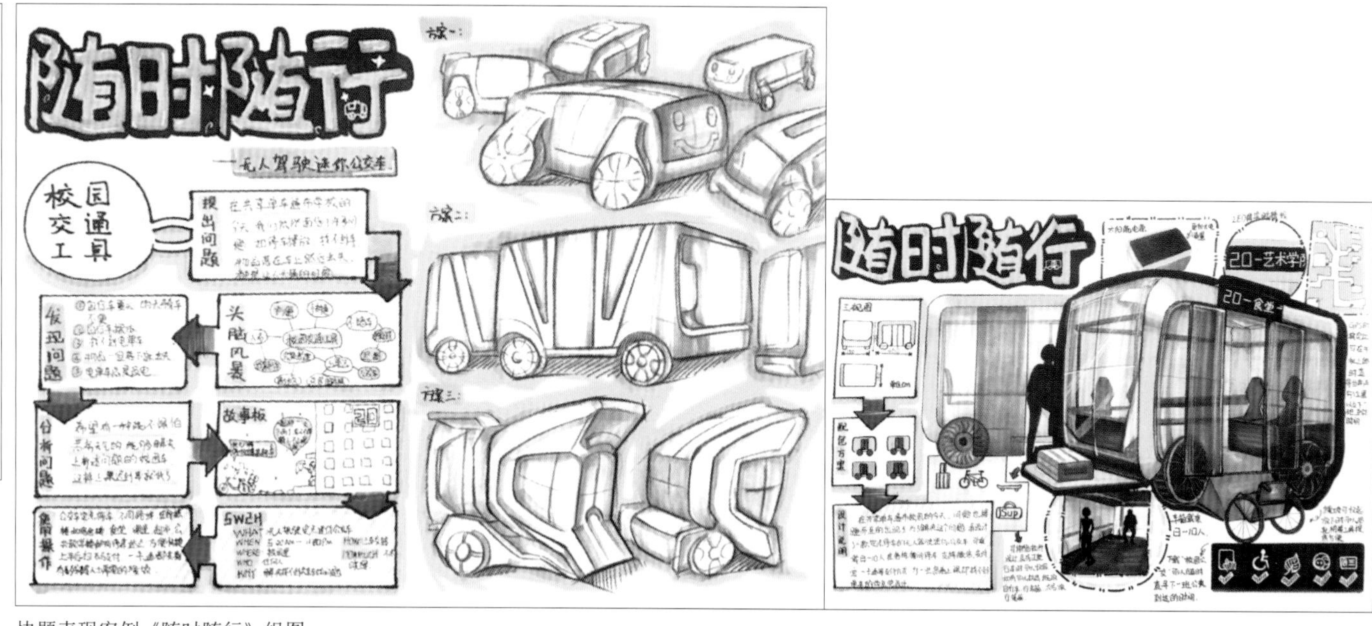

快题表现案例《随时随行》组图

快题表现案例《如影随形》组图

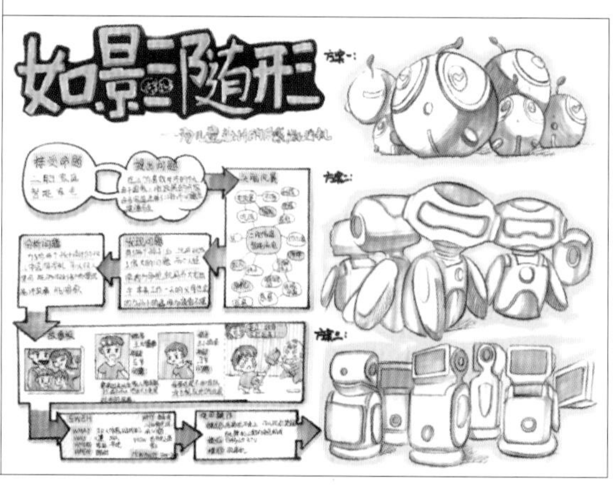

快题表现案例《酣然入睡》组图

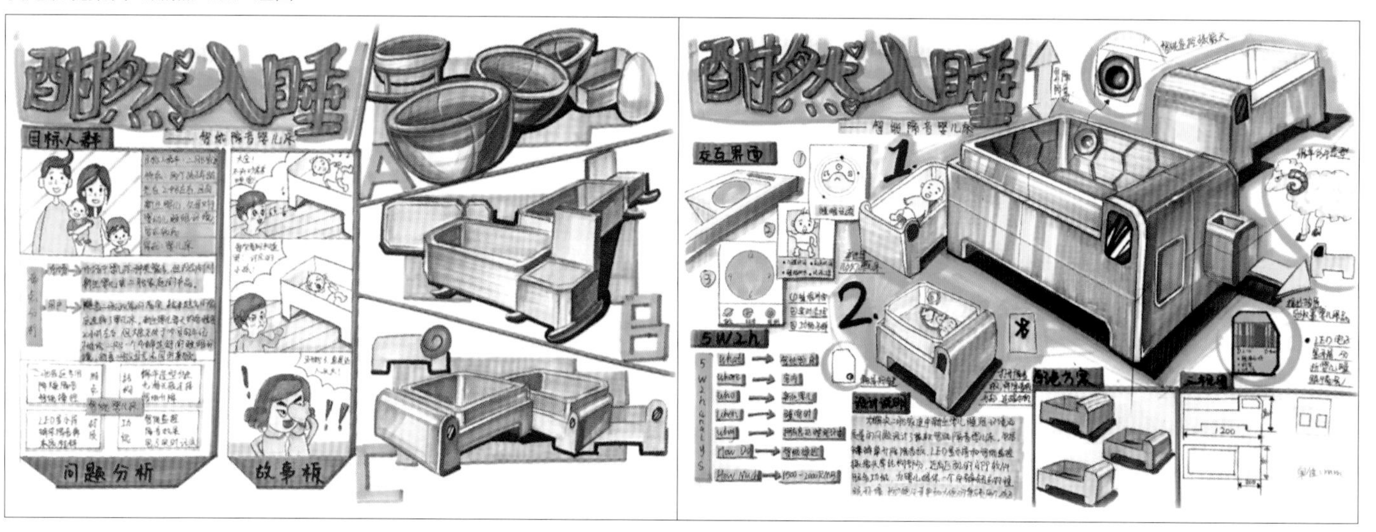

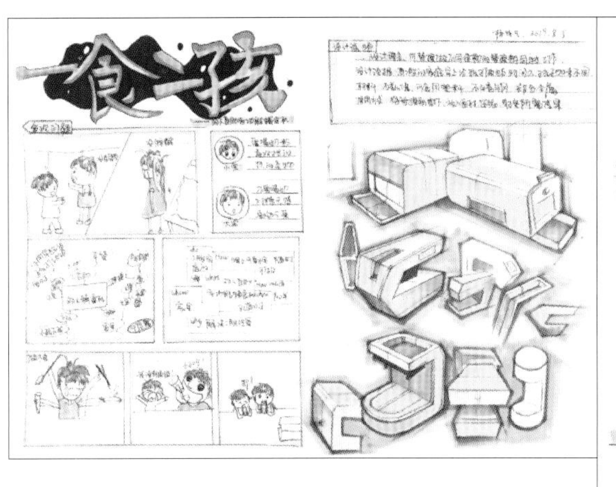

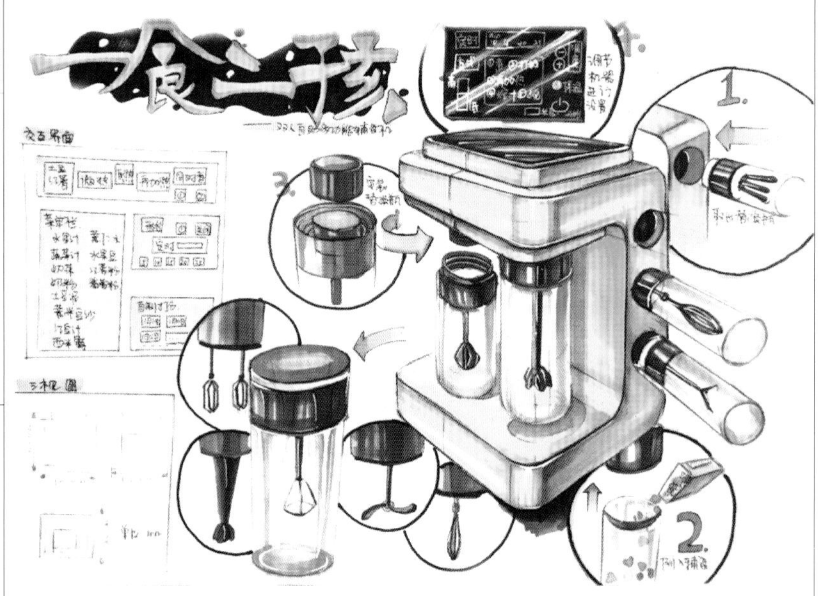

快题表现案例《一食二孩》组图

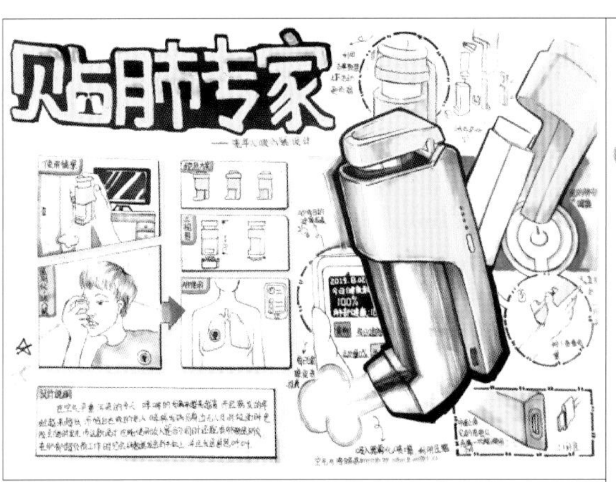

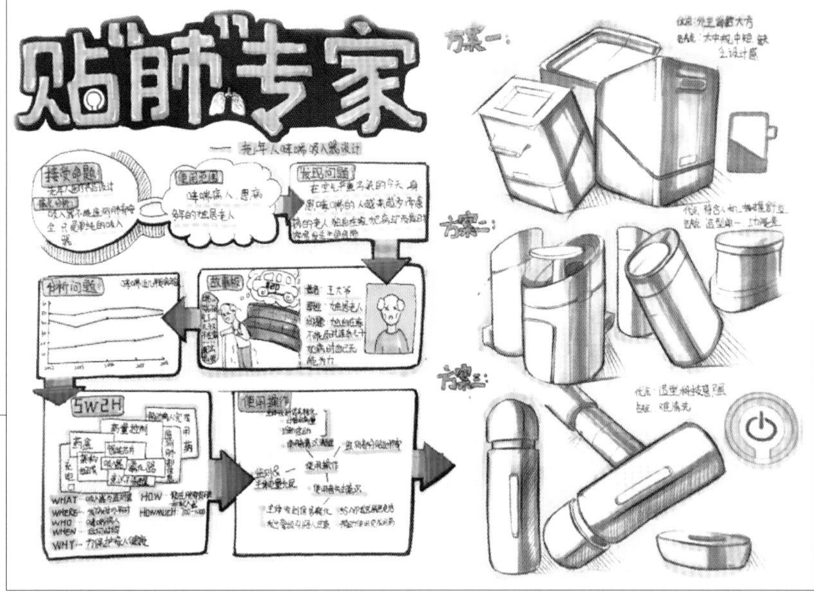

快题表现案例《贴肺专家》组图

快题表现案例《包容天下》组图

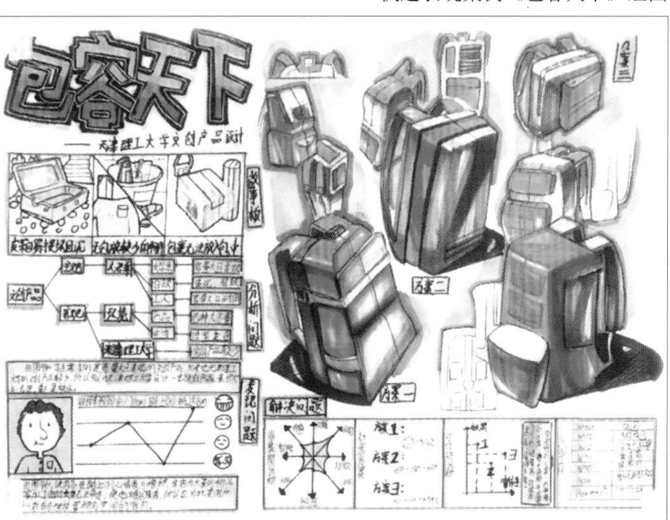

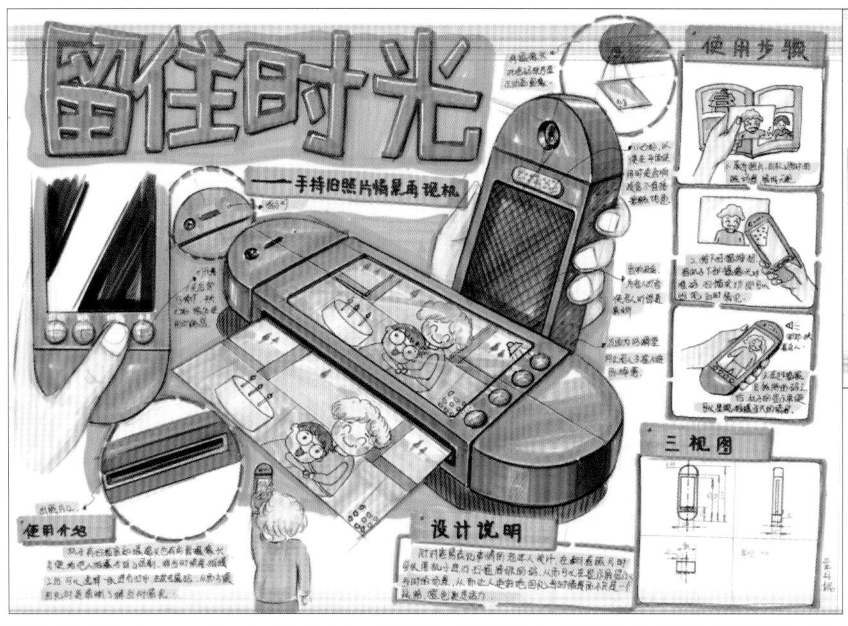

快题表现案例《留住时光》组图

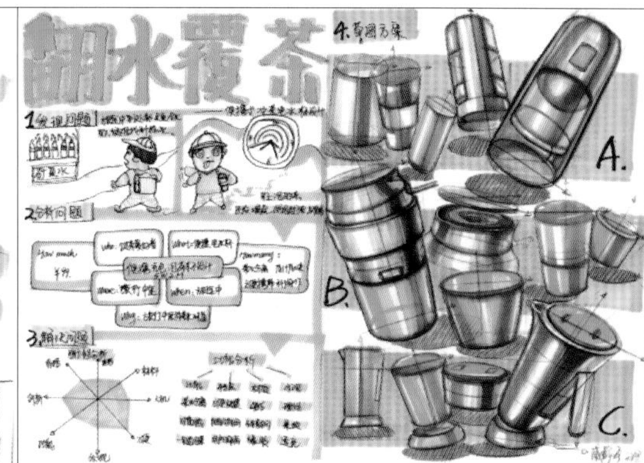

快题表现案例《翻水覆茶》组图

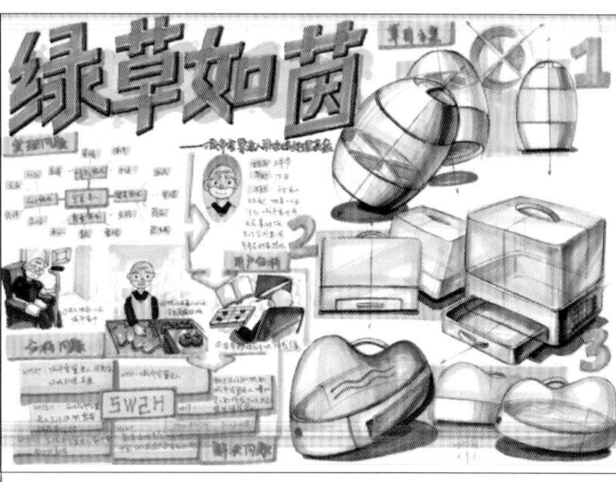

快题表现案例《绿草如茵》组图

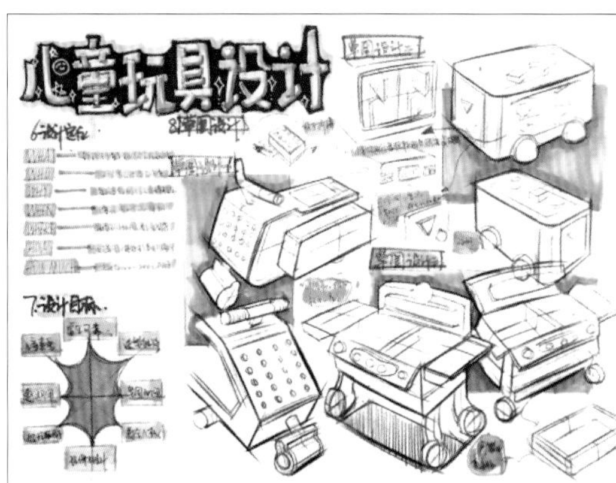

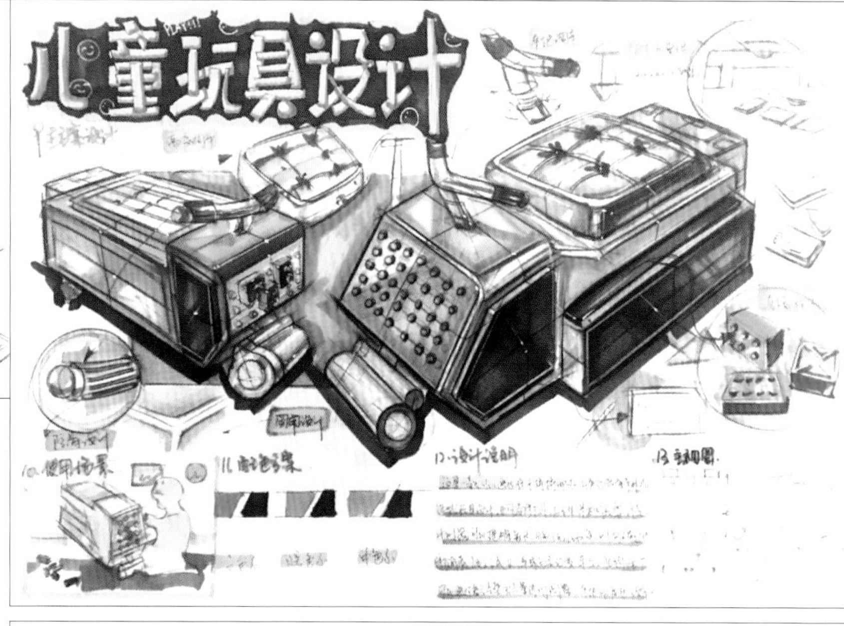

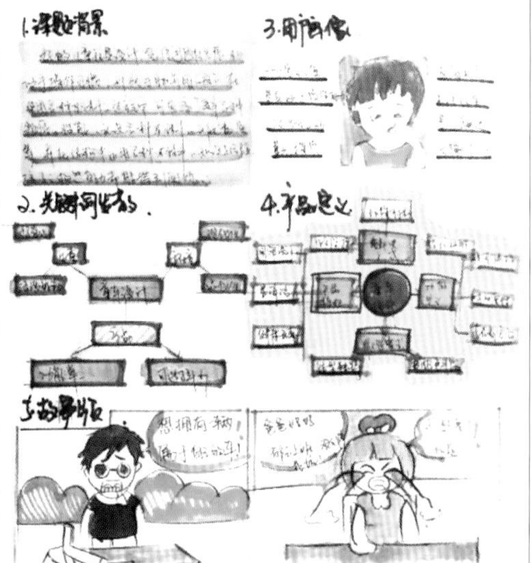

快题表现案例《儿童玩具设计》组图

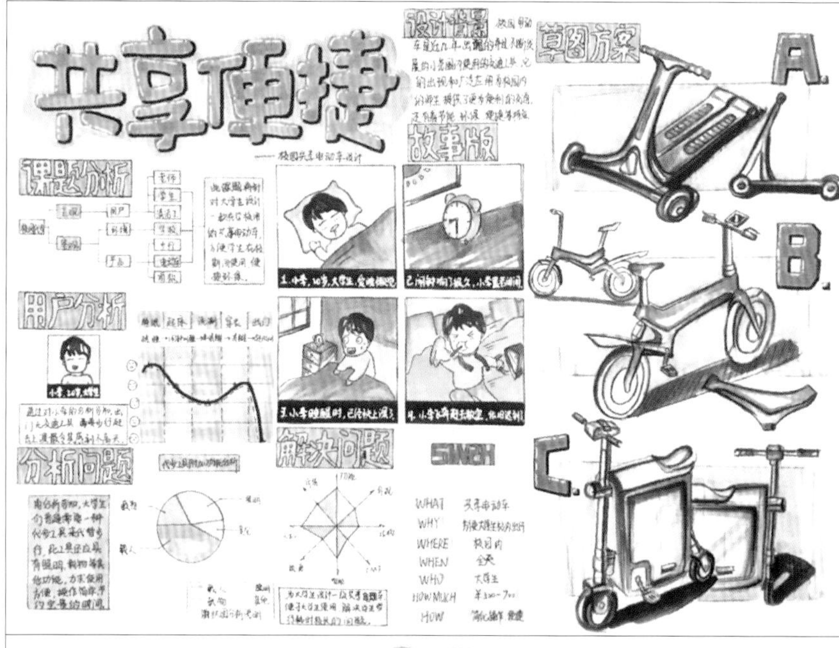

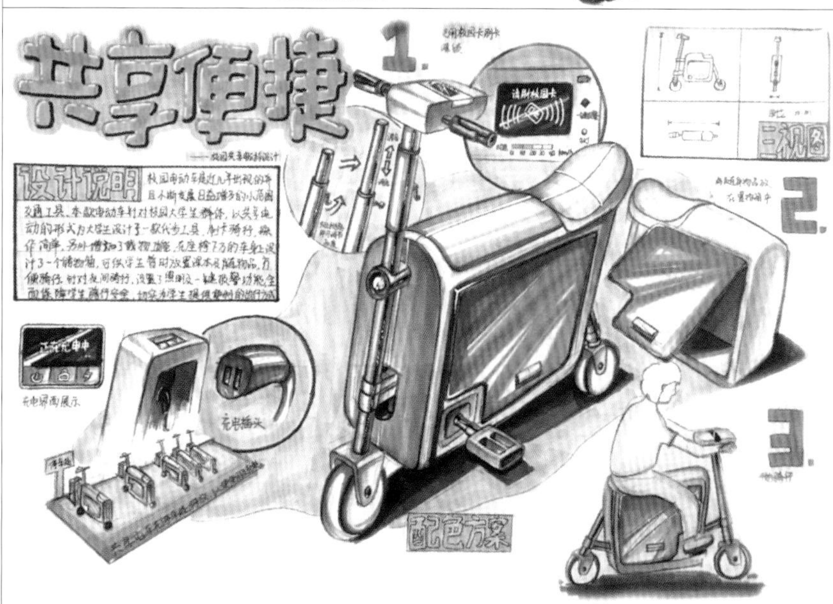

快题表现案例《共享便捷》组图

快题表现案例《每日晨报》组图

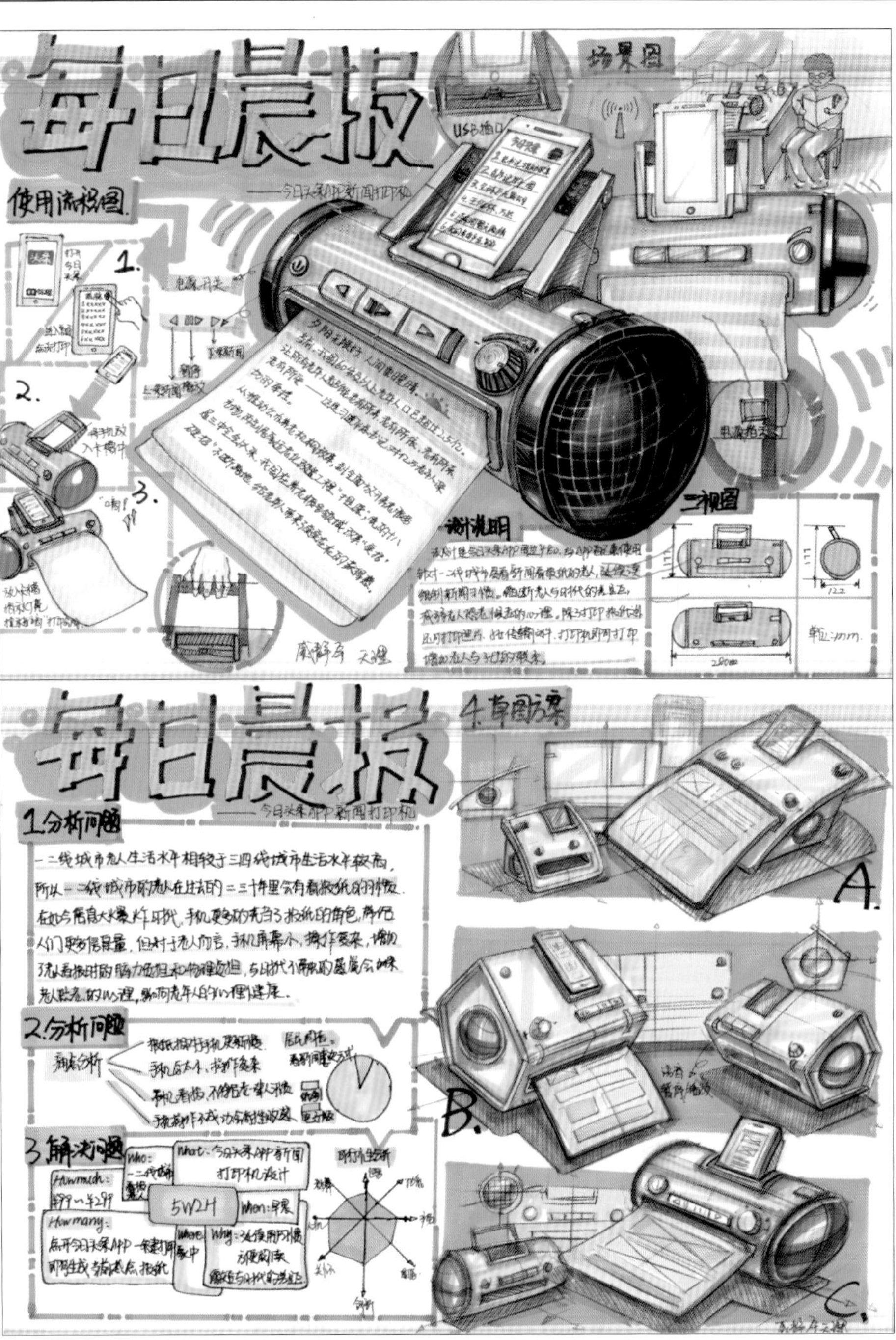

快题表现案例《大漠之心》组图

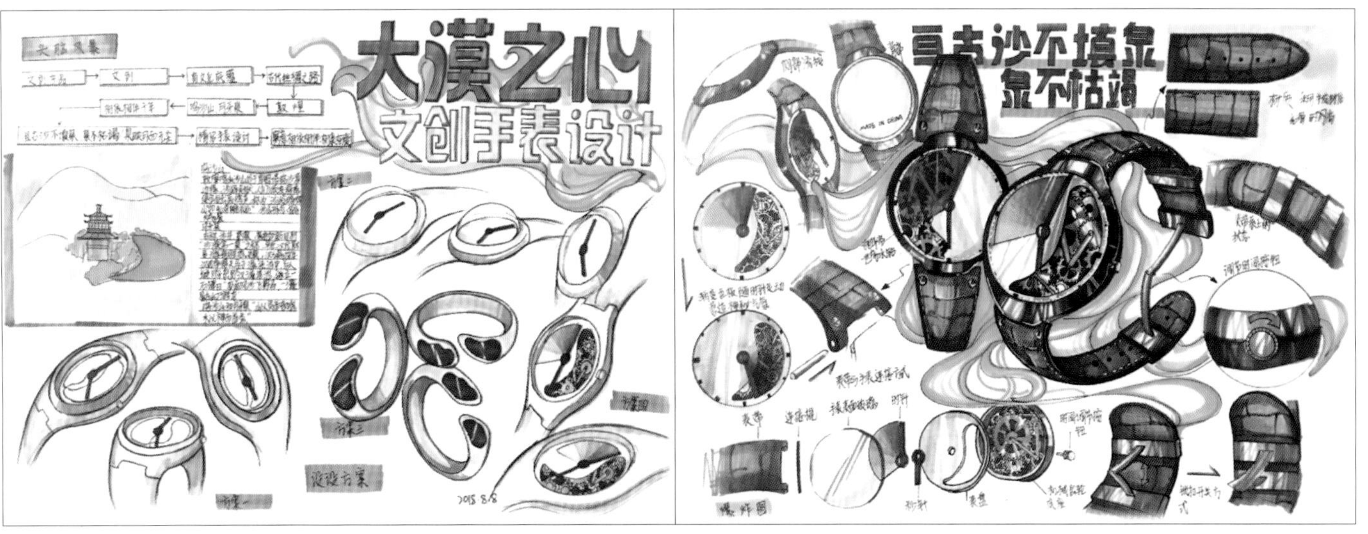

快题表现案例《曲水流觞》组图

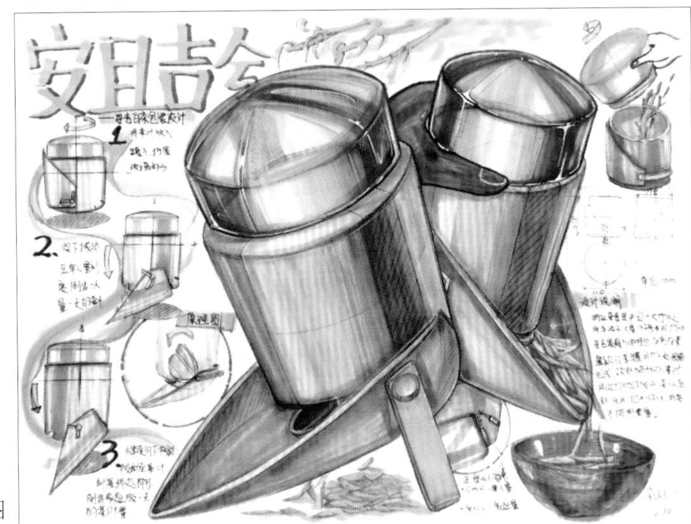

快题表现案例《安且吉兮》组图

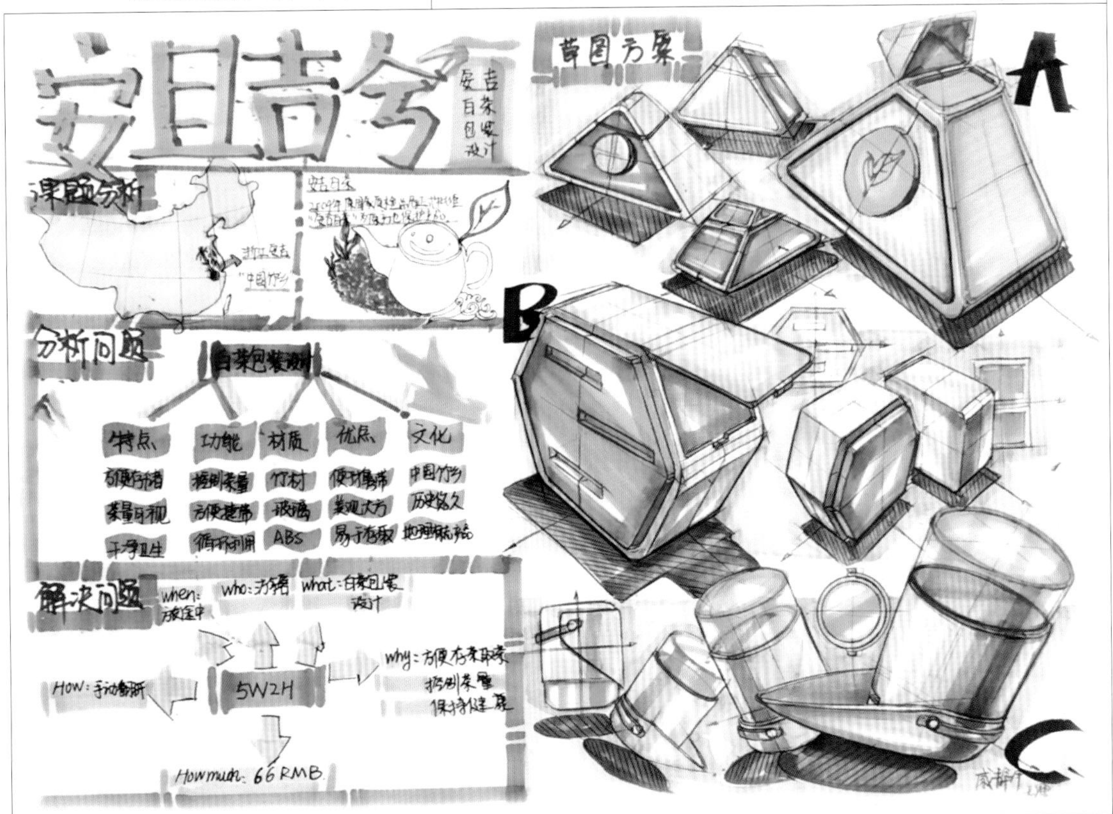

（二）单幅快题学生案例

本节例举的都是单版面的快题设计方案，多为A1纸大小的，快题方案中的所有内容都要在这一幅纸面上表现出来。

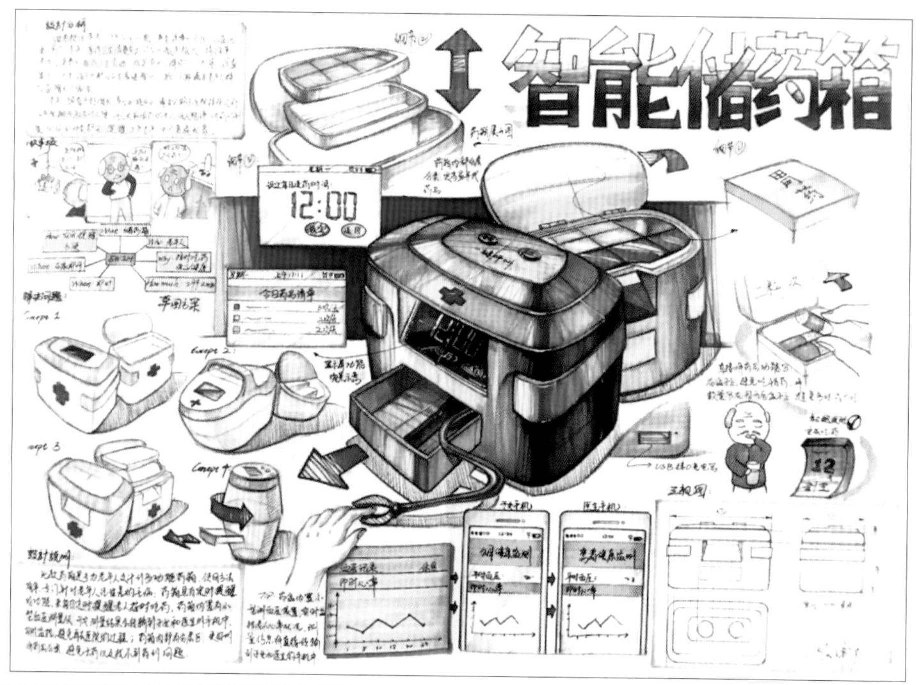

快题表现案例《智能储药箱》

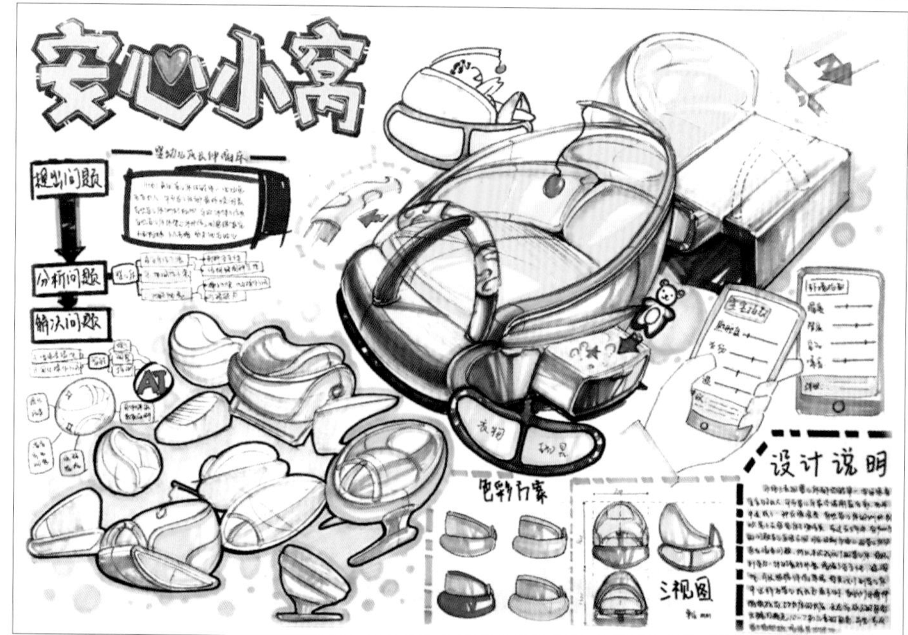

快题表现案例《安心小窝》

快题表现案例《桌面垃圾桶》

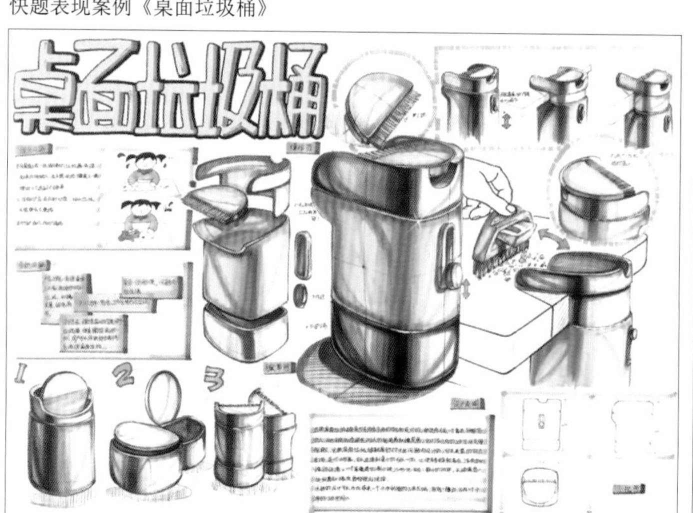

快题表现案例《服装管家》

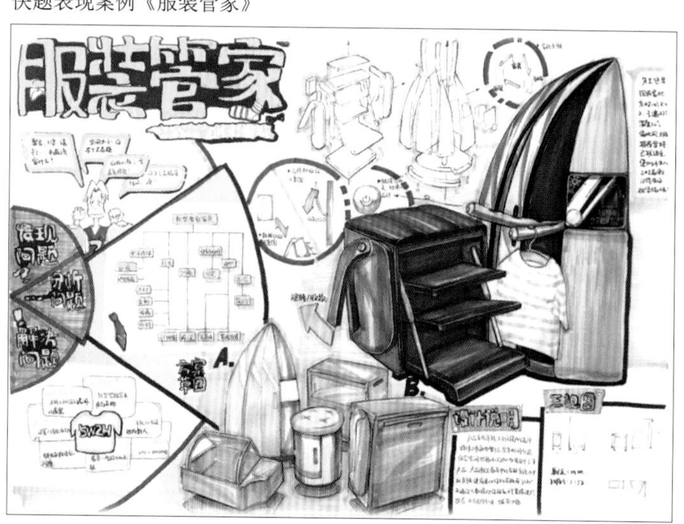

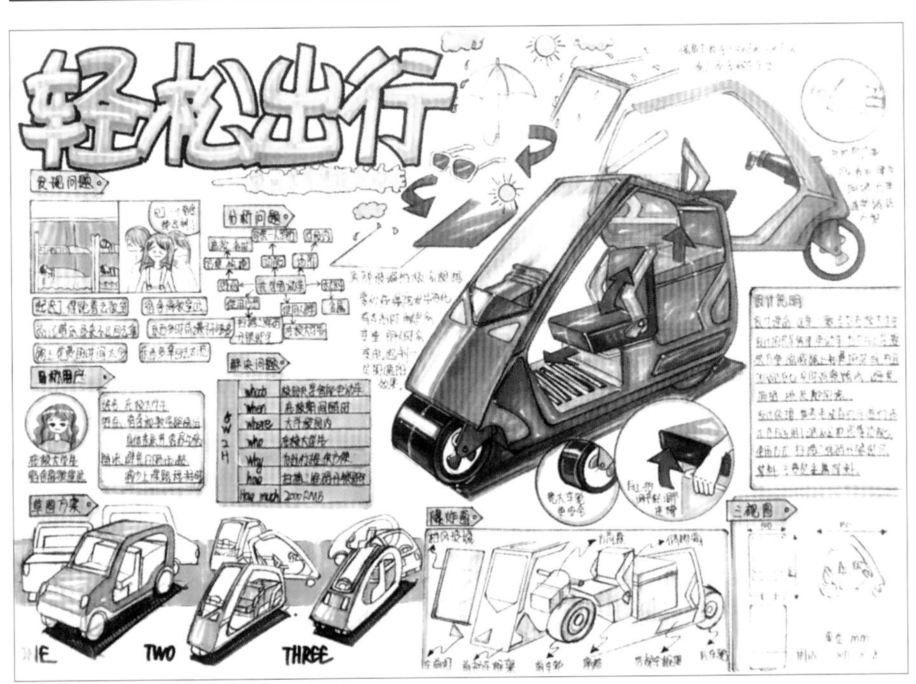

快题表现案例《轻松出行》

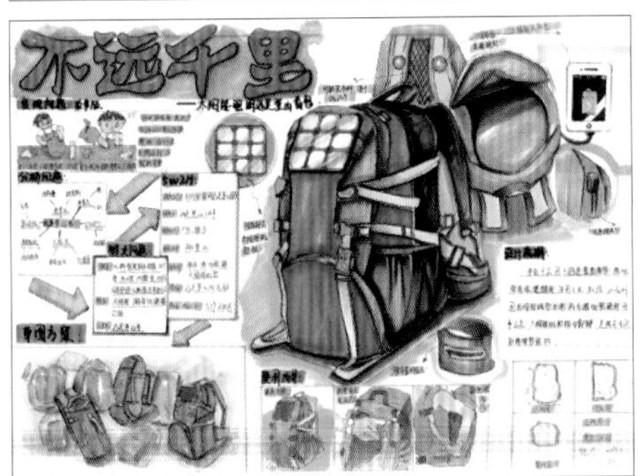

快题表现案例《不远千里》

快题表现案例《一臂之力》

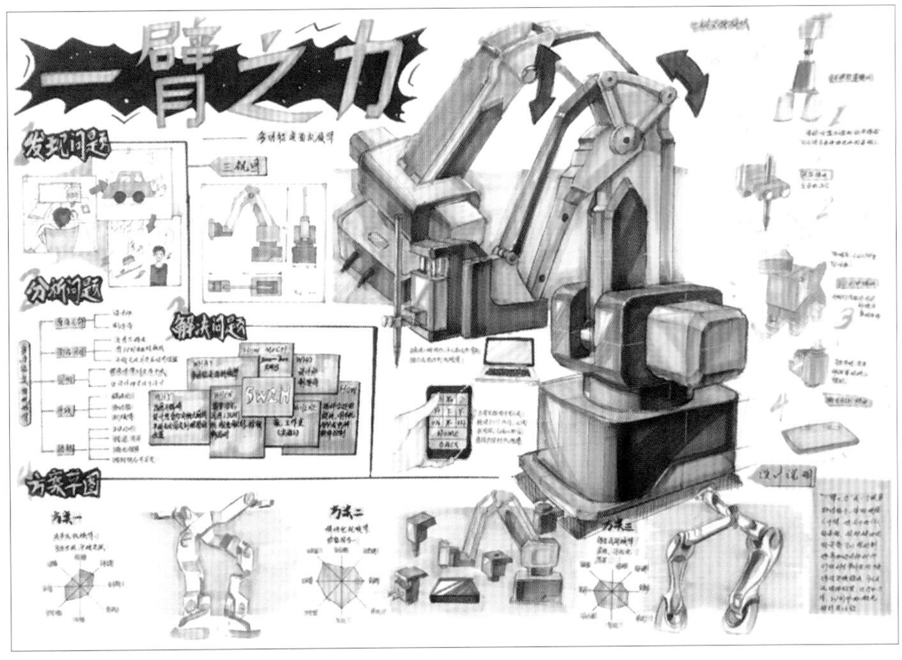

快题表现案例《家用血压计设计》

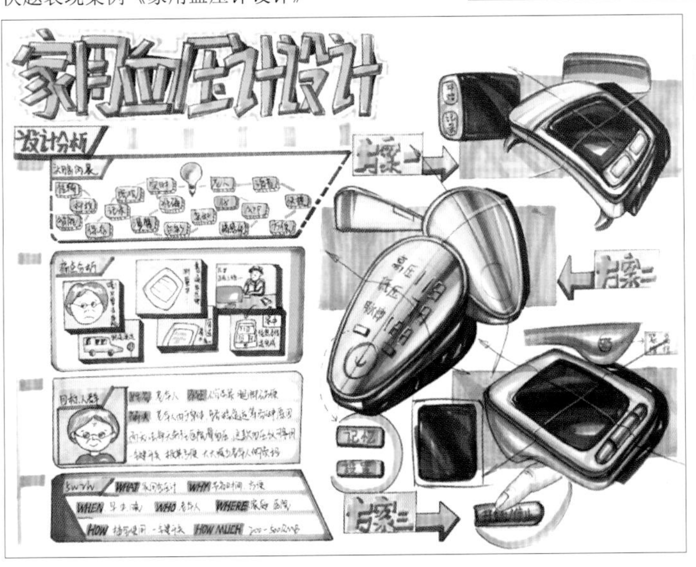

快题表现案例《北溟有鱼》

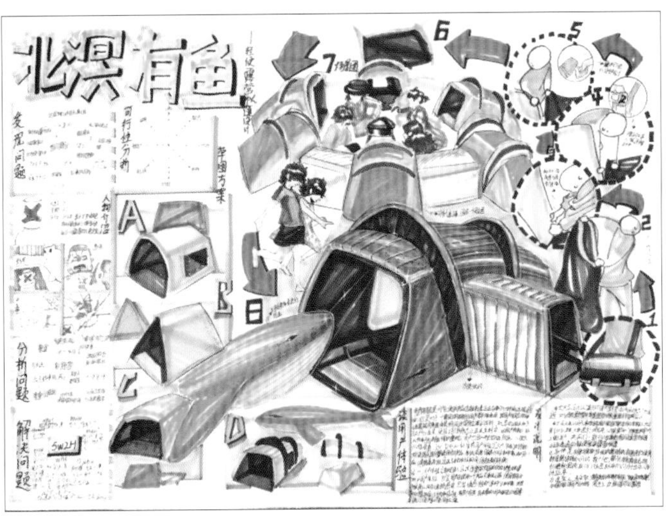

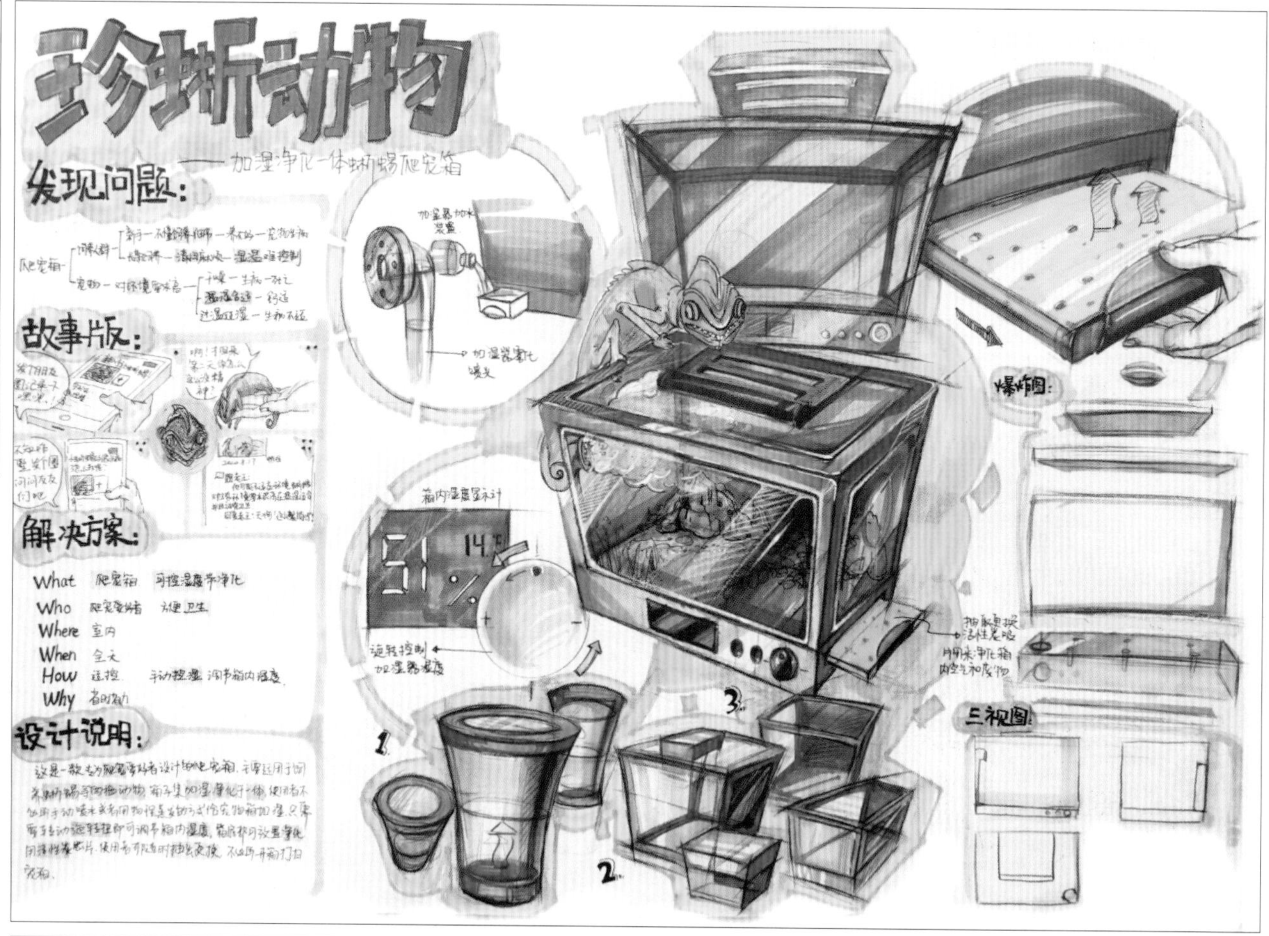

快题表现案例《珍蜥动物》

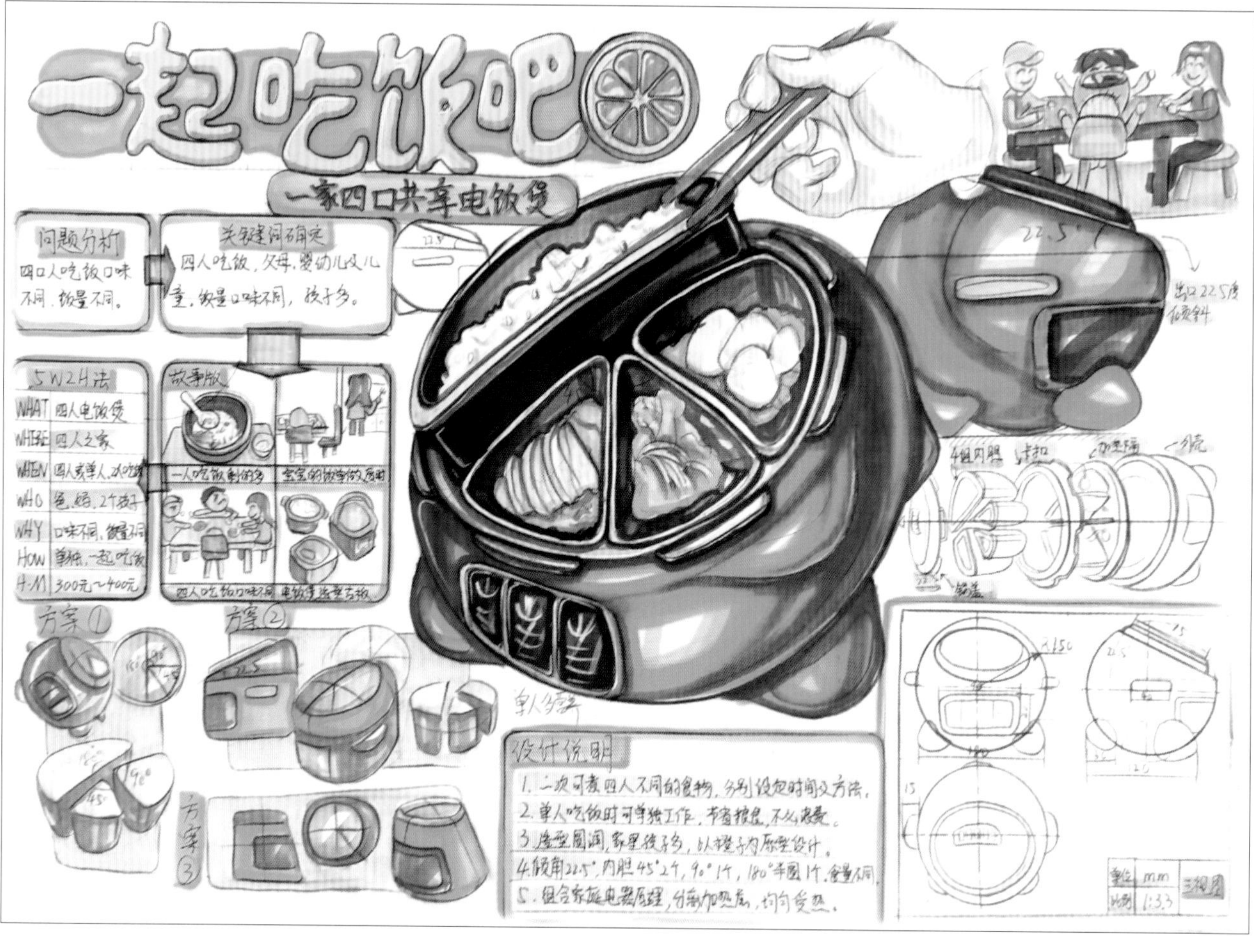

快题表现案例《一起吃饭吧》

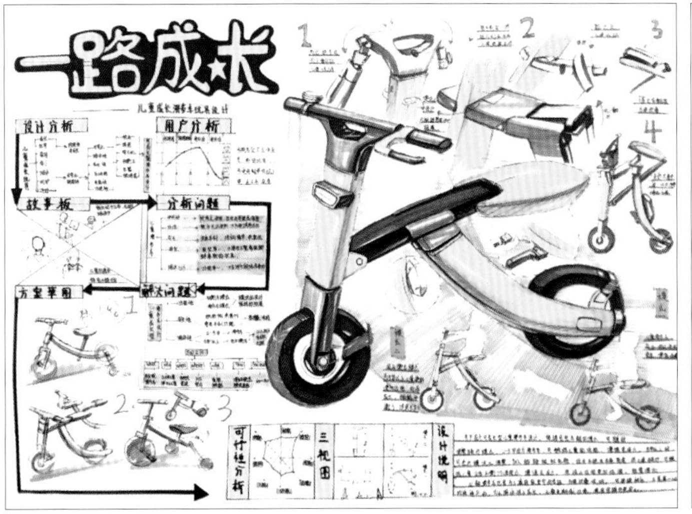

快题表现案例 《一路成长》

快题表现案例 《袋鼠妈妈》

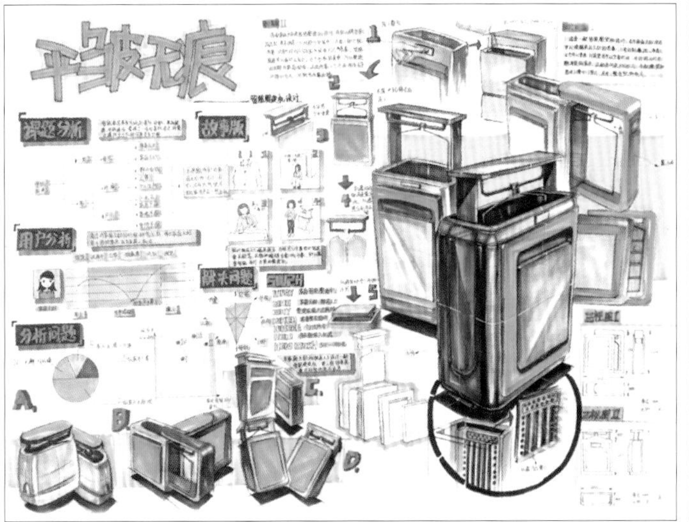

快题表现案例 《平皱无痕》

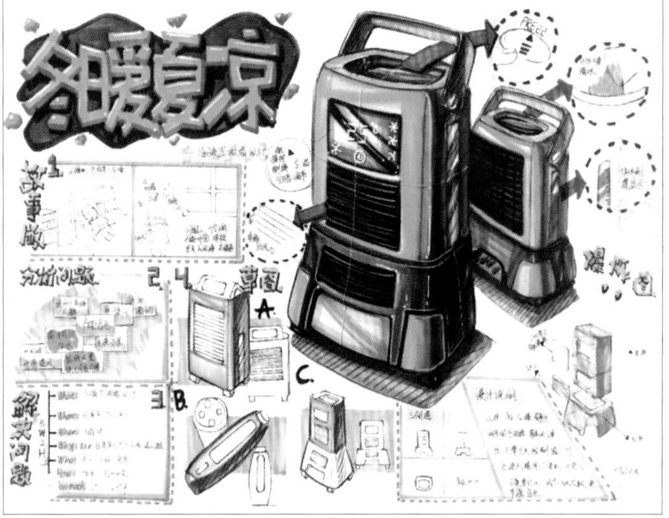

快题表现案例 《冬暖夏凉》

快题表现案例 《畅通无阻》

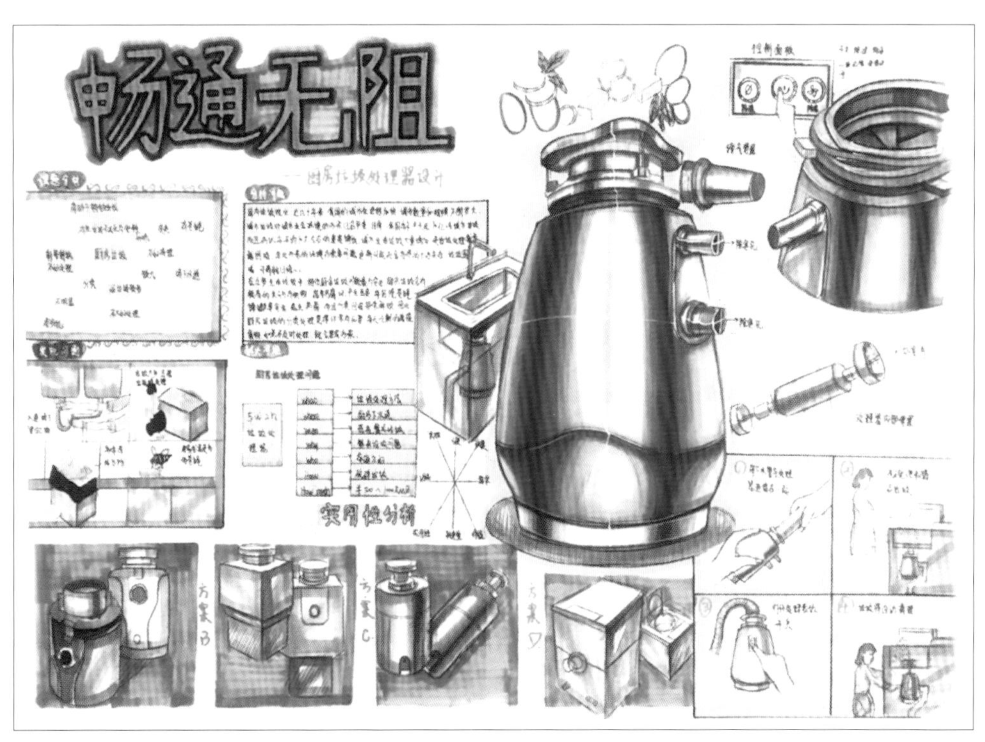

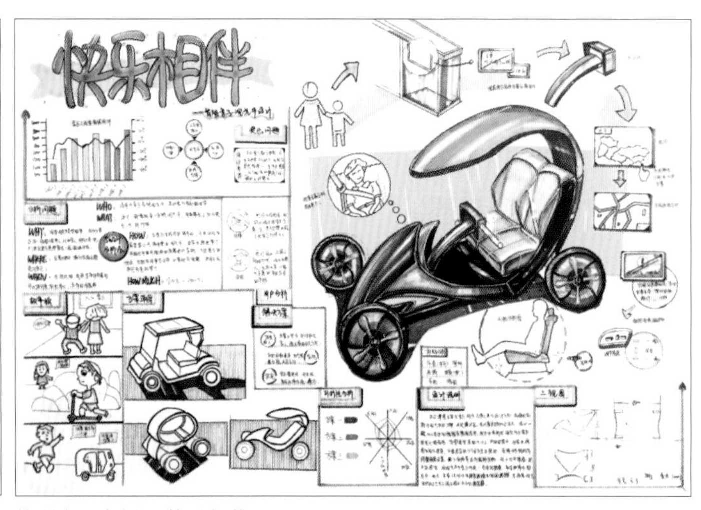

快题表现案例 《快乐相伴》

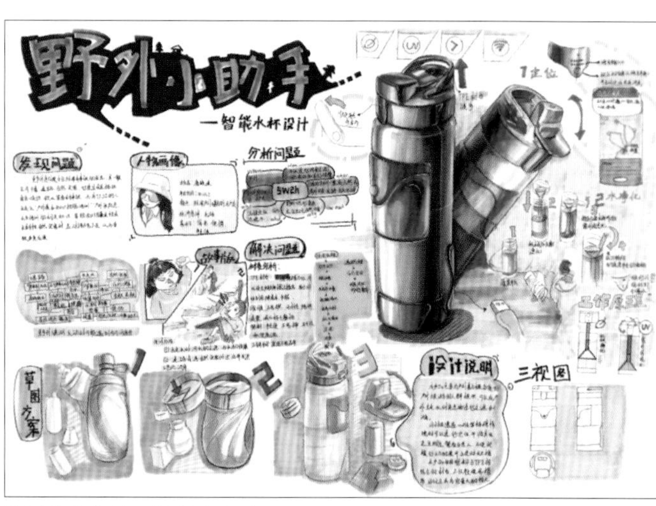

快题表现案例 《野外小助手》

快题表现案例 《共享验光仪》

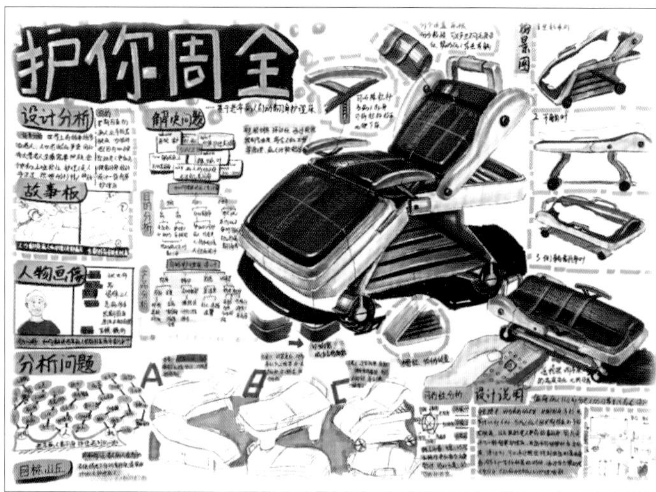

快题表现案例 《护你周全》

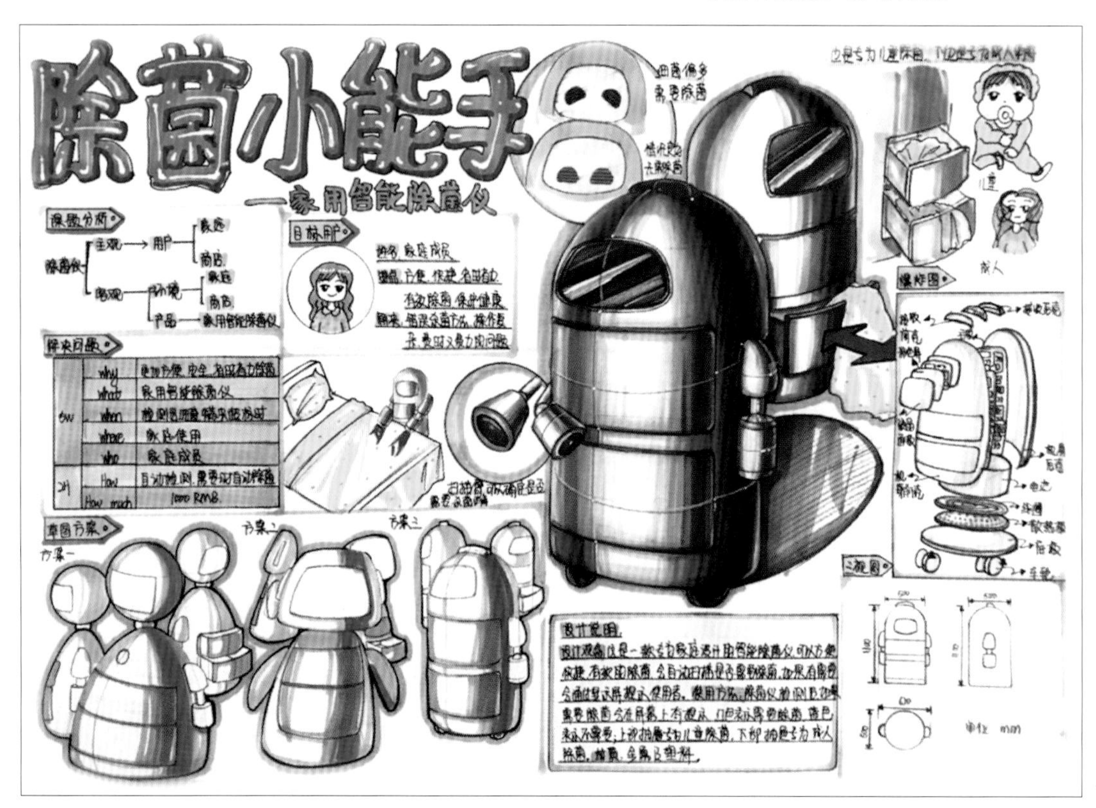

快题表现案例 《除菌小能手》

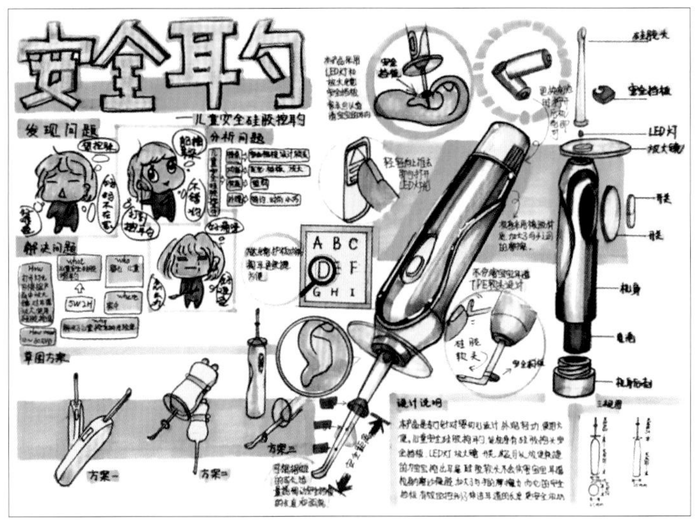

快题表现案例 《安全耳勺》

快题表现案例 《趣食魔盒》

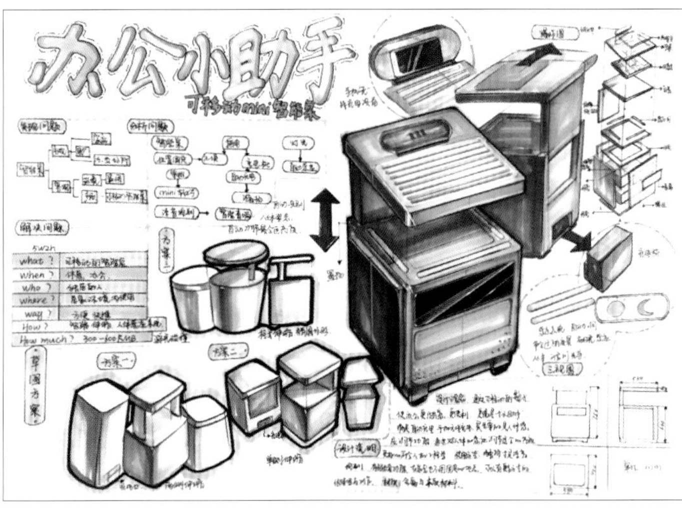

快题表现案例 《办公小助手》

快题表现案例 《办公小助手》

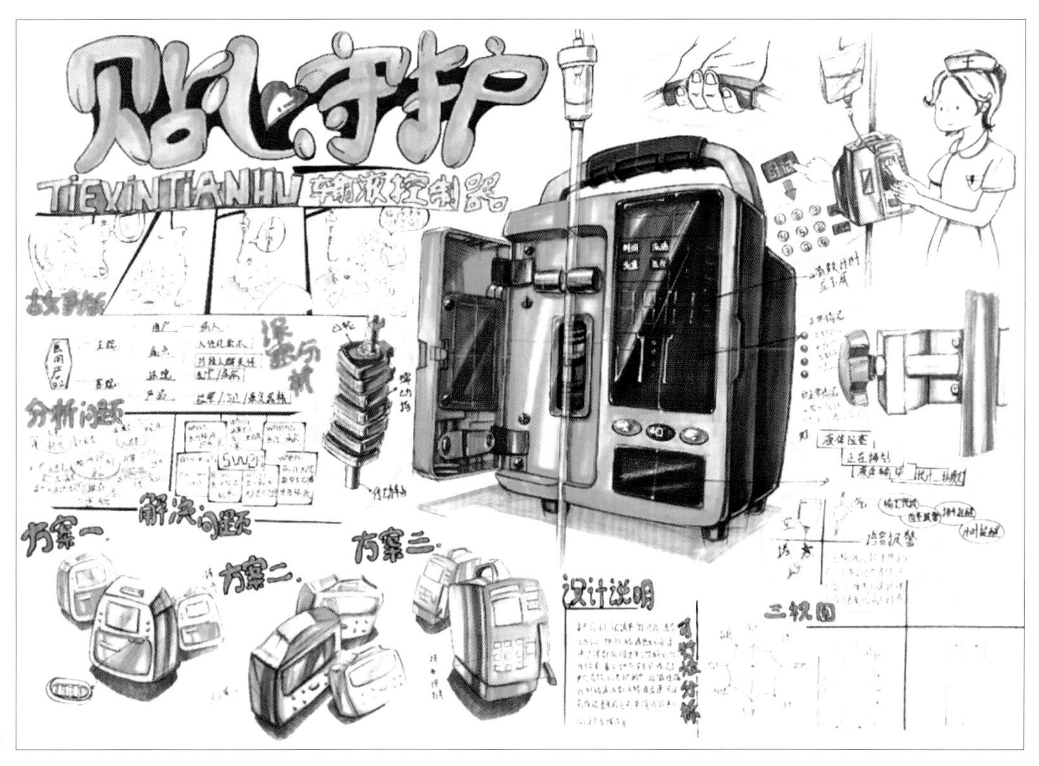

快题表现案例 《贴心守护》

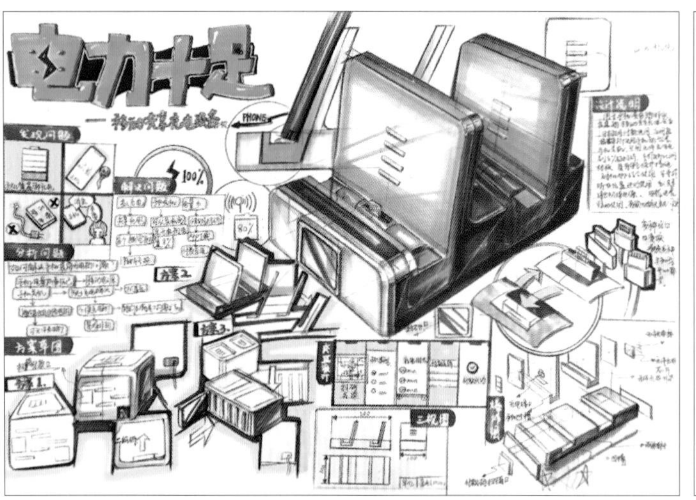

快题表现案例 《电力十足》

快题表现案例 《铅笔小助手》

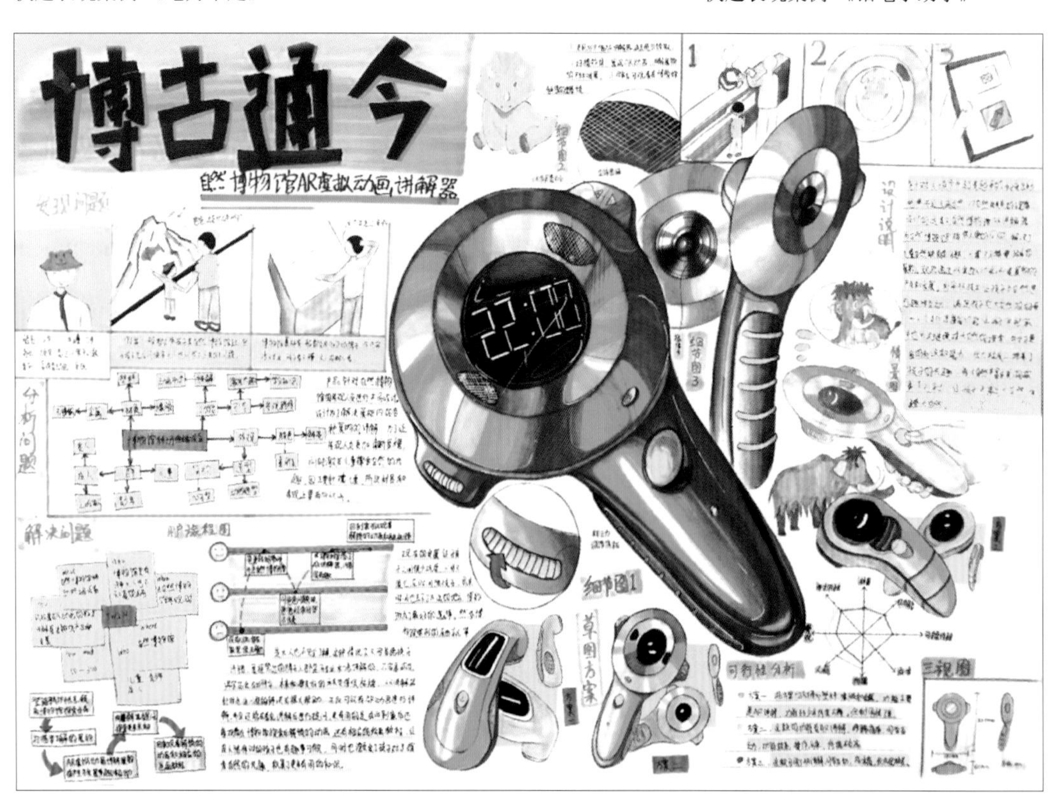

快题表现案例 《博古通今》

快题表现案例 《空气净化器》

快题表现案例 《一身轻松》

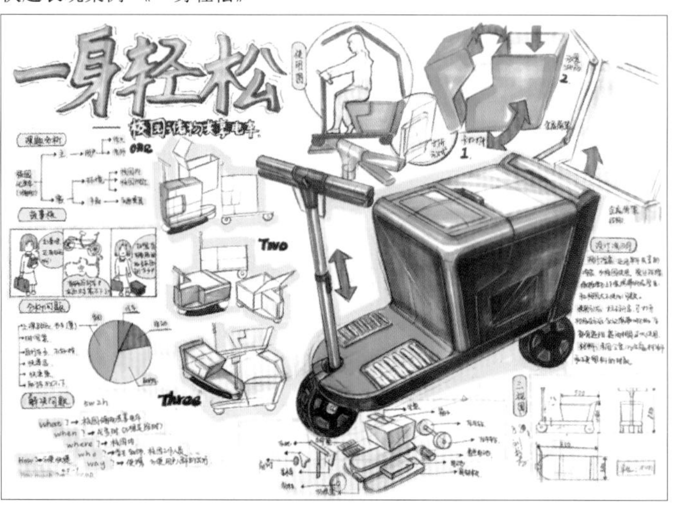

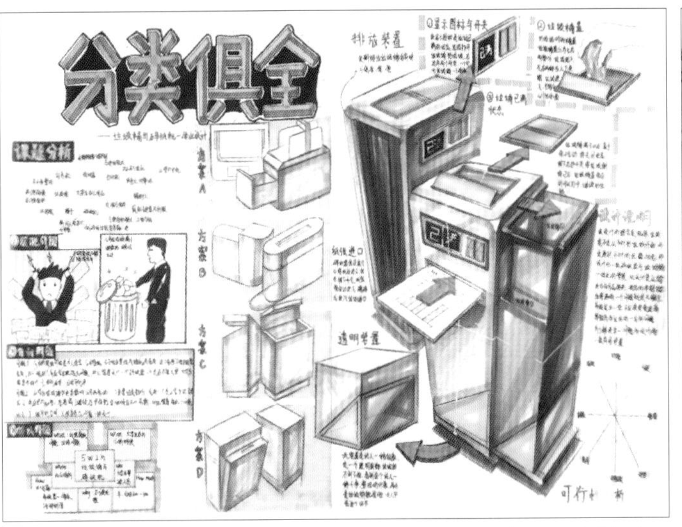

快题表现案例 《分类俱全》

快题表现案例 《衣物回收箱》

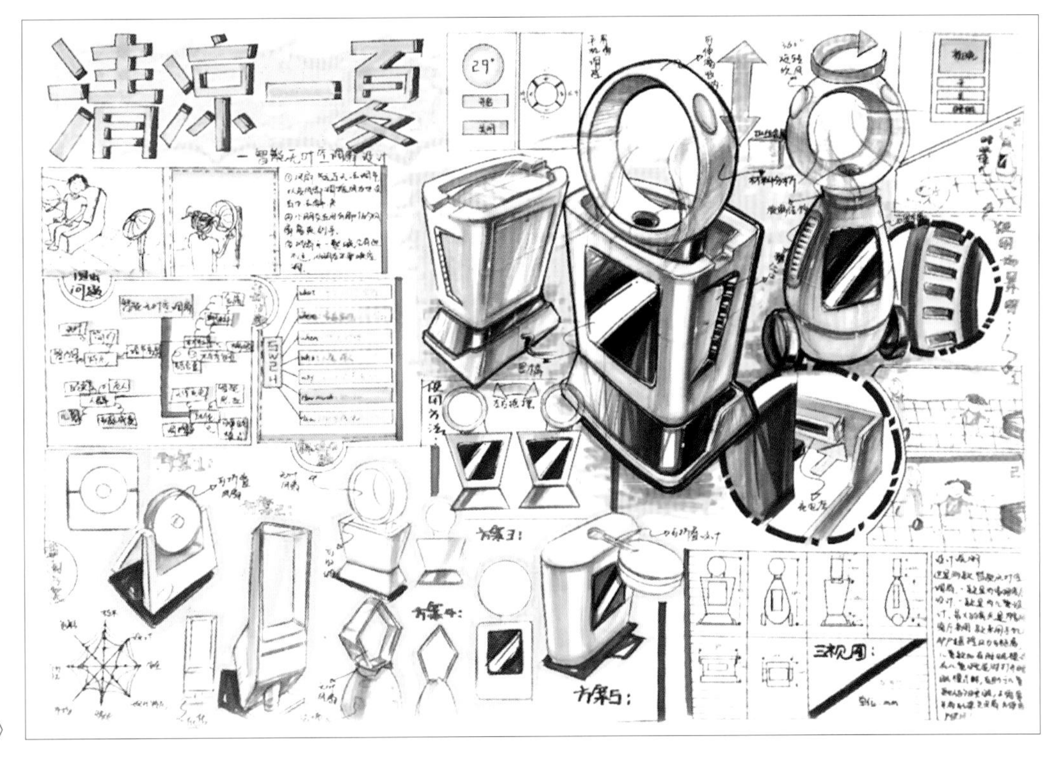

快题表现案例 《清凉一夏》

快题表现案例 《轻车简从》

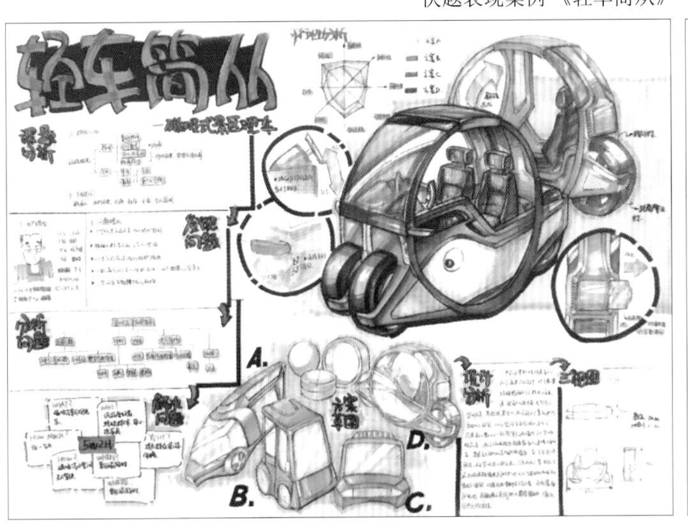

快题表现案例 《饥饿投食鸭》

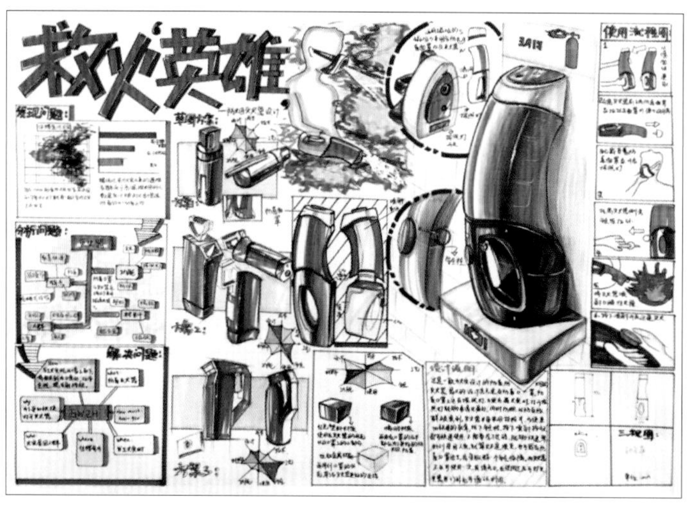

快题表现案例 《救火英雄》

快题表现案例 《安步当车》

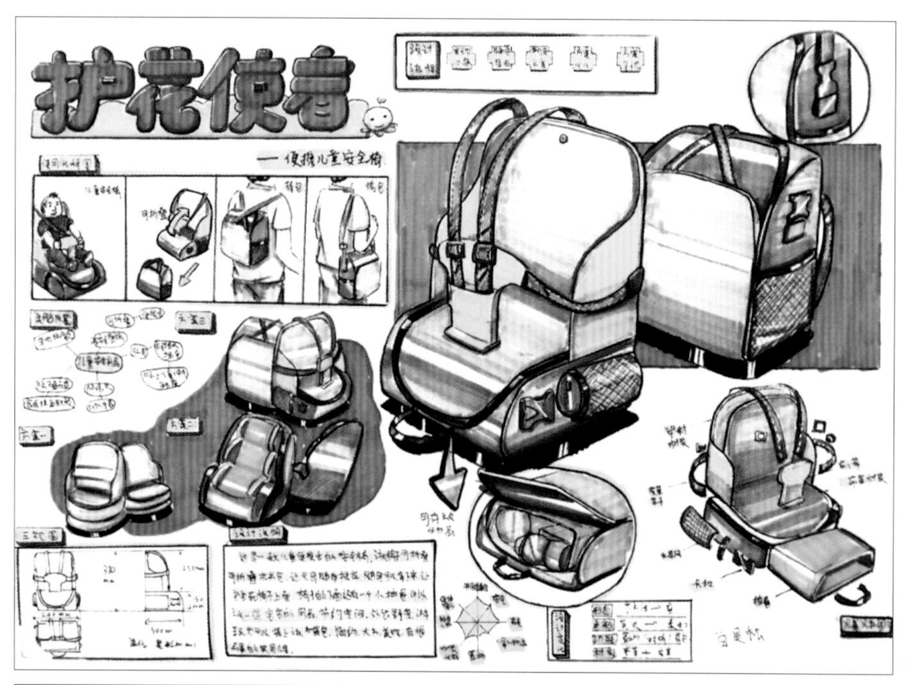

快题表现案例 《护花使者》

快题表现案例 《户外灯设计》

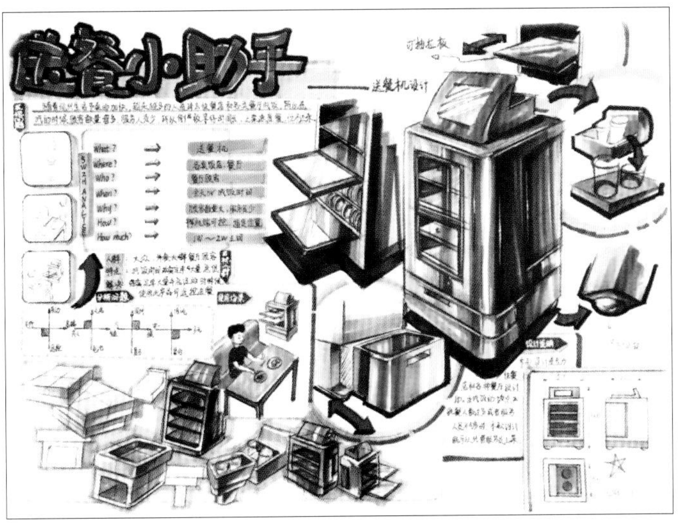

快题表现案例 《送餐小助手》

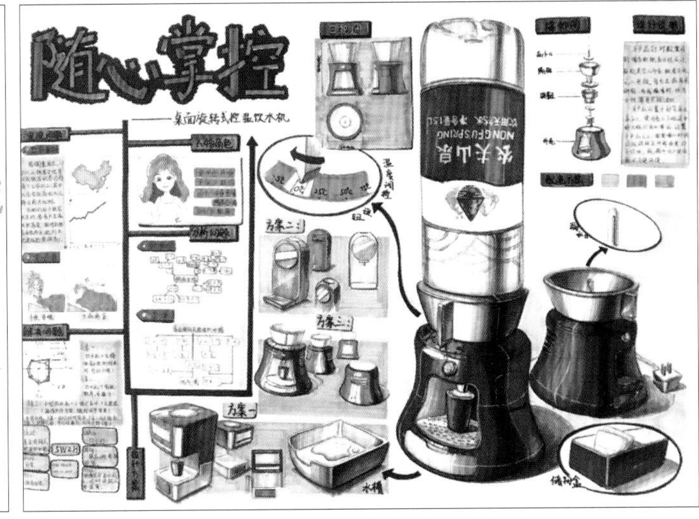

快题表现案例 《随心掌控》

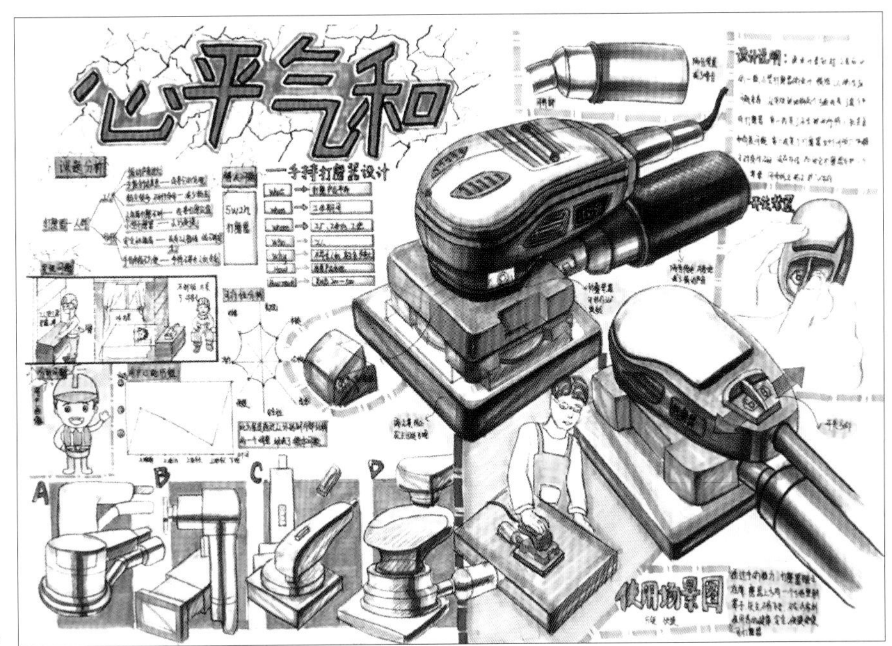

快题表现案例 《心平气和》

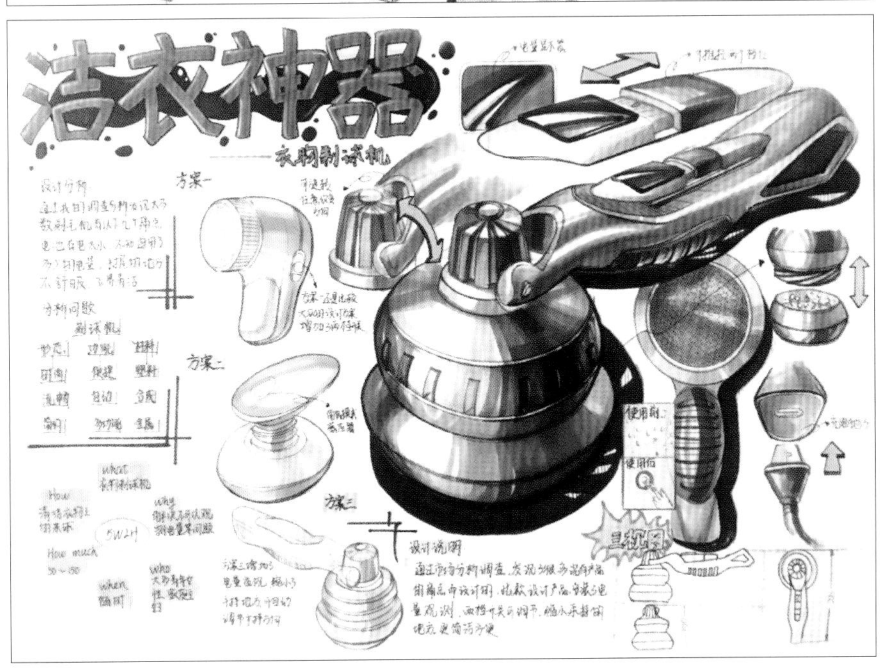

快题表现案例 《洁衣神器》

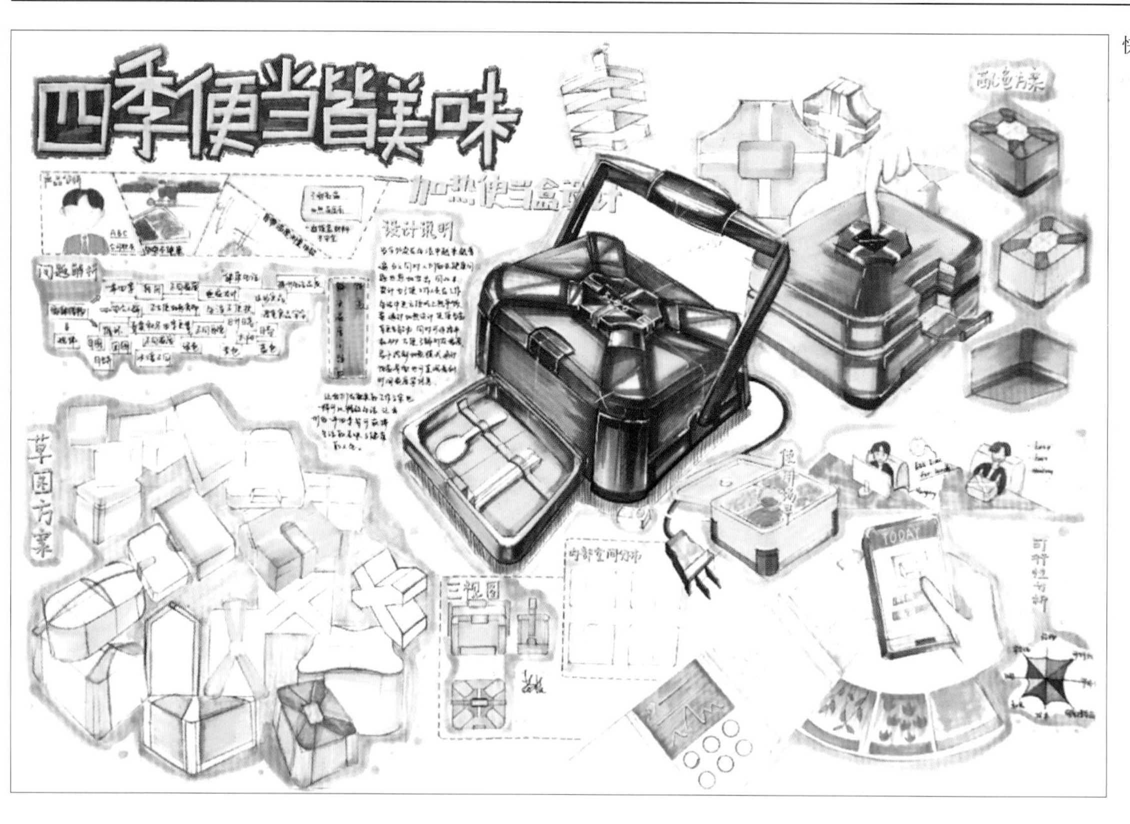

快题表现案例
《四季便当皆美味》

快题表现案例 《美味无忧》

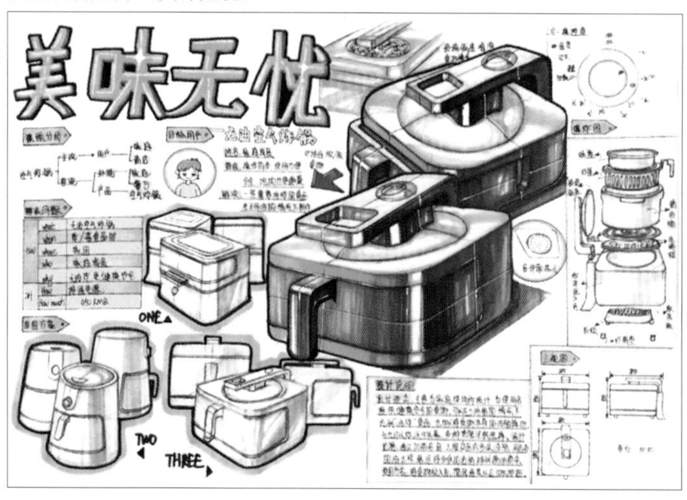

快题表现案例 《阳光早餐》

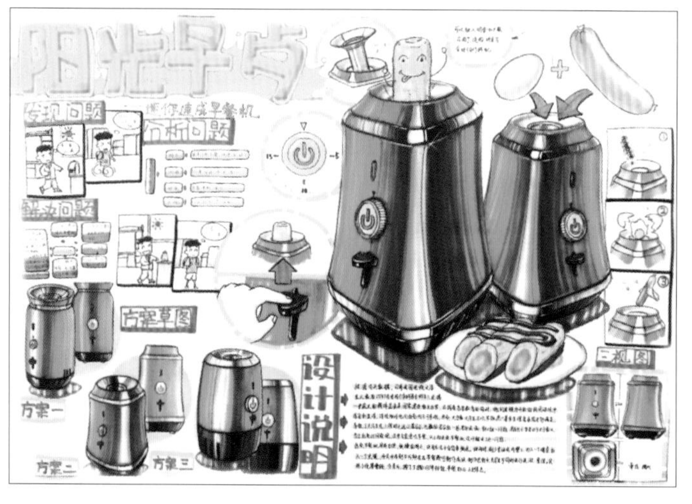

快题表现案例 《洗衣吧》

快题表现案例 《探险者》

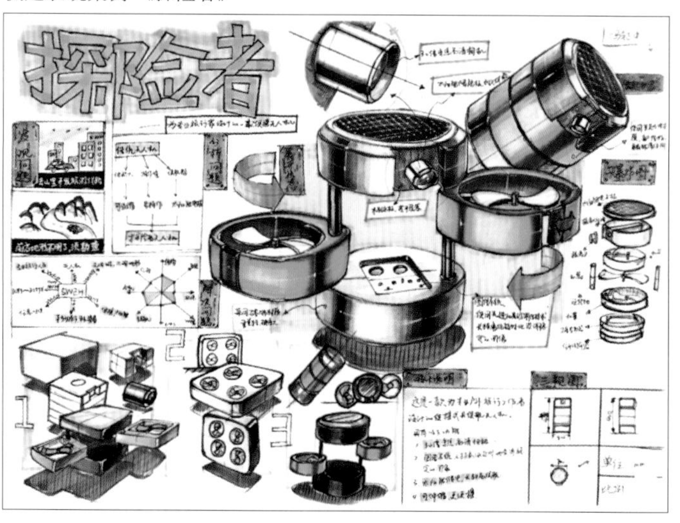

快题表现案例 《一扫而光》

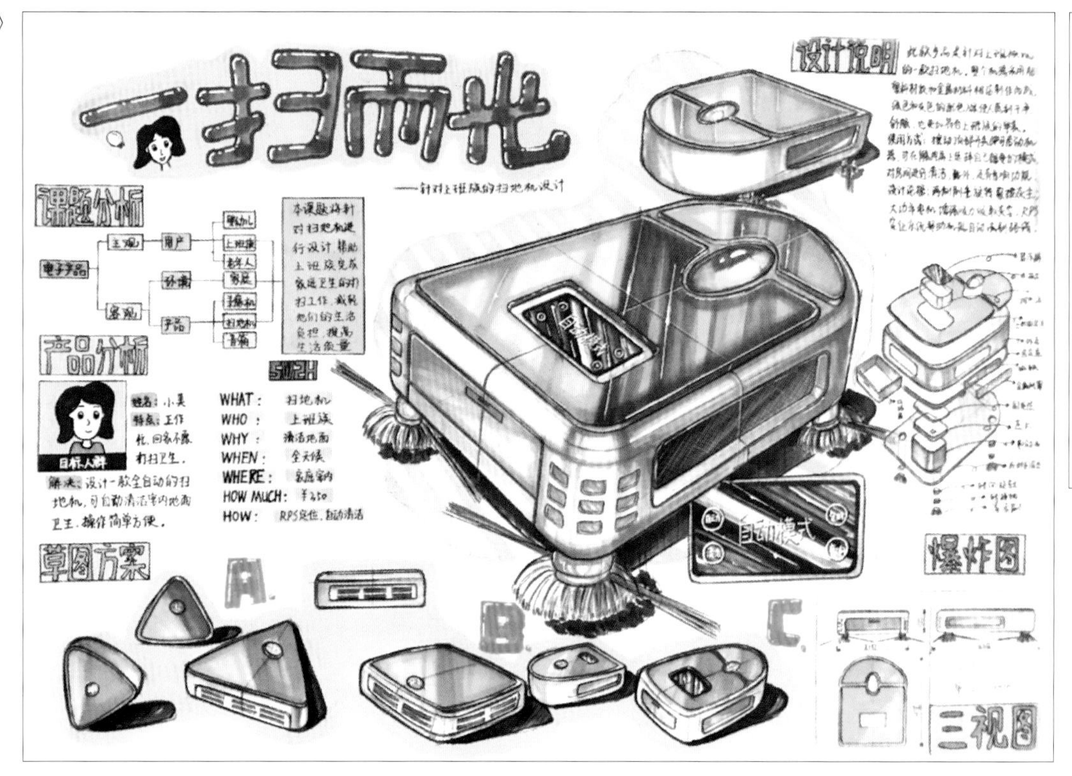

快题表现案例 《触摸心跳》

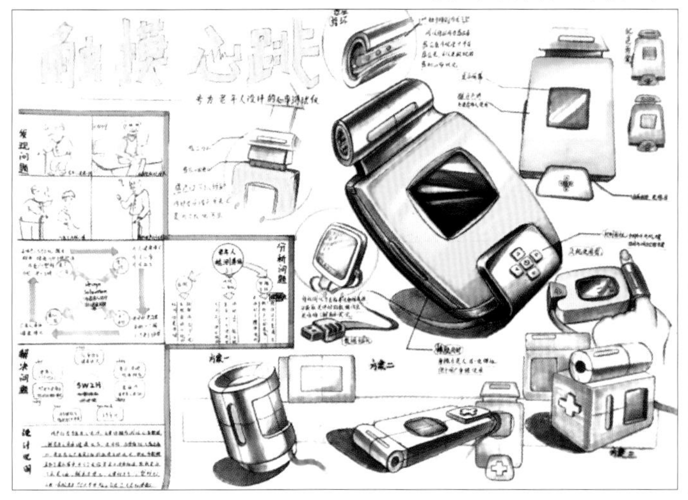

快题表现案例 《投你所好》

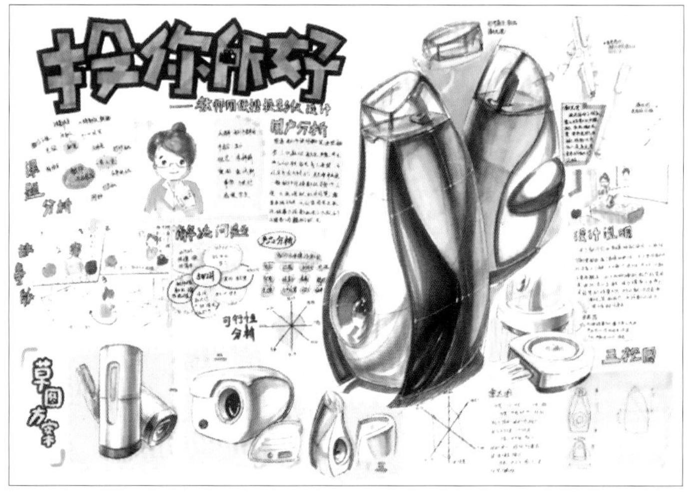

快题表现案例 《品质生活》

快题表现案例 《风雨无阻》

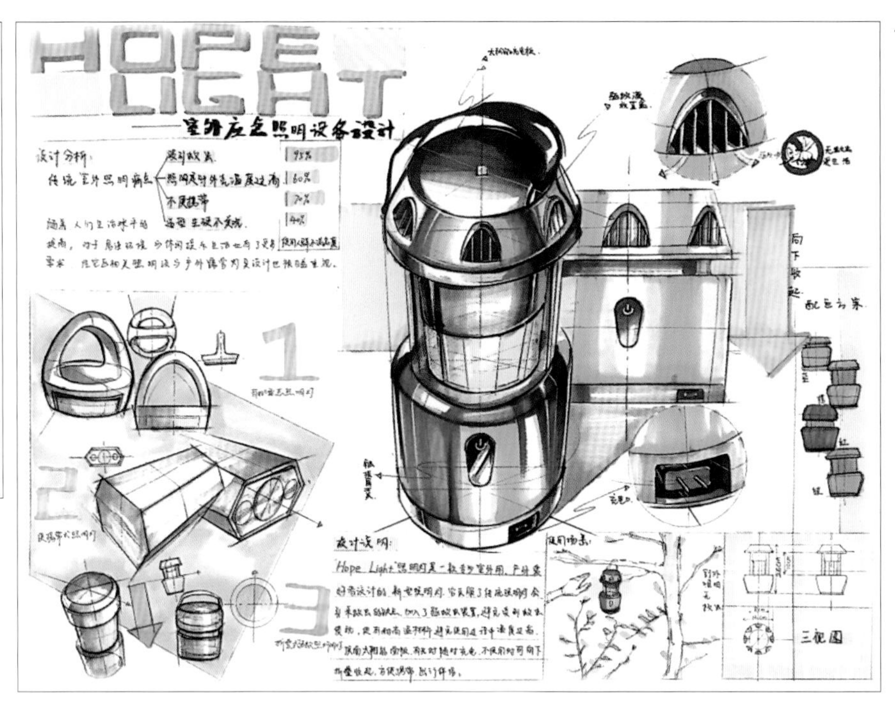

快题表现案例 《HOPELIGHT》

快题表现案例 《炯炯有神》

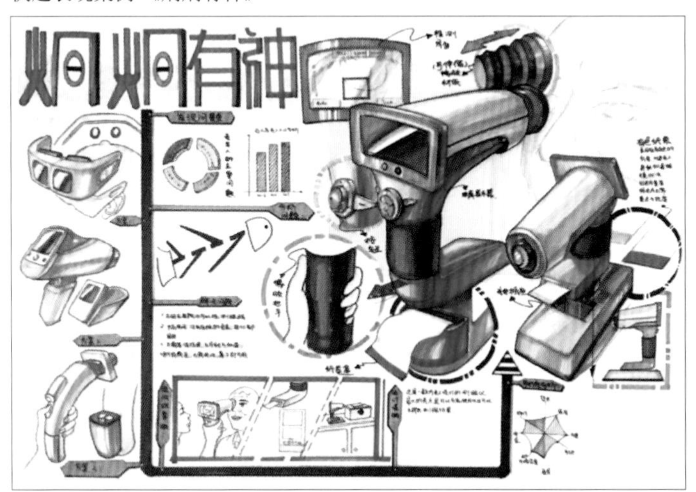

快题表现案例 《清松一刻》

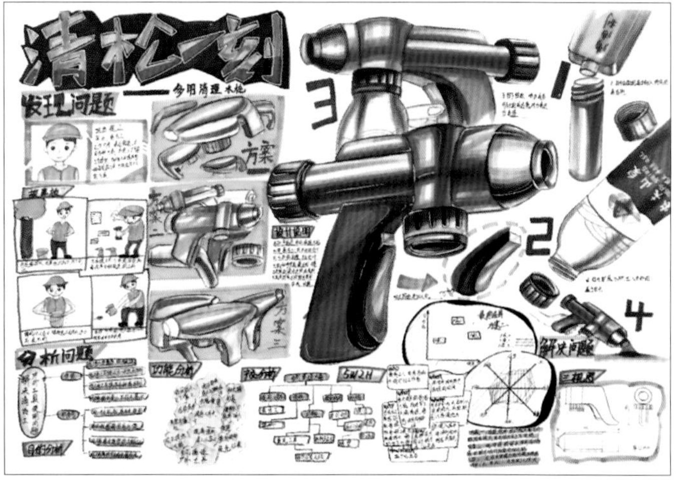

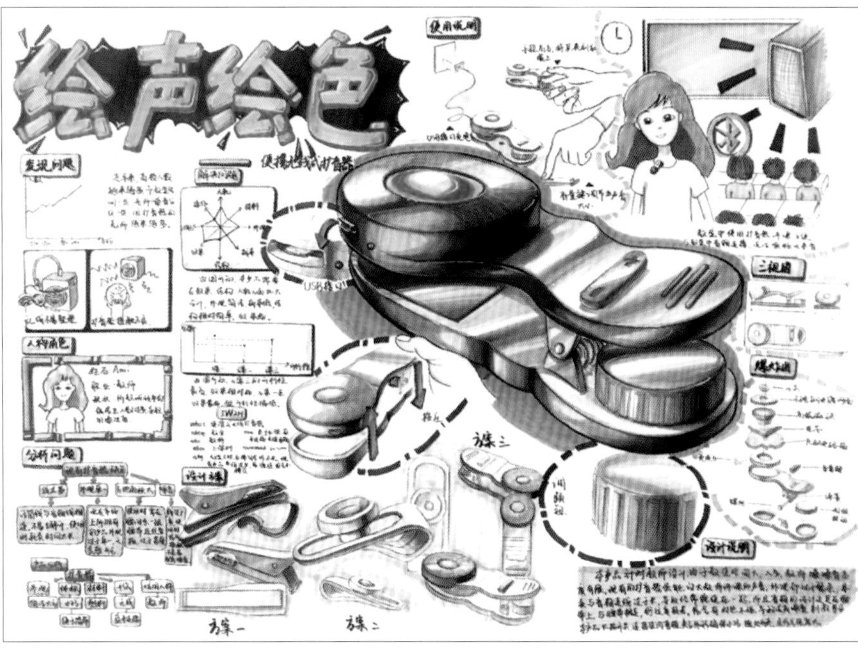

快题表现案例 《绘声绘色》

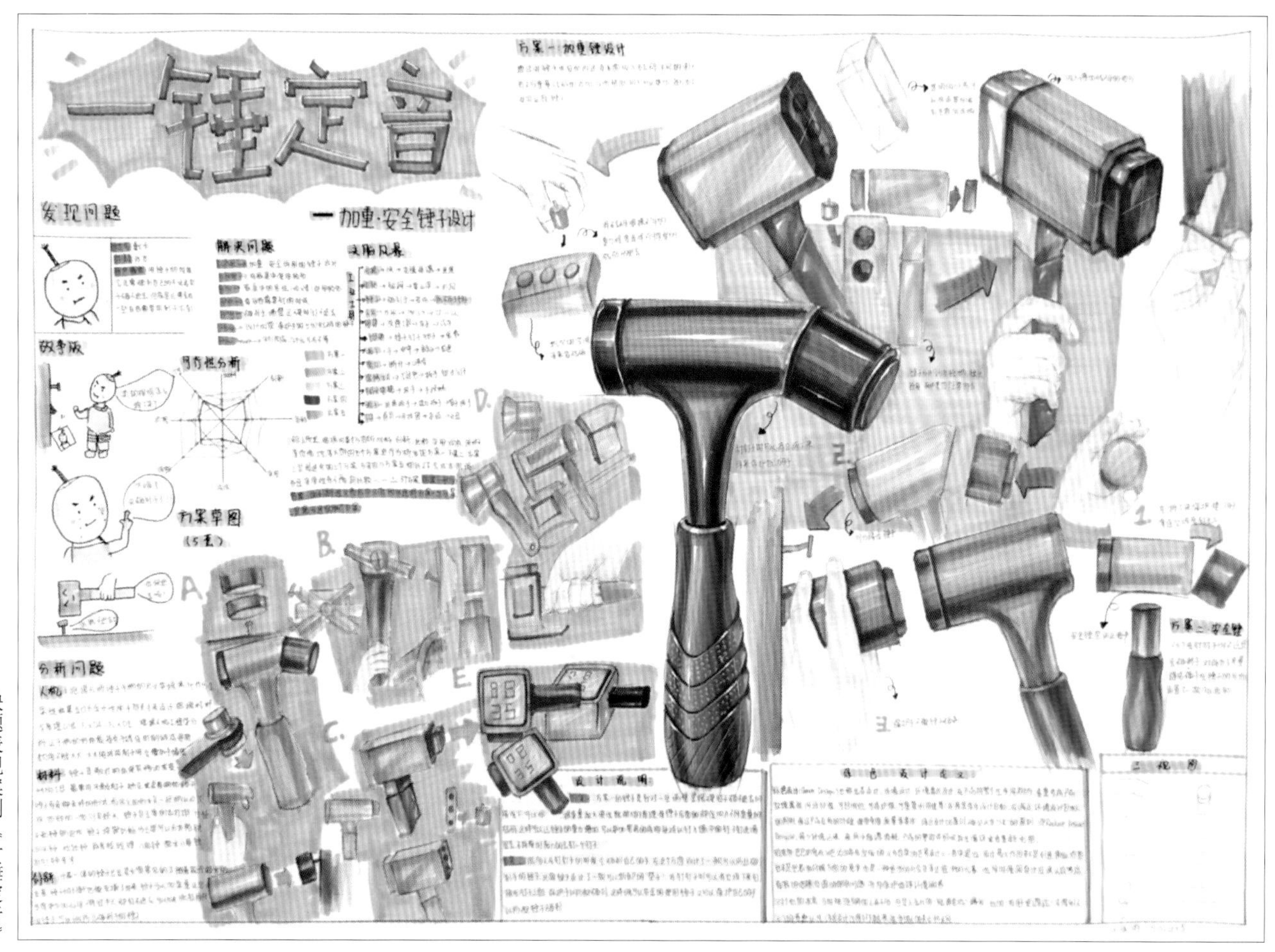

快题表现案例《一锤定音》

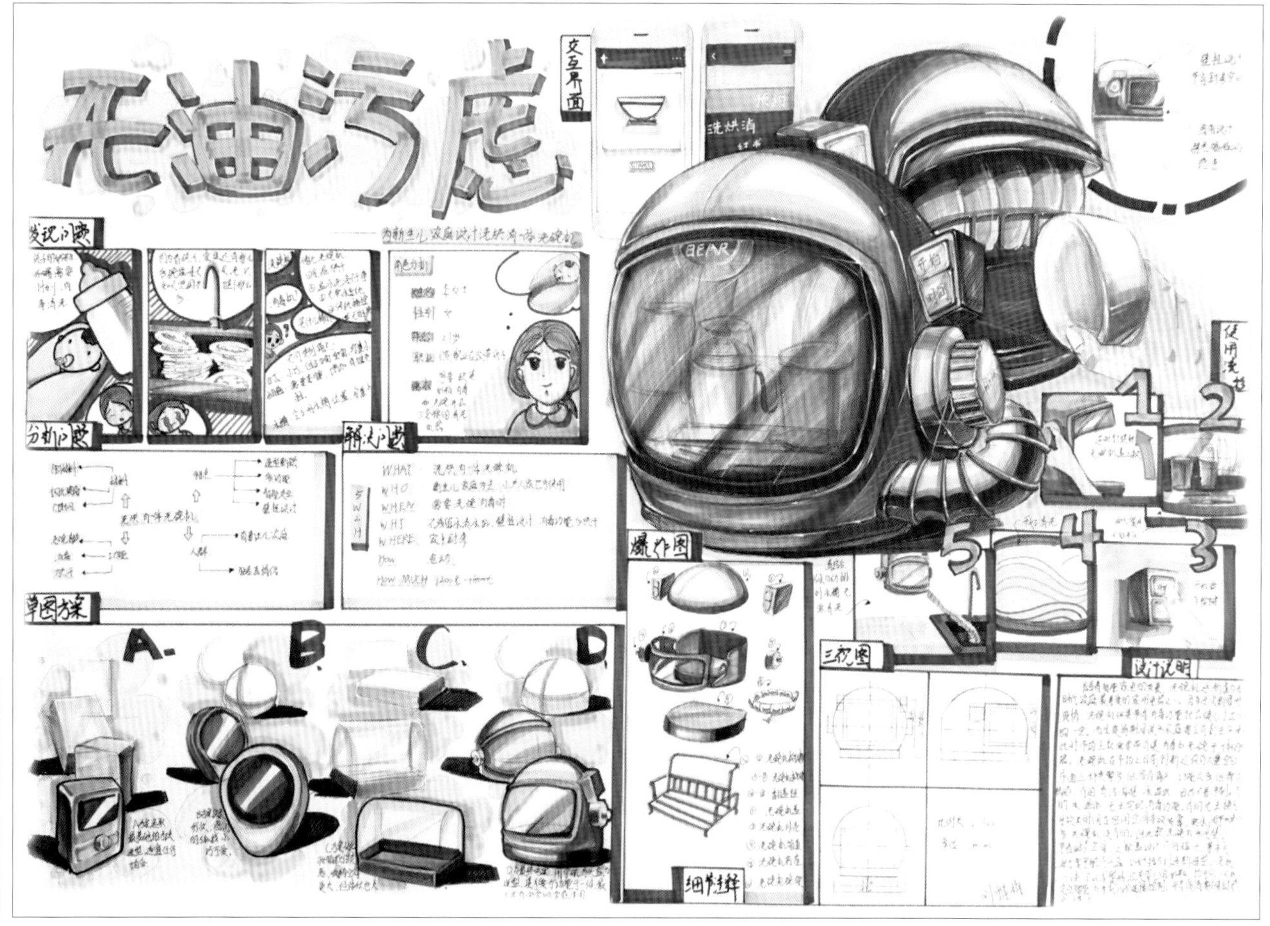

快题表现案例《无油污虑》

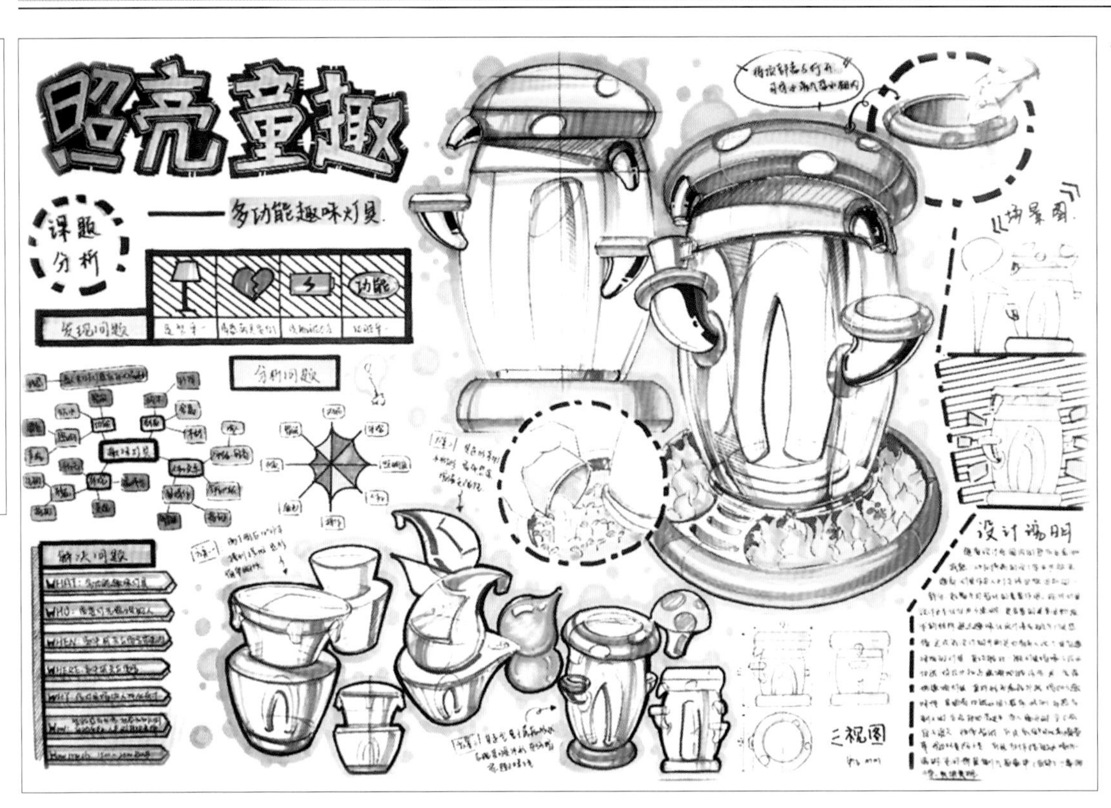

快题表现案例 《照亮童趣》

快题表现案例 《萌宠一刻》

快题表现案例 《洗净铅华》

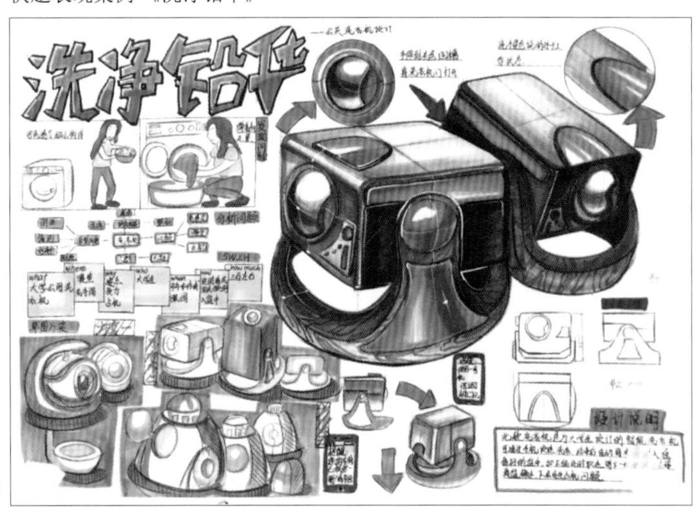

快题表现案例 《手持割草机》

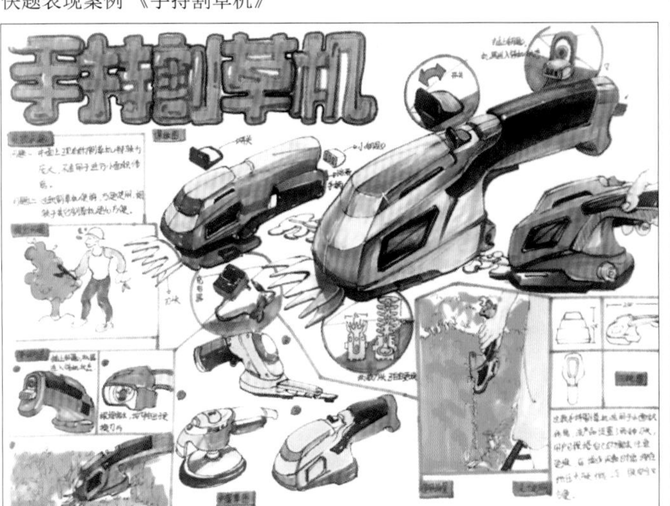

快题表现案例 《瞬时营造》

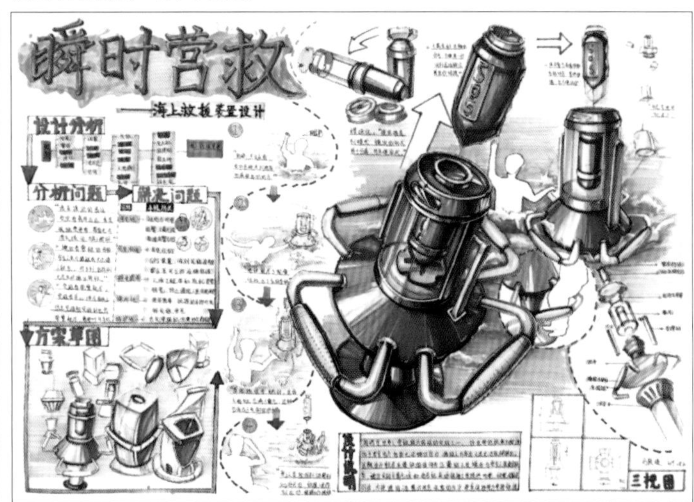

快题表现案例 《声声入耳》

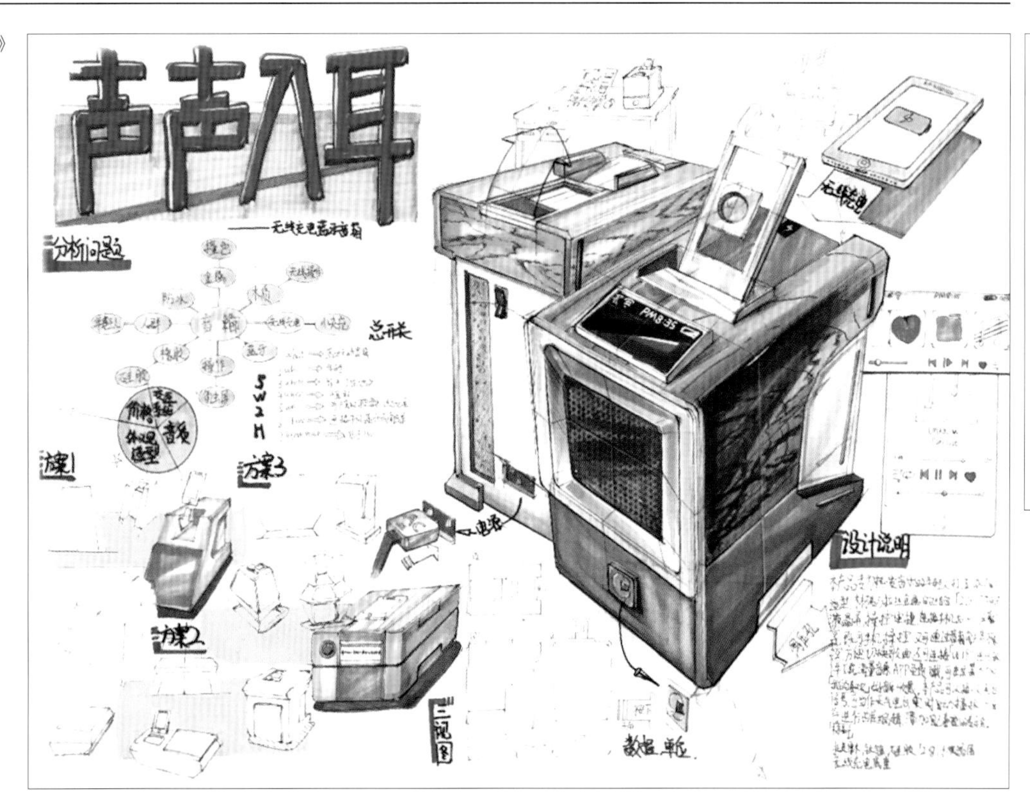

快题表现案例 《尽收眼底》

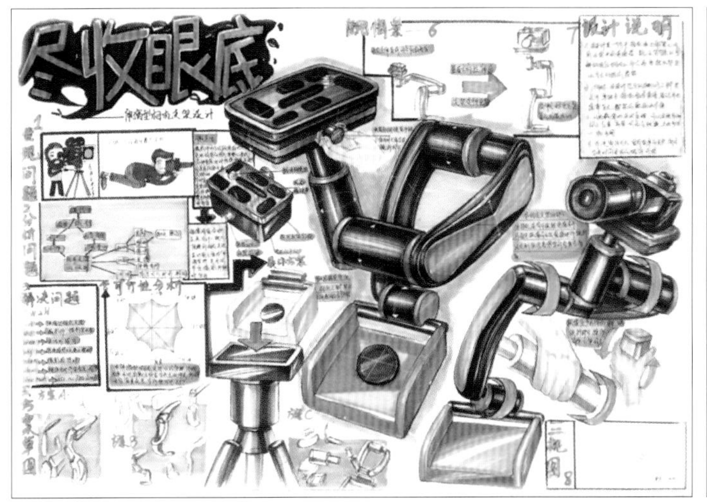

快题表现案例 《杯中温软》

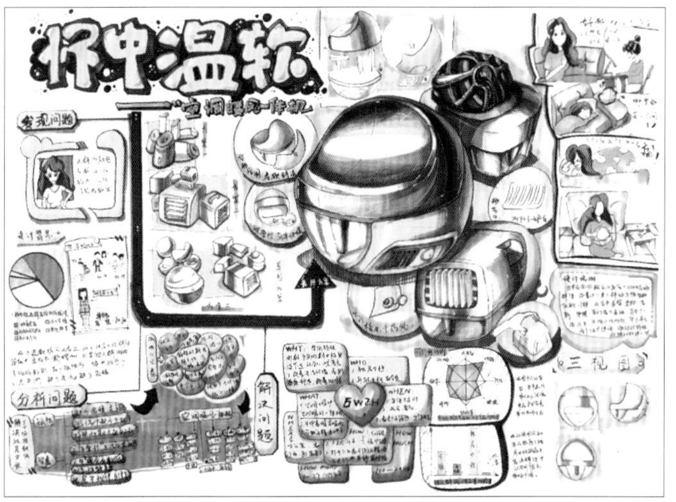

快题表现案例 《消防特种兵》

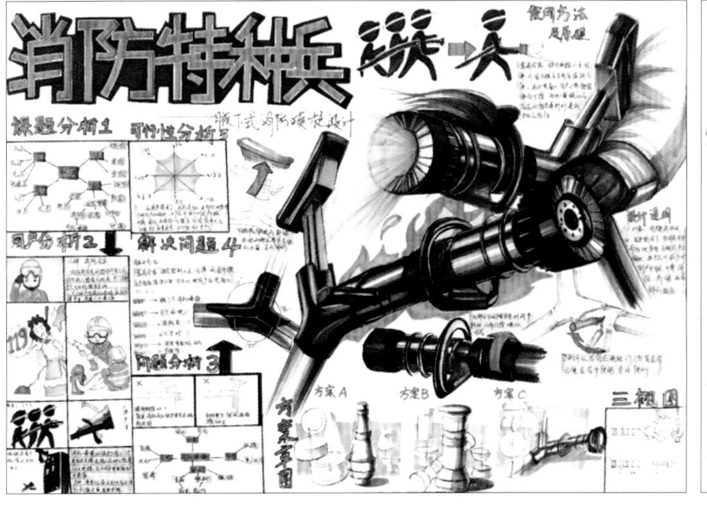

快题表现案例 《健康伴行》

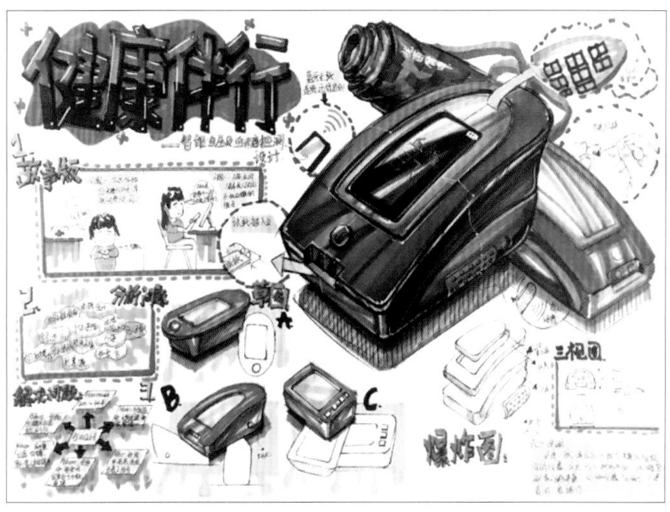

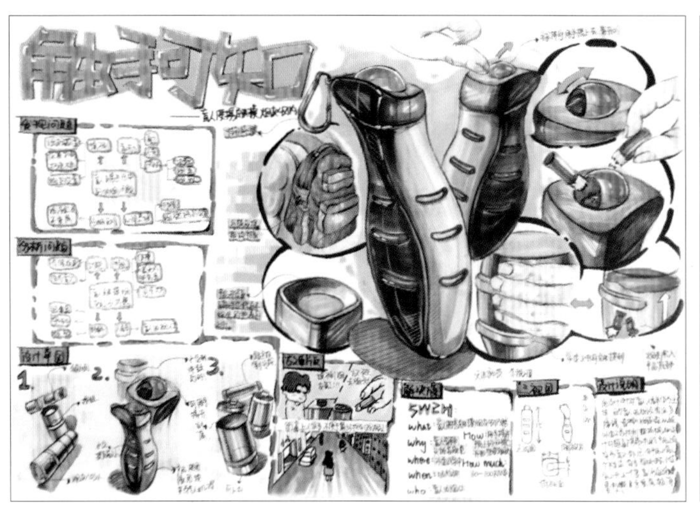

快题表现案例《触手可知》

快题表现案例《健康同行》

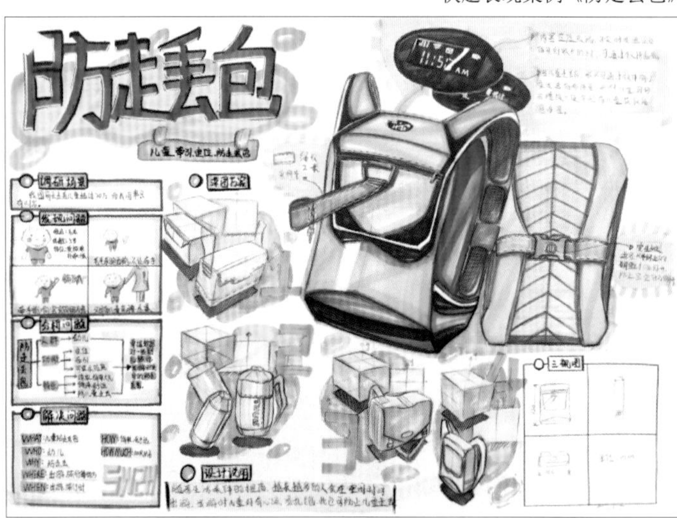

快题表现案例《防走丢包》

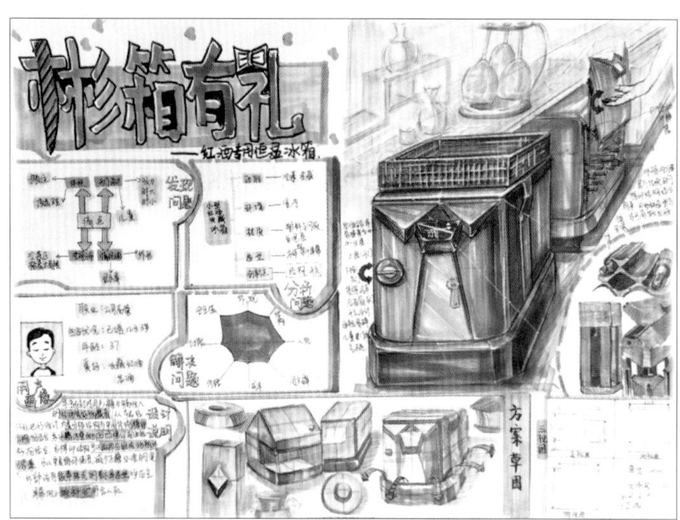

快题表现案例《彬箱有礼》

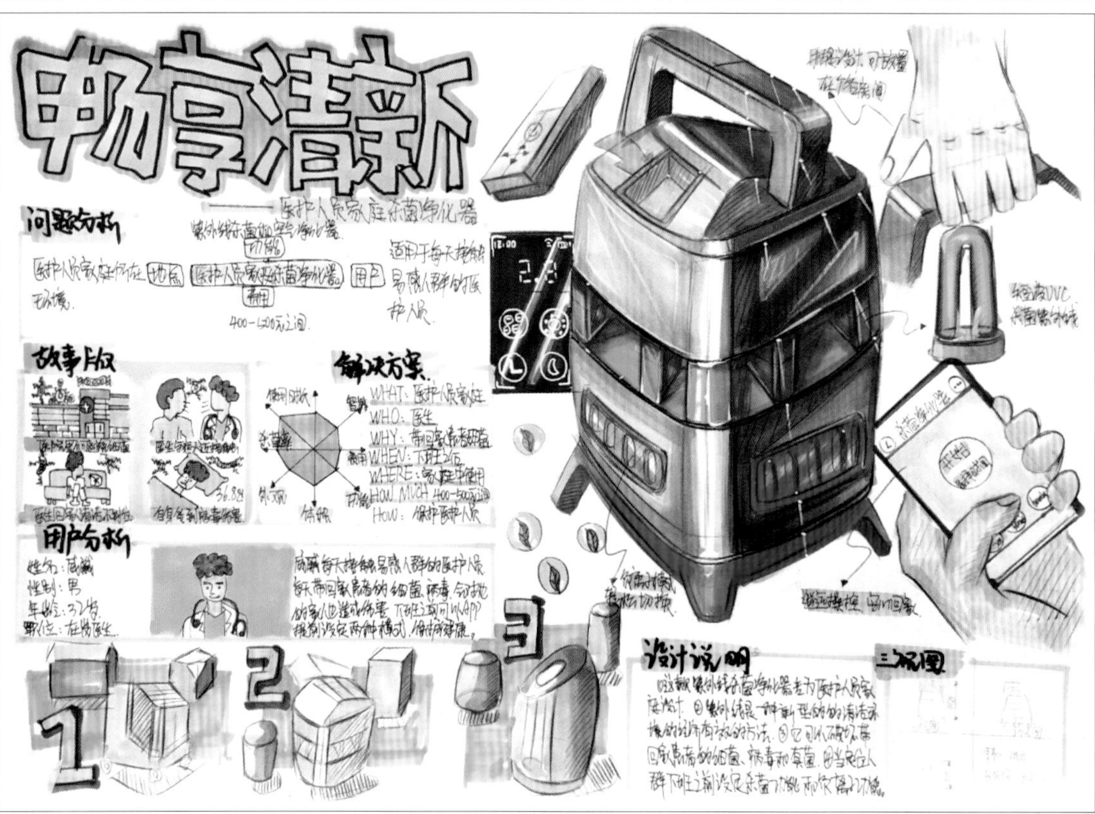

快题表现案例《畅享清新》

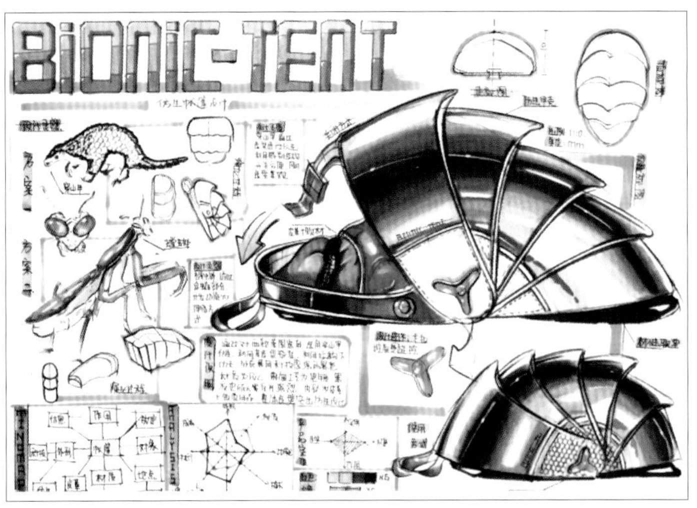

快题表现案例 《BIOAIC-TEAT》

快题表现案例 《饮水思源》

快题表现案例 《护花使者》

快题表现案例 《安夹乐业》

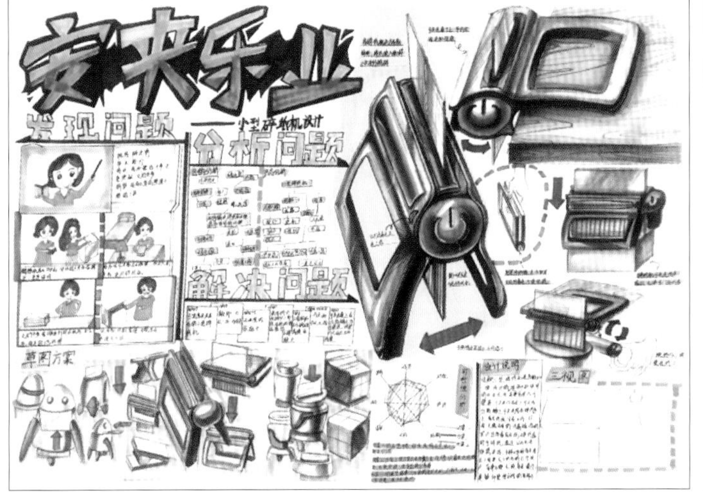

快题表现案例 《理疗机》

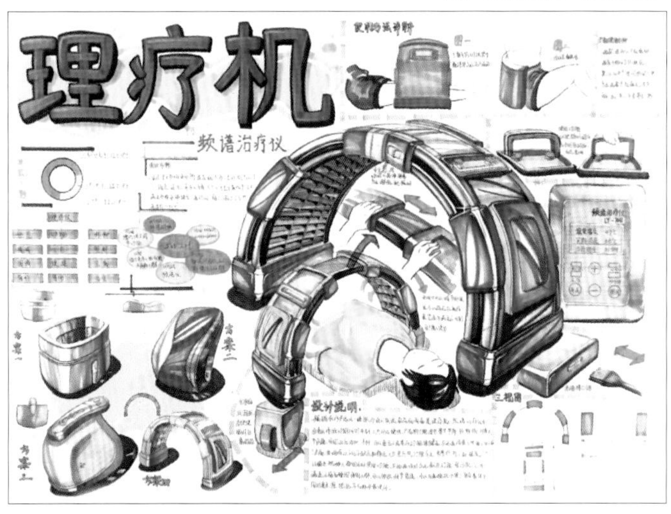

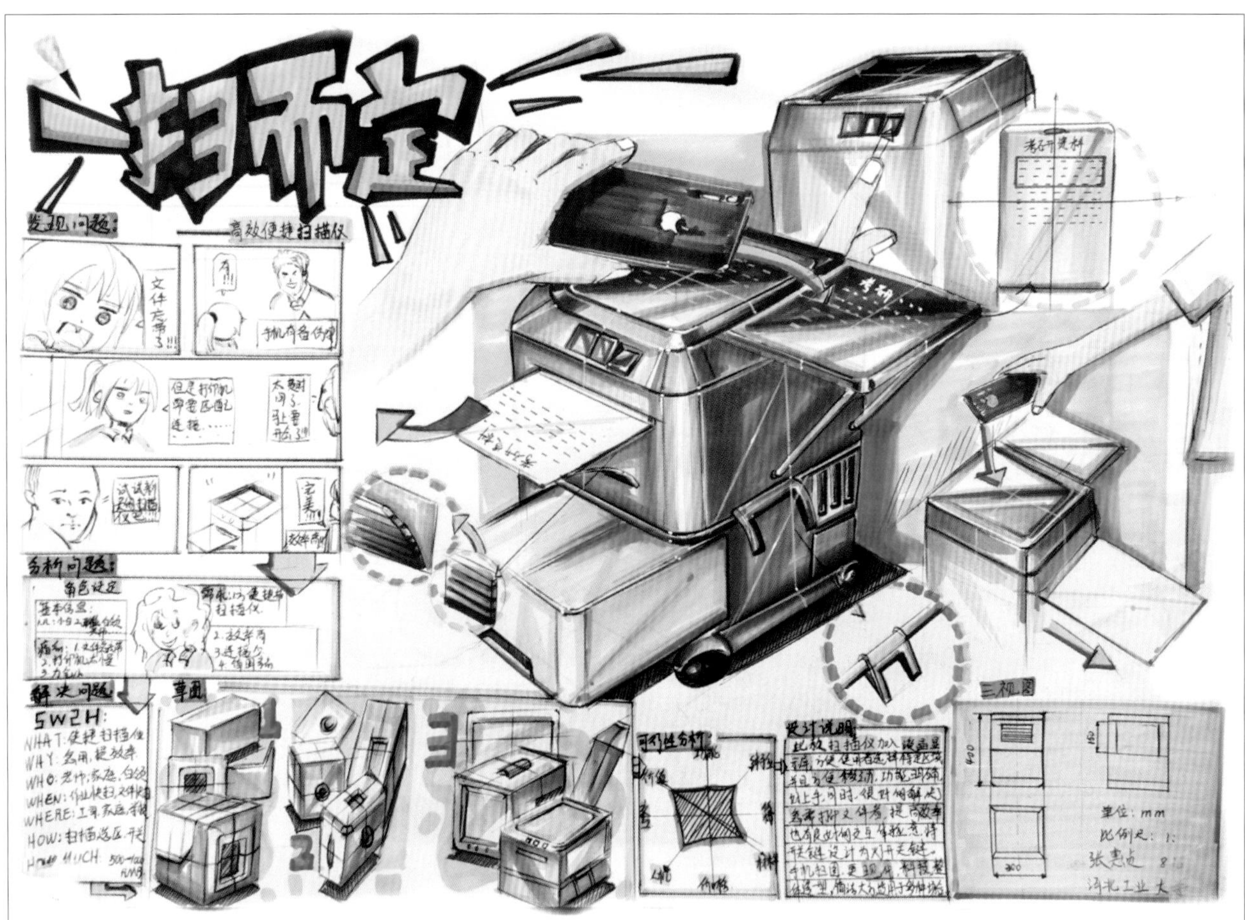

快题表现案例《一扫而定》

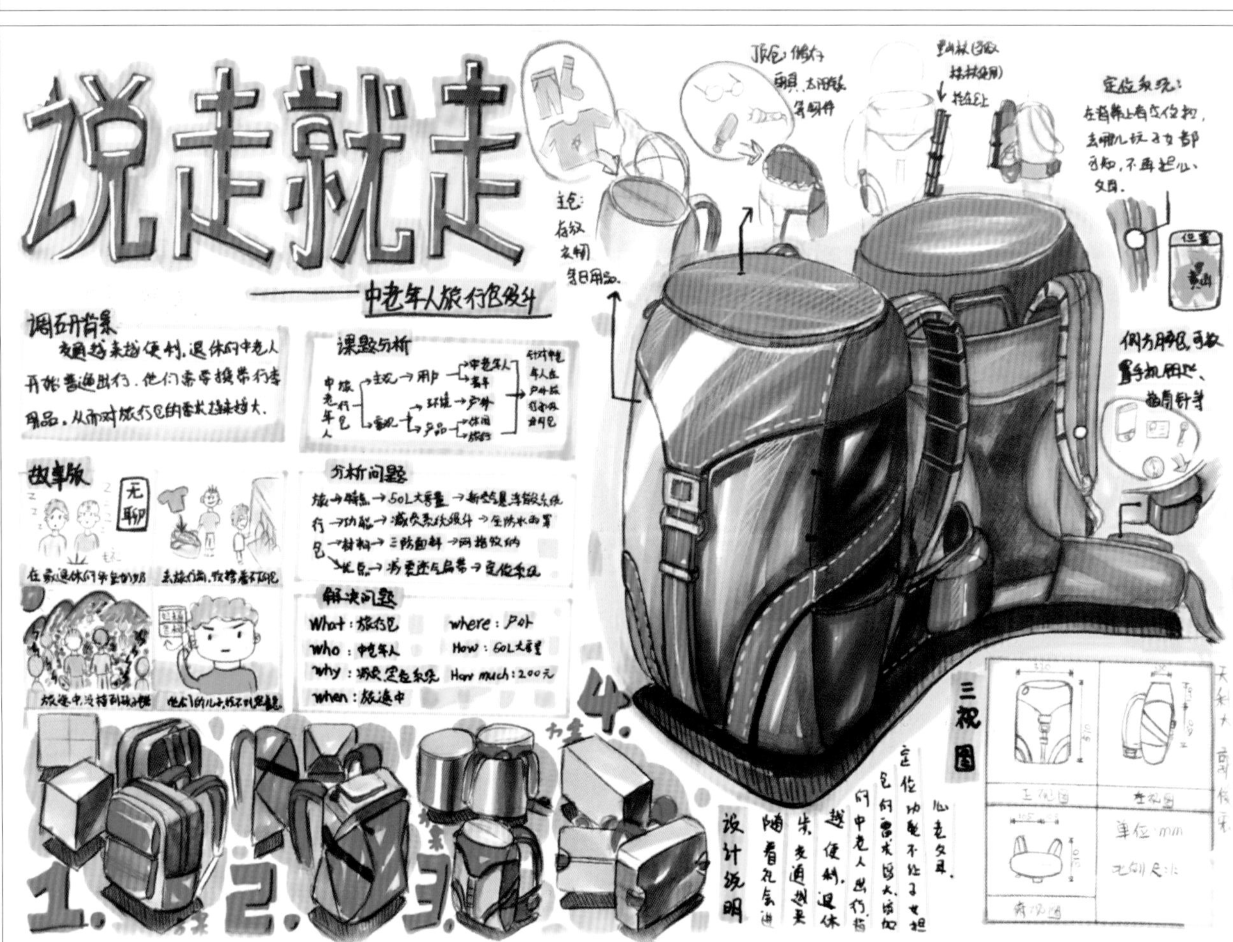

快题表现案例《说走就走》

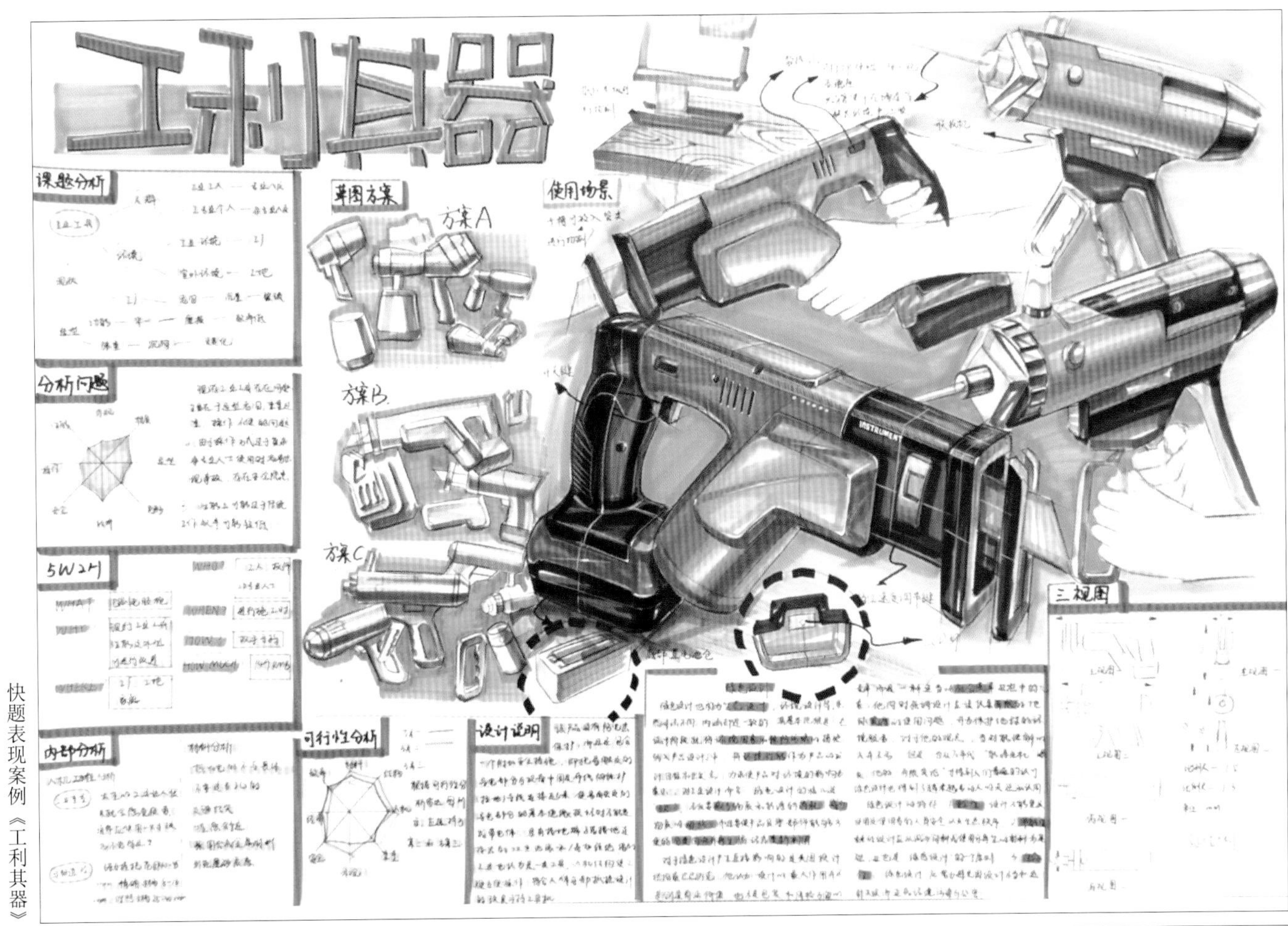

快题表现案例《工利其器》

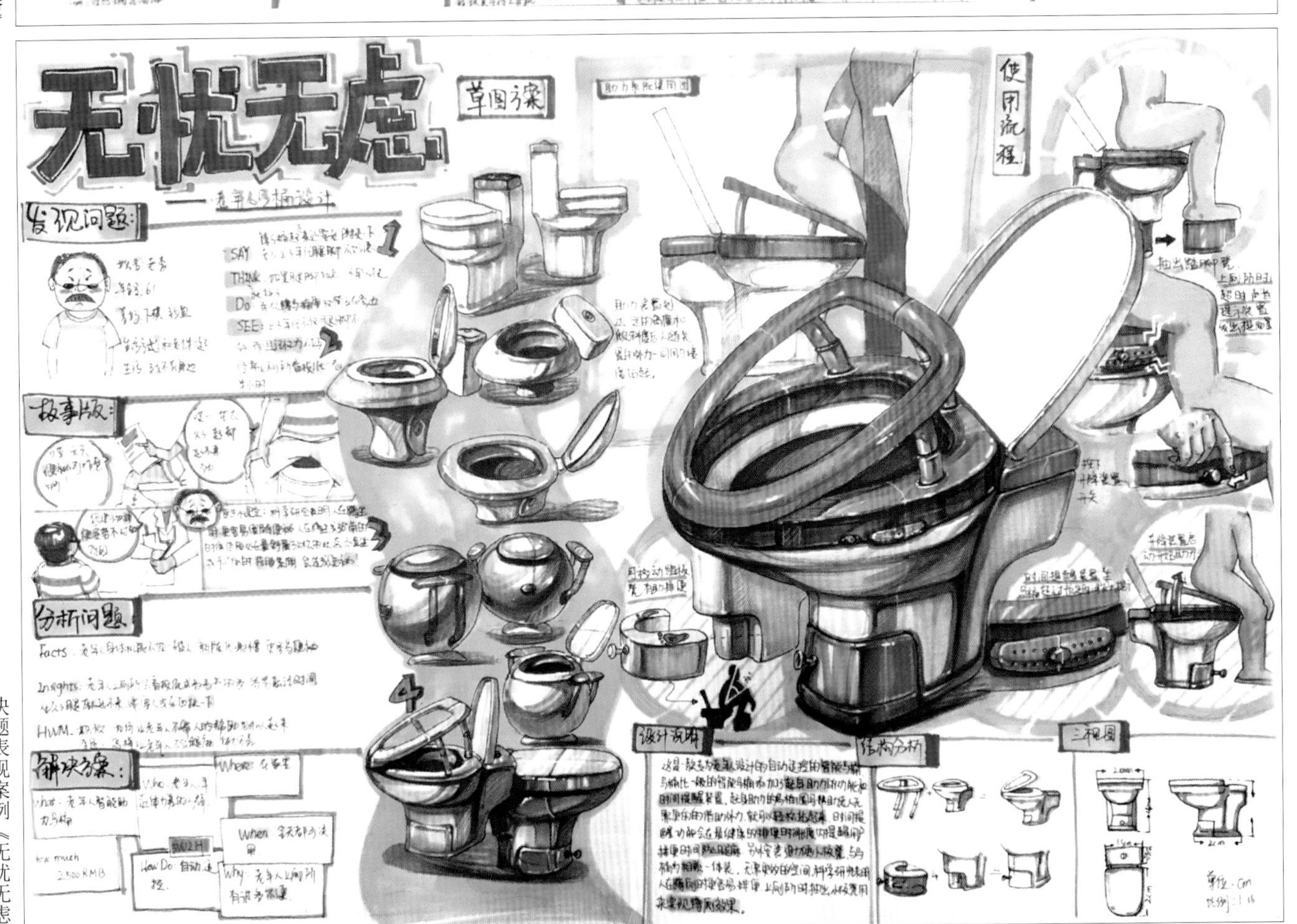

快题表现案例《无忧无虑》

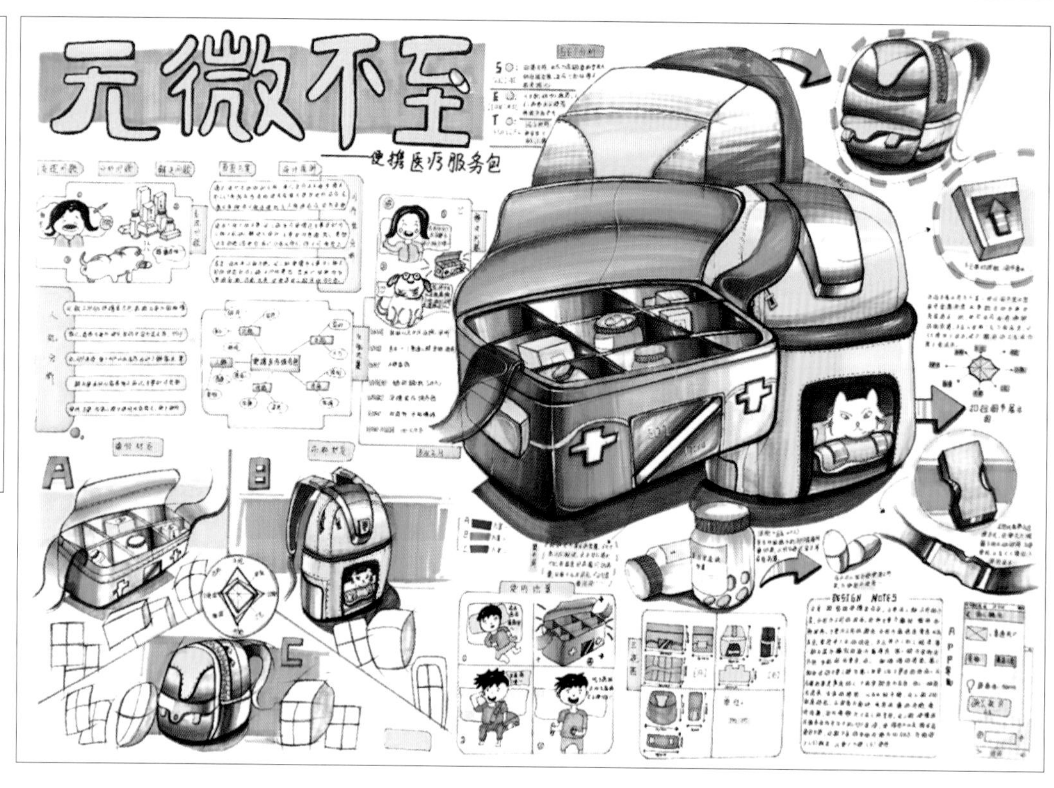

快题表现案例 《无微不至》

快题表现案例 《茶余》

快题表现案例 《美术归档员》

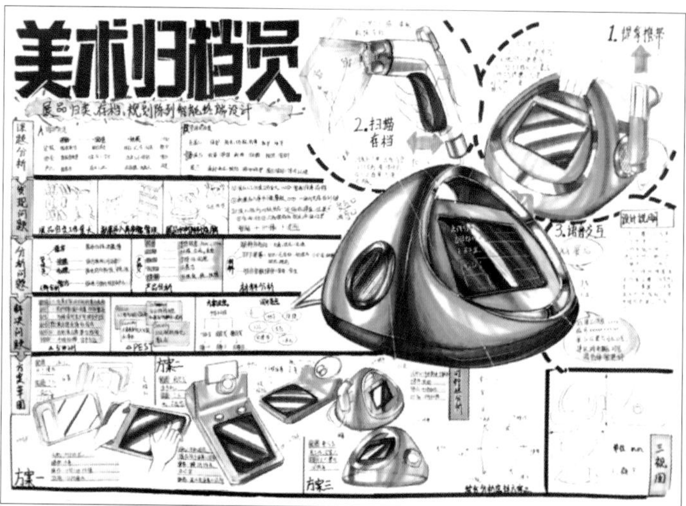

快题表现案例 《睡眠追踪》

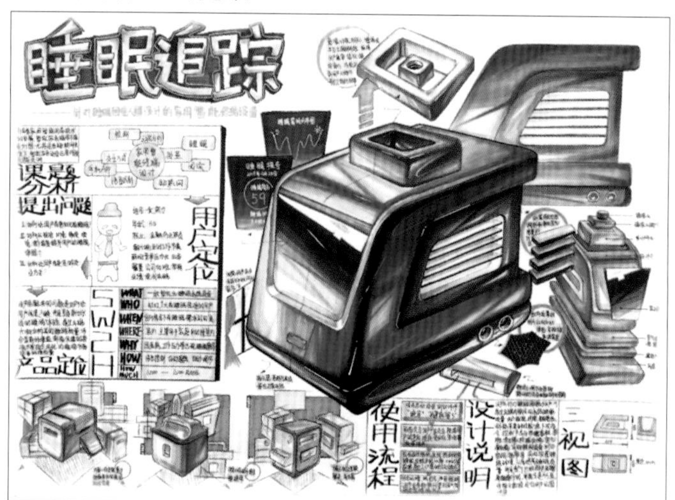

快题表现案例 《SMARTBANK》

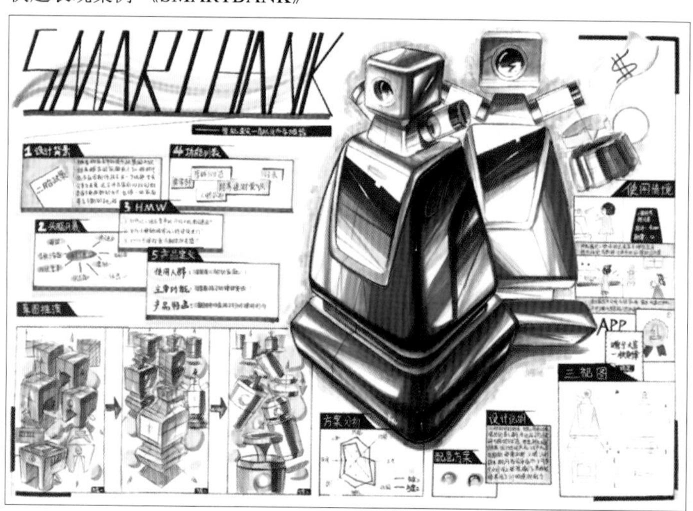

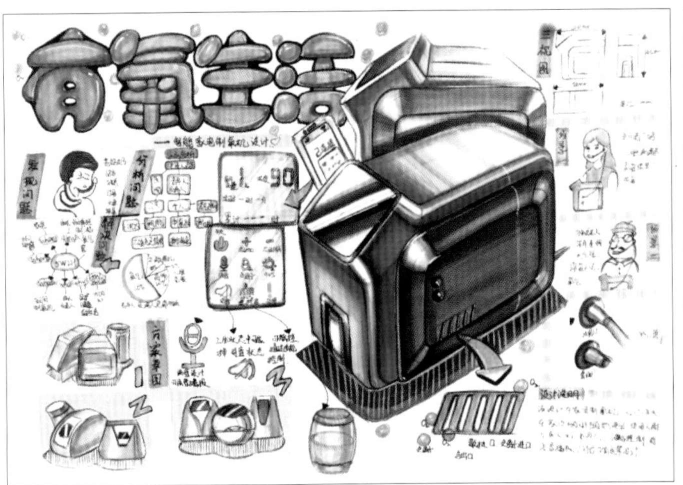

快题表现案例《有氧生活》

快题表现案例《随滤而安》

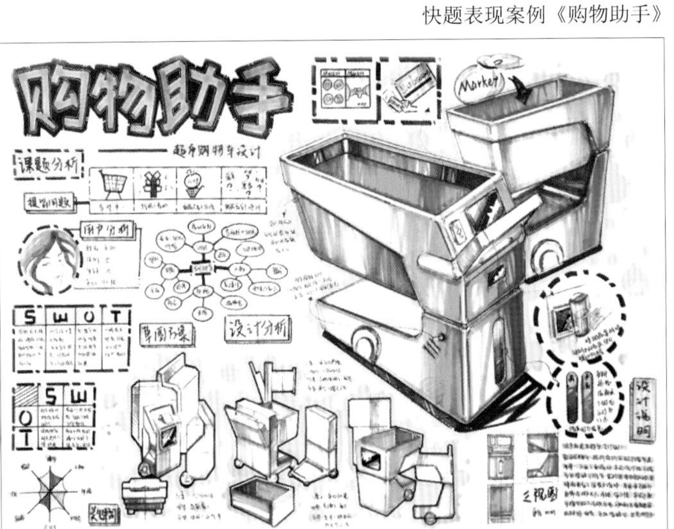

快题表现案例《购物助手》

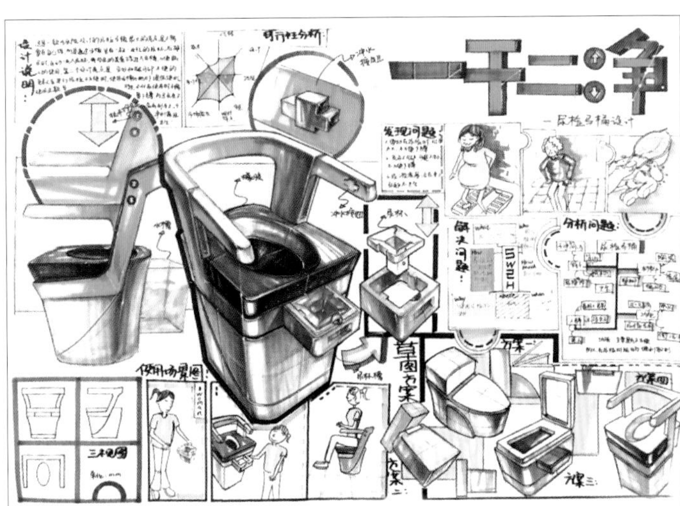

快题表现案例《一干二净》

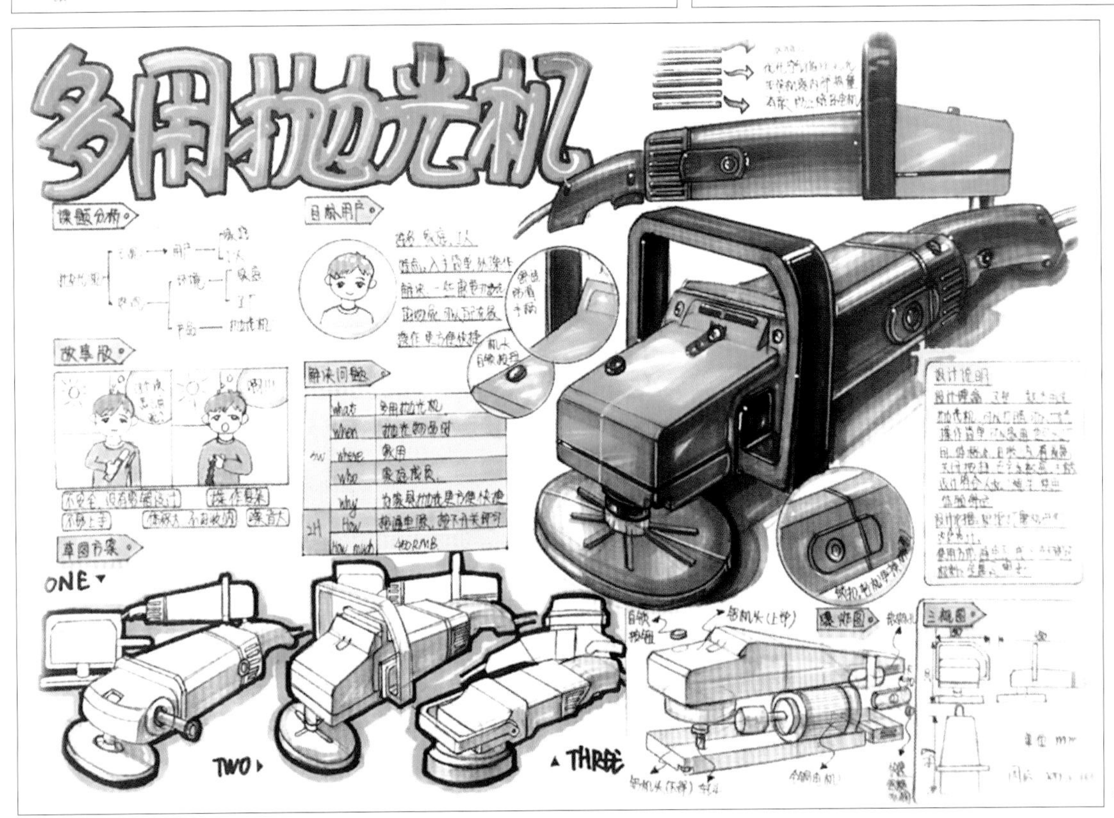

快题表现案例《多用抛光机》

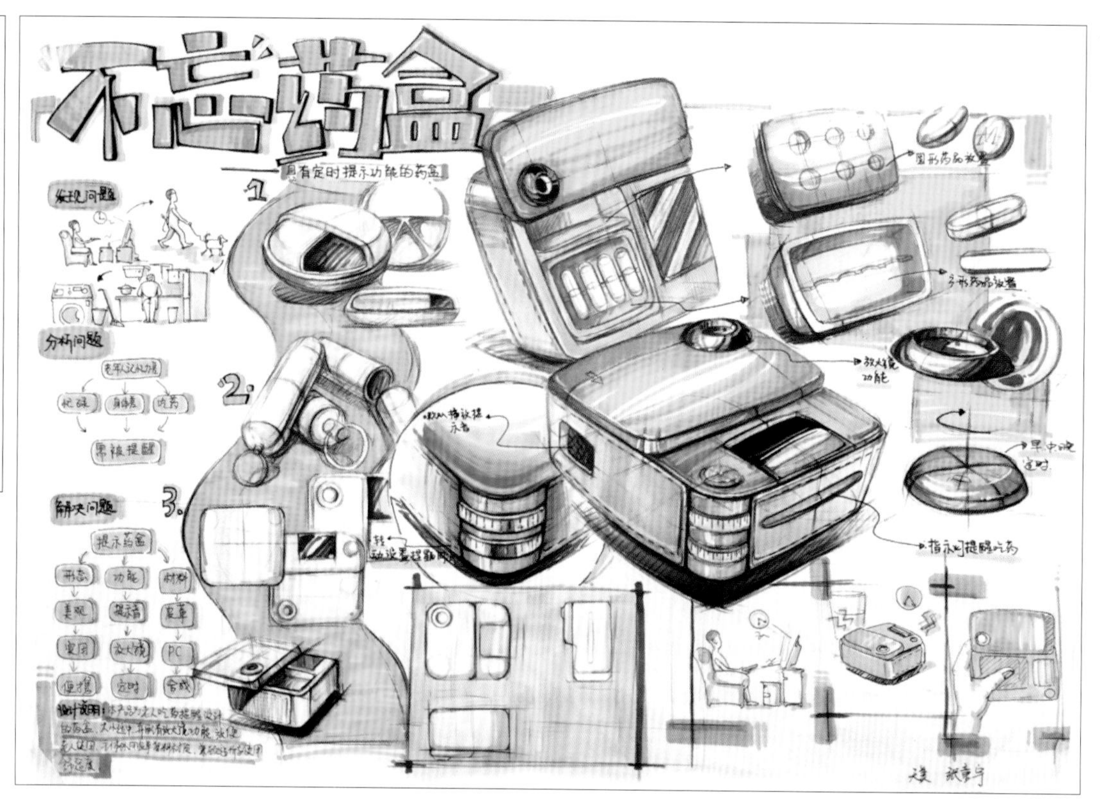

快题表现案例 《不忘药盒》

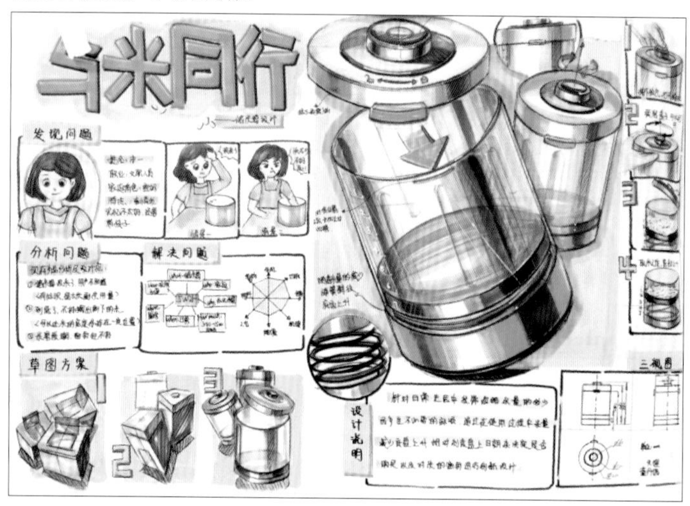

快题表现案例 《与米同行》

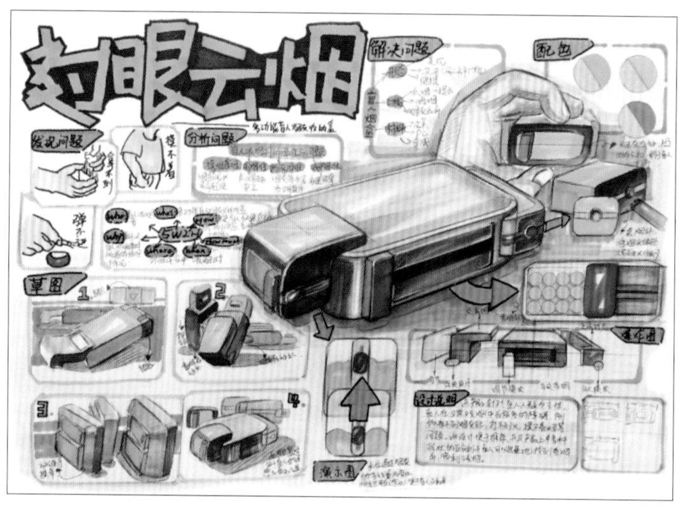

快题表现案例 《过眼云烟》

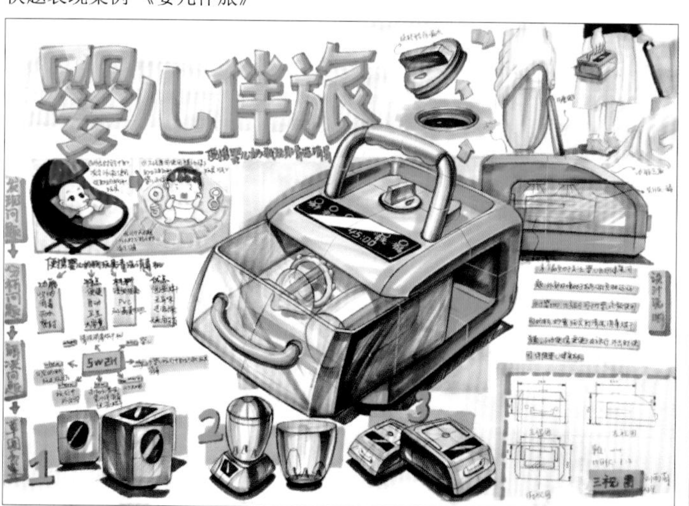

快题表现案例 《婴儿伴旅》

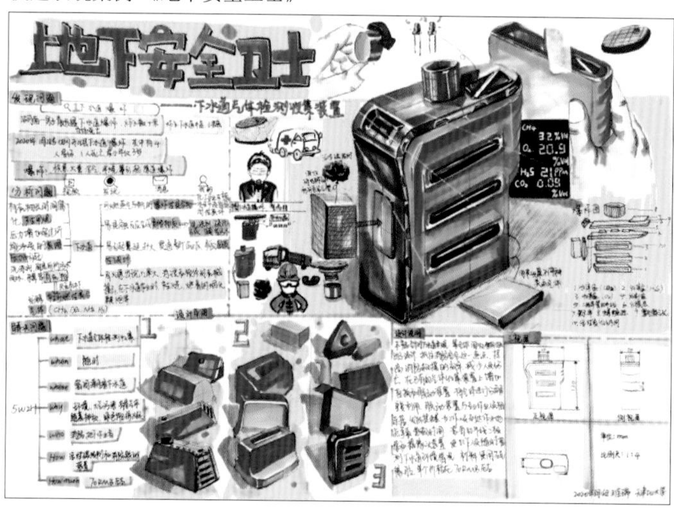

快题表现案例 《地下安全卫士》

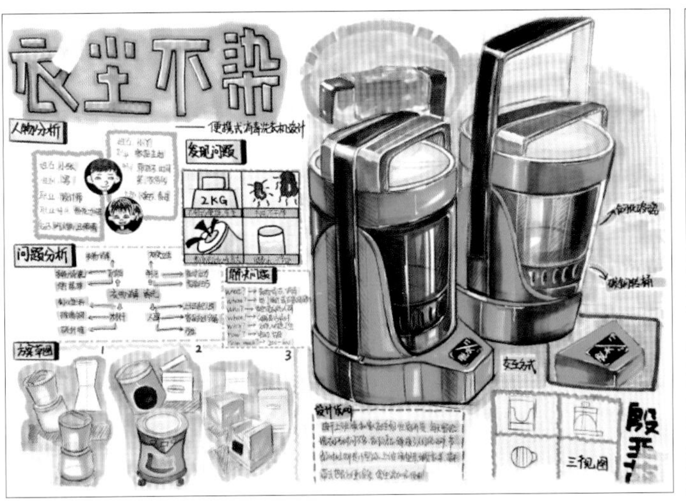

快题表现案例 《衣尘不染》

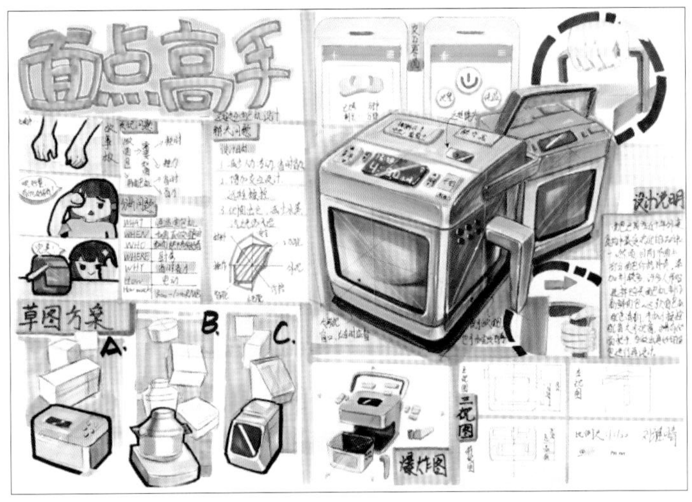

快题表现案例 《面点高手》

快题表现案例 《南花北种》

快题表现案例 《消毒神器》

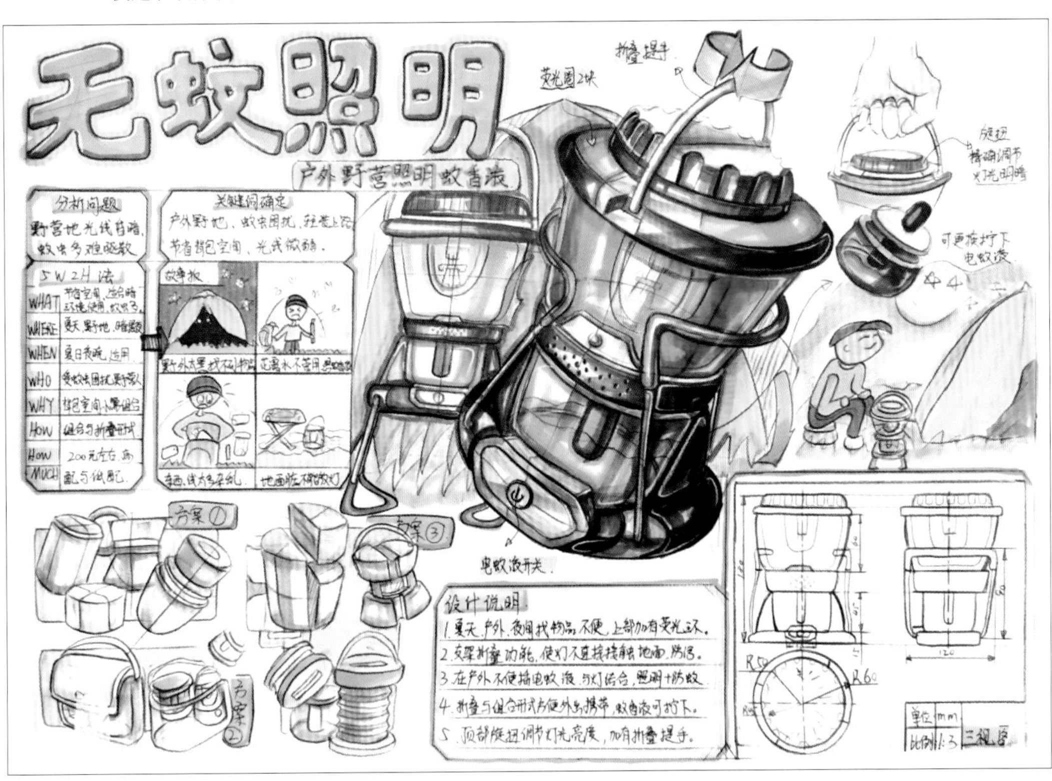

快题表现案例 《无蚊照明》

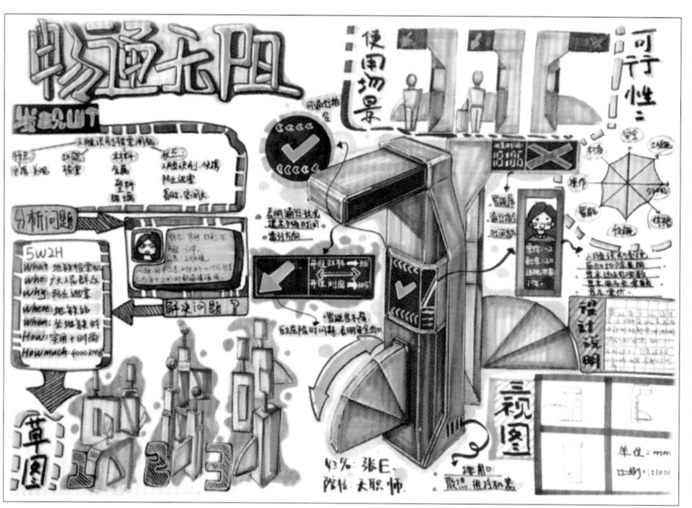

快题表现案例 《畅通无阻》

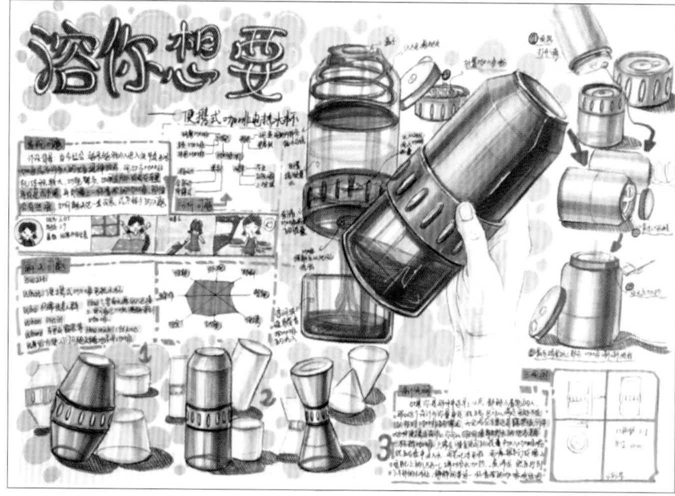

快题表现案例 《溶你想要》

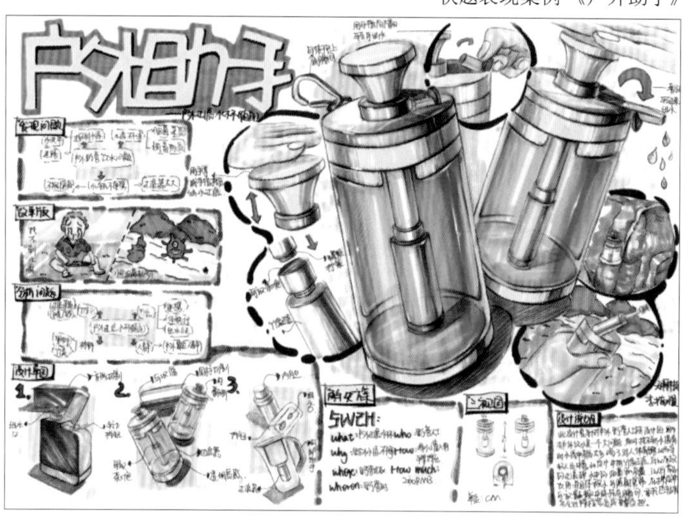

快题表现案例 《户外助手》

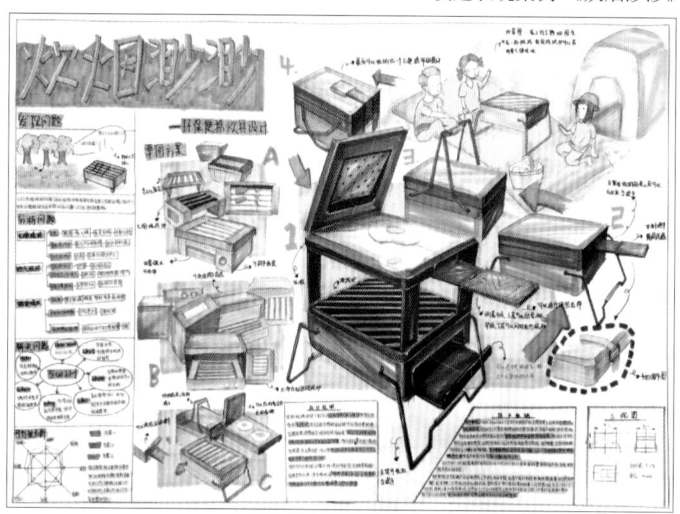

快题表现案例 《炊烟渺渺》

快题表现案例 《药于瓶中》

快题表现案例 《如炊随行》

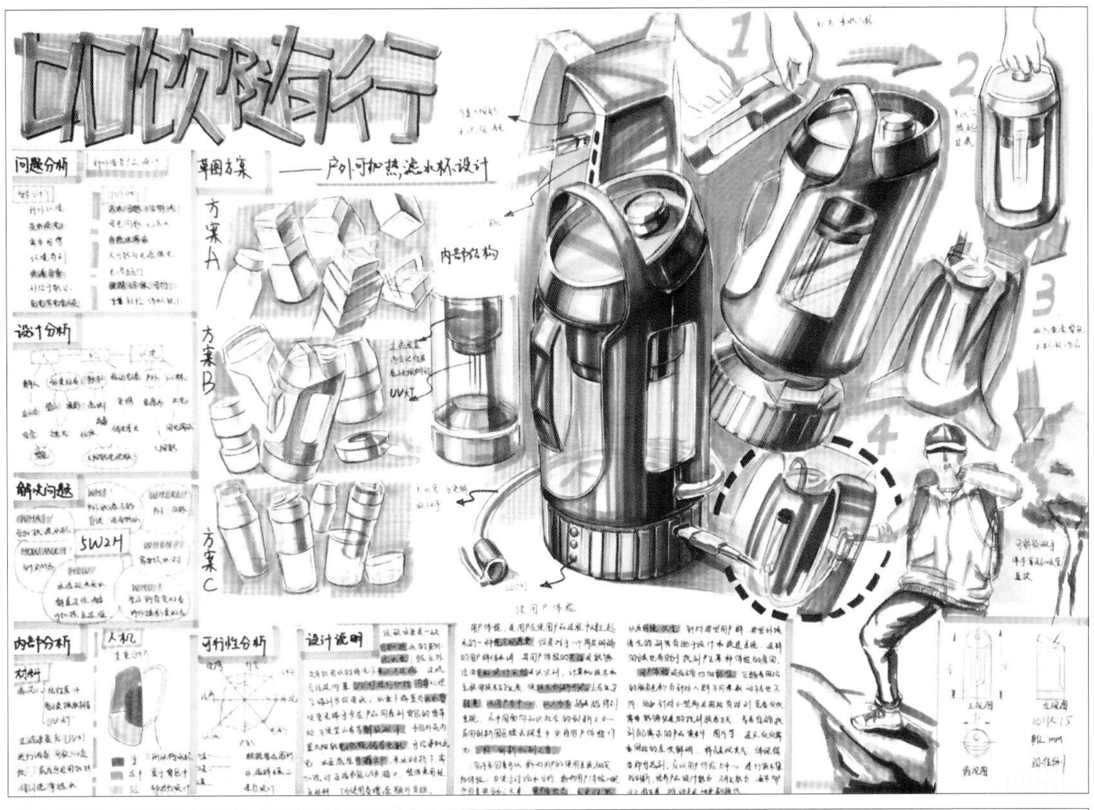

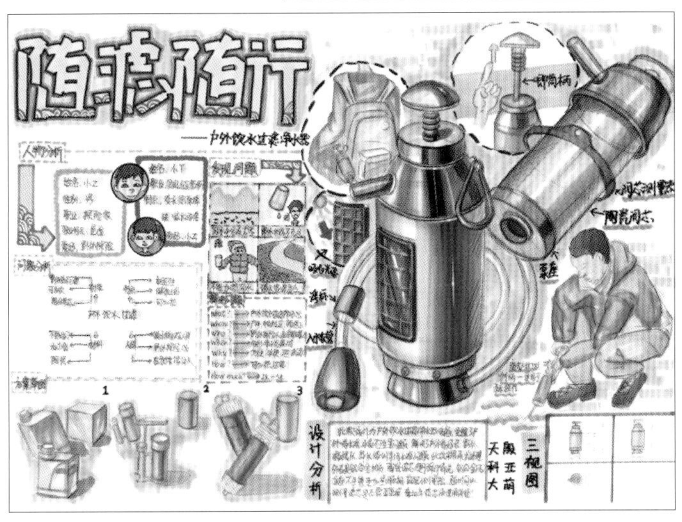

快题表现案例 《随滤随行》

快题表现案例 《愈娱于心》

快题表现案例 《有“鸭”无虑》

快题表现案例 《温暖你我》

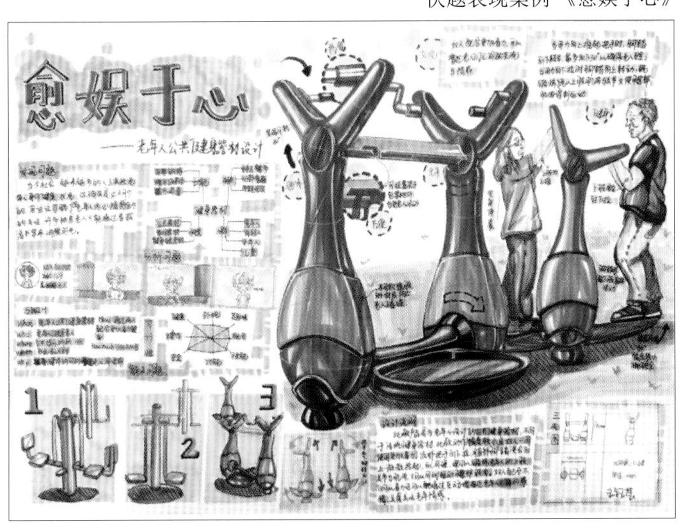

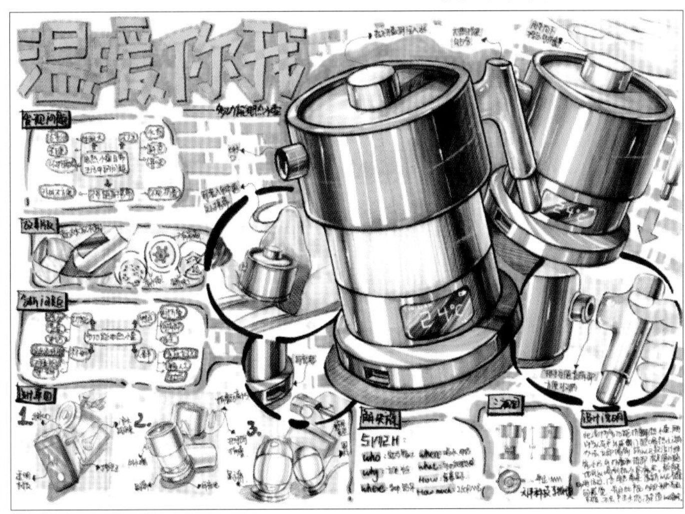

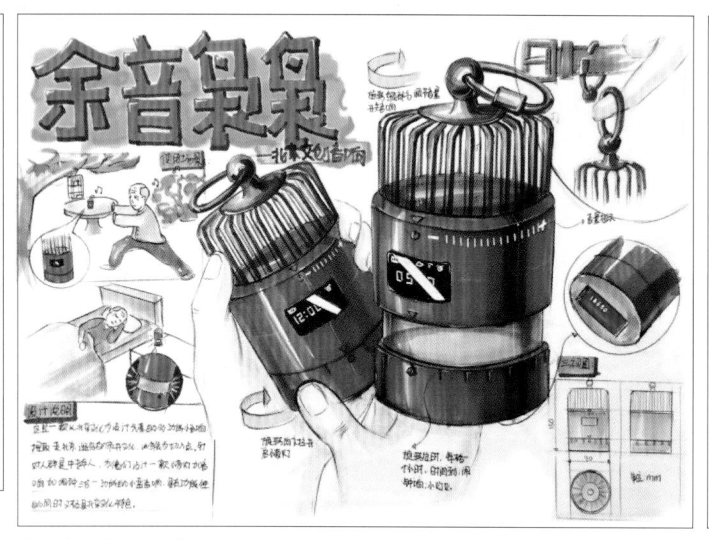

快题表现案例 《余音袅袅》

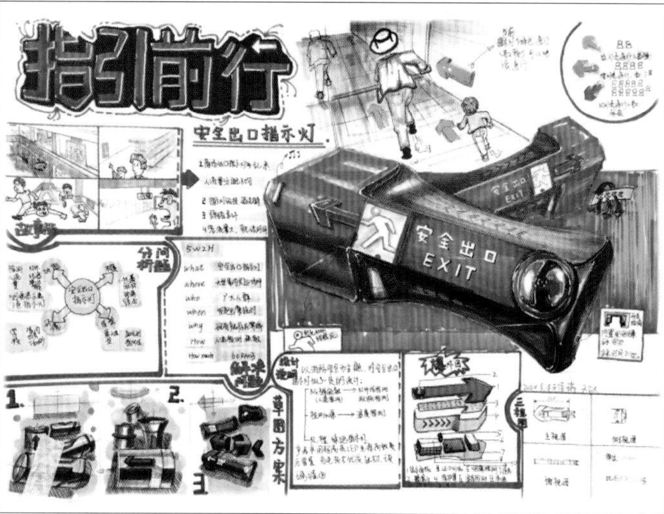

快题表现案例 《指引前行》

章节训练

无考研需求的学生训练如下。

1. 进行快题整体版面的临摹练习，3张A3纸（其中文字可用横线代替）。
2. 在已临摹的快题中分别指出设计分析版块、草图版块、效果图版块和使用场景图版块。

有考研需求的学生训练如下。

1. 进行快题的主题字练习2张。
2. 以“垃圾桶”为主题拟设计一款产品，并进行设计分析版块练习，A4纸1张。
3. 以“音响”为主题分别进行草图版块练习，其中独立个案、多混草案和故事性草图各练习A4纸1张。
4. 以“老年人社区健康产品”为主题设计一套完整的快题作品，包含十大版块，纸张大小自拟。
5. 以“家用智能电器”为主题设计一套完整的快题作品，包含十大版块，纸张大小自拟。

后记

本书经历了近3年的资料积累以及半年多的编写和整理终于完成，这其中集结了很多人的辛苦和努力。

自2016年开始担任艺术学院产品专业表现技法课程的主讲教师后，我对产品设计专业的表现技法与设计工作的关系有了更深入的认知，也逐步建立起产品设计学科培养的教学方法和教育信念，意识到专业人才培养的紧迫性和“产学对接”对专业技能的实践性要求。面对企业的人才需求，进行设计思维与设计能力的整合、培养十分重要。所以在积累素材的过程中，我也在逐步调整本教材的编写理念和训练方式，以适应新时代下具有综合专业技能跨学科人才的培养方向。

在这个过程中，得到了许多前辈、朋友以及学生的帮助以及支持，虽然时间跨度较长，但本书的出版离不开每一个人所做的贡献和付出。在此由衷感谢我院的王亦敏教授为本书所作的前期工作，感谢钟蕾教授为本书作序，感谢天津大学仁爱学院的郭睿老师，感谢东北大学的刘涛教授，感谢天津美术学院的李维立教授，感谢天津图优优艺术培训的张艺馨校长及沈阳工学院艺术与传媒学院的刘鎏老师等前辈和朋友，也感谢我的学生刘洋、袁萍、和炜昊、李京贤、马凯旋、张妮、张驰、高歆妍、张童宇等人为本书提供的编写意见和优秀素材。在此特别感谢本书的相关编辑，从本书的编写理念到整体内容都给予了诸多建议，是促使我完成此书的最大动力。还有出版社数字中心的刘博超编辑，对书中的视频进行了精心的整理和剪辑，为本书的完美收官增添了光彩，在此一并表示感谢。

希望本书可以为正在学习和想要进入产品设计专业的同学们提供更多的专业技能学习方法和实际参考案例，真正成为学生手边的工具书和良好的学习伙伴。

庞月　2020年8月于天津理工大学